# Technologien für die intelligente Automation

Technologies for Intelligent Automation

Band 12

**Reihe herausgegeben von**
inIT - Institut für industrielle Informationstechnik
Lemgo, Deutschland

Ziel der Buchreihe ist die Publikation neuer Ansätze in der Automation auf wissenschaftlichem Niveau, Themen, die heute und in Zukunft entscheidend sind, für die deutsche und internationale Industrie und Forschung. Initiativen wie Industrie 4.0, Industrial Internet oder Cyber-physical Systems machen dies deutlich. Die Anwendbarkeit und der industrielle Nutzen als durchgehendes Leitmotiv der Veröffentlichungen stehen dabei im Vordergrund. Durch diese Verankerung in der Praxis wird sowohl die Verständlichkeit als auch die Relevanz der Beiträge für die Industrie und für die angewandte Forschung gesichert. Diese Buchreihe möchte Lesern eine Orientierung für die neuen Technologien und deren Anwendungen geben und so zur erfolgreichen Umsetzung der Initiativen beitragen.

Weitere Bände in der Reihe http://www.springer.com/series/13886

Jürgen Jasperneite • Volker Lohweg
(Hrsg.)

# Kommunikation und Bildverarbeitung in der Automation

Ausgewählte Beiträge der Jahreskolloquien
KommA und BVAu 2018

**OPEN**

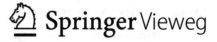

*Hrsg.*
Jürgen Jasperneite ⓘ
inIT - Institut für industrielle
Informationstechnik
Lemgo, Deutschland

Volker Lohweg ⓘ
inIT - Institut für industrielle
Informationstechnik
Lemgo, Deutschland

ISSN 2522-8579              ISSN 2522-8587  (electronic)
Technologien für die intelligente Automation
ISBN 978-3-662-59894-8        ISBN 978-3-662-59895-5  (eBook)
https://doi.org/10.1007/978-3-662-59895-5

Die Deutsche Nationalbibliothek verzeichnet diese Publikation in der Deutschen Nationalbibliografie; detaillierte bibliografische Daten sind im Internet über http://dnb.d-nb.de abrufbar.

Springer Vieweg ist ein Imprint der eingetragenen Gesellschaft Springer-Verlag GmbH, DE und ist ein Teil von Springer Nature.
Die Anschrift der Gesellschaft ist: Heidelberger Platz 3, 14197 Berlin, Germany

# Preface

The present joint conference proceedings "Kommunikation in der Automation" (KommA, Communication in Automation) and "Bildverarbeitung in der Automation" (BVAu, Image Processing in Automation) of the Institute Industrial IT (inIT), are based on the contributions of the two scientific annual colloquia KommA 2018 and BVAu 2018. In a second reviewing process 26 contributions have been selected which are now published in these conference proceedings. A total of 34 contributions were submitted.

The publication is thematically arranged in the context of industrial automation applications.

The industrial communication has its roots in Germany and has been the backbone of each decentralised automation system for more than 20 years. In future, the smart networking will play an even more important role under the label of Industry 4.0. However, the application of information technologies is highly challenging because these often have been designed for other purposes than industrial use. With respect to networking, being typical for Industry 4.0, reliable and safe communication systems become increasingly significant.

The KommA deals with all aspects belonging to the design, development, commissioning, and diagnostics of reliable communication systems, as well as their integration into distributed automation architectures. In this context, the application of internet technologies and the system management of large, heterogeneous systems play an essential role.

Industrial image processing and pattern recognition aims for processing image information from automation systems under the aspects of process real-time, stability, and limitation of resources. In view of an industrial systems holistic approach, image data as well as expert knowledge are consulted as information sources. Industrial image processing will further be established as a key enabler technology in producing companies in the context of their quality assurance via optical measurements strategies, machine conditioning and product analysis, as well as Human-Computer Interaction.

The BVAu 2018 sets a thematic focus on intelligent image processing systems with self-learning and optimisation capabilities, deep learning of relevant contents, technical aspects of image processing, methods of image processing and pattern recognition for resource-limited systems. The authors demonstrated that smart systems based on decentralised computing units are able to fulfil complex image processing tasks for process real-time applications.

We hope that you enjoy reading this publication.

Lemgo, in July 2019
Jürgen Jasperneite

Volker Lohweg

# Organisation

## Communication in Automation - KommA 2018

The annual colloquium Communication in Automation is a panel for science and industry covering technical as well as scientific questions regarding industrial communication. The colloquium is jointly organised by inIT - Institute Industrial IT of the Technische Hochschule Ostwestfalen-Lippe in Lemgo, Germany and the Institut für Automation und Kommunikation (ifak) e.V. in Magdeburg, Germany.

## Conference Chair

| | |
|---|---|
| Prof. Dr. Jürgen Jasperneite | Institute Industrial IT |
| Prof. Dr. Ulrich Jumar | Institut für Automation und Kommunikation e.V. |

## Program Committee

| | |
|---|---|
| Mario Bader | Festo AG & Co. KG |
| Prof. Dr. Helmut Beikirch | Universität Rostock |
| Holger Büttner | Beckhoff Automation GmbH |
| Prof. Dr. Christian Diedrich | Institut für Automation und Kommunikation e.V. |
| Prof. Dr. Stefan Heiss | Institute Industrial IT |
| Dr. Thomas Holm | WAGO Kontakttechnik GmbH & Co. KG |
| Michael Höing | Weidmüller Interface GmbH & Co. KG |
| Achim Laubenstein | ABB |
| Gunnar Leßmann | Phoenix Contact Electronics GmbH |
| Dr. Thilo Sauter | Donau-Universität Krems |
| Prof. Dr. René Simon | Hochschule Harz |
| Dr. C. Weiler | Siemens AG |
| Prof. Dr. Jörg Wollert | FH Aachen University of Applied Sciences |
| Prof. Dr. Martin Wollschläger | Technische Universiät Dresden |

# Image Processing in Automation - BVAu 2018

The annual colloquium Image Processing in Automation is a panel for science and industry covering technical as well as scientific questions regarding industrial image processing and pattern recognition. The colloquium is organised by inIT - Institute Industrial IT of the Technische Hochschule Ostwestfalen-Lippe in Lemgo, Germany.

## Conference Chair

Prof. Dr. Volker Lohweg      Institute Industrial IT

## Program Committee

| | |
|---|---|
| Dr. Ulrich Büker | Delphi Deutschland GmbH |
| Dr. Helene Dörksen | Institute Industrial IT |
| Dr. Olaf Enge-Rosenblatt | Fraunhofer EAS |
| Prof. Dr. Diana Göhringer | Technische Universität Dresden |
| Prof. Dr. Michael Hübner | Brandenburgische Technische Universität Cottbus-Senftenberg |
| Dr. Uwe Mönks | coverno GmbH |
| Prof. Dr. Oliver Niggemann | Fraunhofer IOSB-INA |
| Dr. Steffen Priesterjahn | Diebold Nixdorf, Paderborn |
| Prof. Dr. Ralf Salomon | Universität Rostock |
| Prof. Dr. Karl Schaschek | Hochschule der Medien, Stuttgart |
| Christoph-Alexander Holst | Institute Industrial IT |

# Table of Contents

## Communication in Automation

# Image Processing in Automation

# Communication in Automation

# TSN basierte automatisch etablierte Redundanz für deterministische Kommunikation

Franz-Josef Götz[1], Feng Chen[2], Marcel Kießling[1], Jürgen Schmitt[3]

[1]Siemens AG
Process Industries and Drives Division
Technology and Innovations
PD TI AT 4
Gleiwitzer Str. 555, 90475 Nürnberg
franz-josef.goetz@siemens.com
kiessling.marcel@siemens.com

[2]Siemens AG
Digital Factory
Technology and Innovations
DF TI AT 2
Gleiwitzer Str. 555, 90475 Nürnberg
chen.feng@siemens.com

[3]Siemens AG
Digital Factory
Customer Services
DF CS SD EH 1 3
Werner-von-Siemens-Str. 65, 91052 Erlangen
juergen.jues.schmitt@siemens.com

**Zusammenfassung.** Mit der Einführung von Industrie 4.0 werden neue Anforderungen an industrielle Netzwerke gestellt. Eine der neuen Anforderungen ist, deterministische Kommunikation nicht nur in der Maschine, sondern auch Maschinenübergreifend zu ermöglichen. Deterministische Maschinen-Maschinen Kommunikation soll in Zukunft auch Dynamik, Robustheit und hohe Verfügbarkeit unterstützen. Um herstellerübergreifende deterministische Kommunikation auf Ethernet basierenden Netzwerken umzusetzen, werden Standards benötigt. Die IEEE 802.1 Arbeitsgruppe für Time-Sensitive-Networking (TSN) hat sich zur Aufgabe gestellt Bausteine für deterministisches Ethernet für zeitkritische Applikationen zu standardisieren, welche auch die erweiterten industriellen Anforderungen erfüllen. Dieser Beitrag erläutert, wie sich die Bausteine für klassenbasierte Streams zusammenfügen lassen um flexible, robuste und redundante deterministische Kommunikation zu ermöglichen.

© Der/die Herausgeber bzw. der/die Autor(en) 2020
J. Jasperneite, V. Lohweg (Hrsg.), *Kommunikation und Bildverarbeitung in der Automation*,
Technologien für die intelligente Automation 12, https://doi.org/10.1007/978-3-662-59895-5_1

# 1    Einleitung

In der IEEE 802.1 Arbeitsgruppe Audio-Video Bridging (AVB) wurden die Grundlagen für deterministisches Ethernet mit dem Ende der Arbeiten im Jahr 2012 gelegt. Die wesentlichen Ziele waren bestimmbare maximale Latenz und berechenbarer maximaler Ressourcenbedarf an jedem Bridge-Port, um jegliche Art von Überlast auszuschließen. Um dies zu erreichen wurden verschiedene Bausteine als Erweiterung von Ethernet spezifiziert. Dazu gehörte der Credit-Based Shaper (CBS, IEEE Std 802.1 Qav-2009) und das Stream Reservation Protocol (SRP, IEEE Std 802.1Qat-2010) basierend auf einem Modell mit klassenbasierten Streams.

# 2    Mechanismen für Quality of Service (QoS)

Um unterschiedliche QoS Anforderungen für unterschiedliche Märkte zu erfüllen, hat die IEEE802.1 im Rahmen von AVB und TSN eine Reihe an Mechanismen und Protokollen spezifiziert. Die IEEE 802.1 bietet heute zwei Kategorien von Lösungen an, „Reserved Streams" und „End-to-End (E2E) Scheduled Streams", wie in der Abbildung 1 dargestellt.

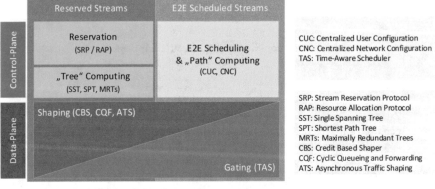

**Abb. 1.** Abhängigkeit Control-Plane zu Stream Kategorien

Abbildung 1 stellt grob die unteren „Planes" von Bridging dar, die für Streams von Bedeutung sind. Während die Data-Plane für QoS im Wesentlichen den Focus auf das Leeren der Sendequeues der Bridges auf Links richtet, ist die Control-Plane für das Registrieren bzw. Einrichten von Streams zuständig.

Reserved Streams setzt in der Control-Plane Reservierung voraus. Reservierung selbst wiederum hat Anforderungen an die Data-Plane. Die dafür eingesetzten Data-Plane Mechanismen (z.B. Shaping) müssen sicherstellen, dass Ressourcen und Latenz per Hop mit lokalem Wissen berechenbar werden. Die Kombination Shaping und Re-servierung schafft eine skalierbare Grundlage für eine verteilte, dynamische und auto-matische Konfiguration von Streams in Ethernet basierten Netzwerken.

Für zeitkritische Applikationen wurden und werden in der IEEE 802.1 TSN Task Group, dem Nachfolger der AVB Task Group, weitere Shaping Mechanismen mit ver-besserten Eigenschaften entwickelt. So stellt z.b. Cyclic Queuing and Forwarding (CQF, IEEE Std 802.1Qch-2017) sicher, dass alle Frames von Streams in einem Inter-vall um einen Hop weitertransportiert werden. Künftiges Asynchronous Traffic Shaping (ATS, IEEE P802.1Qcr) dagegen stellt sicher, dass der zeitliche Mindestab-stand zwischen den Frames eines Streams in jedem Hop eingehalten wird. Eine Anfor-derung wie „Bounded Low Latency" lässt sich auch mit Shaping erfüllen, wenn man die Interferenzen per Hop begrenzt.

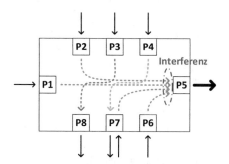

**Abb. 2.** Bridge mit Interferenz

Abbildung 2 stellt Interferenz in einer Bridge an Port P5 dar, verursacht durch Traf-fic von den Ports P1, P2, P6 und P7. Traffic von Port P3 bzw. P4 wird an Port P8 bzw. P7 weitergeleitet und hat keine Interferenzen zu dem Traffic am Ausgangsport P5. All-gemein tritt Interferenz in einer Bridge immer dann auf, wenn Traffic von unterschied-lichen Eingangsports zu einem gemeinsamen Ausgangsport weitergeleitet wird.

E2E Scheduled Streams setzten in der Control-Plane die Berechnung eines Schedules („Scheduling") für Streams voraus. Üblicherweise wird Scheduling mit „Ga-ting" Mechanismen auf der Data-Plane in Verbindung gebracht. Scheduling kann aber auch mit „Shaping" Mechanismen verknüpft werden. Scheduling bezieht sowohl End-geräte als auch das Netzwerk mit ein. Um für zeitkritische industrielle Applikationen wie Umrichter die Anforderung für niedrigste Latenz per Stream zu erfüllen, wurde der Time-Aware Scheduler (TAS) mit einem Time-Devision Multiplexing (TDM) Verfah-ren, das auf Zeit basiertem „Gating" (Abbildung 3) aufbaut, unter „Enhancements for Scheduled Traffic" (IEEE Std 802.1Qbv-2015) spezifiziert.

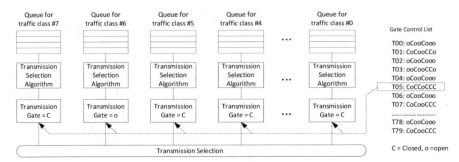

**Abb. 3.** "Gating" Erweiterungen für Scheduled Traffic

Da TAS nur Transmission Gates per Transmission Queue" festlegt, wird „Gating" nur per Traffic Class, nicht für einzelne Streams, unterstützt. D.h. eine Gruppe von E2E Scheduled Streams sind einer Traffic Class zugeordnet. Ist nun niedrigste Latenzen per Stream gefordert, muss die In-Class Interferenz innerhalb der Traffic-Class für E2E Scheduled Streams ausgeschlossen werden. Dazu ist Scheduling für jeden einzelnen Stream unter Einbeziehung der gesamten Gruppe erforderlich. Zusätzlich wird für TAS eine hochgenaue und robuste Zeitsynchronisation zwischen den Bridges und den Endgeräten vorausgesetzt. Die Berechnung des Scheduling für das Einspeisen von Streams ohne bzw. mit festgelegter Interferenz erfordert eine zentrale Berechnung. E2E Scheduled Streams setzten einen Centralized Network Configuration (CNC) und damit Remote-Management in den Netzkomponenten voraus. Um die für E2E Scheduled Streams erforderlichen Mechanismen in den Bridges und Endgeräten zu konfigurieren sind Parameter für Remote-Management in dem IEEE Std 802.1Qcc-2018 spezifiziert.

Abbildung 1 zeigt auch, dass sich die Data-Plane Mechanismen, die für Shaping und Gating standardisiert wurden, verschiedenen Ausprägungen der Control-Plane zuordnen lassen. So wird z.B. im Rahmen des Labs Network Industrie 4.0 (LNI4.0) TSN Testbed ein Demonstrator entwickelt, der zeigt, wie sich TAS mit einem verteilten Protokoll zur Stream Reservierung verknüpfen lässt.

# 3    Industrielle Anforderungen an Echtzeitkommunikation

Im industriellen Umfeld gibt es eine Vielzahl unterschiedlichster Anwendungen. Besonders in Bezug auf Latenz und Verfügbarkeit ist die Varianz der Anforderungen vielfältig.

## 3.1    Latenz

Eine oft gewählte Darstellung der Automatisierungspyramide für industrielle Control Anwendungen zeigt Abbildung 4.

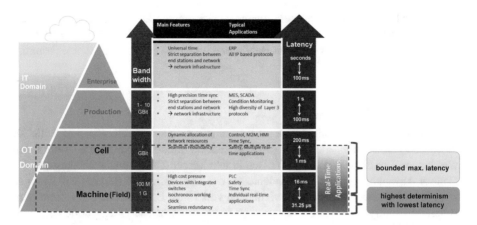

**Abb. 4.** Automatisierungspyramide für industrielle Control Anwendungen

Aus der Abbildung 4 wird ersichtlich, dass industrielle Control Anwendungen im Maschine/Field Level typischerweise andere Anforderungen an die Echtzeitkommunikation haben als Control Anwendungen im Cell Level, wo Maschinen miteinander kommunizieren. Abhängig von der industriellen Control Anwendung sind die Anforderungen an Antwortzeiten. Diese können im Bereich von wenigen zehn Mikrosekunden bis zu einigen hundert Millisekunden liegen. Sowohl E2E Scheduled Streams als auch Reserved Streams sind im Prinzip in der Lage, diese Anforderungen an die Antwortzeiten zu erfüllen. Welche Ausprägung an Control-Plane man wählt, hängt von zusätzlichen Anforderungen ab, die man an ein echtzeitfähiges Kommunikationssystem stellt.

In der IEEE 802.1 TSN Task Group wurden und werden eine Reihe an Mechanismen standardisiert, um zeitsensitive Anwendungen zu unterstützten. Folgende Kriterien sollten beispielsweise bei einer Entscheidung für ein Ethernet basiertes Kommunikationssystem miteinbezogen werden:

Benötigen in einem konvergenten Netzwerk Anwendungen, die sich das Netzwerk teilen, kürzeste Latenz per Stream oder ist eine bestimmbare maximale Latenz per Stream ausreichend?

Welche bestimmbare maximale Latenz ist über welchen Network-Diameter gefordert oder soll Determinismus unabhängig von der Ausdehnung des Netzwerks unterstützt werden können?

Soll ein Kommunikationssystem eine Minimierung der Austauschzeit für Echtzeitdaten unterstützen?

Soll ein Kommunikationssystem unterschiedliche „Latenzklassen" für verschiedene Anwendungen gleichzeitig unterstützen?

Kann sich das Kommunikationssystem auf bestimmte Vorzugstopologien beschränken (z.B. Beschränkung auf Linien und Ringe)?

Soll ein Kommunikationssystem dynamische Kommunikationsbeziehungen (unabhängig von der Reihenfolge des Einrichtens) mit Echtzeitanforderungen unterstützen? Wieviel Prozent der verfügbaren Bandbreite im Netzwerk soll für Echtzeitkommunikation nutzbar sein?

## 3.2    Verfügbarkeit

Die Verfügbarkeit von echtzeitfähiger Kommunikation spielt eine wichtige Rolle für industrielle Anwendungen. In der Automatisierung tauschen industrielle Control Anwendungen ihre Echtzeitdaten periodisch in sehr kurzen Zyklen aus. Abhängig von der Control Anwendung liegt die Periodendauer der Applikation im Bereich von wenigen zehn Mikrosekunden bis hin zum vielfachen von 10ms. Eine industrielle Control Anwendung kann typischerweise nur wenige Applikationsperioden lang ohne neu empfangene Echtzeitdaten arbeiten.

Link Fehler in einem Bridged Ethernet Netzwerk sind eine häufige Ursache für das Ausbleiben von neuen Daten. Für das „Reparieren" eines Link Fehlers benötigen Protokolle wie das in der IEC spezifizierte Media Redundancy Protocol (MRP, IEC Std 62439-2) typischerweise zwischen dreißig und einigen hundert Millisekunden. Schon allein diese Zeit ist für viele industrielle Control Anwendung nicht akzeptabel.

Deshalb wurden Techniken entwickelt, die es ermöglichen Daten und Duplikate auf redundanten Wegen von einer Quelle zum Ziel zu übertragen. In der IEC Std 62439-3 wurden dafür zum einen das Parallel Redundancy Protocol (PRP) und High-availability Seamless Redundancy (HSR) standardisiert. PRP und HSR haben gemeinsam, dass redundant übertragene Frames mit Hilfe einer Sequenznummer erkannt werden.

PRP geht davon aus, dass jedes Endgerät an zwei LAN's, bezeichnet als LAN_A und LAN_B, angeschlossen ist. Endgeräte, die als Quelle für Daten agieren, speisen diese in LAN_A und LAN_B ein. Endgeräte, die als Empfänger agieren, empfangen die Daten von LAN_A und LAN_B, filtern anhand der Sequenznummer die Duplikate, und leiten dann die Daten an die Anwendung weiter. Die Sequenznummer wird als Trailer im PRP-Frame übertragen. PRP wurde vor allem für Ende-zu-Ende Redundanz entwickelt.

Endgeräte, die die HSR Mechanismen unterstützen, können sowohl einfach als auch redundant an einem auf Ring-Topologie basierenden HSR Netzwerk angeschlossen sein. Frames, die mit Hilfe der HSR Mechanismen übertragen werden, haben im Header eine zusätzliche HSR Kennung mit Sequenznummer. Bei HSR geht man davon aus, dass jede Netzkomponente das „Replizieren" bzw. „Eliminieren von Duplikaten" unterstützt. Frames mit HSR Kennung werden im Ring geflutet. Um zirkulierende Frames mit HSR Kennung zu verhindern, werden in jeder Netzkomponente an jedem Port Duplikate gefiltert.

Frame Replication and Elimination for Reliability (FRER, IEEE Std 802.1CB-2017) hat einige der Grundprinzipien von PRP und HSR aufgenommen um z.B. Streams redundant im Netzwerk übertragen zu können. Obwohl FRER hauptsächlich als Technologie für „Seamless Redundancy" entwickelt wurde, kann FRER grundsätzlich auch dazu verwendet werden, die Wahrscheinlichkeit von Frame Verlusten auf Grund von Fehlern auf der Übertragungsstrecke zu minimieren. Mit FRER wurde die Möglichkeiten geschaffen, Ende-zu-Ende Redundanz zu unterstützen, ohne dafür zwei LANs vorauszusetzen. Aber auch „Seamless Redundancy" mit einem Redundancy Tag (R-Tag) wird unterstützt. Redundante Streams werden im Standard für FRER als „Compound Streams" bezeichnet, die sich aus „Member Streams" zusammensetzen.

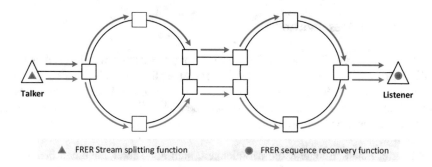

**Abb. 5.** Ende-zu-Ende Redundanz mit FRER in den Endgeräten

Abbildung 5 zeigt ein Beispiel für Redundanz mit FRER in den Endgeräten. Ein Talker sendet für einen Compound Stream zwei Member Streams, die sich auf der Data-Plane anhand des VLAN Identifier (VID) unterscheiden. Die VID der einzelnen Member Streams wird dazu verwendet, diese entlang der disjunkten Pfade zum Lister zu leiten.

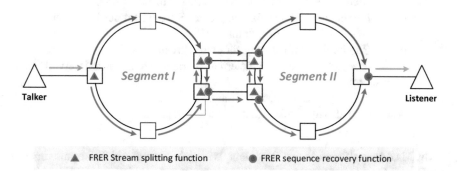

**Abb. 6.** Redundanz mit FRER im Netzwerk

Die mit FRER eingeführten Mechanismen zum Replizieren von Frames bzw. zum Eliminieren von Duplikaten sind nur in bestimmten Bridges für einen Stream abhängig von der Position des Talkers bzw. des Listeners im Netzwerk notwendig.

FRER in einem Netzwerk, wie in Abbildung 6 dargestellt, kann auch dazu verwendet werden, um die Verfügbarkeit eines Netzwerkes weiter zu erhöhen. Pro Segment, im obigen Beispiel ein Ring, kann mit FRER je ein Link Fehler beherrscht werden, ohne dass die Ende-zu-Ende Kommunikation zwischen Talker und Listener unterbrochen ist. Dieses dargestellte Prinzip wird auch als „Segment Protection" bezeichnet.

Die folgenden Kapitel beschränken sich ausschließlich auf das Reserved Stream Modell, da der in den späteren Kapiteln beschriebene Ablauf in der Control-Plane auf ein verteiltes Protokoll zur Stream Reservierung aufbaut.

# 4 Stream Reservation

Im Jahr 2007 hat die IEEE 802.1 AVB Task Group mit der Entwicklung eines Protokolls begonnen, bekannt als SRP, dass Endgeräten die Möglichkeit gibt, für einen Stream sowohl Pfad, Bandbreite als auch Ressourcen in einem Bridged Ethernet Netzwerk zu reservieren. Die Quelle eines Streams bezeichnet SRP als Talker, während die Senke als Listener bezeichnet wird.

SRP gibt einem Endgerät die Möglichkeit, sich als Talker für einen bestimmten Stream in einem Netzwerk, mittels einer Stream Beschreibung, in SRP Talker-Advertise Attribut genannt, zu registrieren. Jede Netzkomponente registriert bei sich für jedem Stream das Talker-Advertise Attribut und propagiert es zur nächsten Bridge weiter. Neben der Talker-Advertise Attribut Registrierung speichert jede Bridge bei sich auch ab, über welchen Empfangsport das jeweilige Talker-Advertise Attribut empfangen wurde.

Die wesentlichen Parameter des Talker-Advertise Attributes sind:
- Die Parameter zur Identifizierung eines Streams auf der Data-Plane:
  Ziel MAC Adresse, Priorität und VID.
- Die Bandbreitenanforderung für einen Streams:
  Sie setzt sich aus den Parametern MaxFrameSize und MaxIntervalFrames zusammen.
- Die per Hop akkumulierte maximale Laufzeit:
  Sie wird als AccumulatedLatency bezeichnet.

Mit MaxIntervalFrames wird festgelegt, wie viele Frames ein Talker maximal per sog. Class-Measurement-Interval (CMI) in einem Stream sendet. Das CMI ist klassenspezifisch und schafft eine gemeinsame Basis zur Interpretation der Stream Bandbreitenanforderung. Der Ressourcenbedarf für einen Stream kann somit in einer Bridge lokal berechnet werden.

Traffic Shaper wie z.B. CBS und ATS schließen mit ihrer „Shaping" Funktion aus, dass Schwebungseffekte für Frames von Streams im Netzwerk auftreten, so dass die lokal berechneten und reservierten Ressourcen immer ausreichend sind.

SRP sieht vor, dass sich einer bzw. mehrere Listener für einen Stream mit Hilfe des Listener-Join Attributes registrieren können. Das Listener-Join Attribut wird im Netzwerk Hop-bei-Hop über den registrierten Empfangsport des Talker-Advertise Attributes zurück zum Talker propagiert. Jede Bridge, die das Listener-Join Attribut auf dem Pfad zurück zum Talker empfängt, registriert es auch bei sich. Neben der Registrierung des Listener-Join Attributes erfolgt die eigentliche Stream Reservierung:
Jede Netzkomponente prüft für sich, ob genügend Bandbreite und Ressourcen an den jeweiligen Ports für den Stream vorhanden sind. Ist dies der Fall, wird das Weiterleiten in der Bridge für den Stream eingerichtet und der Traffic Shaper am Ausgangsport entsprechend der für Streams angeforderten Bandbreite konfiguriert.

Das Versenden der Talker-Advertise bzw. Listener-Join Attribute muss vom jeweiligen Talker bzw. Listener zur sogenannten „Lebendüberwachung" periodisch wiederholt werden. Bricht das periodische Senden von Talker-Advertise bzw. Listener-Join Attributen für einen Stream ab, wird die Stream Reservierung rückgängig gemacht. Dafür werden die jeweiligen Registrierungen in den Bridges gelöscht und die entsprechenden Ressourcen freigegeben. Das Stream Reservierungsprotokoll unterstützt somit eine wesentliche Anforderung für dynamische Kommunikationsbeziehungen mit Unterstützung für Diagnose.

Damit sich der Pfad für eine Stream Reservierung nicht ständig ändert, wird für das Propagieren der Talker-Advertise Attribute eine schleifenfreie Topologie in Form eines Spannbaums vorausgesetzt. Im IEEE 802.1 Standard spricht man von einer „Aktiven Topologie", die mit Hilfe der VID adressiert wird. Eine „Aktive Topologie" kann durch ein physikalisch schleifenfreies Netzwerk bzw. mittels Algorithmen zur Pfadberechnung entstehen.

12

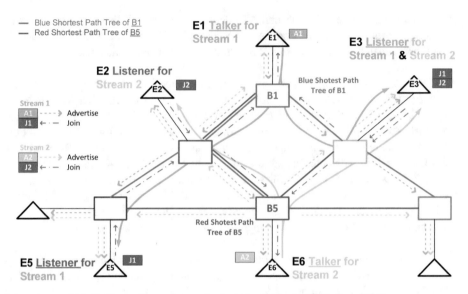

**Abb. 7.** Stream Reservierung basierend auf Shortest Path Tree (SPT)

Abbildung 7 zeigt ein Beispiel zur Etablierung von zwei Streams. Im Netzwerk gibt es zwei Talker (Endgeräte E1 und E6) sowie drei Listener (Endgeräte E2, E3 und E5). Außerdem werden zwei Bäume dargestellt. Mit rot wird der Shortest Path Tree (SPT) von Bridge B5 dargestellt, während mit blau der SPT von Bridge B1 dargestellt wird. Das Endgerät E1 mit Talker von Stream 1 ist an Bridge B1 angeschlossen, während Endgerät E6 mit Talker von Stream 2 an Bridge B5 angeschlossen ist. Um die Eigenschaften von SPT auszunutzen wird für Stream 1 das Taker-Advertise Attribut A1 über den blauen Baum (Blue Shortest Path Tree of B1) während die für Stream 2 das Talker-Advertise Attribut A2 über den roten Baum (Red Shortest Path Tree of B5) verteilt wird. Der Listener eines Endgerätes, z.B. E5, registriert sich für das Empfangen von z.B. Stream 1 mit Hilfe des Listener-Join Attributes J1. Das Listener-Join Attribut J1 wird vom Listener über das Netzwerk Hop-zu-Hop zurück zum Talker, in diesem Fall zu E1, propagiert. Nach dem gleichen Prinzip werden auch die Streams für die Listener der Endgeräte E2 und E3 etabliert.

Mit der Hop-zu-Hop Propagierung des Talker-Advertise Attributes werden nicht nur die Wegeeigenschaften (z.B. kürzester Weg) von Streams festgelegt, sondern es wird auch die maximale Latenz vom Talker zu allen potentiellen Listenern durch das Netzwerk ermittelt. Jede Netzkomponente addiert beim Weitergeben des Talker-Advertise Attributes ihre „Worst-Case" Latenz zur „AccumulatedLatency". Der „Worst-Case" per Hop ist abhängig von den maximal zugelassenen Interferenzen, verursacht durch Traffic Classes mit höherer Priorität, durch den Traffic in der gleichen Traffic Class und durch die maximale Größe von Frames der Traffic Classes mit niedrigerer Priorität.

Legt man einen einzelnen Baum als Eigenschaft für den Pfad zugrunde und im Netzwerk wird ein Link weggenommen bzw. es tritt ein Link Fehler auf, hat dies Auswirkung auf die Topologie und damit auch Auswirkung auf dem Baum. D.h. wenn sich ein Baum ändert, ändern sich damit auch möglicherweise die Wege für das Propagieren von Talker-Advertise Attributen und damit der Pfad für Streams. Dies hat zur Folge, dass aufgrund von Topologie-Änderungen etablierte Stream Reservierungen abgebaut und auf Basis der neuen Topologie wieder automatisch aufgebaut werden. So wie z.B. für die Dauer eines Verbindungsaufbaus keine Zeit garantiert werden kann, kann auch für die Dauer einer Stream Reservierung keine Zeit garantiert werden. Für Anwendungen, die nur über eine eng begrenzte Zeit ohne neue Daten arbeiten können, ist Stream Reservierung basierend auf einem einzelnen Baum mit Umschaltredundanz zwischen Talker und Listener nicht geeignet.

# 5 Redundante Stream Reservierung

Um Determinismus, wie er für Reserved Streams bzw. für E2E Scheduled Streams entwickelt wurde, für Anwendungen mit hohen Verfügbarkeitsanforderungen nutzbar zu machen, werden Streams über möglichst disjunkte redundante Pfade zwischen Talker und Listener ausgetauscht. Damit wird sichergestellt, dass ein einzelner Link Fehler im Netzwerk nicht zu einer Unterbrechung des deterministischen Datenaustausches führt.

Damit dafür in einem beliebigen Netzwerk möglichst disjunkte redundante Bäume gefunden werden, sind im Standard für Path Control and Reservation (PCR, IEEE Std 802.1Qca-2015) Möglichkeiten standardisiert worden. PCR spezifiziert ein verteiltes Verfahren zur Ermittlung von möglichst disjunkten redundanten Bäumen.

Die Wurzel von sog. Maximally Redundant Trees (MRTs), über die Streams redundant übertragen werden, ist immer die Bridge, über deren Port, sogenannten Edge-Port, das Gerät des Talkers angeschlossen ist. In den folgenden Kapiteln wird diese Bridge als „Talker-Bridge" bezeichnet. Alle anderen Bridges mit Edge-Ports werden als „Listener-Bridge" bezeichnet.

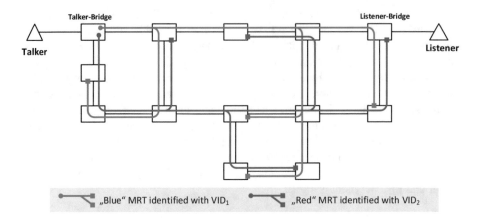

**Abb. 8.** Leiter-Topologie mit Maximally Redundant Trees (MRTs)

Abbildung 8 zeigt eine sogenannte Leiter-Topologie mit zwei möglichst disjunkten redundanten Bäumen, deren gemeinsame Wurzel die sogenannte Talker-Bridge ist. Netzwerke, basierend auf Ethernet, setzen eine konsistente VLAN Konfiguration voraus. Die VLAN Konfiguration weist jeder VID eine aktive Topologie (einem Baum) zu.

## 5.1 End-to-End Frame Replication and Elimination for Reliability (E2E FRER)

Die folgende Beschreibung für E2E FRER geht davon aus, dass Endgeräte Streams redundant in ein Netzwerk einspeisen. Die redundant eingespeisten Streams werden im Netzwerk über möglichst disjunkte Pfade übertragen und ein Listener empfängt Duplikate eines Streams.

Mit Hilfe der VLAN Konfiguration wird festgelegt, welche VIDs für E2E FRER verwendet werden. Anhand der Stream Destination-MAC-Address, der verwendeten VID und eingetragenen Sequenznummer können Duplikate erkannt werden. Damit eine Anwendung im Listener Endgerät nur einmal die Daten empfängt, werden Duplikate vom Listener eliminiert. Für Bridges sind keine besonderen Erweiterungen notwendig um E2E FRER zu unterstützten.

Die Stream Reservierung erfolgt für jeden einzelnen Member Stream, der zu einem Compound Stream gehört. Die beiden Stream Reservierung lassen sich anhand der Stream ID und VID identifizieren. Der Talker eines Compound Streams registriert sich und die entsprechenden Member Streams in einem Netzwerk durch das Senden von zwei Talker-Advertise Attributen. Die beiden Talker-Advertise-Attribute unterscheiden sich lediglich an der VID. Jede Bridge registriert bei sich die Talker-Advertise Attribute und propagiert diese über die entsprechenden Ports der jeweiligen aktiven Topologie weiter.

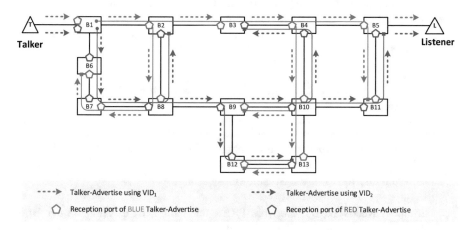

**Abb. 9.** Ende-zu-Ende Talker-Advertise Attribut Propagierung

Abbildung 9 zeigt beide Talker-Advertise Attribute für einen Compound Stream, die entsprechend ihrer VID über zwei maximal disjunkte Bäume propagiert werden. Listener für einen Compound Stream registrieren sich mit Hilfe von zwei Listener-Join Attributen, die sich ebenfalls anhand der VID unterscheiden. Jede Netzkomponente registriert empfange Listener-Join Attribute und gibt diese über den registrierten Empfangsport des entsprechenden Talker-Advertise Attributes zurück.

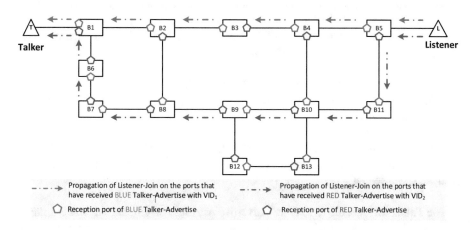

**Abb. 10.** Ende-zu-Ende Listener-Join Attribut Propagierung

Abbildung 10 zeigt beide Listener-Join Attribute für einen Compound Stream, die entsprechend ihrer VID über zwei maximal disjunkte Bäume zurück zum Talker propagiert werden.

Zusammengefasst kann gesagt werden, dass der Reservierungsvorgang zur Unterstützung von End-to-End FRER vergleichbar ist mit der Vorgehensweise der Reservierung für einzelne Streams, ausgenommen von den unterschiedlichen VIDs in den Talker-Advertise bzw. Listener-Join Attributen.

## 5.2 Network Frame Replication and Elimination for Reliability (Network-FRER)

Eine Leiter-Topologie, wie sie in Abbildung 8 dargestellt ist, kann Verfügbarkeit auch dann gewährleisten, wenn im Netz mehrere Link Fehler auftreten. Dies Kapitel beschreibt den Ablauf zur Konfiguration von Network-FRER in Bridges auf der Basis eines verteilten Protokolls zur Stream Reservierung.

In einem Netzwerk, das Network-FRER unterstützt, ist es Aufgabe der Bridges, Frame Replikation und Duplikat Elimination zu unterstützen. Für Network-FRER ist wie bei E2E FRER ebenfalls eine entsprechende VLAN Konfiguration erforderlich.

Senden bzw. empfangen Endgeräte einen Stream der im Netzwerk als Compound Stream übertragen werden soll, so muss den Endgeräten bekannt sein, welche VID/VIDs für die Stream Reservierung in der Control-Plane und welche VID/VIDs zum Senden bzw. Empfangen der Streams in der Data-Plane zu verwenden sind.

In einem Netzwerk, das Network-FRER unterstützt, müssen dem Reservierungsprotokoll die konfigurierten VIDs, die von Endgeräten verwendet werden, sowie die VIDs zur Adressierung der MRTs im Netzwerk bekannt sein. Zusätzlich braucht das Reservierungsprotokoll Wissen über die VID/VIDs, die zur Übertragung von Streams (Data-Plane) im Netzwerk vorgesehen ist/sind.

Wie aus Abbildung 6 für Network-FRER ersichtlich, wird in diesem Abschnitt davon ausgegangen, dass Endgeräte keinen Compound Stream, sondern einen Stream in ein Netzwerk registrieren.

Der Talker eines Endgerätes registriert sich und seinen Stream im Netzwerk durch das Senden eines Talker-Advertise Attributes, das die VID enthält, die für Endgeräte festgelegt worden ist.

Die Talker-Bridge, die ein Talker-Advertise Attribut von einem Endgerät empfängt, registriert bei sich das Attribut, repliziert es, weist den replizierten Talker-Advertise Attributen die entsprechenden VIDs zu, die zur Adressierung der entsprechenden MRTs festgelegt worden sind und propagiert dieses über die entsprechenden Ports, die der aktiven Topologie für die jeweilige VID zugeordnet sind, weiter.

Jede weitere Bridge, die ein Talker-Advertise empfängt, registriert bei sich das Attribut, repliziert das Talker-Attribut, weist den replizierten Talker-Attributen die entsprechenden VIDs zu und propagiert diese über die entsprechenden Ports, die der aktiven Topologie für die jeweilige VID zugeordnet sind, weiter.

Eine Listener-Bridge, die ein Talker-Advertise Attribut empfängt, registriert bei sich das Attribut, weist dem Talker Advertise Attribut die im Netzwerk festgelegte Endgeräte VID zu und propagiert es über ihre Edge-Ports zu Endgeräten weiter.

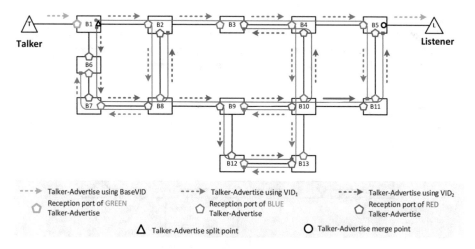

**Abb. 11.** Network-FRER Talker-Advertise Attribut Propagierung

Abbildung 11 zeigt den Ablauf in einem Netzwerk, das Network-FRER unterstützt, wie ein Talker-Advertise Attribut vom Endgerät für einen „Compound Stream" im Netzwerk entsprechend der VID über zwei maximal disjunkte Bäume bis zu den Endgeräten propagiert wird.

Der Listener eines Endgerätes, registriert sich und den Empfang des Streams im Netzwerk durch das Senden eines Listener-Join Attributes mit der VID, die für Endgeräte festgelegt worden ist.

Eine Listener-Bridge, die ein Listener-Join Attribut von einem Endgerät empfängt, registriert bei sich das Attribut, repliziert es, weist den replizierten Listener-Join Attributen die entsprechenden VIDs zu, die zur Adressierung der entsprechenden MRTs festgelegt wurden und propagiert diese über die entsprechenden Empfangsports der Talker-Advertise Attribute zurück in Richtung Talker.

Jede weitere Bridge, die ein Listener-Join Attribut empfängt, registriert bei sich das Attribut, repliziert es, weist den replizierten Listener-Join Attributen die entsprechenden VIDs zu und propagiert die Listener-Join Attribute über die entsprechenden Empfangsports der Talker-Advertise Attribute zurück in Richtung Talker.

Eine Talker-Bridge, die ein Listener-Join Attribut empfängt, registriert bei sich das Attribut, weist dem Listener-Join Attribut die entsprechende Endgeräte VID zu und propagiert es über den Edge-Port zum Endgerät mit dem Talker weiter.

Die FRER Duplikate Filterung für die Data-Plane wird am Empfangsport des Listener-Join Attributes für einen Stream konfiguriert, sobald das Listener-Join Attribut über mehr als einen Port (mit unterschiedlichen VIDs) weitergeleitet wird.

Der in diesem Kapitel beschriebene Ablauf zur Konfiguration von Network-FRER in Bridges auf Basis eines verteilten Protokolls beweist, dass sich die Grundprinzipien von FRER auf Stream Reservation mit Attribut Replikation und Duplikate Eliminierung übertragen lassen, um hohe Verfügbarkeit zu erreichen.

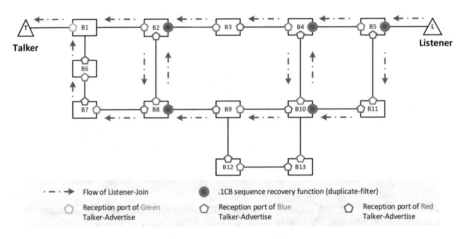

**Abb. 12.** Network-FRER Listener-Join Attribut Propagierung

Abbildung 12 zeigt in einem Netzwerk, das Network-FRER unterstützt, den Ablauf wie ein Listener-Join Attribut vom Endgerät eines Listeners für einen „Compound Stream" im Netzwerk entsprechend der enthaltenen VIDs über zwei maximal disjunkte Bäume bis zum Endgerät des Talkers propagiert wird.

Mit Network-FRER lässt sich mit der in Abbildung 8 dargestellten Leiter-Topologie sowohl die Verfügbarkeit von Streams auf der Data-Plane als auch die Robustheit der Reservierung in der Control-Plane erhöhen. Der in diesem Kapitel beschrieben Ablauf beweist, dass sich die Einrichtung von FRER-Funktionen in Bridges wie „Compound Stream Identification", „Frame Replication " und „Duplicate Elimination" auf Basis eines verteilten Protokolls zur Stream Reservierung einfach umsetzten lässt.

Abbildung 13 zeigt typische industrielle Netzwerke mit redundant gekoppelten Ringen. Für solche Ring-Topologien kann auf eine Erfassung der Topologie und Pfadberechnung (beides ist Grundvoraussetzung für MRT) verzichtet werden. Ein Protokoll zur Stream Reservierung für das Einrichten von „Compound Streams" ist in derartigen Netzwerken ausreichend.

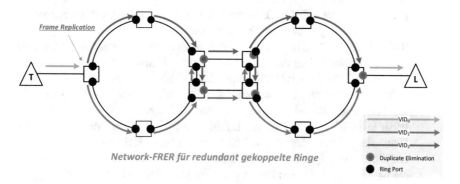

**Abb. 13.** Network-FRER für redundant gekoppelte Ringe

# 6 Fazit

Aus Sicht der Editoren lassen sich mit einem Konzept basierend auf Stream Reservierung auf der Control-Plane einfache deterministische Kommunikationssysteme entwickeln, die die Anforderungen von Industrie 4.0 an industrielle Netzwerke für Dynamik und Robustheit erfüllen. SRP, im IEEE Std 802.1Qat-2010 spezifiziert, bietet beste Voraussetzungen, allerdings sind Erweiterungen wie z.B. für Redundanz und für die Unterstützung der neuen Shaping Mechanismen, die im Rahmen von TSN für Streams entwickelt wurden bzw. noch werden, notwendig. Aus diesem Grund hat die IEEE802.1 TSN Task Group für die 2. Generation des Stream Reservierung Protokolls in der IEEE 802.1 das Projekt Resource Allocation Protocol (RAP, IEEE P802.1Qdd) gestartet.

## Literatur

[1]     IEEE Std. 802.1Q-2018 – IEEE Standard for Local and Metropolitan Area Networks – Bridges and Bridged Networks

[2]     IEEE Std. 802.1Q-2014 clause 35 – IEEE Standard for Local and Metropolitan Area Networks – Stream Reservation Protocol (SRP)

[3]     IEEE Std. 802.1Qav-2009 – IEEE Standard for Local and Metropolitan Area Networks – Amendment: Forwarding and Queuing Enhancements for Time-Sensitive Streams

[4]     IEEE Std. 802.1Qbv-2015 – IEEE Standard for Local and Metropolitan Area Networks – Amendment: Enhancements for Scheduled Traffic

[5]     IEEE Std. 802.1Qch-2017 – IEEE Standard for Local and Metropolitan Area Networks – Amendment: Cyclic Queuing and Forwarding

[6]     IEEE Std. 802.1Qcc-2018 – IEEE Standard for Local and Metropolitan Area Networks – Amendment: Stream Reservation Protocol (SRP) Enhancements and Performance Improvements

[7]     IEEE P802.1Qcr – IEEE Draft for Local and Metropolitan Area Networks – Amendment: Asynchronous Traffic Shaping

[8]     IEC Std. 62439-2 MRP – International Electronical Commission (IEC) Standard for Industrial Communication Networks – Media Redundancy Protocol

[9]     IEC Std. 62439-3 PRP/HSR – International Electronical Commission (IEC) Standard for Industrial Communication Networks – Parallel Redundancy Protocol and High-availability Seamless Redundancy

[10]    IEEE Std. 802.1CB-2017 – IEEE Standard for Local and Metropolitan Area Networks – Frame Replication and Elimination for Reliability (FRER)

[11]    IEEE Std. 802.1Qca-2015 – IEEE Standard for Local and Metropolitan Area Networks – Amendment: Bridges and Bridged Networks

[12]    IEEE P802.1CS – IEEE Draft for Local and Metropolitan Area Networks – Link-local Registration Protocol (LRP)

[13]    Chen, F., et. al: Resource Allocation Protocol (RAP, IEEE P802.1Qdd) based on LRP for Distributed Configuration of Time-Sensitive Streams – IEEE 802.1 Public Docs, 2018.

[14]    LNI 4.0 Testbed TSN (http://www.ieee802.org/1/files/public/docs2018/liaision-LNI40-Testbed-TSN-0918-v00.pdf)

# Arduino based Framework for Rapid Application Development of a Generic IO-Link interface

Victor Chavez, Jörg Wollert

Department of Mechatronics and Embedded systems
FH Aachen University of Applied Sciences
Goethestraße 1, 52064 Aachen
chavez-bermudez@fh-aachen.de
wollert@fh-aachen.de

**Abstract.** The implementation of IO-Link in the automation industry has increased over the years. Its main advantage is it offers a digital point-to-point plug-and-play interface for any type of device or application. This simplifies the communication between devices and increases productivity with its different features like self-parametrization and maintenance. However, its complete potential is not always used.

The aim of this paper is to create an Arduino based framework for the development of generic IO-Link devices and increase its implementation for rapid prototyping. By generating the IO device description file (IODD) from a graphical user interface, and further customizable options for the device application, the end-user can intuitively develop generic IO-Link devices. The peculiarity of this framework relies on its simplicity and abstraction which allows to implement any sensor functionality and virtually connect any type of device to an IO-Link master. This work consists of the general overview of the framework, the technical background of its development and a proof of concept which demonstrates the workflow for its implementation.

## 1    Introduction

The IO-Link specification has expanded the features that sensors and actuators can have. Its features include self-parametrization, maintenance and generic data structures. Its implementation has increased the available options for developers and manufacturers in the automation industry.

However, the development of these devices does not follow a unique workflow and can depend on the manufacturer. This paper proposes a solution to simplify its development and allow rapid-prototyping development. With the creation of an Arduino based framework, all the available features of an IO-Link device are accessible to any developer through an abstraction layer that simplifies its use.

J. Jasperneite, V. Lohweg (Hrsg.), *Kommunikation und Bildverarbeitung in der Automation*,
Technologien für die intelligente Automation 12, https://doi.org/10.1007/978-3-662-59895-5_2

## 2 Framework overview

The design of the framework was intended to have an easy-to-use approach, such that the end-user didn't need to understand in a detailed manner the IO-Link specification. Its main objective was to create a tool that enabled a rapid prototyping approach and focused more time on to the development of device applications.

To simplify the workflow a graphical user interface (GUI) was developed. It allows the end-user to set up the device parameters and generate the IODD file. Furthermore, it creates a header file to setup options for the firmware application. Another essential part was the hardware interface that communicates with the IO-Link master. The general overview of the interaction between all the described components is shown in Figure 1.

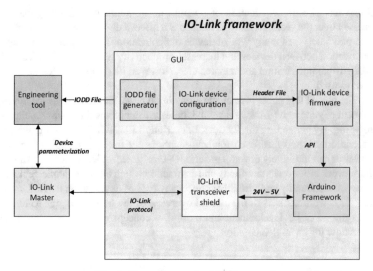

**Fig. 1.** General overview of framework

## 3 Firmware

The backbone of the system is the firmware, which runs in the background of the end-user's device application. For the selection of the embedded processor the Arduino Framework was used since it's a well-known low-cost and open-source platform that meets the requirements for its use as an IO-Link device.

The arduino framework consists of different development boards, for this particular case the Arduino Nano (atmega328p) was used due to its small factor size and enough peripherals (i.e. ADC, GPIO's, I2C/SPI). The microcontroller's peripherals used for the firmware's operation were the UART and two I/O pins to synchronize the data exchange according to the IO-Link specification.

Nevertheless, using this board brought certain limitations. The first one is the maximum baud rate supported for IO-Link. This meant that the COM2 mode transmission was used (38,4 kbit/s). In addition, the EEPROM is used to save non-volatile parameters of the device. Since the writing speed is rated to 3,3 ms per byte [1], this limits the maximum amount of writeable parameters without blocking the device application.

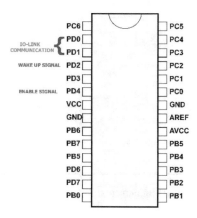

**Fig. 2.** Microcontroller pinout functions

The firmware is based on the current IO-Link specification described in [2]. It contains the most important features that developers would need to use the main features of the IO-Link technology, which consist of:

- Parameter Manager (PM)
- Data Storage  (DS)
- Event Dispatcher (ED)
- Process Data Exchange unit (PDE)

The firmware operates by executing the respective state machines that manage the IO-Link device's features in the background. Each time a new process cycle occurs, the user's device application is called, which, can update its process data and execute any other defined instructions. The initialization of the firmware is done by passing as arguments the user's subroutine and process input data (if available), afterwards, in the main loop, the IO-Link state machines are executed (see Figure 3).

```
#include <device.h>

io_link_device arduinoIOLink;  //IO-Link device
uint8_t deviceData[3]; //User must use this variable to update its sensor data
uint8_t masterData[1];//User can use this variable to read data from master device

//Custom Parameters
uint8_t filter;//R-W variable Included in Data storage
uint16_t filter2;//R-W variable Included in Data storage

//User task for reading sensor and updating deviceData Variable
void sensorTask(){

arduinoIOLink.getPDOut(masterData);//Use this method to update PDOut data from master device

}

void setup() {
//Add User Parameter Variables
arduinoIOLink.addParameter(&filter,sizeof(filter),true);
arduinoIOLink.addParameter((uint8_t *)(&filter2),sizeof(filter2),true);

arduinoIOLink.initDevice(sensorTask,deviceData); //Init IO-Link Device Settings
}
void loop() {
arduinoIOLink.ioLink_Task();
}
```

**Fig. 3.** Firmware implementation in a sketch file

As aforementioned, to reduce development time, the customizable parameters of the firmware are written to a header file by means of a GUI. This header file contains the identification parameters of the devices as well indicates which IO-Link features the device will have. This implies that the final size of the firmware at compilation time will depend to a great extent on the selected features by the end-user. Table 1 shows a rough estimation of the firmware's size depending on some of these features.

**Table 1.** Firmware's size estimation at compile time

| Firmware Configuration | Flash Memory (KB) | SRAM (KB) |
|---|---|---|
| x PM    x DS<br>✓ ED  ✓ PDE | 9.39 | 0.78 |
| ✓ PM  ✓ DS<br>✓ ED  ✓ PDE | 13.30 | 0.98 |

# 4    GUI

The main interaction with the framework is done through the GUI. Its main functions are to generate the IODD file and the header file for the firmware. The input parameters are separated by four tabs (i.e. identification parameters, process data, custom parameters and events).

The "Identification Parameters" tab includes the obligatory parameters that an IO-Link device must have described in [2] and [3]. Furthermore, an interactive display shows the maximum allowed sampling time for the user´s device application taking in to account the number of custom parameters due to the EEPROM´s limitation and the time it takes to complete an M-Sequence message considering the on-request data size in operation mode and transmission mode (COM2).

**Fig. 4.** GUI for the framework

The "Process Data" tab manages the structure of the data that is going to be sent from the IO-Link master to the IO-Link device and vice versa. In addition, since some applications may have common functionalities, it is possible to implement some of the smart sensor profiles described in [4]. The "Custom Parameters" tab enables the user to have extra parameters, which are written and read from the EEPROM of the device. Finally, the "Events" tab is used to indicate if the device has any of the standard events described in [2] or add custom events by the user.

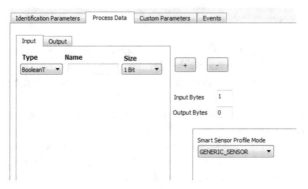

**Fig. 5.** GUI Process data tab

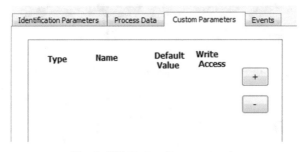

**Fig. 6.** GUI Custom Parameters tab

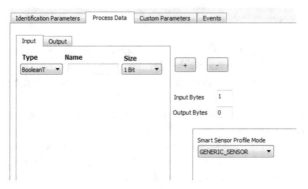

**Fig. 7.** GUI Events tab

The generation of the files is done by clicking a button. Considering that the files need to comply with the IO-Link specification, restrictions were implemented to avoid errors from the user. The GUI notifies the user if the files cannot be created through a notification window that describes any specific error (see Figure 8).

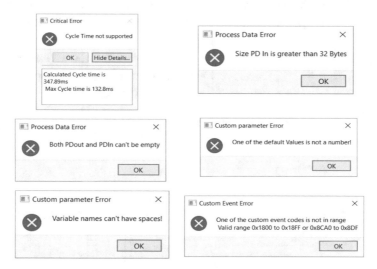

**Fig. 8.** Example of error notifications from GUI

## 5 Hardware interface

The hardware components of the framework consist of the Arduino Nano development board and the development of an Arduino IO-Link shield. This shield includes the IO-Link transceiver for the communication between the microcontroller and the IO-Link master. Table 2 shows a comparison of different transcievers in the market. The selection of the transceiver was based on a chip that could offer a minimal design setup and at least 200 mA of output current to power up the microcontroller and the sensor application. The MAX14827 falls short on simplicity and the L6362A does not provide enough output current. Therefore, the TIOL11-5 was the best option for this case since it has the lowest number of pins, enough output current and in addition integrated protection. The electric schematic of the IO-Link shield is shown in Figure 9.

**Table 2.** IO-Link transceivers comparison

| Vendor | Maxim Integrated | STMicroelectronics | Texas Instruments |
|---|---|---|---|
| Transceiver | MAX14827 | L6362A | TIOL111-5 |
| Control Interface | SPI (serial programming interface)/ Digital Pin | Digital Pin | Digital Pin |

| Pins | 24 | 12 | 10 |
|---|---|---|---|
| Size | 4 x 4 mm | 3mm x 3mm | 2.5 x 3.0 mm |
| Output voltage | 5V and 3.3V @50mA to 250mA | 5V or 3.3V @10mA | 5V @50mA to 350mA |
| Protection functions | • Reverse polarity<br>• Thermal protection | • Reverse polarity<br>• Overload with cut-off function.<br>• Thermal protection<br>• Surge protection<br>• GND and VCC open wire | • Reverse Polarity<br>• EMC Protection<br>• Surge protection<br>• Thermal Protection |

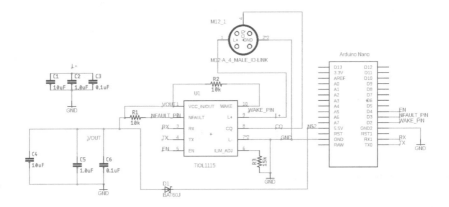

**Fig. 9.** IO-Link shield electric schematic

**Fig. 10.** IO-Link shield prototype mounted to an Arduino Nano

# 6 Proof of concept

Different features were tested to demonstrate the functionalities of the framework. The general workflow of the framework is shown in Figure 11. These tests were done with the following hardware:

- IO-Link shield PCB described in section 5
- WAGO 4-Channel IO-Link Master 750-657
- WAGO PLC 750-8206
- Arduino NANO development board

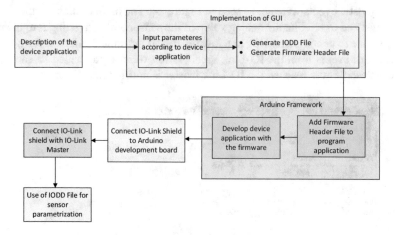

**Fig. 11.** General workflow of IO-Link device creation

## 6.1 IO-Link distance sensor

For this example, a distance sensor from Sharp model GP2Y0A21YK0F was implemented. This sensor has an analog output, which corresponds proportionally to the distance measured. Table 3 gives a full description of this device.

**Fig. 12.** Data flow of distance sensor application

**Table 3.** Device description

| Characteristics | Description | |
|---|---|---|
| **Process input data (4 bytes)** | Vendor-specific byte (1 byte) | 8-bit Value for the specific vendor application. |
| | Scale (1 byte) | Scale of the measurement value. i.e. Value*10^(scale) |
| | Measurement value (2 bytes) | 16 bit value from sensor |

The parameters were set to match the required sensor as seen in Figure 13. In addition, diagnostic events were set as seen in Figure 14. The main routine for the Arduino Nano consisted of reading the analog value of the sensor and converting it to the measured distance in centimeters. Due to a low range and far range limitation from the sensor, standard events from the IO-Link specification were implemented so each time a certain threshold was reached the IO-Link master is notified (see Figure 15).

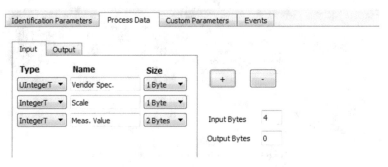

**Fig. 13.** Process data parameters for the device

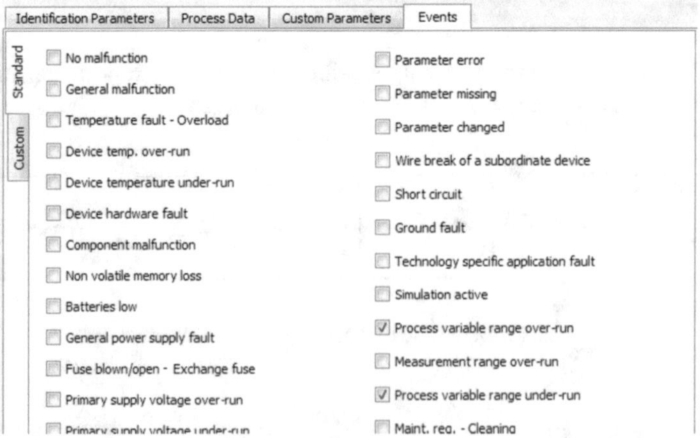

**Fig. 14.** Standard event settings for the device

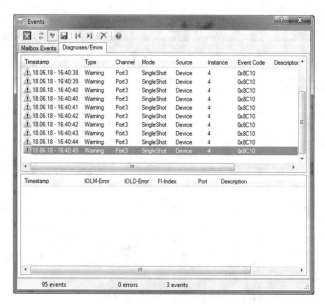

**Fig. 15.** IO-Link master detecting events from device

Through the IO-Link master the parameters from the IO-Link device were read (see Figure 16). Afterward, the distance values from the sensor are acquired through the PLC as seen in Figure 17. From the main program of the PLC, it can be seen that the size of the received data in the function block (i.e. "*udiRecievedbytes*") is the same as the one set in the GUI.

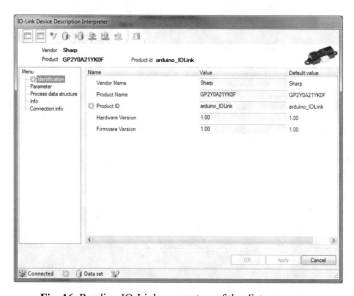

**Fig. 16.** Reading IO-Link parameters of the distance sensor

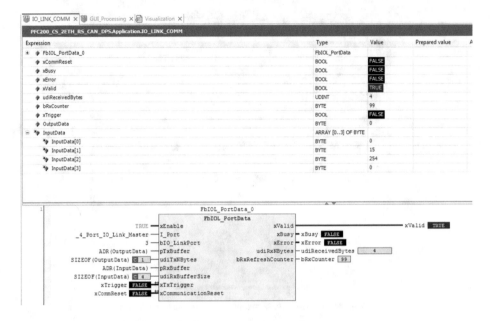

**Fig. 17.** WAGO PLC program for the distance sensor

# 7 Conclusions

The results provided by the framework demonstrate a methodology for the creation of rapid prototyping IO-Link devices. The end-user only requires a general overview of the IO-Link specification and the description of its device application. Its advantage is that with just a few steps through a GUI any type of application can be created, modified or retrofitted to IO-Link. Thus, it offers a versatile approach for the development of low-cost IO-Link devices on the fly.

Furthermore, with its high-level abstraction layer it reduces the required development time. At the same time, this opens up the possibilities for developing new interfaces and applications with IO-Link. The aforementioned advantages can contribute to increase the implementation of IO-Link and its key features.

## References

[1] Atmel, "ATmega328 / P," *AVR Microcontrollers*, p. 43, 2016.
[2] IO-link Community, "IO-Link Interface and System Specification v1.1.2." IO Link Community, Karlsruhe, 2013.
[3] IO-Link Consortium, "IO-Link Device Description v1.1." Karlsruhe, 2011.
[4] IO-Link Smart sensor profile group, "IO-Link Smart Sensor profile 2nd Edition." IO Link Community, Karlsruhe, 2017.

# On the suitability of 6TiSCH for industrial wireless communication

Dario Fanucchi[1], Barbara Staehle[2], Rudi Knorr[1,3]

[1]Department of Computer Science
University of Augsburg
86159 Augsburg
dario.fanucchi@informatik.uni-augsburg.de

[2]Department of Computer Science
University of Applied Sciences Konstanz
78462 Konstanz

[3]Fraunhofer Institute for Embedded Systems and Communication Technologies ESK
80686 Munich

**Abstract.** The IETF, concerned with the evolution of the Internet architecture, nowadays also looks into industrial automation processes. The contributions of a variety of IETF activities, initiated during the last ten years, enable now the replacement of proprietary standards by an open standardized protocol stack. This stack, denoted in the following as 6TiSCH-stack, is tailored for industrial internet of things (IIoTs). The suitability of 6TiSCH-stack for Industry 4.0 is yet to explore. In this paper, we identify four challenges that, in our opinion, may delay or hinder its adoption. As a prime example of that, we focus on the initial 6TiSCH-network formation, highlighting the shortcomings of the default procedure and introducing our current work for a fast and reliable formation of dense network.

## 1 Introduction

Wireless technology is at the same time tremendously appealing and excessively intimidating for industrial automation. On the one hand, it provides access to assets or instruments that were previously considered unreachable due to physical or economic barriers [GH09]. On the other hand, it leaves doubts on the fulfilment of critical requirements such as reliability, latency and security, which are mandatory for industrial applications [Fr15].

Plenty of wireless solutions have been proposed by academia, consortia of manufactures and standardisation bodies in recent years and for several industry sectors. However, a reality check article such as [MCV18] reveals how the level of their adoption is notably extensive only in process control applications, often characterised by more relaxed requirements (e.g., latency of 10's or 100's of ms) than those of factory automation. Here, WirelessHART [In16] and ISA100.11a

© Der/die Herausgeber bzw. der/die Autor(en) 2020
J. Jasperneite, V. Lohweg (Hrsg.), *Kommunikation und Bildverarbeitung in der Automation*,
Technologien für die intelligente Automation 12, https://doi.org/10.1007/978-3-662-59895-5_3

[Wi11] have established themselves as the two prevailing technologies, able to provide reliable wireless communication. This fact pushed IEEE to add in the recently published revision of the 802.15.4 standard [IE16] the Time-Slotted Channel Hopping (TSCH), which has a design inherited from WirelessHART and ISA100.11a. TSCH is a Medium Access Control (MAC) that orchestrates low power wireless communications through Time Division Channel Access (TDMA) combined with frequency hopping. Hence, it guarantees determinism of channel access and enhances resilience to interference.

In this context, the IETF *IPv6 over the Time Slotted Channel Hopping mode of IEEE 802.15.4* working group (6TiSCH-WG) [TW13] promotes the adoption of the open standardised protocol stack, the 6TiSCH-stack, where the upper low-power IPv6-stack and the industrial wireless technology TSCH at the bottom are glued together by the 6TiSCH-WG standardization activities.

The adoption of the 6TiSCH-Stack promises above all interoperability between vendors and seamlessly integration of industrial wireless sensor networks (IWSNs) into the Internet.

Despite these high potentials, the use of 6TiSCH-stack for Industry 4.0 is yet to explore. First, this paper identifies a list of challenges that, in our opinion, may delay or hinder its adoption. Then, as a prime example of these challenges, we focus on the initial 6TiSCH-network formation, discussing the limits of the procedure standardised by the 6TiSCH-WG as RFC8180 [VPW17]. Finally, we review related works from literature, and we introduce our current proposal for improving the 6TiSCH network formation in term of reliability and duration.

The remainder of this paper is organised as follows. Section 2 gives an overview of the 6TiSCH-Stack and its related standardisation activities. Section 3 lists the challenges that, in our opinion, may delay or hinder the adoption of the 6TiSCH-Stack in the Industry 4.0. The dynamic of the 6TiSCH-network formation, its shortcomings and possible improvements are described in Section 4. Section 5 concludes this paper.

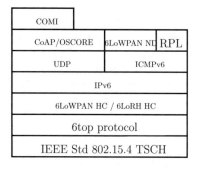

**Fig. 1.** IETF-Stack for IIoTs

# 2 Overview of 6TiSCH-stack

The 6TiSCH-stack, depicted in Figure 1, aims to replace the substantially overlapping and competing standards mentioned in Section 1 and to realise the Industrial Internet of Things (IIoTs) paradigm. The Constrained Application Protocol (CoAP) [SHB14] and UDP [Po80] are used in conjunction as transport protocol between constrained end-points for web-applications and management. IPv6 and the adaptation layer 6LoWPAN give IP-based bi-directional communication to any devices in the plant. The RPL routing protocol [Wi12] addresses the specific routing challenges in a 6TiSCH network, i.e. a multi-hop redundant mesh of up to ca. hundreds of low-power devices formed around a gateway (or sink node) and characterised by lossy links. The 6top protocol [WVW18] and other 6TiSCH standardisation activities build together the sublayer between the low-power IPv6 upper stack and the TSCH protocol at the MAC layer.

For the sake of brevity, we focus only on TSCH, RPL and a selection of 6TiSCH activities, since these two standards and their interplay orchestrated by 6TiSCH WG have the most impact on the reliability and delay-bounds offered by the 6TiSCH networks.

## 2.1 Time Slotted Channel Hopping

Time Slotted Channel Hopping (TSCH) is one of the three new MAC mode introduced by the last revision of IEEE 802.15.4 [IE16]. Different works in literature such as [Al15] and [Ku17] underline its better performance in term of end-to-end delay and flexibility in comparison to the other modes and sustain its selection done by the 6TiSCH-WG as the fit protocol for the realization of the IIoT paradigm.

TSCH borrows key elements from WirelessHART and ISA100.1 as explained below. In TSCH, time is organised as a continuously repeating sequence of slotframes formed by several timeslots, typically 10 ms or 15 ms long. In each timeslot, a node may transmit or receive a frame, or it may turn its radio off for saving energy. A value shared by all nodes in the network, called Asynchronous Sequence Number (ASN), labels each timeslot. In particular, $ASN = k \cdot N_s + t_s$ counts the total numbers of timeslots elapsed since the start of the network, where $k$ defines the slotframe cycle, $N_s$ is the slotframe size and $t_s$ points out a timeslot in one slotframe. Up to $N_c \leq 16$ different physical frequencies are available for transmission at each timeslot. As a result, TSCH provides a matrix of links (or cells) for scheduling communications in the network, where each link can be identified by a pair, $[t_s, ch_{of}]$, specifying the timeslot $t_s$ in the slotframe and the channel offset $ch_{of}$ used in that timeslot. The channel offset translates into a physical frequency as follows:

$$f = F\left[(ASN + ch_{of}) \, mod N_c\right] \tag{1}$$

The function F can be implemented as a lookup table. Simultaneous communications can take place without interfering in the same timeslot and so the network capacity is increased. In addition, Eq. (1) returns a different frequency for the same link at successive slotframes, following a pseudo-random hopping pattern. This is an efficient way to minimise the effects of multipath fading and external interference. Each link allows a node to send a frame, and if expected, to receive the related acknowledgement (ACK). Links can be *dedicated* or *shared*. Dedicated links are allocated to a single sender-receiver couple and are contention free. On the other hand, CSMA-CA regulates the transmission on shared links.

Let us consider the multi-hop network from Figure 2 and its possible TSCH schedule, illustrated as a matrix of links in in Figure 3. The number of channel offsets, i.e., the height of the matrix, is equal to the number of available frequencies ($N_c = 4$) and $N_s = 7$ is the number of timeslots in a slotframe, i.e. the width of the matrix. In particular, the link $[0,0]$ is a shared link, allocated for broadcasting frame and used by more than one transmitter node. Furthermore, simultaneous communications happen at timeslot $t_s = 1$ and $t_s = 2$ . Each node can translate this TSCH schedule into a local slotframe, where scheduled activities (transmit, receive or sleep) repeat over time, as shown in Figure 4 for the sink and node B. In particular, node B is only active in four of seven timeslots, resulting in a duty-cycle of about 57% (that is, however, atypical in practice).

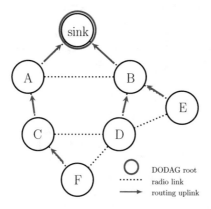

**Fig. 2.** Multi-hop network

## 2.2 Routing protocol RPL

RPL is a distance-vector protocol designed by IETF ROLL working group to operate on top of low power and lossy networks (LLNs), where energy, computation and bandwidth resources are very constrained, and communication is prone to high error rates [Wi12]. RPL is a gradient-based routing that organises nodes as a Destination Oriented Directed Acyclic Graph (DODAG). The DODAG is a directed tree, rooted at the sink, which is usually responsible for data collection. The gradient is called *rank*, and it encodes the distance of each node from the sink, as specified by an Objective Function. The Objective Function offers a

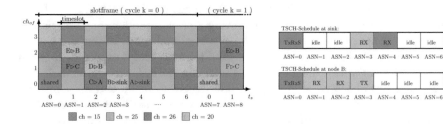

**Fig. 3.** A possible TSCH-schedule          **Fig. 4.** Locally scheduled activities

flexible way to optimise the network topology, defining which metrics and how these are used to compute a node's rank. Exchanging signaling information, each node can choose a set of parents (nodes with lower rank) among neighbours and select one as its preferred parent, which is the next-hop on a path towards the sink. Section 4.1 explains the DODAG formation procedure and its interplay with TSCH networks synchronisation, as defined by 6TiSCH in [VPW17].

## 2.3  6TiSCH-WG standardization activities

The 6TiSCH-WG faces the problem of building and maintaining multi-hop schedules for RPL-organized, TSCH-based networks. To this end, it is necessary to enhance the IEEE 802.15.4 standard, which just defines how a node executes a given TSCH schedule, and not the link allocation mechanism, i.e., how to build a TSCH communication schedule. The 6top protocol and the other standardisation activities of the 6TiSCH-WG should fill this gap.

The 6top protocol, currently defined by the draft [WVW18], acts as a sublayer and turns the complexity of the TSCH schedule in a simple IP link between neighbours for the upper layers. The 6top protocol is responsible for (1) negotiating the (de)allocation of communication links between nodes, (2) monitoring performance and (3) collecting statistics. Moreover, it provides a set of commands to support decentralised, centralised and hybrid scheduling solutions, called *Scheduling Function* using the 6TiSCH glossary.

The 6TiSCH-WG is currently defining a bootstrapping protocol by which a new mote is admitted into the multi-hop network. The 6TiSCH *minimal configuration* (6TiSCH-MC) [VPW17] provides a basic interoperability between nodes and defines and the elemental coordination between RPL and TSCH during the initial network formation. The standardisation of a secure join process [Vu18], where a node requests the admission into the network and sets up keys used to authenticate and encrypt subsequent transmission, is being currently defined.

# 3 Challenges

A quick literature research in the IEEE Xplore and ACM digital libraries reveals the steadily growing interest of the academic community for the 6TiSCH-WG and its used protocols. However, we believe that this emerging protocol stack will experience a real, massive industrial adoption in the next years only if the following challenges will be overcome.

**Challenge 1: Convergence on industrial concerns**
The 6TiSCH-WG was created to realise the vision of the IIoT, bridging the gap between industrial and information technology worlds. Hence, huge efforts were primarily dedicated to enabling IPv6 over the TSCH mode of the IEEE 802.15.4 standard and to providing a seamless integration of industrial wireless sensor nodes into the Internet. Unfortunately, this integration of the industrial network with the Internet may be perceived more as a possible security risk than an added value for several stakeholders, which consider the keeping of collected measurements inside the operational technology networks mandatory, and thus they may obstruct the adoption of 6TiSCH.

The fact that wireless nodes natively support IPv6 and may connect with any part of a production process without a protocol specific gateway enables new development methodologies. The perception of this added value can be improved by working on specific use-case deployments, i.e. for adaptable factory or predictive maintenance as targeted application. In this context, more effort to provide continuity and interoperability with legacy industrial transport and application protocols on top of 6TiSCH-stack appears for us also essential. The collaboration between 6TiSCH and *Deterministic Networking* (DetNet) [FB14] WGs goes in this direction and may foster 6TiSCH-networks as an extension of an IEEE 802.1 TSN Ethernet backbone, similarly to the past successful extension of the Fieldbus protocol Highway Addressable Remote Transducer (HART) done by WirelessHART.

**Challenge 2: Avoidance of specification - implementation mismatches**
The IETF standardization process relies both on (a) prior implementation and testing and on (b) clear and concise documentation. In the case of 6TiSCH, diverse popular open-source operating systems for WSN are implementing this family of standards and their interoperability is tested regularly [Wa16], [Pa15a]. However, the full compliance with the standards is challenging and is not always offered by those implementations. We experienced discrepancy by the implementation of particular algorithms (e.g., the generation of EBs and its periodicity), where the developer has introduced optimisations (e.g., a specific randomisation of the EB transmission period) based on experience or testing. Moreover, this issue relates to the value of default protocol parameters, which is declared in specific RFCs but adjusted in the implementation of the 6TiSCH-stack.

The lack of clear documentation on these mismatches is an entry barrier to those industry professionals that are aiming to use 6TiSCH-stack but have limited experience or time to get into this technology. Furthermore, it can lead to a distrust in the implementations. Broader documentation of lessons learned from implementers would provide a better understanding of applicability and limits of the 6TiSCH-stack and improve the perception about this technology.

**Challenge 3: Design of the management architecture scheme**
6TiSCH-WG proposes different options (static, centralised and distributed) on how to manage the communication resources, and simultaneously does not prescribe a specific policy. However, until now the 6TiSCH-WG activities have been focusing on the static and on the distributed approach, as proven by the standardisation of 6TiSCH-MC and by the active Internet-Draft on the Minimal Scheduling Function (MSF) [Ch18] respectively. This fact clashes with the experience from widely used proprietary technology in industrial automation, such as WirelessHART and ISA100. They rely on a centralised approach, where a central network manager performs complex and optimal scheduling algorithms using topology information in combination with communication requirements provided by devices and applications.

Soon, the 6TiSCH-WG will target the definition of the protocols required for the central scheduling, reusing and extending the DetNet Architecture. In this context, both the coordination of the different scheduling options supported by 6TiSCH-stack and the integration of network management functions of various industrial automation protocols are challenging and require further investigation.

Another question related to this challenge is whether and to what extent the choice of RPL as routing protocol obstacles the adoption of the 6TiSCH-stack in industrial automation. From [Ri17] and [Ri18] it emerges that the interplay between 6top protocol and the dynamic of the RPL negatively affects the performance of the 6TiSCH-networks. We believe that the re-design of several mechanisms adopted by RPL (i.e. link-quality assessment, ) for a better interplay with the 6TiSCH-stack is a prospective research topic.

**Challenge 4: Concurrence of other wireless technologies**
As mentioned in Section 2, TSCH is a building block of the 6TiSCH-stack, and it builds on IEEE 802.15.4, a standard for low-power, low-rate and short-range radio applications. Supporting multi-hop networks, the 6TiSCH-stack may extend the radius of the network (i.e., up to 1km), but the fulfilment of the typical strict industrial requirement in deep 6TiSCH-networks is unrealistic. Moreover, different Industry 4.0 use-cases needs wide-area communication [WSJ17]. In this scenario, other wireless technologies such as 5G Mobile Radio (5G), Narrow-Band IoT (NBIoT) and Long-Range WAN (LoRa) are recently developed to enable IoT connections over long-ranges (i.e., 10 - 15 km) and to establish themselves as transmission technologies for future use.

We see this challenge as an opportunity to (1) realize the vision of benchmarking low-power-wireless networking described in [Bo18], and (2) to study the coexistence and interoperability of short-range and long-range wireless technologies.

# 4 Analysis and Improvements of the 6TiSCH minimal configuration

The 6TiSCH-stack has already been subjects of several studies in the literature in the last years. The majority of them either proposes different scheduling algorithms (both centralized [Pa13] and distributed [Ac15], [Du15]) for fulfilling the strict requirements of industrial networks (e.g., in term of reliability, latency etc.) or evaluates the 6TiSCH-stack in specific context (e.g., [Pa15b], [Sc17]). These works mainly consider the data transmission, when the network is fully operational. In comparison, the initial 6TiSCH-network formation has attracted less attention from academia, although this phase is mandatory, before nodes may transmit any sensed data. Besides, the coordination between MAC and network layer is here challenging. Therefore our work aims to fill this gap.

## 4.1 6TiSCH network formation procedure

When wireless sensor nodes run TSCH and RPL protocols, they have at least to synchronise on a slotframe structure and to join a DODAG, before they can transmit the sensed data to the sink. We call these two processes *TSCH network-wide synchronisation* and *RPL DODAG construction* respectively. These two processes take place at two different layers and have to be executed by each node until the initial network formation procedure ends and the network is operational. The 6TiSCH-MC defines (1) a static TSCH-schedule for the whole network for the transmission of bootstrapping traffic and (2) the guidelines for the coordination of these two processes, as explained below. The network formation starts with the sink node (or root), which sets the static *minimal schedule*, composed by only a single shared link and a timeslots. The sink node acts as the first advertiser node by broadcasting Enhanced Beacon (EB) frames and DODAG Information Element (DIO) packets to announce the network presence. EBs are generated every $t_{eb}$ and contain all the necessary time information to allow the initial synchronisation among nodes, including the timeslot timing, the slotframe length of the *minimal schedule* and the channel hopping sequence. DIO packets are ICMPv6 control messages, which announce the DODAGID, the sender's rank and other configuration parameters used for DODAG construction and maintenance. The Trickle algorithm controls the generation rate of DIO messages as specified in [LC11], using adaptive transmission periods and a timer suppression mechanism configured mainly by the following three parameters: minimal interval size, $I_{min}$, number of doublings $M$ and redundancy constant $c$. The advertiser node places the generated EBs and DIOs in the transmit queue and exploits the shared slots, offered every $N_s \cdot t_s$ by the *minimal schedule*, for their transmissions. Specifically, 6TiSCH-MC sets the precedence to EBs over DIOs, so that the transmission of EB is performed in the next active shared slot, but, by contrast, DIOs may be buffered as long as EBs are pending in the outgoing queue (assuming that only EBs and DIOs are generated during this procedure). This process is exemplified in Figure 5, where $t_{eb} = 200ms$, $I_{min} = 128ms$, and the *minimal schedule* are used.

When a node wishes to join the network, it uses preferably passive scanning, i.e., it turns the radio on to a randomly chosen frequency, and it listens for EBs. While waiting for a valid EB, the joining node keeps its radio always on and changes frequency every $t_{scan}$. After hearing a valid EB, a node learns the *minimal schedule* in the network, so it knows when to wake up for receiving or sending control frames related to the network formation procedure. Then, when at least one DIO message is received, the node can compute its rank and select its preferred parent, i.e. the initially designated neighbour for data forwarding toward the sink node. From this point, the joined node also becomes an advertiser and starts broadcasting both EBs and DIOs, so that the multi-hop network formation may be gradually formed. The 6TiSCH-network formation finishes when all nodes become synchronised with the TSCH *minimal schedule* and are part of the DODAG.

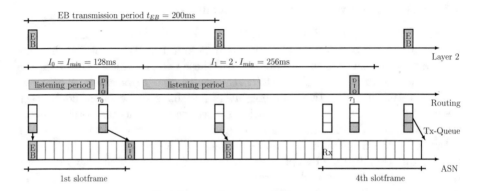

**Fig. 5.** A timeline of the network formation for an advertiser node

## 4.2 Shortcomings of 6TiSCH-MC

Authors in [VWV18], [Vass] and [FSK18] recently have studied the performance of the 6TiSCH network process specified by 6TiSCH-MC. In [VWV18], the congestion problem originated by the only one shared slot in the 6TiSCH *minimal schedule* is considered as well as a factual issue in a dense network and motivates there the adoption of a 6TiSCH specific broadcasting strategy as the answer to this problem. Both [Vass] and [FSK18] highlight that the minimal configuration needs at least a proper parameter tuning of TSCH and RPL to avoid prolonged or unsuccessful network formation. The authors of [Vass] first provide an analytical model for expressing the average number of slotframes required for a joining node to become operational as a function of the number of advertiser nodes in the neighbourhood. Then, they highlight the dependence between the slotframe length and the node joining time distribution in the 6TiSCH-MC. In our previous contribution [FSK18], we evaluated through simulation the impact of EB broadcast period and RPL minimum interval $I_{min}$ on the duration of and the energy consumed for the network formation process of different typical network topologies. With an improper TSCH and RPL parameter tuning (i.e. using default value declared in the RFCs) in relation to the network density, we observed collisions of control frames, the starvation of DIO packets in the transmission queue and TSCH de-synchronisation. These events hinder a reliable and fast 6TiSCH-network formation.

## 4.3 Improvements of 6TiSCH-MC

The works mentioned above do not restrict themselves to analysing the performance of 6TiSCH-MC and its limits, but they also propose modifications to improve both reliability and efficiency of the 6TiSCH network formation. In [VWV18], the authors propose the adaptation of the Bayesian broadcast algorithm to 6TiSCH. Specifically, each node locally set optimal values of transmission probability for EBs, DIOs and other bootstrapping traffic. These values depend on the estimated number of advertiser nodes in the neighbourhood and change during the formation process. The 6TiSCH-WG seems to obey this approach currently defining the 6TiSCH Minimal Scheduling Function in [Ch18].

Increasing the number of transmission opportunities in the *minimal schedule* is one other possible approach to address the limitation of 6TiSCH-MC in large networks. Following this approach, Vallati et al. propose an allocation strategy for TSCH shared timeslot that is dynamic and distributed. Specifically, $2^m$ shared timeslots are allocated equally spaced in the slotframe, and the allocation exponent $m$ is updated periodically by estimating the rate of control messages transmitted within a neighbourhood [Vass]. The use of additional TSCH shared timeslots for the transmission of EBs and RPL messages speeds up the network formation in dense topologies. Furthermore, it has a beneficial impact on the routing protocol in discovering better routes towards the sink node, since, avoiding the adverse events mentioned in Section 4.2, each node has a superior view of the neighbourhood compared with 6TiSCH-MC.

## 4.4 *Diagonal*: Our improvement proposal for 6TiSCH-MC

To overcome the shortcomings of 6TiSCH-MC highlighted in Section 4.2, we currently work on the definition of *diagonal*, an algorithm that coordinates the allocation of TSCH links for control messages in the neighbourhood in a dynamic and distributed way. It follows a brief description of the key elements of our proposal.

– We reserve at most $N_{max}$ TSCH links per slotframe for the transmission of control messages. The $(t_s, ch_{of})$ index of these TSCH-links are so selected that only one frequency per slotframe is used for these transmissions. Considering the TSCH-matrix and Eq. (1) with $F(x) = x$, we see in Figure 6 a diagonal pattern of these links, which reveals the name of the algorithm. Our proposed approach utilises *shared* (S) and *dedicated* (D) TSCH-links for the transmission of EBs and RPL messages.

- The network formation started at the sink, which broadcasts control messages using $N_D = 1$ D link and sets $N_s$ S links in the TSCH schedule. Similar to 6TiSCH-MC, a joining node implementing the *diagonal algorithm*, choose a frequency among the available frequencies, and start listening for EBs and DIOs, when switched on. Upon receiving the first EB, the joining node is synchronised and must continue listening for additional control messages in the neighbourhood. These transmissions occur on the same frequency and in $N = N_D + N_S < N_{max}$ links.
- Collisions of control frames may happen only in the S links. Therefore, the joining node learns the number of neighbours in its vicinity, and passively estimates the link quality to them from the packets received on the D links. Besides, the joining node acquires the RPL rank, if in the neighbourhood DIO packets are sent, and selects its preferred parent.
- After having joined the DODAG, the joining node becomes an advertiser, and it must contend for one of the S links in the neighbourhood in a distributed manner. That is an additional step compared with the joining procedure defined in the 6TiSCH-MC. To this end, no explicit request-notify messages between nodes is used, but instead, each EB and DIO carries with it a specifically designed *information element* (IE), called *diagonal IE*. The IE is a flexible and extensible container of information, placed at the end of the MAC header, and it is broadly used by TSCH, e.g., for broadcasting timing information in EBs. We define the *diagonal IE* as shown in Figure 7. With the *timeslot bitmap*, each advertiser node specifies the types (D or S) of the $N < N_{max}$ links in its neighbourhood. Thus, after listening for *diagonal IEs* sent in the neighbourhood during a TSCH slotframe, a node has a 2-hop bitmap view.
- At this point, the new advertiser node knows for which S links it can contend without interfering any other advertisers. It does that directly, transmitting an EB on a randomly chosen S link and then listening for feedback in the next slotframe. Nodes gather the feedback analysing the collision (CF) and the pending flag (PF) in each received *diagonal IE*. A CF set to one notifies a collision during the previous slotframe (on one of the S links), and it returns negative feedback for the advertising nodes, that have previously transmitted an EB on such links. These nodes choose another link (with probability $\gamma$) for the next EB transmission. The PF is used to inform the neighbours, that the advertiser node is trying to gain a D link, so its EB includes only a candidate *timeslot bitmap* in the *diagonal IE* .
- The diagonal algorithm applies a dynamic allocation strategy, since N (the number of TSCH-links for transmitting the control messages) changes locally following the increase/decrease of the number of advertiser nodes in the 2-hop neighbourhood of a node.

A simulative study, similar to that conducted alike in [FSK18], is ongoing for the proposed algorithm. First results show that the diagonal algorithm helps in reducing the network formation time, without inducing a relevant increase of the energy consumption, compared to the 6TiSCH-MC. However, we wait for experimental results and a comparison with [VWV18] and [Vass] to give more insights into the quality of the diagonal algorithm.

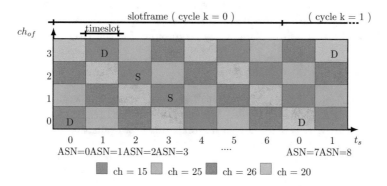

**Fig. 6.** The diagonal pattern of $N = 4$ TSCH-link in the TSCH-matrix, which the *diagonal* algorithm allocates for the transmission of EBs and RPL messages.

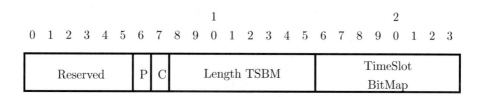

**Fig. 7.** The format of the *diagonal IE*. The 7th and 8th bits are the collision flag and pending flag respectively. The 2nd byte gives the length of the timeslot bitmap in bytes.

## 5 Conclusions

This paper introduced the 6TiSCH-stack, an open standardised protocol architecture built by several IETF standardisation activities for IoTs and by TSCH, a proven wireless technology especially tailored for industrial applications. Although the 6TiSCH-stack seems ready to use and its potential benefits are clear, we have investigated if this architecture is suitable for industry 4.0. On the one hand, we have identified and discussed four challenges that may delay or limit the adoption of 6TiSCH in industrial automation. On the other hand, we have remarked, how the 6TiSCH community is now working on some of these challenges. In particular, we have directed our attention towards the 6TiSCH-MC, the IETF recommendation that describes the 6TiSCH network formation phase and the coordination between TSCH and RPL protocols. We reported on its limits, on the risk of its blind adoption and on works related to its improvements. Finally, we presented the essential elements of *diagonal*, our proposal for improving the 6TiSCH-MC. The evaluation of our proposed schema is ongoing, and some refinements may be necessary, but the first results are promising. In the light of these preliminary results and the other ongoing efforts, we are confident, that 6TiSCH-stack will become a key technology for the IIoT.

# References

[Ac15]    Accettura, Nicola; Vogli, Elvis; Palattella, Maria Rita; Grieco, Luigi Alfredo; Boggia, Gennaro; Dohler, Mischa: Decentralized traffic aware scheduling in 6TiSCH networks: Design and experimental evaluation. IEEE Internet of Things Journal, 2015.

[Al15]    Alderisi, Giuliana; Patti, Gaetano; Mirabella, Orazio; Bello, Lucia Lo: Simulative assessments of the ieee 802.15. 4e dsme and tsch in realistic process automation scenarios. In: Industrial Informatics (INDIN), 2015 IEEE 13th International Conference on. IEEE, pp. 948–955, 2015.

[Bo18]    Boano, Carlo A; Duquennoy, Simon; Förster, Anna; Gnawali, Omprakash; Jacob, Romain; Kim, Hyung-Sin; Landsiedel, Olaf; Marfievici, Ramona; Mottola, Luca; Picco, Gian Pietro et al.: IoTBench: Towards a Benchmark for Low-power Wireless Networking. In: 1st Workshop on Benchmarking Cyber-Physical Networks and Systems (CPSBench 2018). 2018.

[Ch18]    Chang, T.; Vučinić, M.; Vilajosana, X.; Duquennoy, S.; Dujovne, D.: , 6TiSCH Minimal Scheduling Function (MSF). IETF Draft, 2018.

[Du15]    Duquennoy, Simon; Al Nahas, Beshr; Landsiedel, Olaf; Watteyne, Thomas: Orchestra: Robust mesh networks through autonomously scheduled tsch. In: Proceedings of the 13th ACM conference on embedded networked sensor systems. ACM, pp. 337–350, 2015.

[FB14]    Farkas, Janos; Berger, Lou: , Deterministic Networking, 2014.

[Fr15]    FraunhoferESK: , Survey: Utilization of wireless technologies in German industry, 2015.

[FSK18]   Fanucchi, D.; Staehle, B.; Knorr, R.: Network Formation for Industrial IoT: Evaluation, Limits and Recommendations. In: Emerging Technologies and Factory Automation (ETFA), 2018 23nd IEEE International Conference on. IEEE, pp. 1–8, 2018. in press.

[GH09]    Gungor, V.C.; Hancke, G.P.: Industrial Wireless Sensor Networks: Challenges, Design Principles, and Technical Approaches. IEEE Trans. Ind. Electron., 56(10):4258–4265, oct 2009.

[IE16]    IEEE Standard for Low-Rate Wireless Networks (WPANs)., 2016.

[In16]    Industrial networks - Wireless communication network and communication profiles - WirelessHART, 2016.

[Ku17]    Kurunathan, Harrison; Severino, Ricardo; Koubâa, Anis; Tovar, Eduardo: Worst-case bound analysis for the time-critical MAC behaviors of IEEE 802.15. 4e. In: Factory Communication Systems (WFCS), 2017 IEEE 13th International Workshop on. IEEE, pp. 1–9, 2017.

[LC11]    Levis, Philip; Clausen, Thomas Heide: , The trickle algorithm. RFC 6206, 2011.

[MCV18]   Martinez, Borja; Cano, Cristina; Vilajosana, Xavier: A Square Peg in a Round Hole: The Complex Path for Wireless in the Manufacturing Industry. arXiv preprint arXiv:1808.03065, 2018.

[Pa13]    Palattella, Maria Rita; Accettura, Nicola; Grieco, Luigi Alfredo; Boggia,
          Gennaro; Dohler, Mischa; Engel, Thomas: On optimal scheduling in duty-
          cycled industrial IoT applications using IEEE802. 15.4 e TSCH. IEEE Sen-
          sors Journal, 13(10):3655–3666, 2013.

[Pa15a]   Palattella, Maria Rita; Vilajosana, Xavier; Chang, Tengfei; Ortega, Miguel
          Angel Reina; Watteyne, Thomas: Lessons learned from the 6TiSCH
          plugtests. In: International Internet of Things Summit. Springer, pp. 415–
          426, 2015.

[Pa15b]   Paventhan, A.; B, Divya Darshini.; Krishna, H.; Pahuja, N.; Khan, M. F.;
          Jain, A.: Experimental evaluation of IETF 6TiSCH in the context of Smart
          Grid. In: 2015 IEEE 2nd World Forum on Internet of Things (WF-IoT). pp.
          530–535, Dec 2015.

[Po80]    Postel, J.: , User Datagram Protocol. RFC 768, 1980.

[Ri17]    Righetti, Francesca; Vallati, Carlo; Anastasi, Giuseppe; Das, Sajal: Perfor-
          mance Evaluation the 6top Protocol and Analysis of its Interplay with Rout-
          ing. In: Smart Computing (SMARTCOMP), 2017 IEEE International Con-
          ference on. IEEE, pp. 1–6, 2017.

[Ri18]    Righetti, Francesca; Vallati, Carlo; Anastasi, Giuseppe; Das, Sajal K: Anal-
          ysis and Improvement of the On-The-Fly Bandwidth Reservation Algorithm
          for 6TiSCH. In: 2018 IEEE 19th International Symposium on" A World of
          Wireless, Mobile and Multimedia Networks"(WoWMoM). IEEE, pp. 1–9,
          2018.

[Sc17]    Schindler, C. B.; Watteyne, T.; Vilajosana, X.; Pister, K. S. J.: Implementa-
          tion and characterization of a multi-hop 6TiSCH network for experimental
          feedback control of an inverted pendulum. In: 2017 15th International Sym-
          posium on Modeling and Optimization in Mobile, Ad Hoc, and Wireless
          Networks (WiOpt). pp. 1–8, May 2017.

[SHB14]   Shelby, Z.; Hartke, K.; Bormann, C.: , The Constrained Application Protocol
          (CoAP). RFC 7959, 2014.

[TW13]    Thubert, Pascal; Watteyne, Thomas: , IPv6 over the TSCH mode of IEEE
          802.15.4e, 2013.

[Vass]    Vallati, Carlo; Brienza, Simone; Anastasi, Giuseppe; Das, Sajal K: Improv-
          ing network formation in 6TiSCH networks. IEEE Transactions on Mobile
          Computing, in press.

[VPW17]   Vilajosana, Xavier; Pister, Kris; Watteyne, Thomas: , Minimal IPv6 over
          the TSCH Mode of IEEE 802.15. 4e (6TiSCH) configuration. RFC 8180,
          2017.

[Vu18]    Vučinić, Mališa; Simon, J.; Pister, K.; Richardson, M.: , Minimal Security
          Framework for 6TiSCH. IETF Draft, 2018.

[VWV18]   Vučinić, Mališa; Watteyne, Thomas; Vilajosana, Xavier: Broadcasting
          strategies in 6TiSCH networks. Internet Technology Letters, 1(1):e15, 2018.

[Wa16]    Watteyne, Thomas; Handziski, Vlado; Vilajosana, Xavier; Duquennoy, Si-
          mon; Hahm, Oliver; Baccelli, Emmanuel; Wolisz, Adam: Industrial wireless
          ip-based cyber–physical systems. Proceedings of the IEEE, 104(5):1025–
          1038, 2016.

[Wi11]    Wireless systems for industrial automation: Process control and related ap-
          plications, 2011.

[Wi12]    Winter, Tim: , RPL: IPv6 routing protocol for low-power and lossy networks.
          RFC 6550, 2012.

48

[WSJ17]   Wollschlaeger, Martin; Sauter, Thilo; Jasperneite, Juergen: The future of industrial communication: Automation networks in the era of the internet of things and industry 4.0. IEEE Industrial Electronics Magazine, 11(1):17–27, 2017.

[WVW18]   Wang, Q.; Vilajosana, X.; Watteyne, T.: , 6top Protocol (6P). IETF Draft, 2018.

# Ein dezentraler Regelalgorithmus für ein automatisches Koexistenzmanagement

Darina Schulze, Ulrich Jumar

ifak e.V. Magdeburg
Werner-Heisenberg-Straße 1, 39106 Magdeburg
darina.schulze@ifak.eu
ulrich.jumar@ifak.eu

**Zusammenfassung.** Das Konzept Industrie 4.0 sieht steigende Flexibilität und Mobilität im Produktionsprozess vor. Im industriellen Funkkommunikationsbereich werden zunehmend höhere Anforderungen an das Zeit- und Fehlerverhalten einer Nachrichtenübertragung gestellt. Dabei ist zu beachten, dass sich die Kommunikationsanforderungen im Laufe der Zeit ändern können und gegebenenfalls neue Anwendungen wichtiger als bereits vorhandene werden. In Folge dieser gestellten Kommunikationsanforderungen kommen unterschiedliche Funkkommunikationssysteme ($WCS$) zum Einsatz. Diese $WCS$ können auf der Basis unterschiedlicher Technologien (WiFi, Bluetooth oder DECT) implementiert sein. Wenn mehrere $WCSs$ auf dem gleichen Frequenzband, zur selben Zeit und im selben Raum übertragen, können sie sich gegenseitig beeinflussen, bzw. interferieren. Die $WCSs$ sollten dabei koexistieren. Der Begriff der Koexistenz wurde in [IE14] mit der folgenden Definition belegt: "Koexistenz ist ein Zustand, in dem alle Funkkommunikationslösungen einer Anlage, die ein gemeinsames Medium nutzen, alle Kommunikationsanforderungen ihrer Anwendung erfüllen". Maßnahmen, die zum Erreichen bzw. Beibehalten der Koexistenz beitragen, werden Koexistenzmanagement genannt. Aktuell wird in der industriellen Funkkommunikation verbreitet das manuelle Koexistenzmanagement angewendet. Um das zeitliche Verhalten, hinsichtlich der Reaktion auf eine Störung, weiter zu optimieren, befassen sich wesentliche Forschungsschwerpunkte mit dem automatischen Koexistenzmanagement in der industriellen Automation. In diesem Beitrag wird ein dezentraler Regelalgorithmus für ein dezentrales Koexistenzmanagement vorgestellt und an einem Hardware in the Loop Aufbau validiert. Das besondere hieran ist, dass der Ansatz anwendungsbasiert und technologieunabhängig ist. Ergebnisse zur Modellierung der Regelstrecke, welche im Zusammenhang mit der drahtlosen Kommunikation als Koexistenzstrecke bezeichnet wird, wurden in [Sc17] und [SZJ18] gezeigt. Hierbei wird das zeitliche Übertragungsverhalten einer Nachricht, im ungestörten und gestörten Fall, modelliert und bewertet. Als Regelgröße dafür wird die Übertragungszeit (engl. Transmission time) daher nachgebildet. Diese entspricht in der Realität die Messgröße. Als Methodik zur Modellierung wird die Petrinetznotation in der $max - plus$ Algebra gewählt. Diese Methodik hat den Vorteil, dass das Streckenverhalten als lineares Systemverhalten nachgebildet werden kann. Der dezentrale Regelalgorithmus bezieht sich auf die

J. Jasperneite, V. Lohweg (Hrsg.), *Kommunikation und Bildverarbeitung in der Automation*,
Technologien für die intelligente Automation 12, https://doi.org/10.1007/978-3-662-59895-5_4

Methodik in der $max - plus$ Algebra. Hierbei wird ein modellprädiktives Verfahren (engl. Model predictive control $MPC$) angewendet. Dieses
beinhaltet die Definition einer Zielfunktion, welche eine Anzahl von Nebenbedingungen unterliegt. Um den Regelalgorithmus zu validieren, wird
ein industrienaher Hardware in the Loop Aufbau gewählt. Hieran werden einzelne Testszenarien mit mehreren $WCSs$ definiert, wobei sich die
$WCSs$ gegenseitig stören. Störung heißt in diesem Falle, dass das $WCS$
den Koexistensbereich verlässt. Der Regler, soll das jeweilige $WCS$ in
den Koexistenzbereich zurückführen.

# 1 Einführung

Die aktuellen Konzepte von Industrie 4.0, sowie von $5G$ und die damit verbundene Digitalisierung spielen in der Funkkommunikation eine wesentliche Rolle.
Damit verbunden sind die zunehmenden Anforderungen an das Zeit- und Fehlerverhalten der Nachrichtenübertragungen von Funkkommunikationssystemen
($WCSs$). Wenn mehrere $WCSs$ den selben Raum-, Frequenz- und Zeitbereich
nutzen, können diese Nachrichtenübertragungen beeinflusst werden. Unter Beeinflussung wird verstanden, wenn die Nachrichten zeitlich verzögert oder zer-
stört werden. Die $WCSs$ können somit untereinander Interferieren, sodass die
Koexistenz verloren geht. Der Begriff der Koexistenz wurde in [IE14] mit der
folgenden Definition belegt: "Koexistenz ist ein Zustand, in dem alle Funkkommunikationslösungen einer Anlage, die ein gemeinsames Medium nutzen, alle
Kommunikationsanforderungen ihrer Anwendung erfüllen". Das Koexistenzmanagement versucht unter speziellen Maßnahmen hier in den Prozess einzugreifen, um so die Koexistenz wieder herzustellen. In der Literatur gibt es zahlreiche
Konzepte für die Bestimmung eines, manuellen oder automatischen, Koexistenzmanagements. In der vorliegenden Forschungsarbeit wird sich auf ein automatisches Koexistenzmanagement konzentriert. Das automatische Koexistenzmanagement teilt sich in ein kooperatives und ein nicht kooperatives Management
auf. Auf das nicht kooperative Management wird hier nicht weiter eingegangen.
Der Leser kann sich dazu in [AMW12], [ASM11], [GTS08], [Ha05], [YA09] infor-
mieren. Ein automatisches und kooperatives Koexistenzmanagement bedeutet,
dass die $WCSs$ Informationen untereinander austauschen und entsprechend reagieren können. Darin unterschieden wird zwischen einem *zentralen* und einem
*dezentralen* Ansatz. Ein zentrales Management hat eine zentrale Instanz, dies
kann z. B. eine zentrale Koordinierungseinheit (englisch Central Coordination
Point) sein. Aktuell wird es in der Literatur als eine Einheit beschrieben, welche
den Status der Nachrichtenübertragungen aller $WCSs$ einsammelt. In [KR15]
wird ein Konzept solcher Instanz beschrieben. Jedoch fehlt zu diesem Konzept
ein entsprechender Algorithmus, der für künftige Untersuchungen aussteht. Eine
weitere Methodik für ein Koexistenzmanagement ist der dezentral kooperative
Ansatz. In [Su12] gibt es dazu eine Beschreibung zum Einsatz eines *Secondary
User Networks* mit *Primary User Constraints*. Die Autoren führen hierzu einen
Optimierungsparameter, Quality of Coexistence (QoC), ein. Diese Methodik ist

jedoch auf die $WiFi$ -Technologie spezialisiert und ist daher nicht geeignet für ein technologieunabhängiges automatisches Koexistenzmanagement.

Viele der erwähnten Methoden, welche in der Literatur zum Koexistenzmanagement bestehen, sind abhängig von der jeweiligen Funktechnologie. Im Gegensatz zu dem aktuellen Literaturüberblick bezieht sich der vorliegende Beitrag auf die Untersuchung eines anwendungsbasierten und technologieunabhängigen automatischen Koexistenzmanagements. Solch einen Ansatz gibt es aktuell nicht. Um diese Eigenschaft eines Koexistenzmanagementsystems zu erreichen sollen Methoden aus der Regelungstechnik untersucht werden. In [SR16] kann sich der Leser einen ersten Überblick zu dem Konzept machen.

In dem vorliegenden Beitrag wollen die Autoren einen dezentralen Ansatz für ein technologieunabhängiges automatisches Koexistenzmanagement zeigen. Die entsprechende Regelstrecke wurde in [Sc17] und [SRJ17], für den interferenzfreien und Interferenzfall, modelliert und untersucht. Dort wurde die Methodik der zeitbehafteten Petrinetzmodellierung in der $max - plus$ Algebra angewendet. Im Bereich der Regelung wird in diesem Beitrag die modellprädiktive Regelung (englisch Model Predictive Control, MPC) in der $max - plus$ -Algebra auf die Anwendung eingesetzt. Die Validierung der Regelung wird an einem Hardware in the Loop Aufbau durchgeführt.

*Nomenklatur* Die Menge $\mathbb{R}_{max} = (\mathbb{R} \cup \{-\infty\} \cup \{\infty\})$ wird als $max-plus$ Algebra mit zwei Operationen $q \oplus w = max(q, w)$ und $q \otimes w = q + w$, $\forall q, w \in \mathbb{R}_{max}$ beschrieben. Das neutrale Element mit Bezug auf $\oplus$ ist $\varepsilon \longrightarrow -\infty$, sodass $\varepsilon \oplus w = max(\varepsilon, w) = w$. Das neutrale Element mit Bezug auf $\otimes$ ist $e := 0$, sodass $e \otimes w = 0 + w = w$. Weiterhin wird die Modellbeschreibung in Zustandsraumnotation für ereignisdiskrete Systeme mit $x(k + 1) = f(x(k))$ genutzt.

## 2 Der Betrachtungsraum als Regelkreis

Für die Formulierung der Koexistenz in ein regelungstechnisches Problem, wird der Betrachtungsraum eingeführt. Abbildung 1 beschreibt dabei eine Erweiterung des Betrachtungsraum von [Sc17], wo der Betrachtungsraum als Regelstrecke beschrieben ist. In diesem Beitrag wird der Betrachtungsraum um die dezentrale Regelung erweitert. Jedes $WCS$ besitzt mindestens eine Quelle (englisch Source $S$) und mindestens ein Ziel (englisch Target $T$), welche als drahtlose Geräte (englisch Wireless Device $WD$) beschrieben sind. In Abbildung 1 bildet jedes $WD$ mit der gleichen Nummerierung ein $WCS$. Um die Eindeutigkeit der Nachrichtenübertragung festzustellen, werden logische Links $l$ und physikalische Links $pl$ eingeführt. Ein logischer Link beschreibt die Verbindung zwischen zwei logischen Endpunkten von einer automatisierungstechnischen Anwendung. Ein physikalischer Link beschreibt die Verbindung von Antenne zu Antenne. Bezüglich eines $WCS$ beschreibt es den Funkkanal. Die Menge aller Funkkanäle beschreibt das Übertragungsmedium. Wenn ein $WCS$ unabhängig von den anderen $WCSs$ seine Nachrichten überträgt, kann es passieren, dass sich diese Funkkanäle überlagern. Dabei können Interferenzen entstehen. Für die Minimierung dieser Interferenzen wird eine dezentrale Regelung eingeführt. In Abbildung

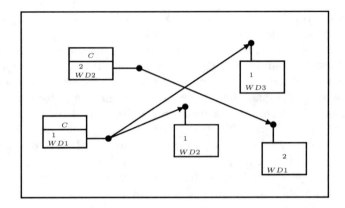

**Abb. 1.** Beschreibung des Betrachtungsraumes nach [SZ18a]

1 wird die Regelung mit $C$ (englisch Controller) beschrieben. Jedes $WCS$ hat, so viele $C$ wie $S$ vorhanden sind, vorausgesetzt die Nachrichtenübertragung ist unidirektional. Ist die Übertragung bidirektional, wird das $T$ zur $S$ und ist ebenso mit einem $C$ versehen. Eine weitere Eigenschaft des Betrachtungsraums liegt in der Beschreibung der Signale. Dazu zeigt Abbildung 2 einen gewöhnlichen Regelkreis auf, welcher Zugleich eine Analogie zur Thematik der Funkkommunikation liefern soll [SR16]. Die Regelstrecke, welche das Koexistenzverhalten beschreibt,

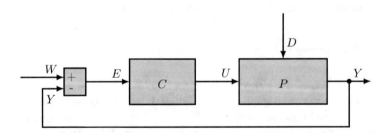

**Abb. 2.** Struktur eines Regelkreises nach [In13]

wird mit $P$ bezeichnet. Sie ist die Menge aller $WCSs$ in der Fabrikhalle. Ein $WCS$ wird als Sub-plant $p^{(i)} \in P$ beschrieben, wobei $i \leq s$ und $s$ die Gesamtanzahl von $p^{(i)}$ ist. Ein $p^{(i)}$ besteht für die Funkkommunikation aus mindestens zwei $WD$, welche mit mindestens einem logischen und mindstens einem physikalischen Link verbunden sind, daher $p^{(i,l)}$. $C$ beschreibt das Verhalten einer Regelung, zentral oder dezentral, für die Koexistenz. Aus regelungstechnischer Sicht bedeuten die Signale $W^{(i,l)}, Y^{(i,l)}, U^{(i,l)}, E^{(i,l)}$ und $D^{(i,l)}$ der Führungs-, der Mess- (Regel), der Stell-, der Fehler- und der Störparametervektor pro $p^{(i)}$, aus Kommunikationssicht wiederum die charakteristische Referenz-, der charakteristische Mess-, der Einfluss- für $U^{(i,l)}$, der Fehler- und für $D^{(i,l)}$ der aktive

Umgebungsparametervektor. Im nachstehenden Kapitel wird eine Zusammenfassung zur Modellierung der Regelstrecke von [Sc17] und [SZJ18] gegeben, welches als Grundvoraussetzung für den Regelentwurf dient.

## 3 Modellierung der Regelstrecke zur Koexistenz

Die Modellierung der Regelstrecke soll eine zeitliche Entkopplung der Nachrichtenübertragung eines $WCS$ zu den anderen $WCSs$ darstellen. Das Ziel der Regelung soll es somit sein, eine zeitliche Verschiebung der Nachrichtenübertragung am $WCS$ zu erzeugen. Als Stellgröße soll dabei der Sendezeitabstand (englisch Transfer Intervall) gewählt werden, Eingangsgröße $u$ der Regelstrecke. Die Regelgröße stellt die Übertragungszeit (englisch Transmission time) dar, Ausgangsgröße $y$ der Regelstrecke. Die zeitliche Beschreibung der Ein- und Ausgangsgröße soll hierbei als Ereignis der Nachrichtenübertragung aufgefasst werden. Dabei soll die Methodik der zeitbehafteten Petrinetze herangezogen werden. Die nachstehende Abbildung 3 zeigt die Grundstruktur der Regelstrecke auf. Die Notation des Petrinetzgraphen ist $G = (\theta, \lambda, \xi, \nu)$, wobei $\theta$ die Men-

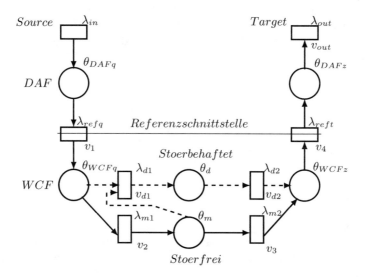

**Abb. 3.** Struktur der Regelstrecke $P$ für die Koexistenz nach [Sc17]

ge der Plätze, $\lambda$ die Menge der Transitionen, $\xi$ die Menge der Kanten und $\nu$ die Menge der Wichtungen sind. Die Funktionalität des $WD$ wird in *Distributed Application Function* $(DAF)$ durch $\theta_{DAF}$ und in *Wireless Communication Function* $(WCF)$ durch $\theta_{WCF}$ aufgeteilt. Die $S, DAF$ ist verantwortlich für die Generierung der Nachrichten und die $S$ $WCF$ ist für beispielsweise den Medienzugriff verantwortlich. Die $T, WCF$ gibt eine Aussage, ob die Übertragung der Nachrichten erfolgreich gewesen ist. Für den Koexistenzmanagement-prozess bedeutet dies, dass die $DAF$ die Regelgröße der Transmission time ausgibt und den Koexistenzzustand bewertet. Das Medium wird durch $\theta_m$ für den störfreien Zustand beschrieben und $\theta_d$ stellt des störbehafteten Zustand mehrerer $WCSs$ dar. Für das Interferenzverhalten ist die Menge der Plätze wie folgt $\theta_{DAFs}, \theta_{WCFs}, \theta_m, \theta_d, \theta_{DAFt}, \theta_{WCFt}\} \in \theta^{(i,l)}$. Die Transitionen $\lambda_{refs}$ und $\lambda_{reft}$ repräsentieren die Referenzschnittstelle in der $S$ und die Referenzschnittstelle in der $T$. $\lambda_{m1}$ repräsentiert die Transition zur Nachrichtenübertragung von der $S$ auf das Medium und $\lambda_{m2}$ repräsentiert die Transition zur Nachrichtenübertragung von dem Medium in das $T$. Die Transitionen $\lambda_{d1}$ und $\lambda_{d2}$ sind für den Interferenzfall bestimmt, wenn mehrere $WCSs$ aktiv sind. Die Menge aller Transitionen lässt sich daher bestimmen zu $\{\lambda_{refs}, \lambda_{m1}, \lambda_{m2}, \lambda_{d1}, \lambda_{d2}, \lambda_{reft}\} \in \lambda^{(i,l)}$. Bei den Transitionen handelt es sich um zeitbehaftete Transitionen. Die Zeitverzögerungen an den Transitionen werden durch $\{v_1, v_2, v_3, v_{d1}, v_{d2}, v_4, v_{out}\} \in v$ beschrieben. Für die Modellierung von $P$ wir der Zustandsvektor $x^{(i,l)}$ pro $p^{(i,l)}$ eingeführt. Dieser beschreibt die Menge aller Zeitstempel, wann die jeweiligen Transitionen feuern. Für den Reglerenwurf soll in der Prädiktion der störfreie Pfad genutzt werden. Daraus ergibt sich in der Analogie zwischen der regelungstechnischen Notation und der Notation für die Petrinetze für $x^{(i,l)} = \{x_1, x_2, x_3, x_4, x_c\}$ mit $\lambda^{(i,l)} = \{\lambda_{refs}, \lambda_{m1}, \lambda_{m2}, \lambda_{reft}, \lambda_{out}\}$. Der Ausgang von $P$ ist $x_4$, welcher mit $x_c$ gleichzeitig die Eingangsgröße des Reglers ist. Das Zeitverhalten für eine Nachrichtenübertagung für den störfreien Zustand wird pro logischem Link für $p^{(i,l)}$ im Zustandsraum mit [SRJ17]

$$
p^{(i,l)} : \begin{cases} x^{(i,l)}(k+1) = f(x^{(i,l)}(k), u^{(i,l)}(k+1)) \\ y^{(i,l)}(k) = h(x^{(i,l)}(k)) \end{cases}
\tag{1}
$$

beschrieben. Die Verzögerungen $v$ an den Transitionen haben eine nicht lineare Eigenschaft für das Systemverhalten zur Folge. Daher wird eine $max - plus$ Transformation durchgeführt, um ein lineares Systemverhalten zu erhalten. Für den Regler wird die Annahme getroffen, dass $\theta_{DAFt}$ eine Nachricht hat, welche die Regelgröße beinhaltet. Dieser Aspekt ist eine Erweiterung zu dem Zustandsraummodel aus [Sc17] und [SRJ17]. Die allgemeine Beschreibung von $x^{(i,l)}(k)$ kann formuliert werden als

$$
\begin{aligned}
x^{(i,l)}(k+1) &= A_0 x^{(i,l)}(k+1) \oplus A_1 x^{(i,l)}(k) \oplus B u^{(i,l)}(k+1) \\
y^{(i,l)}(k) &= C x^{(i,l)}(k),
\end{aligned}
\tag{2}
$$

mit

$$A_0 = \begin{pmatrix} \varepsilon & \varepsilon & \varepsilon & \varepsilon & \varepsilon \\ v_2 & \varepsilon & \varepsilon & \varepsilon & \varepsilon \\ \varepsilon & v_3 & \varepsilon & \varepsilon & \varepsilon \\ \varepsilon & \varepsilon & v_4 & \varepsilon & \varepsilon \\ \varepsilon & \varepsilon & \varepsilon & \varepsilon & \varepsilon \end{pmatrix} \qquad A_1 = \begin{pmatrix} \varepsilon & \varepsilon & \varepsilon & \varepsilon & \varepsilon \\ \varepsilon & \varepsilon & \varepsilon & \varepsilon & \varepsilon \\ \varepsilon & \varepsilon & \varepsilon & \varepsilon & \varepsilon \\ \varepsilon & \varepsilon & \varepsilon & \varepsilon & \varepsilon \\ \varepsilon & \varepsilon & \varepsilon & v_{out} & \varepsilon \end{pmatrix}$$

$$B = \begin{pmatrix} v_1 \\ \varepsilon \\ \varepsilon \\ \varepsilon \\ \varepsilon \end{pmatrix} \qquad C = \begin{pmatrix} \varepsilon & \varepsilon & \varepsilon & e & \varepsilon \end{pmatrix}. \tag{3}$$

Die Stellgröße $u^{(i,l)}$ beschreibt den Zeitstempel für die Schalttransition $\lambda_{in}$ als Eingangssignal von $p^{(i,l)}$. $A_0$ und $A_1$ beschreiben die Umschaltzeiten des Transitionsvektors $(x^{(i,l)})$ in Abhängigkeit der Anfangsbelegung der Nachrichten auf den Plätzen. $B_0$ beschreibt die Zeitverzögerung zum Schalten der Eingangstransition $(u^{(i,l)})$ in Abhängigkeit der Anfangsbelegung auf den Plätzen. Für die Berechnung der expliziten Bildungsvorschrift wird die nachstehende Form genutzt [CGQ99]

$$x^{(i,l)}(k+1) = (A_0^3 \oplus A_0^2 \oplus A_0 \oplus E)(A_1 x^{(i,l)}(k) \oplus B u^{(i,l)}(k+1)), \tag{4}$$

mit $A^* = A_0^3 \oplus A_0^2 \oplus A_0 \oplus E$. $A_0^4 = N$, bedeutet, dass $A_0$ keine Kreiseigenschaften hat. Die Matrizen $N$ und $E$ werden folgendermaßen beschrieben

$$N = \begin{pmatrix} \varepsilon & \varepsilon & \dots & \varepsilon \\ \varepsilon & \varepsilon & \dots & \varepsilon \\ \varepsilon & \varepsilon & \ddots & \vdots \\ \varepsilon & \dots & \varepsilon & \varepsilon \end{pmatrix} \qquad E = \begin{pmatrix} e & \varepsilon & \dots & \varepsilon \\ \varepsilon & e & \dots & \varepsilon \\ \varepsilon & \varepsilon & \ddots & \vdots \\ \varepsilon & \dots & \varepsilon & e \end{pmatrix}. \tag{5}$$

Zusätzlich wird definiert, dass $A^* A_1 = \bar{A}$ und $A^* B = \bar{B}$. Das Modell aus Gl.4 ist die Voraussetzung für die Regelung. Hier wird ein modellprädiktiver Ansatz $MPC$ für die Regelung gewählt. Im nächsten Kapitel wird die Vorgehensweise genauer beschrieben.

## 4 Modellierung eines dezentralen Regleralgorithmusses

Die nachstehende Abbildung zeigt das Grundschema der dezentralen Regelung auf. An dieser Stelle soll hervorgehoben werden, dass dezentral bedeutet jedes $S$ im $WCS$ hat seine eigene $MPC$ Reglereinheit. Für ein $MPC$ basiertes automatisches Koexistenzmanagement ist das Prädiktionssignal die Transmission time $\tilde{y}$. Anhand dieses Signals liegen alle Informationen für eine Koexistenzbewertung vor: wenn es eine zusätzliche Zeitverzögerung des Signals gibt oder diese verloren gegangen ist. Für die Regelung werden zwei Bereiche der Nachrichtenübertragung unterschieden. Dafür wird eine Führungsgröße $w$ vorgegeben. Bereich 1:

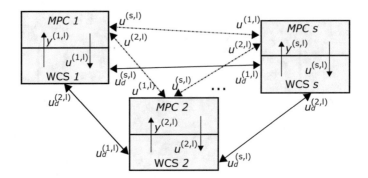

**Abb. 4.** Struktur der dezentralen Regelung nach [SZ18a]

wenn die Regelgröße $(y^{(i,l)} \vee \tilde{y}^{(i,l)}) + \triangle \leq w^{(i,l)}$ ist, liegt eine stabile Nachrichtenübertragung vor. Bereich 2: wenn $(y^{(i,l)} \vee \tilde{y}^{(i,l)}) + \triangle > w^{(i,l)}$ liegt eine instabile Nachrichtenübertragung vor. Die Systemstreuungen werden mit $\triangle$ beschrieben, wobei die Führungsgröße $w$ mit dem Einfluss von $\triangle$ vorgegeben wird. Da es sich bei der $MPC$ -Methodik um ein Optimierungsproblem handelt, wird eine Zielfunktion mit entsprechenden Nebenbedingungen gewählt. Für die Zielfunktion $J$ gilt $J = \sum_{k=k_1}^{k_1+N_p} max(\tilde{y}^{(i,l)}(k) - w^{(i,l)}(k), 0)$ mit $k \in [k_1, k_1 + N_p]$, wobei $N_p$ der Prädiktionshorizont ist. Das Besondere hierbei ist, dass der Regler nur aktiv wird, wenn Bereich 2 vorliegt. Es wird lediglich eine Stellgröße auf die Prädiktion berechnet und im Anschluss das erste Glied der Folge auf den Prozess implementiert. Daher spielt bei der Definition von $J$ hier nur $\tilde{y}$ eine wesentlich Rolle. An dieser Stelle sei noch einmal erwähnt, dass $w$ hier robust gegenüber des Systemstreuungen gewählt wird. In Kap. 5 wird darauf noch einmal kurz eingegangen. Weiterhin spielt die Stellgröße $u$ keine Rolle in der Formulierung der Zielfunktion. Die Optimierung bezüglich der Energie wird hier noch nicht betrachtet. Das Optimierungsproblem lautet wie folgt [SZ18a]

$$\min_{u^{(i,l)*}} J, \tag{6}$$

unter den Nebenbedingungen

$$\tilde{y}^{(i,l)}(k) = H\,\tilde{u}^{(i,l)}(k) \oplus g\,x^{(i,l)}(k_0) \tag{7}$$

$$\tilde{y}(k_0) = y(k_0) \tag{8}$$

$$\underline{u}^{(j,l)}(k) \leq \tilde{u}^{(i,l)}(k) \tag{9}$$

$$u_{sys}^{(i,l)} \leq \tilde{u}^{(i,l)}(k) \tag{10}$$

$$x_4^{(i,l)}(k_1 + N_p) \leq w^{(i,l)}. \tag{11}$$

$H$ ist die Prädiktionsmatrix und $g$ ist der Vektor für den Einfluss der Anfangs-
bedingungen $x^{(i,l)}(k_0)$ mit [SHB02] werden $H$ und $g$ folgendermaßen definiert.

$$
H = \begin{pmatrix}
C\bar{B} & \varepsilon & \varepsilon & \ldots & \varepsilon \\
C\bar{A}\bar{B} & C\bar{B} & \varepsilon & \ldots & \varepsilon \\
C\bar{A}^2\bar{B} & C\bar{A}\bar{B} & C\bar{B} & \ldots & \varepsilon \\
\vdots & \vdots & \vdots & \ddots & \vdots \\
C\bar{A}^{N_p-1}\bar{B} & C\bar{A}^{N_p-2}\bar{B} & \ldots & \ldots & C\bar{B}
\end{pmatrix} \tag{12}
$$

$$
g = \left( C\bar{A}, C\bar{A}^2, C\bar{A}^3, \ldots, C\bar{A}^{N_p} \right)^T, \tag{13}
$$

wobei $\tilde{y}^{(i,l)}(k) = [\hat{y}(k+1), \hat{y}(k+2), \ldots, \hat{y}(k+N_p)]^T$, $\tilde{u}^{(i,l)}(k) = [u(k), u(k+1), u(k+2), \ldots, u(k+N_p-1)]^T$ und $x^{(i,l)}(k=0) = [x_1(k_0), x_2(k_0), x_3(k_0), x_4(k_0), x_c(k_0)]^T$ ist. Die Endbedingung lautet $x(k = k_1 + N_p) = [x_1(k = k_1 + N_p), x_2(k = k_1 + N_p), x_3(k = k_1 + N_p), x_4(k = k_1 + N_p), x_c(k = k_1 + N_p)]^T$. Der Stellgröße $\tilde{u}$ unterliegt zwei Nebenbedingungen. Zunächst die untere Systemgrenze $u_{sys}$, welche geräteabhängig ist. Gl. 9 stellt den kooperativen Charakter zwischen den Reglern dar. Diese soll aussagen, dass die Transferintervalle der einzelnen $WCSs$ untereinander nicht gleich gewählt werden. Bezüglich des $max$-Terms in Gl. 6 und Gl. 7 handelt es sich bei der Formulierung um ein nicht konvexes Optimierungsproblem. Der $max$-Term erfüllt nicht das Kriterium der Superposition. Für das Erhalten eines konvexen Optimierungsproblems wird eine Umformulierung der Gl. 6 und der Gl. 7 statt finden. Dies soll mit Hilfe der linearen Programmierung (englisch Linear Programming $LP$) erfolgen. Das Optimierungsproblem wird in die folgende Form gebracht

$$
\min_{r} F^T r \quad sodass \begin{cases} Qr \leq b \\ Qr = b \\ \underline{r} \leq r \leq \overline{r} \end{cases}. \tag{14}
$$

Es wird eine lineare Zielfunktion $F$ mit linearen Nebenbedingungen in $Q$ und $b$ formuliert. Die Entscheidungsvariable ist $r$ mit Lösungsvektor $r_{solution} = (\tilde{u}, \tilde{y}, z)$, wobei $z$ eine Pseudovaribale ist. Mit $z$ soll eine $Oder$-Verknüpfung der nicht linearen Ausdrücke beschrieben werden. Die Variable $z$ muss $\geq \tilde{y}^{(i,l)}(k) - w^{(i,l)}(k)$ oder $\geq 0$ mit Bezug auf die Zielfunktion sein. Mit diesem Sachverhalt wird die ursprüngliche Zielfunktion aus Gl. 6 als

$$
\min_{z^{(i,l)*}} J_1 = \min_{z^{(i,l)*}} \sum_{k=k_1}^{k_1+N_p} z^{(i,l)}(k), \quad k \in [k_1, k_1 + N_p], \tag{15}
$$

sodass

$$
\tilde{y}^{(i,l)}(k) - z^{(i,l)}(k) \leq w^{(i,l)}(k) \tag{16}
$$

$$
-z^{(i,l)}(k) \leq 0 \tag{17}
$$

umformuliert. Dies ermöglicht einen linearen Ausdruck. Für die Umformulierung von Gl. 7 gelten die nachstehenden Schritte

$$\min_{\tilde{y}^{(i,l)*}} J_2 = \min_{\tilde{y}^{(i,l)*}} \sum_{k=k_1}^{k_1+N_p} \tilde{y}^{(i,l)}(k), \quad k \in [k_1, k_1 + N_p], \tag{18}$$

sodass

$$-\tilde{y}^{(i,l)}(k) \leq -\bar{C}\bar{A}^k(1) - y(k_0)^{(i,l)}(1) \tag{19}$$

$$-\tilde{y}^{(i,l)}(k) \leq -\bar{C}\bar{A}^k(2) - y(k_0)^{(i,l)}(2) \tag{20}$$

$$-\tilde{y}^{(i,l)}(k) \leq -\bar{C}\bar{A}^k(3) - y(k_0)^{(i,l)}(3) \tag{21}$$

$$-\tilde{y}^{(i,l)}(k) \leq -\bar{C}\bar{A}^k(4) - y(k_0)^{(i,l)}(4) \tag{22}$$

$$-\tilde{y}^{(i,l)}(k) \leq -\bar{C}\bar{A}^k(5) - y(k_0)^{(i,l)}(5) \tag{23}$$

$$\tilde{u}^{(i,l)}(k) - \tilde{y}^{(i,l)}(k) \leq -\bar{C}(1) - \bar{B}(1) \tag{24}$$

$$\tilde{u}^{(i,l)}(k) - \tilde{y}^{(i,l)}(k) \leq -\bar{C}(2) - \bar{B}(2) \tag{25}$$

$$\tilde{u}^{(i,l)}(k) - \tilde{y}^{(i,l)}(k) \leq -\bar{C}(3) - \bar{B}(3) \tag{26}$$

$$\tilde{u}^{(i,l)}(k) - \tilde{y}^{(i,l)}(k) \leq -\bar{C}(4) - \bar{B}(4) \tag{27}$$

$$\tilde{u}^{(i,l)}(k) - \tilde{y}^{(i,l)}(k) \leq -\bar{C}(5) - \bar{B}(5) \tag{28}$$

$$\tilde{u}^{(i,l)}(k) - \tilde{y}^{(i,l)}(k) \leq -\bar{C}(1) - \bar{A}^{(1)}\bar{B}(1) \tag{29}$$

$$\tilde{u}^{(i,l)}(k) - \tilde{y}^{(i,l)}(k) \leq -\bar{C}(2) - \bar{A}^{(1)}\bar{B}(2) \tag{30}$$

$$\tilde{u}^{(i,l)}(k) - \tilde{y}^{(i,l)}(k) \leq -\bar{C}(3) - \bar{A}^{(1)}\bar{B}(3) \tag{31}$$

$$\tilde{u}^{(i,l)}(k) - \tilde{y}^{(i,l)}(k) \leq -\bar{C}(4) - \bar{A}^{(1)}\bar{B}(4) \tag{32}$$

$$\tilde{u}^{(i,l)}(k) - \tilde{y}^{(i,l)}(k) \leq -\bar{C}(5) - \bar{A}^{(1)}\bar{B}(5) \tag{33}$$

$$\vdots$$

$$\tilde{u}^{(i,l)}(k) - \tilde{y}^{(i,l)}(k) \leq -\bar{C}(1) - \bar{A}^{(k)}\bar{B}(1) \tag{34}$$

$$\tilde{u}^{(i,l)}(k) - \tilde{y}^{(i,l)}(k) \leq -\bar{C}(2) - \bar{A}^{(k)}\bar{B}(2) \tag{35}$$

$$\tilde{u}^{(i,l)}(k) - \tilde{y}^{(i,l)}(k) \leq -\bar{C}(3) - \bar{A}^{(k)}\bar{B}(3) \tag{36}$$

$$\tilde{u}^{(i,l)}(k) - \tilde{y}^{(i,l)}(k) \leq -\bar{C}(4) - \bar{A}^{(k)}\bar{B}(4) \tag{37}$$

$$\tilde{u}^{(i,l)}(k) - \tilde{y}^{(i,l)}(k) \leq -\bar{C}(5) - \bar{A}^{(k)}\bar{B}(5) \tag{38}$$

wobei $k \in [k_1, k_1 + N_p]$. Die Entscheidungsvariablen befinden sich auf der linken Seite und die Konstanten befinden sich auf der rechten Seite der Ungleichungs-nebenbedingungen. Mit der zusätzlichen Umformulierung ist ein konvexes Opti-mierungsproblem gegeben. Das vollständige Problem lässt sich mit $J = J_1 + J_2$ unter Gl. 16 bis Gl. 38 beschreiben. Wegen der Konvexität wird garantiert, dass die optimale Lösung $r_{solution}$ für den Koexistenzzustand gefunden wird.

# 5 Validierung des Modells für die dezentrale Regelung

Für die Validierung des Reglers aus Gl. 15 und Gl. 18 sei der nachstehende *Hardware-in-the-Loop* Aufbau, Abbildung 5, aufgezeigt. Jedes $WCS$ besteht aus

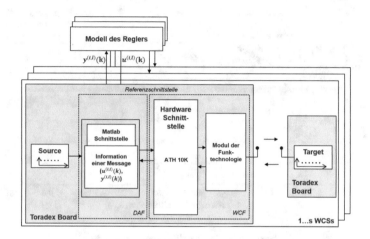

**Abb. 5.** Beschreibung des Testaufbaus nach [SZ18a]

mindestens zwei identischen Toradex Apalis iMX6 Boards, welche die $S$ und die $T$ darstellen. Weiterhin wird die Analogie von $DAF$ und $WCF$ aus Kap. 3 beschrieben. In Abbildung 5 werden $s$ $WCSs$ aufgezeigt. Jedes $WCS$ hat seinen eigenen Regler, welcher das jeweilige $y$ erhält und das $u$ berechnet. Die Implementierung wurde in Matlab durchgeführt. Die Schnittstelle zwischen Soft- und Hardware ist mit einem Matlab interface versehen [SZ18b].

Für die Validierung des Reglers wird ein Testszenario im $2,4\,GHz$ Frequenzband definiert. Dieses Szenario besteht aus zwei $WCSs$ nach dem $IEEE802.11n$ Standard, $p^{(1,1)}$ und $p^{(2,1)}$. Jedes $WCS$ hat die folgende Parametrierung:

**Tabelle 1.** Parametrierung von $S$ und $T$ für das Test case Szenario [SZJ18]

| *Parameter* | *Wert* | *Einheit* |
|---|---|---|
| Nutzdatenlänge | 1024 | $Bit$ |
| Ausgangsleistung | 10 | $dBm$ |
| Entfernung $S$ zwischen $T$ | 3 | $m$ |
| Führungsgröße $w$ der Transmission time | 450.00 | $\mu s$ |

Die Führungsgröße $w$ wurde im Vergleich zu [SZJ18] robuster, gegenüber das Streuverhalten, für das störfreie Übertragungsverhalten bestimmt. Beide $WCSs$,

$p^{(1,1)}$ und $p^{(2,1)}$, fangen zur gleichen Zeit mit ihrer jeweiligen Nachrichtenübertragung an. In Abbildung 6 ist das Einregelverhalten von $p^{(1,1)}$ aufgezeigt. Als

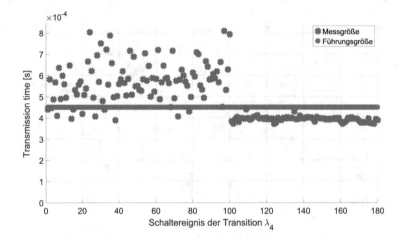

**Abb. 6.** Validierung des Reglers von $p^{(1,1)}$

Messgröße wird die Transmission time von $p^{(1,1)}$ betrachtet. Bis zu einem Schaltereignis von $\lambda_4(k = 100)$ sind die Regler von $p^{(1,1)}$ und $p^{(2,1)}$ inaktiv. Hier soll die gegenseitige Beeinflussung demonstriert werden. Ab einem Schaltverhalten von $\lambda_4(k = 101)$ sind die Regler aktiv. Wie in Abbildung 6 leicht zu sehen ist, wird ein neues Stellsignal so berechnet, dass die Koexistenz vom Regler wieder hergestellt ist.

# 6 Schlussfolgerung

In diesem Beitrag wurde eine dezentrale Regelung für ein automatisches Koexistenzmanagement modelliert und analysiert. Als Algorithmus für den Regler wurde dazu ein modellprädiktives Verfahren mit der $max-plus$ Algebra in Petrinetznotation gewählt. Wegen der nicht konvexen Eigenschaft des Optimierungsproblems wurde eine Umformulierung mit Hilfe der linearen Programmierung vorgenommen. Mit einem realen Testaufbau konnten erste positive Validierungsergebnisse nachgewiesen werden.

# Literatur

[AMW12] Ahmad, K.; Meier, U.; Witte, S.: Predictive Oppertunistic Spectrum Access Using Markov Models. In: 17th IEEE Conference on Emerging Technologies and Factory Automation (ETFA 2012). Krakow, Poland, September 17th - 21st 2012.

[ASM11]  Ahmad, K.; Shrestha, G.; Meier, U.: Real-Time Issues of Predictive Modeling for Industrial Cognitive Radios. In: IEEE 9th International Conference on Industrial Informatics - INDIN 2011. Lisbon, Portugal, Juli 26th - 29th 2011.

[CGQ99]  Cohen, G.; Gaubert, S.; Quadrat, J.-P.: Max-plus Algebra and System Theory : Where We Are and Where to go now. In: IFAC Annual Reviews in Control. Jgg. 23, S. 207–219, 1999.

[GTS08]  Geierhofer, S.; Tong, L.; Sadler, B. M.: Cognitive Medium Access: Constraining Interference Based on Experimental Models. IEEE Journal on Selected Areas in Communications, 26(1), 2008.

[Ha05]  Haykin, S.: Cognitive Radio: Brain-Empowered Wireless Communication. IEEE Journal on Selected Areas in Communications, 23(2), 2005.

[IE14]  IEC62657-2: Ed1: Industrial Communication Networks: Wireless Communication Networks Part 2: Coexistence Management. Bericht, IEC, 2014.

[In13]  International electrotechnical vocabulary Part 351: Control technology (IEC 60050-351:2013, 2013.

[KR15]  Kraetzig, M.; Rauchhaupt, L.: Koordinierung heterogener industrieller Funkkommunikation durch ein zentrales Koexistenzmanagement. In: Conference proceedings published on USB stick, ISBN 978-3-944722-33-7. Magdeburg, November 17th - 18th 2015.

[Sc17]  Schulze, D.; Rauchhaupt, L.; Kraetzig, M.; Jumar, U.: Coexistence Plant Model for an Automated Coexistence Management. In: 20th IFAC World Congress (WC'17), IFAC-PapersOnLine. Jgg. 50, Toulouse, France, S. 355–362, July 9th - 14th 2017.

[SHB02]  Schutter, B.D.; Heemels, W.; Bemporad, A.: Max-Plus Algebraic Problems and the Extended Linear Complementary Problem - Algorithmic Aspects. In: 15th IFAC World Congress. IFAC, Barcelona, Spain, S. 151 – 156, July 21th - 26th 2002.

[SR16]  Schulze, D.; Rauchhaupt, L.: A Control Engineering Approach for an Automated Coexistence Management. In: 4th IFAC Symposium on Telematics Application (TA'16), IFAC-PapersOnLine. Jgg. 49, Porto Alegre, Brazil, S. 284 – 289, November 6th - 9th 2016.

[SRJ17]  Schulze, D.; Rauchhaupt, L.; Jumar, U.: Coexistence for Industrial Wireless Communication Systems in the Context of Industrie 4.0. In: Australian and New Zealand Control Conference (ANZCC'17). Gold Coast, Australia, December 17th - 20th 2017.

[Su12]  Sun, C.; Villardi, G. P.; Lan, Z.; Alemseged, Y. D.; Tran, H. N.; Harada, H.: Optimizing the Coexistence Performance of Secondary-User Networks Under Primary-User Constraints for Dynamic Spectrum Access. IEEE Transactions on Vehicular Technology, 61(8):3665 – 3676, 2012.

[SZ18a]  Schulze, D.; Zipper, H.: A Decentralised Control Algorithm for an Automated Coexistence Management. In: 2018 IEEE Conference on Decision and Control (CDC'18). Miami Beach, USA, December 17th-19th, angenommen 2018.

[SZ18b]  Schulze, D.; Zipper, H.: Koexistenz drahtloser Kommunikationssysteme im Kontext von Industrie 4.0. In: AUTOMATION 2018, Seamless Convergence of Automation & IT. VDI Verlag GmbH, Baden-Baden, Germany, July 3th - 4th 2018.

[SZJ18]  Schulze, D.; Zipper, H.; Jumar, U.: Modelling and Simulation of the Interference Behaviour in Industrial Wireless Communication. In: IEEE International Conference on Industrial Cyber-Physical Systems (ICPS-2018). Saint Petersburg, Russia, May 15th - 18th 2018.

62

[YA09]    Yuecek, F.; Arslan, H.: A Survey of Spectrum Sensning Algorithm for Cognitive Radio Applications. Communication Surveys and Tutorials IEEE, 11(1):116–130, 2009.

# Untersuchung der Netzlastrobustheit von OPC UA - Standard, Profile, Geräte und Testmethoden

Sergej Gamper[1], Bal Krishna Poudel[1], Sebastian Schriegel[1], Florian Pethig[1], Jürgen Jasperneite[1,2]

[1]Fraunhofer IOSB-INA
Langenbruch 6, 32657 Lemgo
{sergej.gamper, bal.poudel, sebastian.schriegel, florian.pethig, juergen.jasperneite}@iosb-ina.fraunhofer.de

[2]Institut für industrielle Informationstechnik (inIT)
Technische Hochschule Ostwestfalen-Lippe
Campusallee 6, 32657 Lemgo
juergen.jasperneite@th-owl.de

**Zusammenfassung.** Momentan werden neue Kommunikationstechnologien wie z. B. OPC UA, TSN oder auch SDN ausgearbeitet und eingeführt, um den Anforderungen einer Industrie 4.0 gerecht zu werden. Dabei konzentriert man sich verständlicherweise hauptsächlich auf die funktionalen Aspekte der jeweiligen Technologie. Dabei können bestimmte grundlegende Qualitätsmerkmale aber leicht unterschätzt oder einfach übersehen werden. Dieses Dokument beschäftigt sich mit der Fragestellung, ob das Thema der Netzlastrobustheit bei OPC UA im Standard oder bei der Zertifizierung der OPC UA-fähigen Geräte bereits eine Rolle spielt. Wie die Erfahrungen der letzten Jahrzehnte in der Nutzung der Ethernet-basierten industriellen Netzwerke (z. B. PROFINET) zeigen, spielt dieses Thema eine sehr wichtige Rolle.

## 1 Einleitung

Durch das Fortschreiten der vierten industriellen Revolution (Industrie 4.0) und den damit verbundenen zusätzlichen Anwendungen öffnet sich die industrielle Kommunikation immer mehr für die globale Vernetzung und die Dienste des Internets. Das Internet ist damit auch für die unterste Feldbusebene der industriellen Anlagen erreichbar und ermöglicht somit die weltweite Kommunikation industrieller Anlagen und Geräte untereinander [1]. Diese Art der Kommunikation unter Geräten wird im Kontext der Industrie 4.0 als „Industrial Internet of Things" (IIoT) bezeichnet [2]. Mit dem Einzug des Internets in die industrielle Kommunikation kommen zusätzliche Kommunikationsstandards zum Einsatz, die bisher hauptsächlich in höheren Schichten wie z. B. Leitebene der industriellen Kommunikationspyramide eingesetzt worden sind, wo die QoS-Anforderungen wie Verfügbarkeit und Echtzeitfähigkeit, im Vergleich zur Anwendung auf der Feld-Ebene, deutlich niedriger waren. Einer der aktuell am stärksten vorangetriebenen M2M-Kommunikationsstandards in der Industrie ist OPC UA [3].

J. Jasperneite, V. Lohweg (Hrsg.), *Kommunikation und Bildverarbeitung in der Automation,*
Technologien für die intelligente Automation 12, https://doi.org/10.1007/978-3-662-59895-5_5

OPC UA soll in der Zukunft durch Weiterentwicklungen des Standards (z. B. in Richtung zyklischer Kommunikation mittels Publisher Subscriber (PubSub) Pattern) immer tiefer, d.h. bis in die Sensor- und Aktor-Ebene in Fabriken und industriellen Anlagen vordringen. In Kombination mit Ethernet-TSN [4] sollen auch hoch performante Anwendungen, wie z. B. „Motion Control", damit realisierbar werden [5]. In dieser Umgebung hat das Thema Verfügbarkeit und als Folge die Netzlastrobustheit sowohl der Kommunikationsnetzwerke als auch der einzelnen Kommunikationselemente eine zentrale Bedeutung. Man denke dabei an Szenarien bei denen eine Produktionsanlage oder ein Teil davon ausfällt, weil das Kommunikationsnetzwerk oder Empfangsressourcen bei einem einzelnen ressourcenbeschränkten Netzwerkgerät kurzzeitig überlastet wurden. Dies könnte z. B. durch Übertragen einer größeren Datenmenge oder durch einen gezielten Angriff (DoS - Denial of Service), oder auch z. B. durch falsche Netzwerkkonfiguration oder durch Fehlfunktion eines anderen Gerätes im Netzwerk auftreten. Ungeplante Betriebsunterbrechungen verursachen in der Regel hohe Verluste für den Anlagenbetreiber. Der Überlastschutz eines Netzwerks kann mit Hilfe von TSN gewährleistet werden [6], der Überlastschutz der internen Empfangsressourcen muss von der Geräteimplementierung sichergestellt sein. Aus diesem Grund soll das Thema der Netzlastrobustheit von OPC UA-fähigen Geräten (Client/Server und Pub/Sub) in diesem Paper genauer adressiert werden.

## 2 Stand der Technik OPC UA

### 2.1 OPC UA Kommunikationsmodell

OPC UA bietet folgende zwei Mechanismen zum Austausch von Informationen in verschiedenen Use Cases: Client-Server-Modell und Publisher-Subscriber-Modell. Im Client-Server-Modell muss ein OPC-UA-Client einen dedizierten Kommunikationskanal mit dem Server aufbauen, um auf die Daten oder Funktionen des Servers zugreifen zu können. Die Anzahl der gleichzeitigen Verbindungen wird oft durch die Speicher- und Rechen-Ressourcen des Servers beschränkt, da die Verbindungsinformationen aller verbundenen Clients im Speicher gehalten werden. Im Fall einer verschlüsselten Kommunikation entsteht eine zusätzliche Prozessorlast. Des Weiteren wird die Prozessorlast auch durch unterschiedliche Aktualisierungsraten der von Clients angeforderten Informationen erhöht [7]. Im Publisher-Subscriber-Modell (PubSub) muss es dagegen keinen dedizierten bzw. direkten Kommunikationskanal zwischen Publisher und Subscriber geben. Das Routing der Nachrichten bzw. der einzelnen Informationen wird in diesem Fall von der nachrichtenorientierten Middleware (Message Oriented Middleware - MOM) übernommen. Dieser Ansatz führt zu einem niedrigeren Ressourcenverbrauch auf der Publisher-Seite im Vergleich zur direkten gleichzeitigen Client-Server-Kommunikation mit mehreren Clients. Ein OPC UA-Publisher sendet dabei eine vorkonfigurierte Teilmenge der Daten (Data Set) an die MOM mit einer vorkonfigurierten Zyklusrate und der OPC UA-Subscriber empfängt dann die Netzwerknachricht nach Bedarf von der MOM. MOM kann in zwei verschiedenen Varianten implementiert werden: Broker-basiert oder brokerlos. Die brokerlose Variante kann mit dem UADP (UDP-based UA) Protokoll in Form von UDP Multicasts und unter Verwendung der

Netzwerkinfrastruktur realisiert werden. Eine brokerbasierte MOM kann nach aktuellem Stand auf den Protokollen AMQP oder MQTT basieren [8].

## 2.2    OPC UA Transportprotokolle

OPC UA verwendet zwei TCP/IP basierte Protokolle für die Kommunikation zwischen Client und Server. Das sind Binärprotokoll und Webservice. Es kann auch eine Kombination (Hybrid) der beiden Protokolle verwendet werden, die im Wesentlichen die Vorteile beider Protokolle ausnutzt.

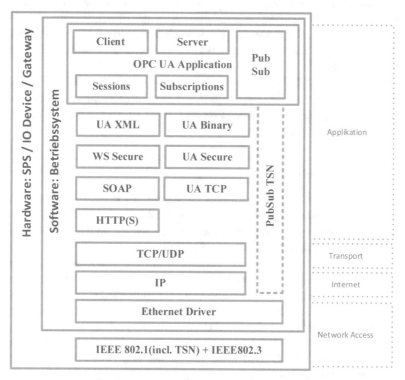

**Abb. 1.** Stackarchitektur von OPC UA in einer Gerätearchitektur

Die Eigenschaften der beiden Protokolle lassen sich wie folgt darstellen.

- **Binärprotokoll (UA Binary)** ist sehr Ressourcen- und Overhead-effizient, erreicht deshalb eine gute Performanz und ist insbesondere für Ressourcenbeschränkte eingebettete Systeme gut geeignet. Durch präzise Spezifikation lässt das Protokoll nur wenig Freiheitsgrade bei der Verwendung zu, was sich wiederum positiv auf die Interoperabilität der unterschiedlichen Lösungen auswirkt. Das Binärprotokoll ist für alle OPC UA-Geräte vorgeschrieben und benutzt standardmäßig einen reservierten TCP Port (4840). Es können aber auch andere Ports verwendet werden.

- **Webservices (XML-SOAP)** ist ein optionales Transportprotokoll, welches durch Verwendung von „Simple Object Access Protocol" (SOAP) flexibler bei der Datenrepräsentation als das Binärprotokoll ist, verursacht aber mehr Overhead durch XML-kodierte Nachrichten und ist aus diesem Grund langsamer. Das Protokoll lässt den Einsatz von .NET und Java Komponenten zu, findet aber wegen einem höheren Ressourcen-Bedarf kaum Einsatz in eingebetteten Geräten. Durch die Verwendung des HTTPS-TCP-Ports (443) können auch Implementierungen hinter Firewalls erreicht werden.

Die Verwendung einer Kombination aus beiden Protokollen (UA-Binary über HTTPS) ist optional und basiert im Wesentlichen auf der Binärkodierung, die über Port 443 transportiert wird. Somit werden die wesentlichen Vorteile der beiden Protokolle ausgenutzt. D.h. das Protokoll kombiniert eine gute Performanz mit einer guten Firewall-Kompatibilität.

Zusammen mit TCP/IP kommt noch eine Reihe von Standard-Hilfs-Protokollen in den OPC UA-Geräten zum Einsatz, wie z. B. das „Address Resolution Protocol" (ARP) und das „Dynamic Host Configuration Protocol" (DHCP), die das Gerät u.U. anfälliger für bestimmte Netzwerklast-Arten machen können.

## 2.3  OPC UA Profile

OPC UA ist ein mehrteiliger Standard, der die Anzahl der in der IEC 62541-4 spezifizierten Dienste und in der IEC 62541-5 eine Vielzahl von Informationsmodellen beschreibt. Diese Dienste und die Informationsmodelle werden im Rahmen der OPC UA-Spezifikation als Features bezeichnet. Die Gruppierung von Features, die als eine Einheit getestet werden können, wird als "Conformance Unit" bezeichnet [9]. Profile sind in Teil 7 der OPC UA-Spezifikation definiert und aggregieren die vordefinierten Conformance Units und andere Profile. Eine OPC UA-Anwendung (Client oder Server) sollte alle obligatorischen Conformance Units und Profile enthalten, um mit einem bestimmten Profil kompatibel zu sein. OPC UA-Profile werden hauptsächlich für den Test und die Zertifizierung der OPC UA-Produkte definiert und beschreiben die Funktionalität, die eine bestimmte OPC UA-Anwendung bietet. Das Testen eines Profils besteht aus dem Test aller einzelnen Conformance Units, aus denen ein Profil besteht. OPC UA-Profile sind in vier Kategorien aufgeteilt Client, Server, Sicherheit und Transport. Die Client-Profilkategorie spezifiziert die Funktionen eines OPC UA-Clients. Entsprechend legt die Server-Profilkategorie die Funktionen eines OPC-UA-Servers fest, usw. Ein Profil gilt als vollwertig, wenn es alle Funktionen unterstützt, die für den Aufbau einer minimalen funktionalen OPC UA-Anwendung notwendig sind. Profile machen OPC UA skalierbar und erlauben den Einsatz von OPC UA sowohl in ressourcenbeschränkten Embedded-Anwendungen als auch in High-Level Enterprise-Systemen [10]. Folgende Profile von OPC UA wurden bis jetzt in IEC 62541-7 für Server definiert [9]:

- **Nano Embedded Device 2017 Serverprofil** - beinhaltet den Core OPC UA-Server Facet und das OPC UA TCP Binary Protokoll als erforderliches

Transportprofil. Es eignet sich für chipbasierte Geräte mit begrenzten Ressourcen und kann für die industrielle Automatisierung eingesetzt werden.

- **Micro Embedded Device 2017 Serverprofil** - unterstützt alle Funktionen, die im Serverprofil des Nano Embedded Device enthalten sind. Darüber hinaus unterstützt es die Unterstützung von Subscriptions über die Embedded Data Change Subscription Server Facette und die Unterstützung von mindestens zwei Sitzungen.

- **Embedded 2017 UA-Server-Profil** - unterstützt alle Funktionen, die im Serverprofil des Micro Embedded Device enthalten sind. Darüber hinaus unterstützt es die Sicherheit durch die Sicherheitsrichtlinien und die Unterstützung der Standard DataChange Subscription Server Facette. Es ist für den Einsatz mit Embedded-Geräten mit mindestens 50 MByte Speicher und leistungsfähigerem Prozessor vorgesehen.

- **Standard 2017 UA-Serverprofil 2017** - basiert auf dem Embedded UA Server Profil und definiert minimale Funktionalitäten für PC-basierte OPC UA-Server und unterstützt die Discovery Services. Darüber hinaus erfordert es höhere Anzahl der gleichzeitigen Sitzungen, Subscriptions und überwachten Elemente im Vergleich zu eingebetteten Profilen.

- **Global Discovery Server-Profil** - dabei handelt es sich um ein „Full Featured"-Profil, das die notwendigen Dienste und das Informationsmodell eines UA-Servers abdeckt, der als Global Discovery Server(GDS) fungiert.

- **Global Discovery und Zertifikatsmanagementserver** - ist ein „Full Featured"-Profil, das die notwendigen Dienste und das Informationsmodell eines UA-Servers abdeckt, der als GDS und globaler Zertifikatsmanager fungiert.

## 2.4    OPC UA Security Model

Die Sicherheit von OPC UA basiert auf Mechanismen wie Authentifizierung, Autorisierung und Verschlüsselung. Es stehen drei Sicherheitsoptionen/-stufen zur Verfügung: "None", "Sign" und "SignAndEncrypt" [11]. Ein OPC UA Server gibt die von ihm unterstützten Sicherheitsmechanismen vor. Bei mehreren Möglichkeiten entscheidet der Client je nach Bedarf welche von dem Server unterstützten Sicherheitsmechanismen bei der Kommunikation eingesetzt werden. Wie die Sicherheitsanalyse von OPC UA durch das Bundesamt für Sicherheit in der Informationstechnik (BSI) gezeigt hat, bietet die Sicherheitsoption „None" wenig bis keinen Schutz vor IT-Angriffen. Ein hohes Maß an Sicherheit bietet dagegen die Option SignAndEncrypt [12]. Da in dem industriellen Umfeld und besonders auf der Feld-/Maschinen-Ebene aber hauptsächlich Ressourcen-limitierte eingebettete Systeme eingesetzt werden und gleichzeitig hohe Anforderungen an die Kommunikationsleistung gestellt werden, wird oft die Sicherheitsoption "None" oder „Sign" verwendet. Der Einsatz der Verschlüsselung (SignAndEncrypt) findet hauptsächlich beim Transport der sensiblen Daten über Domaingrenzen hinweg statt. Als Domain wird in diesem Zusammenhang je nach Sicherheitsanforderung das Netzwerk auf der Maschinen-, Anlagen- oder Fabrik-Ebene gemeint.

## 2.5 OPC UA Certification Test

Der Kommunikationsstandard OPC UA wurde mit dem Ziel entwickelt, Interoperabilität zwischen Produkten unterschiedlicher Anbieter zu ermöglichen. Derzeit gibt es verschiedene OPC UA-Anwendungen, die SDKs bzw. OPC UA Stack-Implementierungen von verschiedenen Anbietern verwenden. In diesem Szenario ist es notwendig, durch Zertifizierung die Kompatibilität und Korrektheit gegenüber dem OPC UA Standard für die Anwender zu gewährleisten. Die Zertifizierung eines Produkts gibt den Anwendern Sicherheit bei der Auswahl zertifizierter Produkte.

Das Zertifizierungs- und Compliance-Programm der OPC Foundation bietet den Anbietern der OPC UA-Lösungen die Möglichkeit, ihre Produkte zu testen, um Compliance, Interoperabilität, Robustheit, Usability und Ressourceneffizienz sicherzustellen [13]. Das OPC UA Compliance Test Tool (UACTT) bewertet die Konformität der OPC UA-Produkte mit der Spezifikation. Es testet alle obligatorischen sowie die optionalen Funktions- und Conformance-Units, die vom Produkt unterstützt werden. Es beinhaltet auch Testfälle, ob ein Server die ungültige Client-Anfrage bearbeiten und beantworten kann und umgekehrt. Im Interoperabilitätstest werden OPC UA-Produkte mindestens mit fünf verschiedenen OPC UA-Produkten von unterschiedlichen Herstellern getestet. In einem Robustheitstest wird im Wesentlichen die Fähigkeit des Produkts zur Handhabung und Wiederherstellung der verlorenen Kommunikation überprüft. In einem Effizienztest wird das Produkt 36 Stunden lang unter „Last" getestet. So kann beispielsweise ein zu testender Server aus 1000 dynamisch wechselnden Knoten bestehen, die von mindestens fünf verschiedenen Clients gleichzeitig abonniert werden. In diesem Zusammenhang wird die CPU- und RAM-Nutzung durch den OPC UA-Server untersucht. In einem Usability-Test wird die Genauigkeit der Dokumentation des Produkts getestet und es wird überprüft, ob sich das Produkt wie vorgesehen verhält. Das Testtool enthält Testszenarien sowohl für Client- als auch für Server-Applikationen. Dabei werden einzelne Profile, Facets und Conformance Units getestet. Sobald das Produkt alle diese Tests erfolgreich bestanden hat, kann die Zertifizierung des Produkts bei einem von der OPC-Foundation akkreditierten Testlabor beauftragt werden.

Derzeit fokussieren sich die Zertifizierungstests für OPC UA-Lösungen hauptsächlich auf die im Standard vorgeschriebenen funktionalen Aspekte, um eine bessere Interoperabilität der Lösungen zu garantieren. Es gibt im Rahmen der Zertifizierung auch Tests der Robustheit gegenüber der Netzlast. Diese Tests beschränken sich hauptsächlich auf die Lasten, die durch eigene OPC UA Protokolltelegramme erzeugt werden, indem z. B. der DUT mit gültigen OPC UA Telegrammen, wie bei einer DDoS-Attacke, überflutet wird. Dieses Dokument fokussiert sich dagegen auf die Überlastung des gesamten Kommunikationsstacks mit Telegrammen aller verwendeten Hilfsprotokolle (wie z. B. TCP/IP, ARP, BOOTP, DNS u.a.), da diese Protokolle im industriellen Umfeld eine sehr bedeutende Rolle spielen. Und sollten bei Zertifizierung aller Ethernet-Basierten industriellen Geräte, insbesondere, wenn diese in der Feldebene eingesetzt werden, berücksichtigt werden. Das gilt also gleichermaßen für alle in dem industriellen Umfeld eingesetzte Ethernet-basierte Geräte und nicht nur explizit für OPC UA fähige Geräte.

Die Geschichte der Ethernet-basierten industriellen Kommunikationssysteme, zeigt, dass die Robustheit der einzelnen Netzwerkkomponenten gegen Netzbelastung in einem Automatisierungsnetzwerk eine große Herausforderung ist. Dafür wurden innerhalb mancher Kommunikationsstandards spezielle Mechanismen entwickelt, um die Bandbreite für die übertragenen Prozessdaten zu sichern (wie z. B. bei PROFINET IRT). Diese Mechanismen erfordern den Einsatz von speziellen Netzwerkkomponenten. Trotzdem konnte das Problem der Netzlast nicht vollständig gelöst werden, da es außer Prozessdaten auch andere Dienste gibt, die auf Standard-Protokollen wie UPD/IP oder SNMP basieren und die ein unverzichtbarer Bestandteil des Kommunikations-Standards sind. Aus diesem Grund wurden bei PROFINET die Anforderungen an die Geräte bezüglich Netzlast-Robustheit genau definiert und deren Einhaltung im Zertifizierungs-Test verankert. Im folgenden Kapitel werden die wesentlichen Netzlast-Tests, die im Zuge der Geräte-Zertifizierung bei PROFINET durchgeführt werden, beschrieben.

# 3 Stand der Technik Security Level 1 Test bei PROFINET

Bei PROFINET ist das Thema der Netzlastrobustheit gut definiert und die entsprechenden Tests sind fester Bestandteil der Gerätezertifizierung. Bei der Zertifizierung der PROFINET-IO-Device werden neben den funktionalen Tests spezifizierte Netzlasttests durchgeführt, bei denen das Verhalten der DUTs (Device Under Test) unter genau definierten Bedienungen geprüft wird. Der Beispielaufbau des Tests wird in der folgenden Abbildung 2 dargestellt.

Während des Tests wird eine aktive IO-Beziehung zwischen einem IO-Controller und dem DUT aufgebaut, wobei sowohl zyklische als auch azyklische Daten zwischen dem IO-Controller und dem DUT ausgetauscht werden. Auf diese Weise wird die Verfügbarkeit der Kommunikations-Funktionen des DUTs während des Tests kontrolliert. Die Testframes werden von dem Last-Generator erzeugt und entweder über den Switch oder bei Verfügbarkeit über den zweiten Port des DUTs ins Netzwerk eingespeist.

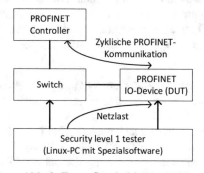

**Abb. 2.** Testaufbau bei 2-Port DUT

Entsprechend der beim Test erreichten Robustheit gegen die Netzlast wird dem DUT eine der drei im Standard definierten Robustheits-Klassen zugeordnet, die sich in

Grund-Robustheit (Klasse I), Standard-Robustheit (Klasse II) und Erweiterte-Robustheit (Klasse III) aufteilen. Für die erfolgreiche Zertifizierung muss das DUT mindestens die Klasse I erreicht haben.

Die Netzlasttests der Klasse I sind für kleinere Anlagen relevant, die bis zu 50 IO-Devices und 1-2 Controller enthalten können. Die Netzlasteinstellungen für die Tests der Klasse II gehen von einer größeren PROFINET-Domäne mit bis zu 1000 Knoten aus, wodurch eine höhere Grundlast zu erwarten ist. Die Tests der Klasse III sind für PROFINET-Applikationen mit erhöhten Netzlastanforderungen relevant, die insbesondere in konvergenten Netzwerken zum Einsatz kommen, in denen aus Verfügbarkeits- und Sicherheits-Gründen mit einer hohen Netzwerkbelastung gerechnet werden muss. Die für den Test generierte tatsächliche Last hängt von den verwendeten Protokoll-Frames, Art des Tests (Unicast, Multicast, Mailformed) und von der Netzlastklasse ab. In den nachfolgenden Tabellen werden auszugsweise wesentliche Netzlastszenarien aus PROFINET-Zertifizierung genauer beschrieben. Für die Berechnung der Last wird folgende Formel verwendet:

$$\% Netload@ms = \frac{GrossData}{Bandwidth@ms} \quad [14]$$

Unter Gross-Data werden alle über die Leitung übertragene Bytes inklusive Inter Frame Gap (12 Bytes), Präambel (8 Bytes) und Ethernet-Trailer (4 Bytes) zusammengefasst.

Die beim Test generierte Netzlast wird in zwei Leistungsstufen unterteilt „Normale Funktion" und „Überlast Kommunikation".

- Normale Funktion – vom Testsystem wird eine moderate Belastung des Netzwerkes bzw. des DUT generiert, die eine normale Arbeitsbelastung des Netzwerkes simuliert. Unter dieser Last soll das DUT sowohl zyklische als auch azyklische Kommunikation sowie die Switching-Funktion bei Mehrportgeräten aufrechterhalten und sonst keine Art Störung zeigen [15]. Die Kommunikation mit dem IO-Controller darf nicht unterbrochen werden.
- Überlast-Communication – bei diesem Scenario wird das Netzwerk bzw. das DUT so stark belastet, dass dies zu Aussetzern oder einem vollständigen Abbruch der Kommunikation führen kann. Das DUT darf dabei die Switching-Funktion nicht unterbrechen und nicht neustarten. Nach Abklingen der Belastung muss das Device seine Funktion wieder fortsetzen. D.h. das Device muss wieder erreichbar sein und im Stande sein, eine neue Kommunikationsbeziehung aufzubauen [15].

Die Netzlast besteht in beiden Fällen sowohl aus gerichteten als auch aus nicht gerichteten Frames. Gerichtete Frames sind alle Frames, die das DUT direkt über MAC-Adresse (Unicast, Multicast oder Broadcast) adressieren. Die Auswahl der bei der Lasterzeugung benutzten Frames richtet sich nach den bei PROFINET eingesetzten Kommunikations-Protokolle, wie IP/UDP, RPC, DCP, ARP, MRP, LLDP, SNMP. Die Tabelle 1 zeig einen nicht vollständigen Auszug der bei der PROFINET-Zertifizierung eingesetzten Lastszenarien, die auch für die Robustheits-Tests der OPC UA-Geräte relevant sein könnten.

**Tabelle 1.** Netzwerklast gerichtet und nicht gerichtet

| Art der Netz-werklast | Protokol | Sub-Protokol | Klasse I | Klasse II | Klasse III | Über-last |
|---|---|---|---|---|---|---|
| Gerichtete Netzwerklast (Multicast (MC) und Broadcast(BC)) | All (MC and BC) | All (except below | < 0,01%@ 1 ms | < 1%@1 ms | < 5%@ 1 ms | 100% |
| | ARP (BC) | ARP.req ARP-Probe.req | <1Frame@ 1 ms | <1Frame@ 1 ms 50 undirected 950 ms pause | < 5%@ 1 ms 999 undirec-ted 1 directed | |
| | | ARP Announce | < 0,01%@ 1 ms | < 0,01%@ 1 ms | < 5%@ 1 ms | |
| | IP UDP | (BC) | < 0,01%@ 1 ms | < 5%@1 ms | < 5%@ 1 ms | |
| | IPv6 All | (MC) | < 0,01%@ 1 ms | < 1%@1 ms | < 5%@ 1 ms | |
| Nicht ge-richtete NRT Last | All (MC) | Filtered in Step 1 | < 10%@ 1 ms | < 10%@ 1 ms | < 10%@ 1 ms | |
| Gerichtete NRT Last | All (MC and BC) | All (except below) | < 0,01%@ 1 ms | < 1%@1 ms | < 5%@ 1 ms | |
| | ARP (BC) | ARP.req ARP-Probe.req | <1Frame@ 1 ms 50 undi-rected 950 ms pausen | <1Frame@ 1 ms 999 undi-rected 1 directed | < 5%@ 1 ms | |
| | | ARP Announce | < 0,01%@ 1 ms | < 0,01%@ 1 ms | < 5%@ 1 ms | |
| | IP | UDP (BC) | < 0,01%@ 1 ms | < 5%@1 ms | < 5%@ 1 ms | |
| | IPv6 | All (MC) | < 0,01%@ 1 ms | < 1%@1 ms | < 5%@ 1 ms | |

Neben den Lasten, die durch reguläre Frames der relevanten Protokolle erzeugt werden, werden auch Szenarien mit verfälschten bzw. nicht gültigen Protokoll-Frames getestet (Resilienz). Bei diesen Tests werden zwischen den korrekten Frames einzeln (1 Frame pro 100 ms) verfälschte Protokoll-Frames eingespeist. Bei diesen Frames werden bewusst Protokoll-relevante Stellen, wie z. B. IP-Adressen, Parameter in IP-/UDP-Header oder Payload verfälscht bzw. manipuliert. Mit dem Ziel mögliche Schwachstellen in der Implementierung des eingesetzten Kommunikations-Stacks oder darauf basierenden Modulen zu identifizieren. Für alle drei Robustheits-Klassen gelten dabei gleiche Testbedienungen. In der Tabelle 2 werden die einzelnen Testszenarien mit der Art der Verfälschung der Protokoll-Frames dargestellt.

**Tabelle 2.** Last mit verfälschten Protokoll-Frames

| Art der Netz- werklast | Protocol | Testszenario | Klasse I/II/III Normale Funktion |
|---|---|---|---|
| Gerichtete Netzwerklast | IP | Valid Ethernet frame but malformed IP frames (UC) | 1 frame @ 100 ms |
| | | Frames where IP-Source Address and IP-Destination Address are identical (UC) | |
| | | Frames where IP-Source Address is a Multicast- or Broadcast-Address (UC) | |
| | IP / ICMP | Valid Ethernet frame but malformed ICMP frames (UC) | |
| | | Frames without payload (UC) | |
| | | Frames with maximum payload (UC) | |
| | IP / UDP | Valid Ethernet frame but malformed UDP frames (UC) | |
| | | Frames without payload (UC) | |
| | | Frames with maximum payload (UC) | |
| | IP / UDP / SNMP / GET | Valid Ethernet frame but malformed SNMP / GET frames (UC) | |
| | | Frames without payload UC) | |
| | | Frames with maximum payload (UC) | |
| | IP / UDP / SNMP / SET | Valid Ethernet frame but malformed SNMP / SET frames (UC) | |
| | | Frames without payload (UC) | |
| | | Frames with maximum payload (UC) | |

Ja nach vom DUT unterstützte Verbindungsgeschwindigkeit generiert das Testsystem die Test-Last bezogen entweder auf 100Mbit/s oder 1000Mbit/s.

# 4 Exemplarischer Netzlasttest einer OPC UA Implementierung

Im Rahmen dieser Arbeit wurde exemplarisch mit einem OPC UA-Server der im Kapitel 3 beschriebene Test aus der PROFINET-Zertifizierung durchgeführt. In den nächsten Kapiteln werden das getestete OPC UA-Gerät die Testdurchführung und Testergebnisse beschrieben.

## 4.1 Beschreibung des zu testenden OPC UA Gerätes

Für den Test wurde ein kompakter Open-Source-Industrie-PC (Revolution PI der Firma KUNBUS) verwendet. Die Lösung basiert auf dem weit verbreiteten Einplatinencomputer Raspberry Pi und hat aufgrund des verwendeten SoC BCM2837 mit seiner Quad-Core ARM-CPU mit 1,2 GHz und 1 GByte RAM, ausreichend Leistung auch für komplexere industrielle Anwendungen. Mit dem mitgelieferten Betriebssystem (Raspbian) lassen sich benutzerspezifische Linux-basierte Anwendungen implementieren. Zum Testzweck wurde auf dieser Plattform ein exemplarischer OPC UA-Server implementiert. Dafür wurde die Open-Source-Bibliothek „open62541" verwendet. Die Open-Source-Implementierung mit der Lizenz MPL v2.0 kann auch in kommerziellen Produkten eingesetzt werden. Aus diesem Grund ist es denkbar, dass die „open62541"-Bibliothek auch in den industriellen OPC UA-Lösungen einen breiten Einsatz findet.

Als Server-Applikation wurden zu Testzwecken zwei Methoden und zwei Variablen implementiert. Die Variablen beinhalten je einen Zählerwert, welcher pro Sekunde um eins erhöht wird. Dies dient der Kontrolle der Verbindung zwischen Server und Client und der Überwachung der Funktion des Servers, indem während des Tests die Änderung der Variablenwerte beobachtet wird.

Die realisierte Servervariante entspricht einem Micro Embedded Device Server Profil. Die Gesamtgröße der kompilierten Server-Binary betrug dabei ca. 1,3 MB. Aufgrund der guten Leistungseigenschaften der verwendeten Hardware wären auch komplexere Server-Profile mit höheren Leistungsanforderungen realisierbar.

## 4.2 Aufbau und Durchführung des Tests

In dem Testaufbau werden ähnlich, wie in der Abbildung 2 dargestellt, neben dem DUT und dem Netzlastgenerator noch ein industrietauglicher 4-Port Ethernet-Switch mit 100Mbit/s Datenübertragungsrate pro Port und ein PC-basierter OPC UA-Client (UAExpert) anstelle eines IO-Controllers eingesetzt. Da der DUT nur einen Ethernet-Port besitzt, wird die vom Lastgenerator erzeugte Test-Last über den Switch eingespeist. Während des Tests wird die Funktion des Servers mit Hilfe von UAExpert überwacht. Für diesen Zweck wurden in der Applikation des OPC UA-Servers zwei Zähler-Objekte eingebaut, die pro Sekunde ihren Zählerwert um 1 erhöhen. Wäre die Verbindung zwischen OPC UA-Server und Client während des Tests für längere Zeit unterbrochen, würden sich die abonnierten Zählerwerte im Client nicht mehr aktualisieren und ein Verbindungsabbruch würde im Logfenster des Clients gemeldet. Die Werte dieser Zähler werden zyklisch ca. alle 200 Millisekunden an UAExpert übertragen. Dies ist für dieses OPC UA-System (UAExpert und Server) die kleinsteinstellbare Aktualisierungszeit. Als erstes werden die Tests für die Netzlast-Klasse I „Normal Operation" durchgeführt. Nach einem erfolgreichen Abschluss des vorherigen Tests wird der Test dann mit der nächst höheren Klasse II und dann entsprechend mit Klasse III wiederholt. Am Ende wird dann noch der Überlasttest durchgeführt um Robustheit des DUTs auf Überlastsituationen zu testen.

## 4.3    Testergebnisse und deren Auswertung

Alle Tests der Klassen I bis III wurden vom DUT bestanden. Es wurden keine Unterbrechungen in der Kommunikation zwischen dem OPC UA-Server und Client registriert. Unterbrechungen gab es erwartungsgemäß nur bei Überlasttests (z. B. bei ARP-Requests). Nach Abklingen der Überlastsituation konnte die OPC UA-Kommunikation aber problemlos neu aufgebaut werden. Das Bestehen der Last-Tests für die geprüfte Client-Server-Kommunikation ist also durch das technologische Konzept der Nutzung von TCP/IP für OPC UA gegeben.

Der verwendete Last-Test zielt nicht direkt auf das OPC UA Protokoll selbst, sondern auf die unterlagerten Kommunikationskomponente, die zwangsläufig ein Bestandteil jedes OPC UA fähigen Geräte sind. Das getestete Gerät entspricht unter anderem in folgenden Punkten nicht der eigentlichen Ziel-Plattform, für die der Security Level 1 Test aus PROFINET-Zertifizierung konzipiert und entwickelt worden ist.

- Die beim Test verwendete Aktualisierungszeit von 200 Millisekunden entspricht nicht den üblichen Zykluszeiten von 1-32 Millisekunden, die in den industriellen PROFINET-IO-Systemen hauptsächlich angewendet werden, wo z. B. bei einer Aktualisierungszeit von 1ms schon nach 3ms der Watchdog der Verbindungsüberwachung auslöst und die bestehende Verbindung abgebaut wird.

- Darüber hinaus bildet das verwendete Client-/Server-Kommunikationsmodell nicht vollständig das Modell der üblichen IO-Kommunikation in den industriellen Feldbussystemen ab. Damit die Daten nicht nur, wie in unserem Fall, vom Server zum Client sondern auch zurückfließen können, wäre entweder eine Erweiterung der Applikation um Schreibbefehle, oder noch eine weitere und richtungsumgekehrte Server-/Client-Kommunikationsbeziehung notwendig.

- Die sehr einfach gehaltene Testapplikation und das ressourcensparende Profil der OPC UA-Anwendung ist eindeutig unterdimensioniert für die verwendete Hardwareplattform, wodurch dem Kommunikationsstack ausreichend Rechenressourcen zur Verfügung standen, um eine erhöhte Netzwerklast abzuarbeiten. In den realen industriellen eingebetteten Systemen ist dies aber aus Kostengründen selten der Fall.

- Die beim Test zur Lasterzeugung verwendeten Telegramme wurden speziell für PROFINET-Geräte konzipiert und erreichen u. U. in anderen Protokollstacks nicht die gewünschte Einsatztiefe und werden deshalb bereits nach der Prüfung des Ethernet-Headers verworfen.

**Bemerkungen: Zyklische Echtzeitkommunikation mit kleinen Übertragungszyklen ist kritisch für das Thema Netzlastrobustheit. Mit der Einführung von PubSub und TSN muss für OPC UA also das Thema Netzlastrobustheit explizit betrachtet werden.**

**Die verwendeten Original-Testszenarien aus PROFINET sind nur bedingt für das Testen von Client-Server-Basierten OPC UA Kommunikation geeignet. Für diesen Zweck müssen neue speziell auf die Client-Server- und PubSub-Kommunikation abgestimmte Testszenarien mit Berücksichtigung von unterlagerten Kommunikationskomponenten und Hilfsprotokolle erarbeitet werden.**

# 5 Zusammenfassung

Es gibt aktuell viele sowohl kommerzielle als auch Open Source basierte Lösungen für OPC UA und TCP/IP Software-Stacks von unterschiedlichen Anbietern, die bereits Anwendung in industriellen Geräten finden. Es ist denkbar, dass es in vielen Gerätelösungen unterschiedlicher Hersteller auch viele Kombinationen aus den verfügbaren OPC UA und TCP/IP-Software-Stacks gibt. Es ist auch damit zu rechnen, dass diese Anzahl der verfügbaren Lösungen und Kombinationen davon in Zukunft noch stark zunehmen wird, da diese u.a. die Basis für die Industrie 4.0 darstellen. Auch die Weiterverbreitung von IPv6 bzw. deren Implementierungen in den eingebetteten Systemen bringt neben neuen Möglichkeiten auch neue Risiken mit sich, die sich negativ auf die Netzlaststabilität der industriellen OPC UA-Applikationen auswirken könnten.

Alle in den offiziellen OPC-UA-Zertifizierungstests genannten Testkategorien basieren auf den Kernfunktionen der Server und Clients. Auch die zahlreichen Robustheitstests fokussieren sich auf die OPC UA Telegramme. In der industriellen Anwendungsdomäne können jedoch Hunderte verschiedene Geräte mit demselben Kommunikationsnetzwerk verbunden sein. Ein besonderes Thema dabei ist die Konvergenz der industriellen Protokolle, die in selben Netzwerk eingesetzt werden können. Viele dieser Protokolle benutzen auf eine oder andere Weise Multicast- und Broadcast-Telegramme, z. B. bei der Gerätesuche, die von vielen unbeteiligten Geräten im Netzwerk empfangen werden können. Darüber hinaus kann nicht verhindert werden, dass versehentlich oder mit böswilliger Absicht Geräte an das Netzwerk angeschlossen werden, die eine zusätzliche Netzwerklast erzeugen und so den Fluss des Netzwerkverkehrs stören können.

Wie der in Kapitel 4 beschriebene Test gezeigt hat, ist das klassische Client/Server Kommunikationsmodell nicht anfällig für die verwendete Testnetzlast. Es ist aber auch aufgrund von zu großen Aktualisierungszeiten und Protokolloverhead nur bedingt für den industriellen Einsatz in der Feldebene geeignet. Vielmehr sind solche Netzlast-Tests bei PubSub-basierter Kommunikation sinnvoll. Durch den Einsatz des PubSub-

Kommunikationsmodells erfüllt OPC UA die höheren industriellen Kommunikationsanforderungen und es können damit viel kleinere Aktualisierungszeiten erreicht werden. Als Konsequenz der kleineren Aktualisierungszeiten steigt die Kommunikationsbelastung der einzelnen Kommunikationsteilnehmer und des gesamten Netzwerks um ein Vielfaches an. Dieses Kommunikationsaufkommen entspricht dann dem der Echtzeit-Industrieprotokolle. In dieser Situation spitzt sich die Frage der Netzlastrobustheit der einzelnen Geräte entsprechend zu. Insbesondere, wenn es sich dabei um Feldgeräte mit beschränkten Ressourcen handelt. Solche Geräte stellen derzeit zwar nur einen kleinen Teil der OPC UA Welt dar, deren Anteil wird sich aber in der Zukunft deutlich erhöhen. Wie verhalten sich dann solche Geräte bei erhöhter Last durch Telegramme von Hilfsprotokollen (wie z. B. DHCP, SNMP, ARP) oder bei gezielt verfälschten Telegrammen? Ist dabei ein bestimmtes Verhalten korrekt oder unzulässig? Funktioniert die Anwendung weiterhin (Resilienz) und bleiben alle etablierten Kommunikationskanäle zwischen dem Server und den Clients intakt? Diese Fragen können nur durch einen klar definierten Test beantwortet werden.

## Literatur

[1] Heymann, Sascha; Stojanovic, Ljiljana; Watson, Kym; Seungwook, Nam; Song, Byunghun; Gschossmann, Hans; Schriegel, Sebastian; Jasperneite, Jürgen: Cloud-based Plug and Work architecture of IIC Testbed Smart Factory Web. In: IEEE 23rd International Conference on Emerging Technologies and Factory Automation (ETFA). Torino, Italy, September 2018

[2] M. Wollschläger, T. Sauter and J. Jasperneite, „The future of industrial communication" in IEEE Industrial Electronics magazine. IEEE, Mar 2017

[3] „Industrie 4.0 Communication Guideline Based on OPC UA" VDMA, Fraunhofer IOSB-INA 2017

[4] TSN Standards: IEEE 802.1Qbv: Enhancement for scheduled traffic, IEEE 802.1Qbu: Frame preemtion, IEEE 802.1AS-Rev/D2.0 : Timing and synchronization for time sensitive applications, IEEE 802.1Qci : Per-Stream Filtering and Policing

[5] I. Hübner: OPC UA TSN: Einheitlicher Kommunikationsstandard? In: Digital Factory Journal H. 1/2017 s.48. http://digital-factory-journal.de/uploads/tx_bcpageflip/DFJ_1_2017_Interaktiv.pdf

[6] Schriegel, Sebastian; Kobzan, Thomas; Jasperneite, Jürgen: Investigation on a Distributed SDN Control Plane Architecture for Heterogeneous Time Sensitive Networks. In: 14th IEEE International Workshop on Factory Communication Systems (WFCS) Imperia (Italy), Jun 2018

[7] Softing Industrial Automation GmbH (2018). Implementing Deterministic OPC UA Commmunication.

[8] OPC Foundation. OPC Unified Architecture Specification Part 14: PubSub Release 1.04, February 06, 2018

[9] OPC Unified Architecture – Part 7 : Profiles. IEC 62541-7, 2015

[10]     J. Imtiaz and J. Jasperneite, "Scalability of OPC-UA down to the chip level enables "Internet of Things"," 2013 11th IEEE International Conference on Industrial Informatics (INDIN), Bochum, 2013, pp. 500-505

[11]     OPC Unified Architecture – Part 2 : Security Model. IEC 62541-2, 2015

[12]     Bundesamt für Sicherheit in der Informationstechnik „Sicherheitsanalyse OPC UA" - Date April 2016. https://opcfoundation.org/wp-content/uploads/2016/04/Sicherheitsanalyse_OPC_UA_BSI_2016_v10-OPC-F-Responses.pdf

[13]     OPC Foundation. How to certify. https://opcfoundation.org/certification/how-to-certify/

[14]     „PROFINET IO Security Level 1 Guideline for PROFINET" Version 1.2.1.1 – Date February 2017

[15]     „Test Specification PROFINET IO Security Level 1 Technical Specification for PROFINET" Version 1.1.6 – Date March 2017

# Open-Source Implementierung von OPC UA PubSub für echtzeitfähige Kommunikation mit Time-Sensitive Networking

Julius Pfrommer, Thomas Usländer

Informationsmanagement und Leittechnik (ILT)
Fraunhofer IOSB
Fraunhoferstraße 1, 76131 Karlsruhe
julius.pfrommer@iosb.fraunhofer.de
thomas.uslaender@iosb.fraunhofer.de

**Zusammenfassung.** OPC UA hat sich in den letzten Jahren als Protokoll für industrielle nicht-echtzeitkritische Kommunikation durchgesetzt. Mit OPC UA PubSub wird nun OPC UA um das Publish / Subscribe Kommunikationsmuster erweitert. Es wird gezeigt, wie OPC UA PubSub in Kombination mit Time-Sensitive Networking (TSN) auch für echtzeitkritische Kommunikation genutzt werden kann. Der Ausgangspunkt ist die Erkenntnis, dass zur Einhaltung der Zeitschranken für Echtzeitkommunikation der Publisher in einem (von der Netzwerkhardware getriggerten) Interrupt ausgeführt werden muss. Daraus folgern Anforderungen an die Synchronisation des PubSub Publishers mit dem nicht-echtzeitkritischen OPC UA Server, dessen Informationsmodell auch die Grundlage für die im Publisher erzeugten Nachrichten ist.

## 1 Einführung

OPC UA ist weit verbreitet für flexible Kommunikation in der Automatisierungstechnik. Für viele Anwendungsfälle hat OPC UA seinen Vorgänger, das Microsoft DCOM-basierte OPC Classic, abgelöst. Die mit OPC UA verbundene Hoffnung ist die Durchsetzung einer einheitlichen Technologie für standardisierte und sichere Kommunikation über Herstellergrenzen und Anwendungsdomänen hinweg. Der derzeitige Grad der Durchsetzung von OPC UA in der Praxis unterstützt diesen Anspruch. Der neue Part 14 der OPC UA Spezifikation definiert eine Erweiterung von OPC UA basierend auf dem Publish / Subscribe Kommunikationsmuster [EFGK03]. Dies ermöglicht neue Einsatzszenarien, inklusive dem Nachrichtenaustausch zwischen vielen Teilnehmern (many-to-many). Zusätzlich ist die Verbindung von OPC UA PubSub mit Time-Senstive Networking (TSN) für echtzeitfähige Kommunikation vorgesehen. Es existiert jedoch derzeit eine Lücke zwischen den kommerziell erhältlichen Lösungen von OPC UA PubSub und dem Anspruch Echtzeitanforderungen mit hoher Flexibiliät zu verbinden. Diese Arbeit schließt diese Lücke durch die Darstellung einer Implementierung von OPC UA PubSub, die zur Laufzeit flexibel konfiguriert werden kann und dennoch Echtzeitanforderungen erfüllt.

J. Jasperneite, V. Lohweg (Hrsg.), *Kommunikation und Bildverarbeitung in der Automation*,
Technologien für die intelligente Automation 12, https://doi.org/10.1007/978-3-662-59895-5_6

Dieser Artikel ist eine Erweiterung von [PERK18]. Er ist wie folgt strukturiert: Dieser Abschnitt setzt sich mit einer Zusammenfassung von OPC UA und Time-Sensitive Networking (TSN) fort. Der Abschnitt 2 zeigt Wege auf wie nicht-echtzeitkritische OPC UA Server mit echtzeitfähigen OPC UA PubSub Publishern integriert werden können. Der Ansatz wurde auf Basis des open62541 SDKs implementiert. Die Details der Implementierung werden in Abschnitt 3 besprochen. Auf dieser Grundlage wurden Messreihen durchgeführt, die in Abschnitt 4 zur Evaluierung des Ansatzes verwendet werden. Der Abschnitt 5 beschließt den Artikel mit einer Zusammenfassung und einem Ausblick.

## 1.1 OPC Unified Architecture

OPC UA ist ein Client-Server Protokoll für industrielle Kommunikation basierend auf TCP/IP. Das Protokoll wurde in der IEC 62541 Reihe standardisiert. Ein OPC UA Server bietet Zugriff auf Daten und Funktionalitäten die in einem objekt-orientierten semantischen Informationsmodell repräsentiert werden. Clients interagieren mit dem Informationsmodell über eine Menge standardisierter Services. OPC UA folgt strikt dem Request / Response Kommunikationsmuster. Jeder Service definiert eine *Request*- und eine *Response*-Nachricht. Allerdings ist OPC UA ein asynchrones Protokoll bei dem Response-Nachrichten verzögert und in anderer Reihenfolge gesendet werden dürfen. Über diesen Mechanismus ist ein *Subscription*-Mechanismus für die Push-Benachrichtigung von Clients über Datenänderungen und Events definiert.

Wie bereits der Vorgänger OPC Classic hat sich OPC UA als wichtigstes Protokoll für herstellerübergreifende, nicht-echtzeitkritische industrielle Kommunikation durchgesetzt. Die OPC Foundation treibt die kontinuierliche Verbesserung des Standards voran und unterstützt die Entwicklung von Companion Spezifikationen, welche Informationsmodelle für die verschiedenen Anwendungsdomänen definieren. Weiterhin führt die OPC Foundation Zertifikationen von standardkonformen Implementierungen durch um Interoperabilität zu gewährleisten.

## 1.2 Time-Sensitive Networking (TSN)

Im Rahmen der IEEE 802.1 Standardisierungs-Serie wurden Ethernet-Erweiterungen für Echtzeitkommunikation zunächst unter dem Namen Audio Video Bridging (AVB) und in jüngeren Jahren als Time-Sensitive Networking (TSN) entwickelt. Einige der Erweiterungen aus der TSN-Reihe wurden bereits verabschiedet. Zum Beispiel die Synchronisierung der Uhren der Netzwerketeilnehmer mit IEEE 802.1AS [SJ07] und die Reservierung von Übertragungskapazität über Zeitschlitze in IEEE 802.1Qbv. Der IEEE 802.1Qbv Standard definiert Warteschlagen für Nachrichten in verschiedenen Klassen von Netzwerkverkehr. Jede Warteschlange wird von einer Übertragungs-Schranke (Transmission Gate) gesteuert. Wenn ein Paket nicht in dem zugeordneten Zeitschlitz gesendet werden kann, so muss auf den nächsten Zyklus gewartet werden. Für die Einhaltung von Echtzeit-Garantien die ein solches Verschieben der Übertragung nicht zulassen muss die Nachricht mit einem Offset vor der Öffnung des Zeitschlitzes vorbereitet

**Tabelle 1.** TSN Erweiterungen von Ethernet in der IEEE 802.1 Standardserie.

| Standard | Titel |
| --- | --- |
| IEEE 802.1Qav | Forwarding and Queuing Enhancements for Time-Sensitive Streams |
| IEEE 802.1AS-Rev | Timing and Synchronization for Time-Sensitive Applications |
| IEEE 802.1Qbu | Frame preemption |
| IEEE 802.1Qbv | Enhancements for Scheduled Traffic |
| IEEE 802.1Qca | Path Control and Reservation |
| IEEE 802.1Qcc | Stream Reservation Protocol (SRP) Enhancements and Performance Improvements |
| IEEE 802.1Qci | Per-Stream Filtering and Policing |
| IEEE 802.1Qcr | Bridges and Bridged Networks Amendment: Asynchronous Traffic Shaping |
| IEEE 802.1CB | Frame Replication & Elimination for Reliability |

und in der Warteschlange eingelastet werden. Tabelle 1 gibt einen Überblick über die weiteren TSN-Erweiterungen.

Die Autoren von [Ind18] beschreiben Traffic-Arten für typische Anwendungsfälle in der Automatisierung und ihre Beziehungen zu den TSN Standards. Das allgemeine Potential und Beschränkungen von Ethernet-basierten Echtzeitprotokollen wird in in [JSW07] beschrieben. Der Vorteil von TSN gegenüber klassischen Feldbussen liegt in der Herstellerneutralität, dem Wegfallen von Lizenzgebühren, höhere Datenraten [Sha18], der Möglichkeit der flexiblen Konfiguration echtzeitfähiger Netzwerkverbindungen über Bridges zwischen Teilnetzen hinweg [GAS+17] und die Skaleneffekte einer Technologie, welche auch im Consumer-Bereich breiten Einsatz finden soll.

### 1.3 OPC UA PubSub und OPC UA PubSub in Kombination mit TSN

Der neue Part 14 der OPC UA Spezifikation [OPC18] erweitert OPC UA um PubSub als zusätzliches Kommunikationsparadigma. Mehrere Subscriber können ein Thema abonnieren. Veröffentliche Nachrichten werden an alle Subscriber des Themas weitergeleitet. Da potentiell viele Subscriber eine Nachricht empfangen können kehrt OPC UA PubSub in gewisser Weise zur Definition von Telegramm-Nachrichten mit definiertem Aufbau zurück, ähnlich wie diese in klassischen Feldbussen verwendet werden. Allerdings kann der Nachrichtenaufbau zur Laufzeit flexibel konfiguriert werden. Der Nachrichtenaufbau wird in sogenannten *PublishedDataSets* definiert. Diese beinhalten eine Liste von Variablen und Event-Quellen aus dem Informationsmodell des OPC UA Servers für die gemeinsame Übertragung in einer PubSub Nachricht. Das PublishedDataSet ist ebenfalls im Informationsmodell repräsentiert und kann mit einem OPC UA Client ausgelesen werden um den Aufbau und die Semantik der PubSub Nachrichten zu erhalten.

Zum einen definiert der Part 14 die Verwendung existierender Protokolle, MQTT und AMQP, welche für das PubSub Kommunikationsparadigma ausgelegt sind. Diese Protokolle verwenden für die Verteilung von Nachrichten einen zentralen Broker. Sie sind heute weit verbreitet und können über das Internet verwendet werden. Zum anderen definiert der Standard ein eigenes UDP-basiertes Protokoll, UADP genannt, welches den Multicast-Mechanismus des IP-Standard für die Verteilung von Nachrichten an viele Empfänger verwendet. Die Subscriber registrieren sich in einer Multicast-Gruppe, die durch eine IP-Addresse repräsentiert ist. Pakete an diese Addresse werden an alle registrierten Teilnehmer der Multicast-Gruppe weiter geleitet. Der Aufwand der Nachrichten-Verteilung wird damit an die Netzwerkinfrastruktur ausgelagert. Das reduziert die Komplexität der Implementierung des Publishers. Allerdings ist ide Verfügbarkeit von Multicast auf lokale Netzwerke beschränkt. Im Internet wird dieser Teil des IP-Standards üblicherweise nicht unterstützt. Zuletzt definiert der Standard die Übertragung von PubSub über Ethernet-Frames auf Schicht 2 des OSI-Modells. Auf der Ebene von Ethernet ist die Einbindung von TSN als Ethernet-Erweiterung direkt möglich. Die OPC Foundation hat den Ethernet EtherType 0xB62C für TSN-basierten OPC UA PubSub Netzwerkverkehr registriert.[1]

Der Ursprung einer OPC UA PubSub Nachricht im Informationsmodell eines OPC UA Servers ist in dem tatsächlich versendeten Netzwerk-Paket nicht mehr erkennbar. Dies ermöglicht die Umsetzung sehr leichtgewichtiger OPC UA PubSub Implementierungen, welche einen festen Nachrichtenaufbau einkompiliert haben und die dynamische Zusammenstellung der Nachrichteninhalte aus der Konfiguration des PublishedDataSet übergehen. Eine solche Implementierung benötigt im Grunde gar keinen klassischen OPC UA Server im Hintergrund. Dadurch gehen aber die wichtigen Eigenschaften der Flexibilität und der Zugriff auf die Semantik der Nachrichteninhalte verloren.

## 2 Integration von OPC UA Servern mit echtzeitfähigem OPC UA PubSub

Es ist anzunehmen, dass ein TCP/IP basierter OPC UA Server keine harten Echtzeitgarantien einhalten kann. Langlaufende Funktionsaufrufe, aufwändige Verschlüsselung von Nachrichten und viele andere Operationen in einem OPC UA Server sorgen für potentielle Verzögerungen. Nun soll aber das Informationsmodell des OPC UA Servers als die Quelle von OPC UA PubSub Nachrichten verwendet werden. Auf einem System mit einem Prozessorkern kann der Kontrollfluss über einen (Hardware-getriggerten) Interrupt unterbrochen werden um die rechtzeitige Ausführung des PubSub Publishers sicher zu stellen.

Nebenläufige Programme mit mehreren Threads können Semaphoren verwenden um Race-Conditions durch den parallelen Zugriff auf geteilte Speicherbereiche zu unterbinden. Bei der Verwendung von Interrupts auf Systemen mit nur einem Prozessorkern ist der Ansatz aber nicht möglich. Den ein wartender Interrupt

---

[1] Siehe den Eintrag unter http://standards-oui.ieee.org/ethertype/eth.txt.

kann nicht durch das öffnen einer Semaphore aus einem parallelen Prozess „befreit" werden. Stattdessen müssen alle vom Publisher verwendeten Methoden *reentrant* sein. Dies ist jedoch eine starke Einschränkung. Selbst die in POSIX definierte Schnittstelle zu `malloc` für die Verwendung von Speicher auf dem Heap ist nicht reentrant [But97]. Noch wichtiger jedoch ist der Zugriff auf das OPC UA Informationsmodell welches zwischen dem OPC UA Server und dem Publisher geteilt wird. Dieser Zugriff muss ebenfalls reentrant sein.

Die erste Möglichkeit ist die Verwendung bekannter Speicheraddressen für Shared Memory und das Setzen individueller skalarer Werte mit atomischen Operationen.[2] Atomische Operationen sind notwendig um sicher zu stellen, das ein Interrupt ein Update des Informationsmodells nicht unterbrechen kann. Dies würde sonst zu einem inkonsistenten Informationsmodell führen. Allerdings können nur kleine Skalare (Integer, Gleitkommazahlen, usw.) mit atomischen Operationen gesetzt werden. Der Ansatz ist in der Abbildung 1a dargestellt.

Die zweite Möglichkeit ist die Verwendung von Copy-on-Replace für Änderungen im Informationsmodell: Ein OPC UA Informationsmodell ist ein Graph von Knoten mit typisierten Referenzen als Kanten zwischen den Knoten. In open62541 sind alle Knoten über ihren Identifier aus einer Hashmap abrufbar. Einmal in der Hashmap referenziert ist ein Knoten unveränderlich. Er kann nur durch einen neuen Knoten, bzw. eine modifizierte Kopie seiner selbst, ersetzt werden. Das Update wird durch den Austausch eines Pointers mit einer atomischen Compare-and-Switch (CAS) Operation ausgeführt. Dadurch ist das Informationsmodell stets konsistent, auch wenn der Server während einer Schreib-Operation durch ein Interrupt unterbrochen wird. Der Ansatz ist in Abbildung 1b dargestellt. Der Vorteil des zweiten Ansatzes gegenüber dem Ersten ist, dass jede Art Wert (auch Strings) über PubSub veröffentlicht werden kann. Weiterhin kann die Konfiguration des Publishers im OPC UA Informationsmodell abgespeichert in jedem Publisher-Zyklus ausgelesen werden ohne Echtzeitgarantien zu verletzen.

# 3 Implementierung

Das Fraunhofer IOSB hat gemeinsam mit Kalycito Infotech eine Implementierung von OPC UA PubSub über TSN umgesetzt und evaluiert. Die Open Source in Automation Development Labs (OSADL) eG hat den organisatorischen Rahmen für die Finanzierung dieser Aktivität durch ein Konsortium von Unternehmen aus der Automatisierungsindustrie bereitgestellt. Neben der Umsetzung von OPC UA PubSub realisierte das Projekt einen Demonstrator (siehe Abbildung 2) und Trainings für die unterstützenden Unternehmen.

Die Implementierung basiert auf dem open62541 SDK [PGP+15]. Das SDK ist in C99 geschrieben und unter der MPLv2 Lizenz veröffentlicht. Ein Abstraktions-Layer hält die Kern-Bibliothek frei von Platform-spezifischen Schnittstellen (auch POSIX). Das vereinfacht die Portierung auf neue Hardware-Architekturen und

---

[2] Im open62541 SDK ist dies über sogenannte *DataSources* umgesetzt. Eine DataSource ersetzt die normalen Lese- und Schreibzugriffe auf einen Knoten im Informationsmodell mit nutzerdefinierten Callbacks.

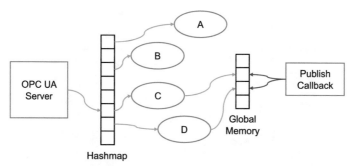

(a) Shared Memory bei dem der den Austausch kleiner Speicherbereiche (einzelne Integer) mit atomischen Operationen unterstützt wird.

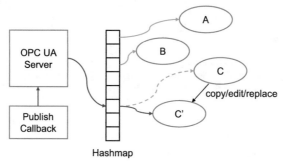

(b) Copy-on-replace für unveränderliche Knoten im Informationsmodell. Der Knoten C wird erst zu C' kopiert, dann editier und zuletzt mit einer atomischen Operation mit C ausgetauscht.

**Abb. 1.** Möglichkeiten für die lock-freie Synchronisation zwischen einem OPC UA Server und einem OPC UA PubSub Publisher der in einem Interrupt ausgeführt wird. Die roten Pfeile zeigen Zugriffe aus dem Interrupt an die „reentrant" sein müssen.

Betriebssysteme. OPC UA Server auf der Basis des open62541 SDK benötigen, bei der Aktivierung eines minimalen Feature-Set, weniger als 100kB an ROM und RAM. Das Fraunhofer IOSB hat das open62541 SDK gemeinsam mit weiteren Partnern initiiert und begleitet die Weiterentwicklung des SDK gemeinsam mit Partnern aus der Forschung und der Industrie.

Die Integration von OPC UA PubSub in das Server-SDK basiert auf der Verwendung von drei verschiedenen Schnittstellen. Zunächst wird das bestehende Encoding und Decoding für das binäre OPC UA Protokoll für die PubSub-Nachrichten weiter verwendet. Zweitens werden die Laufzeitdaten für die PubSub Nachrichten aus dem Informationsmodell des OPC UA Servers ausgelesen. Drittens wird die Konfiguration des PubSub Publishers im Informationsmodell repräsentiert und können dort zur Laufzeit modifiziert werden.

Wie in Abschnitt 2 beschrieben wird der OPC UA PubSub Publisher zyklisch in einem Interrupt ausgeführt. Dabei werden die folgenden Schitte ausgeführt:

**Abb. 2.** OPC UA PubSub über TSN Demonstrator auf dem Stand der OPC Foundation auf der Hannover Messe 2018. Die folgenden Hardware-Plattformen wurden für den Demonstrator integriert: Intel Atom/i210 von TQ-Systems, Dual Chip Lösung mit ARM Cortex M4 + TSN Switch von Analog Devices, FPGA-TSN Cyclone V SoC von Intel PSG/Altera, Xilinx FPGA-TSN Zync SoC. Die Komponenten des Demonstrators verfügen über 2-Port Switches und sind zu einer Daisy Chain verbunden. Die verwendeten Betriebssysteme sind Linux mit der RT-Preempt Erweiterung [CB13] und FreeRTOS.

1. Austausch des Standard-`malloc` mit einer einfachen Puffer-basierten Implementierung für die Dauer des Interrupts
2. Erzeugen und Befüllen der Struktur für die PubSub Nachricht auf Basis der definierten PubishedDataSets
3. Kodierung der PubSub Nachricht in einem Speicherpuffer
4. Absenden der PubSub Nachricht (Einlasten des Speicherpuffers in der Warteschlange der TSN-fähigen Netzwerk-Hardware)
5. Wiederherstellung der Standard `malloc`-Implementierung

Neben dem binären UADP Protokoll für PubSub unterstützt open62541 mittlerweile auch JSON-enkodierung der PubSub-Nachrichten und den Transport über MQTT. Die Implementierung ist unter `https://github.com/open62541/open62541` frei unter der MPLv2 Lizenz zugänglich.

## 4 Evaluierung

Die Messungen für die Evaluierung wurden auf zwei identischen PC mit Intel Core i5-6402P Prozessoren mit 2,80GHz Taktfrequenz durchgeführt. Der Netzwerkadapter basiert auf dem Intel i210 Chipsatz und ist über PCIe integriert.

Die Netzwerkadapter der beiden PCs sind mit einem Ethernet-Kabel Peer-to-Peer verbunden. Das verwendete Betriebssystem ist Linux 4.16.8-rt3 mit der RT-Preempt Erweiterung. Die Systemuhr der beiden PCs ist über die Netzwerkadapter auf der Basis von IEEE 802.1AS-Rev synchronisiert. Ein Patch-Set von Intel wurde für die Umsetzung von IEEE 802.1Qbv Funktionalität verwendet. Neben der Anbindung an die i210 Netzwerkhardware wird die SO_TXTIME Option für Netzwerk-Sockets, sowie Time-Based Scheduling (TBS) für RT-Linux bereit gestellt.

Die OPC UA PubSub Nachrichten werden mit einem Taktrate von 10kHz (alle 100µs) versendet. Die gesendete Nachricht basiert auf einem PublishedDataSet mit einem einzigen skalaren Zahlenwert. Die Konfiguration des PublishedDataSet wird in jedem Zyklus ausgelesen und auf dieser Basis die Inhalte für die Nachricht aus dem Informationsmodell ausgelesen und zusammen gestellt. Der Offset zwischen dem Beginn der Nachrichten-Erzeugung und dem Beginn des Übertragungs-Fensters ist auf 5µs eingestellt. Bei einer Taktfrequenz des Prozessors von 2,8GHz bleiben also 14.000 Rechenzyklen um die Nachricht fertig zu stellen und sie in eine Warteschlange in der Netzwerkhardware einzulasten.

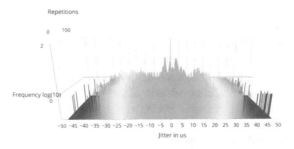

(a) Beobachteter Jitter mit deaktiviertem TBS.

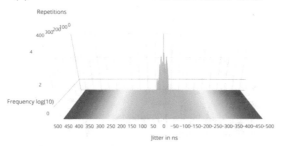

(b) Beobachteter Jitter mit aktiviertem TBS.

**Abb. 3.** Jitter der OPC UA PubSub Netzwerknachrichten.

Die Abbildung 3 zeigt den beobachteten Jitter von OPC UA PubSub mit und ohne Unterstützung von TBS. Aus der Abbildung 3a geht hervor, dass ohne TBS große Schwankungen im Zeitverhalten im mehrstelligen Mikrosekunden-Bereich auftreten. Im Gegenzug dazu zeigt Abbildung 3b ein hochgradig deterministisches Verhalten mit aktiviertem TBS. Der beobachtete Jitter ist im Nanosekunden-Bereich. Da die Nachrichten mit einem Offset vor dem Absenden eingelastet werden, rührt dieser Jitter also nur noch von der Netzwerkhardware her.

## 5  Zusammenfassung und Ausblick

Der Artikel hat sich mit den Time-Sensitive Networking (TSN) Erweiterungen für den Ethernet Standard befasst und wie diese für den echtzeitfähigen Transport von OPC UA PubSub eingesetzt werden können. Es wurde ein Ansatz vorgestellt, bei dem der OPC UA PubSub Publisher von einem Hardware-Interrupt angesteuert wird um Verzögerung und Jitter zu minimieren. Die Schwierigkeit liegt darin den echtzeitfähigen PubSub Publisher mit dem normalen OPC UA Server zu synchronisieren, da beide auf ein gemeinsames OPC UA Informationsmodell zugreifen. Die beschriebenen Ansätze wurden für das open62541 OPC UA SDK umgesetzt. Messungen wurden auf einem Testsystem mit Linux RT-Preempt Patches durchgeführt. Dabei wurden Wiederholungsraten bis zu 10kHz mit minimalem Jitter erreicht.

Zukünftige Aufgaben bezüglich der Verwendung von TSN für echtzeitfähiges OPC UA PubSub beinhalten die Portierung auf weitere TSN Hardware und Embedded-Plattformen, langfristige Latenz-Tests in einer QA-Farm, sowie die Umsetzung einer „Distribution" für OPC UA PubSub über TSN, bestehend aus Hardware, Treibern, echtzeitfähigem Betriebssystem und dem OPC UA PubSub SDK. Diese Komponenten müssen aufeinander abgestimmt und getestet sein um auf der Basis bekannter Ende-zu-Ende Eigenschaften Lösungen entwickeln zu können. Die Entwicklung weiterer Features ist geplant. Mit dem Blick auf nicht-echtzeitkritische Anwendungen von OPC UA PubSub steht noch die Erweiterung um JSON als Format für Netzwerknachrichten, sowie Broker-basierte Nachrichtenübertragung auf der Basis von MQTT und AMQP aus. Ein weiteres Thema ist die Verschlüsselung von OPC UA PubSub Nachrichten mit symmetrischen Gruppenschlüsseln.

## Literatur

[But97]  David R Butenhof. *Programming with POSIX threads.* Addison-Wesley Professional, 1997.

[CB13]  Felipe Cerqueira und Björn Brandenburg. A comparison of scheduling latency in linux, preempt-rt, and litmus rt. In *9th Annual Workshop on Operating Systems Platforms for Embedded Real-Time Applications*, Seiten 19–29. SYSGO AG, 2013.

[EFGK03]  Patrick Th Eugster, Pascal A Felber, Rachid Guerraoui und Anne-Marie Kermarrec. The many faces of publish/subscribe. *ACM computing surveys (CSUR)*, 35(2):114–131, 2003.

[GAS+17]  Marina Gutiérrez, Astrit Ademaj, Wilfried Steiner, Radu Dobrin und Sasikumar Punnekkat. Self-configuration of IEEE 802.1 TSN networks. In *Emerging Technologies and Factory Automation (ETFA), 2017 22nd IEEE International Conference on*, Seiten 1–8. IEEE, 2017.

[Ind18]  Industrial Internet Consortium. Time Sensitive Networks for Flexible Manufacturing Testbed - Description of Converged Traffic Types. Bericht, 2018.

[JSW07]  Juergen Jasperneite, Markus Schumacher und Karl Weber. Limits of increasing the performance of industrial ethernet protocols. In *Emerging Technologies and Factory Automation, 2007. ETFA. IEEE Conference on*, Seiten 17–24. IEEE, 2007.

[OPC18]  OPC Foundation. OPC Unified Architecture Specification, Part 14: PubSub, 2018.

[PERK18]  Julius Pfrommer, Andreas Ebner, Siddharth Ravikumar und Bhagath Karunakaran. Open source OPC UA PubSub over TSN for realtime industrial communication. In *2018 IEEE 23rd International Conference on Emerging Technologies and Factory Automation (ETFA)*, Jgg. 1, Seiten 1087–1090. IEEE, 2018.

[PGP+15]  Florian Palm, Sten Grüner, Julius Pfrommer, Markus Graube und Leon Urbas. Open source as enabler for OPC UA in industrial automation. In *Emerging Technologies & Factory Automation (ETFA), 2015 IEEE 20th Conference on*, Seiten 1–6. IEEE, 2015.

[Sha18]  Shaper Group. OPC UA TSN: A new Solution for Industrial Communication. Bericht, 2018.

[SJ07]  Sebastian Schriegel und Jürgen Jasperneite. Investigation of industrial environmental influences on clock sources and their effect on the synchronization accuracy of IEEE 1588. In *Precision Clock Synchronization for Measurement, Control and Communication, 2007. ISPCS 2007. IEEE International Symposium on*, Seiten 50–55. IEEE, 2007.

# Abstraction models for 5G mobile networks integration into industrial networks and their evaluation

Arne Neumann[1], Lukasz Wisniewski[1], Torsten Musiol[2], Christian Mannweiler[3], Borislava Gajic[3], Rakash SivaSiva Ganesan[3], Peter Rost[3]

[1]inIT - Institute Industrial IT
Technische Hochschule Ostwestfalen-Lippe
Campusallee 6, 32657 Lemgo
{arne.neumann, lukasz.wisniewski}@th-owl.de

[2]MECSware GmbH
Blumenstr. 48, 42549 Velbert
torsten.musiol@mecsware.com

[3]Nokia Bell Labs
Werinherstrasse 91, 81541 München
{christian.mannweiler, borislava.gajic, rakash.sivasivaganesan,
peter.m.rost}@nokia-bell-labs.com

**Abstract.** The fifth generation of mobile networks (5G) will provide capabilities for its utilization in the communication in production systems. For several technical and commercial reasons, complementing industrial wired and wireless communication technology by 5G is more likely than replacing them completely [WSJ17]. This paper sketches abstraction models of 5G networks for their integration into industrial networks. Dependabilities from the type of the industrial network, constraints of the models and the impact of the resulting architecture to data plane and control plane of the overall hybrid network will be discussed. In addition, metrics for the evaluation of the modeling approaches from an end-to-end user application perspective will be figured out.

## 1 Introduction

The currently ongoing specification of the fifth generation of mobile networks [RBB+16] addresses massive machine-type communication, ultra reliability (99,999%) and low latency (less than $1ms$) in addition to enhanced mobile broadband which has been the target of mobile networks evolution from its beginning. Therefore 5G gains interest from the industry, thus initiatives trying to integrate 5G in the industrial automation domain, such as 5G Alliance for Connected Industries and Automation (5G-ACIA) has been started [5G 18].

For the modeling of the integration of 5G networks into industrial networks, this paper focuses on wired technologies in the area of industrial networks. Wireless technologies, such as IEEE based standards or technologies coming from the

ZDKI research program of the BMBF [Fac17] are subject of approaches of the reverse integration strategy, i.e. integration of industrial wireless into 5G, in current research and specification, such as in [YPMP17]. They are considered as complementing technologies in the radio access network (RAN) of 5G in this context. Furthermore, in the area of wired industrial communication, this paper focuses on Ethernet based technologies since they gained the highest importance in application and represent themselves as an integration platform of other industrial access protocols like IO-Link, AS-i, Profibus, and HART. Industrial Ethernet technologies show a broad variety. Some of them add functionality such as summation frame communication or Time Division Multiple Access (TDMA) to the lower protocol layers in order to fulfill real-time requirements of the field level communication. Other technologies are focusing on interoperability at control and factory level utilizing the full standard TCP/IP stack. An example for this is OPC UA. This variety suggests to consider different integration approaches for mobile networks.

There are different application possibilities to integrate a 5G mobile network into an industrial Ethernet system as described in [NWG+18]. The possibilities are resulting from the variety of applicable use cases. Some use cases with a high relevance in the scope of future factories are introduced in [GSS+18]. They include cooperative transport of goods, closed loop control, additive sensing and remote control in process automation, and industrial campus. The dif-

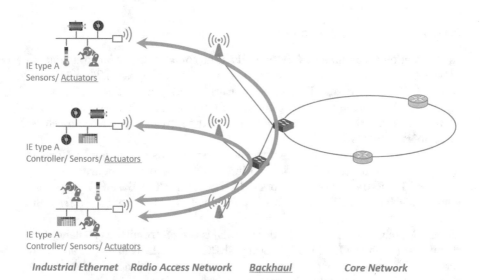

IE type A
Sensors/ Actuators

IE type A
Controller/ Sensors/ Actuators

IE type A
Controller/ Sensors/ Actuators

*Industrial Ethernet*   *Radio Access Network*   *Backhaul*   *Core Network*

**Fig. 1.** Integration scenario of connected industrial islands acc. to [NWG+18]

ferences in the integration scenarios mainly concern (i) the spatial extent of the networked equipment,i.e. whether industrial system is local or geographically wide distributed, (ii) the uniformity of the Industrial Ethernet technology, i.e., whether the industrial network provides the same interface at all entry and exit points of the 5G system or not, and (iii) the utilization of cloud ressources, i.e. whether the industrial application outsources functions to the 5G system or not.

As an assumption, this paper considers the integration into a homogeneous network and does not explicitly deals with cloud aspects. The resulting scenario is shown in figure 1.

## 2 Mobile Network Integration

Most often, the mobile network has to be integrated into an existing industrial infrastructure. As a general trend, technologies used in Local Area Networks (LAN) are further developed to make them fit for industrial applications, in particular with regard to physical robustness and high availability. At Layer 1 (Physical Layer) and Layer 2 (Data Link Layer) of the well-known OSI model, Ethernet has evolved as the de-facto standard. While the Internet Protocol (IP) is clearly the protocol of choice at the Layer 3 (Network Layer) for building Local Area and Wide Area Networks (WAN), this doesn't hold true for all industrial networks. In the following we will show how mobile network technologies fit into the industrial environment, based on a Layer 3 (IP) approach or based on a Layer 2 (Ethernet) approach.

### 2.1 Integration approach on layer 3

In this section we assume that IP is used as the common Layer 3 throughout the network. The 4th generation of mobile network technologies – LTE – is ideally suited to that approach. Due to its maturity and commercial availability of equipment, LTE is the technology of choice for building mission-critical industrial broadband networks today. It should be noted that the Layer 3 approach will be supported by 5G as well.

A Private LTE network follows the 3GPP standards as any public LTE network. The main functional blocks and interfaces are shown in figure 2.

The LTE Radio Access Network (RAN) contains the Base Station(s), also known as eNodeB (eNB). The User Equipment (UE) connects to the Base Stations through the LTE air interface (Uu).

The Mobility Management Entity (MME) is the control plane (C-plane) functional element in the LTE Core Network (EPC). The MME manages and stores the User Equipment (UE) context, generates temporary identities and allocates them to UEs, authenticates the user, manages mobility and bearers, and is the termination point for Non-Access Stratum (NAS) signaling.

The Serving Gateway (S-GW) is the user plane (U-plane) gateway to the RAN. The S-GW serves as an anchor point both for inter-eNB handover and for intra 3GPP mobility, i.e. handover to and from 2G or 3G.

The Packet Data Network Gateway (P-GW) is the U-plane gateway to another network, in our case to the industrial network. The P-GW is responsible

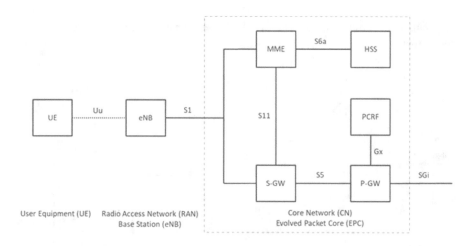

**Fig. 2.** LTE network architecture

for policy enforcement, charging support, and UE's IP address allocation. It also serves as a mobility anchor point for non-3GPP access.

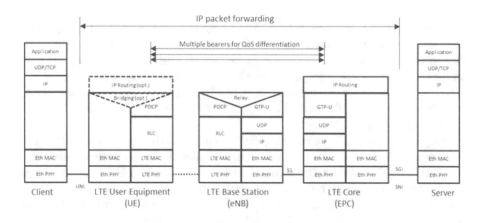

**Fig. 3.** LTE U-plane protocol stacks

Base Stations can be connected to each other via the X2 reference point and connected to MMEs and S-GWs via the S1-MME/S1-U reference points. A single Base Station can be connected to multiple MMEs, multiple S-GWs and multiple adjacent Base Stations.

Now, let's assume a typical client-server model where the client application is connected to the LTE UE via a User Network Interface (UNI) and the server application is connected to the LTE Core via a Service Network Interface (SNI), see figure 3.

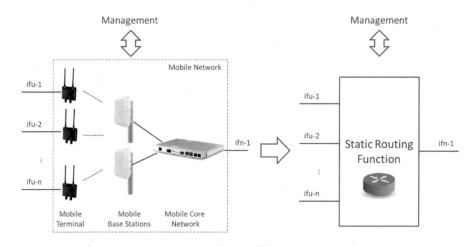

**Fig. 4.** LTE network modeled as an IP router

Without going into the details of the protocol stacks of the LTE network elements, it should be noted that the LTE Network can be modeled as a static IP routing function. That means, IP packets are forwarded within the LTE User Plane (U-plane) between the UNI and SNI. The SNI coincides with the LTE SGi interface. For the sake of simplicity, only one UNI and one SNI are shown. Based on this simple model, illustrated in figure 4, the integration into an existing IT infrastructure is straightforward.

Regarding QoS, LTE supports QoS differentiation through so-called Bearers, see figure 2. Apart from the Default Bearer, which is always present between a UE and the EPC while a UE is attached to the network, a UE may terminate one or more Dedicated Bearers. The QoS parameters of a Dedicated Bearer are defined by a QoS Class Identifier (QCI), controlling the bearer-level packet forwarding such as admission thresholds and scheduling weights.

The Differentiated Services model (DiffServ) is applicable for the Layer-3 abstraction model. DiffServ utilizes the Differentiated Services Codepoint (DSCP) of the IP header in order to classify packets regarding their per hop forwarding behavior, for example Expedited Forwarding, Assured Forwarding or Best Effort. This behavior can be easily mapped on the bearers of the mobile network. In contrast to the Integrated Services model (IntServ), DiffServ does not consider a network-wide planning for end-to-end links through a network. Therefore there is no guaranteed QoS comming with DiffServ, which is therefore also called soft QoS. In terms of industrial networks, only very low real-time requirements can be fulfilled.

An alternative approach to control the QoS in an IP network is to define Service Data Flows (SDF). Service Data Flows may be identified by source and destination IP address, the Layer-4 protocol ID and, if present depending on the protocol, source and destination Layer-4 port number, forming a 5-tuple. The mapping between Service Data Flows and Dedicated Bearers is determined by filters, more specifically the SDF Template and Traffic Flow Template (TFT). The UL-TFT in the UE classifies the traffic and selects the appropriate uplink bearer, while the DL-TFT in the EPC does the same for the downlink traffic.

## 2.2 Integration approach on layer 2

This sections describes an approach to transparently integrate a 3GPP 5G mobile network with a TSN-enabled Ethernet network. The TSN specifications allow three fundamental configuration models, (i) fully distributed model, (ii), centralized network - distributed user model, and (iii) fully centralized model. The models are briefly described in the following.

**IEEE Time-Sensitive Networking** IEEE TSN task group has evolved from the Audio Video Bridging (AVB) task group and comprises a set of specifications to provide deterministic services through IEEE 802 (particularly 802.3 Ethernet-based) networks, i.e., guaranteed packet transport with bounded low latency, low packet delay variation, and low packet loss. Currently, TSN defines three fundamental models for configuration and control of bridges and end stations.

*Fully distributed model*: In this model, TSN end stations, i.e. Talkers and Listeners, communicate the TSN stream requirements to a neighboring bridge, which further distributes the information in the network. Each TSN bridge on the path from Talker to Listeners propagates the TSN user and network configuration information along with the active topology for the TSN stream to the neighboring bridge(s). The network resources are managed locally in each TSN bridge, i.e., there is neither a Centralized Network Configuration (CNC) entity nor any entity that has the knowledge of the entire TSN network.

*Centralized network and distributed user model*: In this model, TSN end stations communicate the TSN stream requirements directly to the TSN network. In contrast to the fully distributed model, the TSN stream requirements are forwarded to a Centralized Network Configuration (CNC) entity. The TSN bridges provide information on performance capabilities and active topology to the CNC. Consequently, the CNC has a complete view of the TSN network and is therefore enabled to compute respective end-to-end communication paths from a Talker to one or multiple Listeners such that the TSN stream requirements as provided by the end stations are fulfilled. The computation result is provided by the CNC as TSN configuration information to each TSN bridge in the path between involved Talkers to the Listeners.

*Fully centralized model*: The fully centralized model is depicted in Figure 5. It operates similar to the centralized network and distributed user model. The major difference is that a TSN end station's stream requirements are not

94

propagated throughout the network, but to a Centralized User Configuration (CUC) entity. The CUC may adapt these TSN end station stream requirements before forwarding them to the CNC. The CNC performs the same actions as described in the centralized network/distributed user model, except that CNC sends specific TSN configuration information also to the CUC. From this, the CUC may derive the TSN configuration information for the TSN end stations and notify them accordingly.

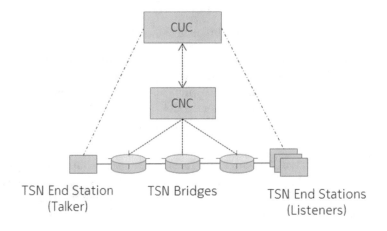

**Fig. 5.** Fully centralized configuration model as defined by IEEE TSN task group.

The abstraction model for integrating the 3GPP 5G system with TSN, as proposed in the following subsection, assumes configuration model (iii), but also preserves compatibility with the other two models.

**Transparent integration of 3GPP 5GS with TSN – the Bridge model**
In order to support the transparent integration between TSN and 3GPP mobile network domains the 3GPP mobile network as a whole needs to appear towards TSN management entities as a "conventional" TSN entity, i.e. TSN bridge. Such integration approach imposes the need for introduction of additional functions which can perform the adaptation of procedures and protocols between TSN and 3GPP network domains. Figure 6 shows the functional view of integrating a 3GPP mobile network and TSN network in a transparent way.

The newly introduced functions namely TSN Translator and Adaptation Interface (AIF) are responsible for translation of protocols between TSN and 3GPP network domains. The procedures and actions from TSN are translated into according procedures and actions in the 3GPP network, and vide versa. E.g., the topology discovery within TSN may result in setting up the PDU sessions in 3GPP mobile network. On the other hand, the 3GPP network specifics such as QoS capabilities are translated into the QoS notion applicable in TSN.

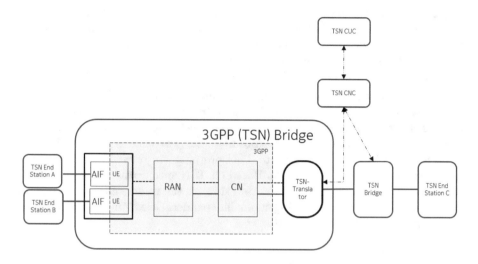

**Fig. 6.** *3GPP Bridge* - Modeling the 3GPP mobile network as a TSN bridge.

Furthermore, the TSN Translator and Adaptation Interface take part in execution of all the protocols needed for the operation of TSN, such as Link Layer Discovery Protocol (LLDP) and Precision Time Protocol (PTP). As an outcome the TSN Translator and the Adaptation Interface abstract the complexity of the 5G network towards TSN entities and enable the entire 5G network to appear as a TSN bridge (also referred to as 3GPP bridge) [ea18].

This facilitates the interaction between TSN and 3GPP network, as the interaction can be performed in conventional manner defined in IEEE 802.1Q specifications [IEE17]. In such a way the 3GPP network provides wireless connectivity service to the TSN network in a transparent way. However, in order to appear as a common TSN bridge towards the TSN management entities, i.e. CNC the 3GPP bridge needs to expose the same set of parameters as any other TSN bridge. In the process of network discovery the TSN CNC acquires the information about the network topology as well as capacity and capability of bridges. The attributes acquired during this procedure which are related to bridge delay are of particular importance for functionality of the integrated TSN-3GPP network. The bridge delay is described via four attributes which express the delay of frames (independent and dependent of the frame length) passing through the TSN bridge. The four bridge delay attributes are:

1. independentDelayMin,
2. independentDelayMax,
3. dependentDelayMin,
4. dependentDelayMax

The independentDelayMin/Max represents the frame length independent delay for forwarding the frame between ingress and egress port for a given traffic class. On the other hand, the dependentDelayMin/Max relates to the size of a frame to be transmitted. This delay includes the time to receive and store the frame which depends on the link speed at the ingress port.

In order to acquire correct information about capabilities of 3GPP bridge and consequently to correctly establish the E2E communication across TSN and 3GPP networks it is of great importance to correctly derive the delay attributes of 3GPP bridge. Furthermore, the exposure of delay attributes towards the TSN CNC needs to be done according to TSN protocols, in order to achieve transparent integration of 3GPP bridge. Based on TSN specifications the TSN CNC expects that the bridge delay is expressed through the values that are dependent and independent of the frame length, i.e. independentDelayMin/Max values and dependentDelayMin/Max values.

**Status of 3GPP 5G system support for Time-Sensitive Networking**
Currently, the 3GPP 5GS specifications do not support the TSN-specific notion of frame length dependent delay. In 3GPP 5G mobile networks, the delay that packet experiences is expressed by the packet delay budget attribute defined for each QoS flow of a PDU session and its associated 5QI (5G QoS Identifier) value [3GP18b]. The 3GPP standardizes a set of 5QI values and corresponding parameters that describe each 5QI class. This information is provided in the Table 2.2 which lists the standardized 5QI values along with according QoS characteristics mapping [3GP18b]. Standardized 5QI values imply one-to-one mapping to QoS characteristics in terms of resource type, priority level, packet delay budget, packet error rate, default maximum data burst volume. Other entries of the Table 2.2 are intended for providing the information on default averaging window values, as well as providing the information on example services that can be supported by indicated 5QI value.

Therefore, there is a need of mapping between the delay attributes of 3GPP network and the delay attributes of a TSN bridge. Such mapping functionality can be incorporated into the TSN Translator. The mapping needs to take into account the QoS attributes available in the 3GPP network, such as Packet Delay Budget (PDB), Maximum Data Burst Volume (MDBV), guaranteed bit rate (GBR), etc. [3GP18b] to derive the frame size dependent and independent delay attributes of a TSN bridge.

Beyond these enhancements with respect to the QoS framework, 3GPP Working Groups have defined further study items for 5G enhancements pertaining to time-sensitive communications. An overview of selected 3GPP Rel-16 study items is depicted in Table 1.

In particular, 3GPP's RAN2 working group is in the process of defining a "Study on NR Industrial Internet of Things (FS_NR_IIOT)" [3GP18e], which, among others, shall study Time Sensitive Networking related enhancements to 5G New Radio (NR). Objectives of this study include:

**Table 1.** Selected 3GPP Rel-16 study items relating to time-sensitive communications

| Study Item | Responsible 3GPP Working Group |
|---|---|
| 5GS Enhanced support of Vertical and LAN Services | SA2 [3GP18a] |
| Enhancement of URLLC supporting in 5GC | SA2 [3GP18c] |
| New Radio (NR) Industrial Internet of Things | RAN2 [3GP18e] |
| Physical layer enhancements for NR ultra-reliable and low latency case (URLLC) | RAN1 [3GP18d] |

- Accurate reference timing: Delivery and related processes (e.g., system information block delivery or RRC delivery to UEs, multiple transmission points);
- Enhancements (e.g. for scheduling) to satisfy QoS for wireless Ethernet when using TSN traffic patterns as specified in [TR22.804];
- Ethernet header compression: (i) Analysis of the benefits and the scenario (e.g. what are the formats and size of Ethernet frame to be considered, are VLAN fields included, protocol termination etc.), (ii) Definition of the requirements for a new header compression;
- Performance evaluation of TSN requirements which are not evaluated as part of "Study on physical layer enhancements for NR ultra-reliable and low latency case" (cf. Table 1)

In summary, 3GPP's Release 16 will introduce several additional features that will improve the support of and integration of mobile networks with TSN-enabled Ethernet networks.

## 3  Evaluation approach

Like all newly developed methods, the integration approaches shall be evaluated how they match the specified requirements. A proof of concept (POC) represents an early stage of this evaluation process. The POC is a well defined procedure to determine feasibility and the technical result of a concept by simulation or measurements at prototype implementations in a relevant environment. A POC provides information whether a concept is applicable at all, how well and to which extent it will work and thus becomes a basis for decisions about the further development.

For the 5G mobile networks integration into industrial networks approaches, the evaluation shall be done from the perspective of the industrial user application, which implies the evaluation at an end-to-end level. Data plane aspects and control and management plane aspects of the resulting overall network will be considered separately. This section proposes metrics for the first step of evaluation.

**Table 2.** Standardized 5QI to QoS characteristics mapping [3GP18b].

| 5QI Value | Resource Type | Default Priority Level | Packet Delay Budget | Packet Error Rate | Default Maximum Data Burst Volume | Default Averaging Window | Example Services |
|---|---|---|---|---|---|---|---|
| 10 | Delay Critical GBR | 11 | 5 ms | $10^{-5}$ | 160 B | TBD | Remote control (see TS 22.261 [2]) |
| 11 NOTE 4 | | 12 | 10 ms NOTE 5 | $10^{-5}$ | 320 B | TBD | Intelligent transport systems |
| 12 | | 13 | 20 ms | $10^{-5}$ | 640 B | TBD | |
| 16 NOTE 4 | | 18 | 10 ms | $10^{-4}$ | 255 B | TBD | Discrete Automation |
| 17 NOTE 4 | | 19 | 10 ms | $10^{-4}$ | 1358 B NOTE 3 | TBD | Discrete Automation |
| 1 | GBR NOTE 1 | 20 | 100 ms | $10^{-2}$ | N/A | TBD | Conversational Voice |
| 2 | | 40 | 150 ms | $10^{-3}$ | N/A | TBD | Conversational Video (Live Streaming) |
| 3 | | 30 | 50 ms | $10^{-3}$ | N/A | TBD | Real Time Gaming, V2X messages Electricity distribution – medium voltage, Process automation - monitoring |
| 4 | | 50 | 300 ms | $10^{-6}$ | N/A | TBD | Non-Conversational Video (Buffered Streaming) |
| 65 | | 7 | 75 ms | $10^{-2}$ | N/A | TBD | Mission Critical user plane Push To Talk voice (e.g., MCPTT) |
| 66 | | 20 | 100 ms | $10^{-2}$ | N/A | TBD | Non-Mission-Critical user plane Push To Talk voice |
| 75 | | 25 | 50 ms | $10^{-2}$ | N/A | TBD | V2X messages |
| E NOTE 4 | | 18 | 10 ms | $10^{-4}$ | 255 B | TBD | Discrete Automation |
| F NOTE 4 | | 19 | 10 ms | $10^{-4}$ | 1358 B NOTE 3 | TBD | Discrete Automation |
| 5 | Non-GBR NOTE 1 | 10 | 100 ms | $10^{-6}$ | N/A | N/A | IMS Signalling |
| 6 | | 60 | 300 ms | $10^{-6}$ | N/A | N/A | Video (Buffered Streaming) TCP-based (e.g., www, e-mail, chat, ftp, p2p file sharing, progressive video, etc.) |
| 7 | | 70 | 100 ms | $10^{-3}$ | N/A | N/A | Voice, Video (Live Streaming) Interactive Gaming |
| 8 | | 80 | 300 ms | $10^{-6}$ | N/A | N/A | Video (Buffered Streaming) TCP-based (e.g., www, e-mail, chat, ftp, p2p file |
| 9 | | 90 | | | N/A | N/A | sharing, progressive video, etc.) |
| 69 | | 5 | 60 ms | $10^{-6}$ | N/A | N/A | Mission Critical delay sensitive signalling (e.g., MC-PTT signalling) |
| 70 | | 55 | 200 ms | $10^{-6}$ | N/A | N/A | Mission Critical Data (e.g. example services are the same as QCI 6/8/9) |
| 79 | | 65 | 50 ms | $10^{-2}$ | N/A | N/A | V2X messages |
| 80 | | 68 | 10 ms | $10^{-6}$ | N/A | N/A | Low Latency eMBB applications Augmented Reality |

## 3.1 Metrics for the performance evaluation

Quality of Service (QoS) provision and assurance are highly relevant for the performance evaluation. At data plane level, a basic set of performance indicators for industrial communication are standardized in IEC 61784. Examples of them are delivery time, synchronization accuracy, throughput of real-time data, and bandwidth for non-real-time data. The authors of [DMW+17] extend this list by reliability and set it in relation to the packet error rate (PER) of a network.

Also the capabilities in functional safety and security can become important for industrial networks.

The quantified requirements to the performance indicators are widely different over the range of application and use cases in industrial communication. This is shown for the examples of a printing machine, a machine tool and a packaging machine in [DMW+17]. Additional examples and a proposal to define requirements profiles for industrial wireless applications are given in [LR16]. Considering the diversity of requirements makes obvious, that the evaluation shall be done specific to an use case and its results will be valid for this use case only.

## 3.2 Metrics for the usability evaluation

The usability evaluation mainly addresses the control and management plane of the network architecture resulting from the integration. Here, an emphasis is given to the practicability of control operations like configuration and monitoring in the phase of engineering and setup as well as during the operational phase. The following qualitative characteristics are essential:

- Share of manual effort: The start-up as well as changes and maintenance of the hybrid network does not increase the manual effort;
- Number of user interaction points: Preferably there is a single user interface of the hybrid network;
- Autonomous interaction between tools: There are specified interfaces for exchange of control and management information between the network technologies and they are used timely;
- Responsiveness to changes in network conditions: The resulting network is able to detect and to react on changed network conditions like poor link quality or new topology;
- Responsiveness to changes in application requirements: The resulting network is able to detect and to react on modifications in the application like changed QoS of logical links or introducing additional network nodes.

Usability also comprises the operator model of the resulting hybrid network. Procedures and the question of warranty may become complicated in case of a distributed ownership of network ressources.

## 4    Conclusion

In this paper, two different models to integrate 5G mobile networks into homogeneous, Ethernet-based industrial networks are discussed. The first model works on layer 3 of the OSI model and integrates LTE into an IP based network as a static routing function. This approach is of comparatively low complexity and limited in fulfilling industrial requirements such as hard real-time. The second model integrates a 5G network into a TSN capable network as a TSN bridge. This approach needs more effort in exposing and mapping of protocol attributes for the configuration but enables a transparent and efficient coupling. The evaluation of the concepts shall be done from a industrial application perspective and specific to the use case. Performance indicators and quantified requirements are available in the literature.

# References

[3GP18a] 3GPP. TR 23.724 v0.2.0, Study on enhancement of 5GS for Vertical and LAN Services, Release 16, September 2018. [Online; accessed September 27, 2019].

[3GP18b] 3GPP. TS 23.501 v15.3.0, System Architecture for the 5G System, Release 15, September 2018. [Online; accessed September 27, 2019].

[3GP18c] 3GPP TR 23.725 v1.0.0. Study on enhancement of Ultra-Reliable Low-Latency Communication (URLLC) support in the 5G Core network (5GC), Release 16, September 2018. [Online; accessed September 27, 2019].

[3GP18d] 3GPP TR 38.824 v0.0.1. Study on physical layer enhancements for NR ultra-reliable and low latency case (URLLC), Release 16, September 2018. [Online; accessed September 27, 2019].

[3GP18e] 3GPP TR 38.825 v0.0.0. Study on NR industrial Internet of Things (IoT), Release 16. http://www.3gpp.org/ftp/tsg_ran/tsg_ran/TSGR_81/Docs/RP-182090.zip, September 2018. [accessed September 27, 2019].

[5G 18] 5G Alliance for Connected Industries and Automation (5G-ACIA), a Working Party of ZVEI. 5G for Connected Industries and Automation. http://http://www.5g-acia.org/publications/5g-for-connected-industries-and-automation-white-paper/, April 2018. [Online; accessed September 27, 2019].

[DMW+17] S. Dietrich, G. May, O. Wetter, H. Heeren, and G. Fohler. Performance indicators and use case analysis for wireless networks in factory automation. In *2017 22nd IEEE International Conference on Emerging Technologies and Factory Automation (ETFA)*, pages 1–8, Sept 2017.

[ea18] Rakash SivaSiva Ganesan et al. Transparent integration of 3GPP mobile network in TSN networks. In *Keynote IEEE International Conference on Communications, ICC 2018*, May 2018.

[Fac17] Fachausschuss Funksysteme in der Informationstechnischen Gesellschaft im VDE. VDE Positionspapier Funktechnologien für Industrie 4.0. http://www.industrialradio.de/Attachments/Funktechnologien_Industrie_4.0_Web.pdf, June 2017. [Online; accessed September 27, 2019].

[GSS+18] M. Gundall, J. Schneider, H. D. Schotten, M. Aleksy, D. Schulz, N. Franchi, N. Schwarzenberg, C. Markwart, R. Halfmann, P. Rost, D. Wübben, A. Neumann, M. Düngen, T. Neugebauer, R. Blunk, M. Kus, and J. Grießbach. 5G as Enabler for Industrie 4.0 Use Cases: Challenges and Concepts. In *23rd IEEE International Conference on Emerging Technologies and Factory Automation (ETFA 2018)*, Torino, Italy, Sep 2018.

[IEE17] IEEE P802.1Qcc. Standard for Local and Metropolitan Area Networks-Media Access Control (MAC) Bridges and Virtual Bridged Local Area Networks Amendment: Stream Reservation Protocol (SRP) Enhancements and Performance Improvements, October 2017. [Online; accessed September 27, 2019].

[LR16]     André Gnad Marko Krätzig Lutz Rauchhaupt, Darina Schulze. An-
           forderungsprofile im ZDKI, Version 1.1. Technical report, Begleitforschung
           zur zuverlässigen, drahtlosen Kommunikation in der Industrie (BZKI), Fach-
           gruppe 1, Oct 2016.

[NWG⁺18]   A. Neumann, L. Wisniewski, R. S. Ganesan, P. Rost, and J. Jasperneite.
           Towards integration of Industrial Ethernet with 5G mobile networks. In
           *2018 14th IEEE International Workshop on Factory Communication Systems
           (WFCS)*, pages 1–4, June 2018.

[RBB⁺16]   P. Rost, A. Banchs, I. Berberana, M. Breitbach, M. Doll, H. Droste, C. Man-
           nweiler, M. A. Puente, K. Samdanis, and B. Sayadi. Mobile network archi-
           tecture evolution toward 5G. *IEEE Communications Magazine*, 54(5):84–91,
           May 2016.

[WSJ17]    M. Wollschlaeger, T. Sauter, and J. Jasperneite. The Future of Industrial
           Communication: Automation Networks in the Era of the Internet of Things
           and Industry 4.0. *IEEE Industrial Electronics Magazine*, 11(1):17–27, March
           2017.

[YPMP17]   R. Yasmin, J. Petäjäjärvi, K. Mikhaylov, and A. Pouttu. On the integration
           of LoRaWAN with the 5G test network. In *2017 IEEE 28th Annual Interna-
           tional Symposium on Personal, Indoor, and Mobile Radio Communications
           (PIMRC)*, pages 1–6, Oct 2017.

# Anforderungen an die 5G-Kommunikation für die Automatisierung in vertikalen Domänen

Michael Bahr, Joachim Walewski

Siemens AG
Corporate Technology
Research in Digitalization and Automation
Internet of Things
Otto-Hahn-Ring 6
81739 München
bahr@siemens.com
joachim.walewski@siemens.com

**Zusammenfassung.** Dieser Beitrag berichtet über den aktuellen Stand der Standardisierung von Anforderungen für die fünfte Generation von Mobilfunknetzen (5G) in der 3GPP Arbeitsgruppe SA1 als auch anstehende Aktivitäten in der nahen Zukunft. Hierbei liegt der Schwerpunkt auf industriellen Anforderungen. Weiterhin wird kurz auf die Vergabe von Frequenzbändern für lokale 5G-Netze eingegangen.

## 1    Einleitung

Die fünfte Generation der Mobilfunknetze (5G) behandelt drei große Anwendungsgebiete: weiterentwickeltes mobiles Breitband für Gb/s-Datenraten für beispielsweise Videos (enhanced mobile broadband, eMBB), massive Maschinenkommunikation für die Anbindung sehr vieler Geräte im Internet der Dinge (massive machine-type communication, mMTC), und hochzuverlässige Maschinenkommunikation für anspruchsvolle, industrielle Anwendungen (ultra-reliable machine-type communication, uMTC). 5G hat somit als erste Mobilfunkgeneration ausdrücklich den Anspruch, auch Kommunikation für Kontrollschleifen im industriellen Umfeld zur Verfügung zustellen. uMTC wird im 3GPP-Kontext oft auch ultra-reliable low-latency communication bezeichnet (URLLC).

## 2    Genereller Überblick zur 5G-Standardisierung

5G-Mobilfunknetze werden gegenwärtig in der Third Generation Public Partnership (3GPP) in den Freigaben 15 und 16 standardisiert, [3G18]. Diese Freigaben, auch Releases genannt, laufen im allgemeinen zeitversetzt und überlappend parallel ab, und es wird ein stufenweiser Ansatz von Dienstanforderungen über die Architektur zu Technologiespezifikation verfolgt. Freigabe 15, die erste 5G-Spezifikation, wird Ende 2018

J. Jasperneite, V. Lohweg (Hrsg.), *Kommunikation und Bildverarbeitung in der Automation*,
Technologien für die intelligente Automation 12, https://doi.org/10.1007/978-3-662-59895-5_8

im Wesentlichen abgeschlossen sein, ebenfalls die Sammlung der Dienstanforderungen für Freigabe 16.

## 3    5G Dienstanforderungen für uMTC im industriellen Umfeld

5G-Dienstanforderungen für uMTC im industriellen Umfeld wurden im 3GPP-Technical-Report TR 22.804 „Study on Communication for Automation in Vertical Domains" zusammengetragen [3G18b]. Diese Studie wurde bei der achtzigsten Plenarversammlung der 3GPP im Juni 2018 verabschiedet. TR 22.804 enthält eine umfangreiche Sammlung von Anwendungsfällen, Kenngrößen und Einflussgrößen. Die betrachteten Anwendungsfälle stammen nicht nur aus der Industrieautomatisierung, sondern zum Beispiel auch aus der Energieautomatisierung und dem Personennahverkehr. Auch die Unterhaltungsindustrie steuerte URLLC-Anwendungsfälle bei.

Neben TR 22.804 wurden in weiteren Studien und Spezifikationen Themen und 5G-Dienstanforderungen adressiert, die ebenfalls für uMTC im industriellen Umfeld von Bedeutung sind. Abbildung 1 gibt einen Überblick über diese Dokumente und wie sie aufeinander aufbauen.

Es ist zu beachten das technische Berichte, also Technical Reports (TR), nur einen informativen aber keinen normativen Charakter haben. Sie sind oft Vorarbeiten für die normativen technischen Spezifikationen (TS).

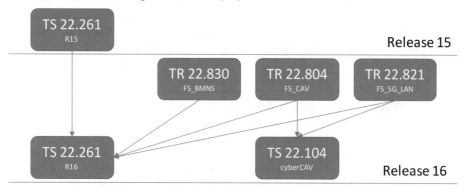

**Abb. 1.** 3GPP-Dokumente für 5G-Dienstanforderungen für uMTC im industriellen Umfeld (Freigabe 16)

Der im März 2018 verabschiedete 3GPP-Technical-Report TR 22.821 „Feasibility Study on LAN Support in 5G" adressiert unter anderem die Unterstützung von Echtzeit-Ethernet-Diensten über 5G [3G18c]. Inhalt dieser Studie sind Überlegungen, wie 5G-Netze ohne die Verwendung von IP-Tunneln und Kommunikationsprotokollumsetzern direkt an sogenannte TSN-Netze (time synchronized networks) angeschlossen werden können. TSN-Netze sind Ethernet-basierte Kommunikationsnetze mit hochgenauer Zeitsynchronisation.

Bei der achtzigsten Plenarversammlung der 3GPP wurde auch ein Antrag auf die Erarbeitung von normativen Anforderung für cyber-physikalische Kontrollanwendungen verabschiedet. Das zugehörige Projekt läuft unter der Abkürzung *cyberCAV* und soll Ende 2018 abgeschlossen sein [3G18e]. Kommunikation und Kommunikationsanwendungen in der produzierenden Industrie werden hierbei besonders hervorgehoben. Die erarbeiteten normativen Anforderungen basieren sowohl auf in TR 22.804 [3G18b] und TR 22.821 [3G18c] identifizierten Anforderungen. Die normativen Anforderungen werden sowohl in eine neue Version des Standards TS 22.261 „Service requirements for the 5G system" für Freigabe 16 [3G18a] als auch in einen neuen Standard, nämlich TS 22.104 „Service requirements for cyber-physical control applications in vertical domains" eingehen [3G18f].

Der Standard TS 22.261 „Service requirements for the 5G system" [3G18a] ist das Hauptdokument für die Dienstanforderungen an 5G-Netze. 5G-Dienstanforderungen, die innerhalb der Arbeiten für uMTC im industriellen Umfeld erarbeitet wurden, aber auch für andere Anwendungsgebiete von 5G von Bedeutung sind oder einen allgemeinen Charakter haben, fließen in diesen Standard TS 22.261 ein. 5G-Dienstanforderungen, die ihren Schwerpunkt bei uMTC im industriellen Umfeld beziehungsweise in vertikalen Domänen haben, fließen in den speziellen Standard TS 22.104 ein.

Parallel zu den obigen Aktivitäten wurde auch eine Studie zu Geschäftsrollen im Zusammenhang mit „*Network Slicing*" von der 3GPP erarbeitet: TR 22.830 „Study on Business Role Models for Network Slicing" [3G18d]. Zwei für die produzierende Industrie wichtige Szenarieren adressieren hierin das nahtlose Verfolgen und Überwachen von Wertschöpfungsketten zwischen Fabriken und der problemlose Wechsel von einem Kommunikationsanbieter zum anderen. Aus TR 22.830 abgeleitete Dienstanforderungen werden ebenfalls in TS 22.261 eingebracht werden [3G18g].

# 4    Erkenntnisse aus der Erarbeitung von TR 22.804

5G erfordert mit seinem erklärten Ziel, Mobilfunk auch in vertikalen Domänen und für ultra-reliable low-latency communication anwendbar zu machen, zum ersten Mal eine aktive Teilnahme aus dem industriellen Umfeld und anderen vertikalen Domänen an der 5G-Standardisierung der 3GPP, insbesondere bei der Definition der Anforderungen und Kennzahlen in der 3GPP Arbeitsgruppe SA1. Der dadurch mögliche Austausch ist notwendig, um eine hohe Anwendbarkeit von 5G-Netzen im industriellen Umfeld und in anderen vertikalen Domänen zu erreichen.

Neben den Erkenntnissen über die Arbeitsweise der 3GPP und der Abläufe in der 3GPP-Standardisierung traten auch etliche inhaltliche Themen als wichtige Erkenntnisse zu industriellen Anforderungen an 5G-Netze hervor. Diese inhaltlichen Erkenntnisse sind in den folgenden Abschnitten kurz erläutert.

## 4.1 Gemeinsamkeiten über „vertikale Grenzen" hinweg

Wie zu erwarten zeigte sich beim Zusammentragen von Anwendungsfällen aus verschiedenen Anwendungsfeldern, dass Anforderungen für die Kontrolle von physikalischen Prozessen sehr ähnliche Anforderungen an die Kommunikation zur Folge haben. Während der ursprüngliche Fokus der 3GPP auf kurzen Latenzzeiten (also unter 10 ms) lag, zeigte sich im Rahmen von TR 22.804 dass zwei andere Klassen von Anforderungen allen Anwendungen gemeinsam und somit viel wichtiger sind, nämlich die Zuverlässigkeit [IE09] als auch die Sicherheit (siehe auch Abschnitte 4.2 und 4.3 zu Sicherheit).

Zum Thema Zuverlässigkeit wurden hohe Verfügbarkeiten (typischerweise 99,99% und höher) als auch hohe Funktionssicherheiten identifiziert. Letztere zeigen sich in den Anforderungen an die mittlere Zeit zwischen Kommunikationsdienstfehlern von mindestens einer Woche und im Extremfall von zehn Jahren.

Interessanterweise stellte sich heraus, dass ähnlich Anforderungen auch für die digitale Medienproduktion gelten, zum Beispiel bei der Verwendung von drahtlose Mikrofonen und Kameras.

## 4.2 Kennzahlen (insbesondere Latenzzeiten) sind nicht alles

In 5G-Diskussionen wurde anfänglich davon ausgegangen, dass die Unterstützung von kurzen Latenzzeiten (Stichwort: 1 ms) hinreichend für die Unterstützung von Automatisierungsanwendungen ist. Dank TR 22.804 wurde nicht nur klar, dass andere Kenngrößen wie Verfügbarkeit und Zuverlässigkeit mindestens genauso wichtig sind (siehe Abschnitt 4.1), sondern dass Automatisierungsanwendungen noch eine Vielzahl anderer Anforderungen haben.

Bei der Latenz zum Beispiel wurde schnell klar, dass statistische Kennzahlen mit Konfidenzintervallen nicht ausreichen. Stattdessen werden Kennzahlen für die maximal erlaubte Latenz angegeben, im Sinne der in der Industriekommunikation oft verwendeten *deadline* für die Übertragungszeit. Aus diesem Grund werden auch keine Kennzahlen für das Jitter, einer beliebten statistischen Kennzahl in Telekommunikationsnetzen, angegeben. Stattdessen wird das Prinzip der Rechtzeitigkeit verwendet [3G18f].

Weitere wichtige Anforderungsbereiche sind nicht-öffentlicher Betrieb (siehe Abschnitt 4.2), Sicherheit, Überwachung der Dienstgütequalität (Quality-of-Service Monitoring) und die Integration von Ethernet-basierten und 5G industriellen Netzen.

Für den Anforderungsbereich Sicherheit zeichneten sich mehrere wichtige Themen ab:

- Nicht-öffentliche 5G-Netze sollen auch andere Zertifikate als AKA´ und 5G-AKA zulassen. Netzbetreiber werden Geräten, die andere Zertifikate als AKA´und 5G-AKA benutzen, keinen Zugang zu öffentlichen Netzen erlauben.

- Die Automatisierungsanwendung soll überwachen können, ob und wie Verschlüsselung im 5G-Netz aktiviert ist. Dies ist typischerweise für drei Anwendungsklassen wichtig: Kommunikation mit ultrakurzen Latenzzeiten, batteriebetriebene Geräte, und Automatisierungsfunktionen in Edge-Clouds.

- Verschlüsselung auf der Anwendungsebene darf von 5G-Netzen nicht blockiert werden. Dies ist vor allem bei Kommunikationsdiensten mit kurzen Latenzzeiten von Bedeutung.

Die Überwachung der Dienstgütequalität, das sogenannte Quality-of-Service- oder QoS-Monitoring, erlangt seine große Bedeutung aus zwei wichtigen Anforderungsbereichen:

- Schnelle Erkennung und Lokalisierung von Kommunikationsproblemen im industriellen 5G-Netz. Da reale Industrie- und Bearbeitungsprozesse gesteuert werden, kann eine Verletzung der Dienstgütequalität zu kostspieligen Stillstandszeiten führen, im Ernstfall sogar zu Schäden an den Produktionsmaschinen.

- Überwachung von Service Level Agreements, die zwischen dem Nutzer eines industriellen 5G-Netzes wie einer Fabrik und dem Betreiber des industriellen 5G-Netzes vereinbart wurden.

Die Einbindung von industriellen 5G-Netzen in bestehende und zukünftige Ethernet-basierte industrielle Kommunikationsnetze sind Anforderungen in TR 22.821 und TS 22.104 definiert. Neben der Bereitstellung von „Ethernet-Diensten" ist hierbei die Zeitsynchronisation ein wichtiges Thema.

## 4.3 Industrielle 5G-Netze als nicht-öffentliche Netze

Es zeichnete sich früh ab, dass für ein besseres Verständnis für die Umsetzung der stringenten industriellen Anforderungen auch die Frage der Aufstellung, des Einsatzes und der Organisation von 5G-Netzen betrachtet und mit entsprechenden Anforderungen beschrieben werden muss.

Industrielle 5G-Netze sind ein Beispiel für nicht-öffentliche Mobilfunknetze. Der Begriff nicht-öffentliches Netz wurde im Verlauf der Standardisierungsaktivitäten von TR 22.804 (FS_CAV) und TS 22.104 (cyberCAV) entwickelt, um die besonderen Anforderungen bezüglich Aufstellung, Einsatz und Organisation industrieller 5G-Netze beschreiben und umsetzen zu können. Nicht-öffentliche Netze werden im Prinzip Zugriff auf alle 5G-Funktionalitäten haben, also auch Netzwerk-Slices.

Verschiedene Aspekte, die für den Einsatz industrieller 5G-Netze wichtig sind und zum Teil miteinander verwoben sind, können mit nicht-öffentlichen Netzen umgesetzt werden:

- Abgrenzung der Netze: Um die stringenten industriellen Anforderungen wie sehr geringe Latenz und sehr hohe Zuverlässigkeit zu erfüllen, müssen industrielle von anderen Netzen, wie zum Beispiel öffentlichen 5G-Mobilfunknetzen, gut abgegrenzt sein.

- Anzahl der Netze: Industrielle 5G-Netze werden oft nur eine lokale Ausdehnung haben, zum Beispiel ein Fabrikgelände oder Teile davon. Es wird erwartet, dass es in Zukunft eine sehr große Anzahl solcher nicht-öffentlichen Netze mit unterschiedlichsten Betreibern geben wird, die alle eine eigene Netzkennung benötigen. Mit den bisherigen Konzepten aus den öffentlichen Netzen ist das nur sehr schwierig möglich.

- Sicherheitszertifikate der Netze: Neben den gängigen 3GPP-Zertifikaten AKA′ und 5G-AKA dürfen in diesen Netzen auch andere Zertifikate verwendet werden, beispielsweise TLS- und X.509-Zertifikate. Werden 3GPP-Zertifikate benutzt, können vereinbarte Kommunikationsdienste von 5G-Geräten des nicht-öffentlichen Netzes auch im öffentlichen 5G-Netz genutzt werden, wenn ein entsprechender Vertrag mit dem öffentlichen Netz vorliegt. Dies ist beispielsweise für die Verfolgung und Überwachung von Waren im Transit zwischen Produktionsstandorten von Interesse. Werden andere Zertifikate benutzt, ist solch ein Übergang zwischen nicht-öffentlichen und öffentlichen Netzen nicht möglich. Nur ausschließlich vom Fabrikbetreiber autorisierte 5G-Geräte haben Zugang zu solch einem nicht-öffentlichen Netz.

- Betreiber der Netze: Vielfältige Betreibermodelle für eine flexible und bedarfsgerechte Nutzung industrieller 5G-Netze, die die Anforderungen von URLLC erfüllt, sind mit nicht-öffentlichen Netzen möglich. Zum einen können Fabriken ihre industriellen 5G-Kommunikationsnetze selber betreiben, zum anderen kann der Betrieb eines solchen Netzes auch an Kommunikationsfirmen ausgelagert werden, wie zum Beispiel an Mobilfunkbetreiber, die dann das nicht-öffentliche Netz im Auftrag der Fabrik nach deren Vorgaben betreiben.

An der Definition von öffentlichen Netzen musste nichts geändert werden. Als zusätzliche Anforderung wurde jedoch stipuliert, dass öffentliche Netze prinzipiell nicht-öffentliche Netze mit 3GPP-Zertifikaten als virtualisierte Teilnetze unterstützen können müssen.

## 4.4  Aufstellung industrieller 5G-Netze

Ein ebenfalls wichtiger Punkt in Zusammenhang mit nicht-öffentlichen Netzen (siehe Abschnitt 4.2) ist die Aufstellung und die Art des Einsatzes von industriellen 5G-Netzen. Die folgenden drei Kategorien haben sich herauskristallisiert:

- Eigenständiges 5G-Netz

- Virtualisiertes Teilnetz, zum Beispiel als eine oder mehrere Network-Slices in einem öffentlichen Netz

- Teil eines 5G-Netzes, zum Beispiel eine drahtlose 5G-Verbindung in einem Teilbereichen einer Fabrik

## 4.5 Ende-zu-Ende-Dienste für Kontrollanwendungen sind ein neues Feld

Sowohl für 3GPP als auch für die industrielle Automatisierung sind Ende-zu-Ende-Dienste für Kontrollanwendungen ein neues Feld.

Während der Erarbeitung von TR 22.804 stellte sich zum Thema Dienste folgendes heraus: Zum einen hat 3GPP kein normiertes Referenzmodell von Dienstbeschreibungen. Es ist also nicht klar, welche Aspekte eines Dienstes zwingend beschrieben werden müssen. Außerdem stellte sich heraus, dass Kommunikationsdienste oftmals durch Netzwerk- und nicht Dienstanforderungen beschrieben werden. Letzteres hat zur Folge, dass in diesen Fällen keine zwingenden Ende-zu-Ende Anforderungen aus den 3GPP-Dokumenten ableitbar sind. Zum anderen werden auch in der industriellen Automatisierung oftmals Dienstanforderungen entweder durch reine Anwendungsbeschreibungen (Stichwort: zyklische Anwendungen) oder durch Netzwerkanforderungen oder durch eine stark integrierte Kombination von beiden beschrieben.

diAA – distributed automation application/function (verteilte Automationsanwendung / - funktion)
CSIF – Communication Service Interface (Kommunikationsdienstschnittstelle, Referenzschnittstelle)

**Abb. 2.** Ende-zu-Ende-Sicht von Kommunikationsdiensten

Zur Lösung dieser Probleme wurden die Anforderungen in TR 22.804 aus einer für Dienste adäquaten Ende-zu-Ende Sicht formuliert. Abbildung 2 zeigt das zugrundeliegende allgemeine Konzept. Ende-zu-Ende bedeutet hier, von der Schnittstelle CSIF zwischen Applikation und 5G-Netz am Anfang des Kommunikationsdienstes bis zur Schnittstelle CSIF zwischen 5G-Netz und Applikation am Ende des Kommunikationsdienstes. Wo nicht vorhanden wurden die entsprechenden Kenngrößen und Einflussgrößen neu in 3GPP eingeführt. Beispiele sind hierfür die Ende-zu-Ende-Latenzzeit und das Transferintervall.

**Tabelle 1.** Vorgeschlagene Kenngrößen für die Beschreibung der Schnittstelle von zuverlässigen Kommunikationsdiensten [3G18b]

| Parameter | Typische Größe (Einheit) | Verkehrsklasse / Art der Kommunikation | | |
|---|---|---|---|---|
| | | Deterministisch periodisch | Deterministisch a-periodische | Nicht-deterministisch |
| Verfügbarkeit des Kommunikationsdienstes. | Minimale Verfügbarkeit (dimensionslos) | X | X | X |

| Parameter | Typische Größe (Einheit) | Verkehrsklasse / Art der Kommunikation | | |
|---|---|---|---|---|
| | | Deterministisch periodisch | Deterministisch a-periodische | Nicht-deterministisch |
| Ende-zu-Ende Latenzzeit | Maximalwert (s) | X | X | X |
| Zeit zwischen Kommunikationsdienstfehlern | Mittlere Zeit zwischen Kommunikationsdienstfehlern (s) | X | X | X |
| Dienstbitrate | Zielrate (b/s); Minimalrate (b/s); Zeitfenster (s) | – | X | X |
| Aktualisierungszeit[1] | Ziel-Aktualisierungszeit (s); maximale Erneuerungszeit (s) | X | – | – |

Außerdem wurden geeignete Kenngrößen (Tabelle 1) und Einflussgrößen (Tabelle 2) für die Beschreibung von zuverlässigen 5G-Kommunikationsdiensten eingeführt. Es wurde auch identifiziert, für welche der drei typischen Automatisierungsverkehrsklassen diese Parameter Verwendung finden (X - trifft zu; (–) - trifft typischerweise nicht zu, – - trifft nicht zu).

**Tabelle 2.** Vorgeschlagene Einflussgrößen für die Beschreibung von Schnittstellen zuverlässiger 5G-Kommunikationsdienste [3G18b].

| Parameter | Typische Größe (Einheit) | Verkehrsklasse / Art der Kommunikation | | |
|---|---|---|---|---|
| | | Deterministisch periodisch | Deterministisch a-periodische | Nicht-deterministisch |
| Burst | Spitzenbitrate (b/s); Maximale Burstlänge (s) | – | X | X |
| Überlebenszeit[2] | Maximum (s) | X | X | – |
| Größe der Automatisierungsbotschaft | Maximum (B) | X | (–) | (–) |
| Übertragungsintervall[3] | Zielwert (s); Maximal- und Minimalwerte (s) | X | X | – |

---

[1] Aktualisierungszeit: Zeit zwischen zwei Botschaften, welche vom Kommunikationssystem an die empfangende Anwendung übergeben werden [BZ17]

[2] Überlebenszeit: Zeit, welche eine Anwendung nach dem Auftreten eines Kommunikationsfehlers weiter arbeiten kann ohne dass die Kommunikation wieder hergestellt wird [BZ17].

[3] Übertragungsintervall: Zeit zwischen zwei Botschaften, welche von der Anwendung an der Kommunikationsschnittstelle übergeben werden [BZ17].

Weiterhin wurden auch erste Vorschläge für die Schnittstellen von 5G-Zeitsynchronisierungs- und 5G-Lokalisierungsdiensten erarbeitet [3G18b], [3G18f].

## 5 5G Alliance for Connected Industries and Automation (5G-ACIA)

Im April 2018 wurde die Arbeitsgemeinschaft „*5G Alliance for Connected Industries and Automation (5G-ACIA)*" [5G18] im ZVEI in Frankfurt/Main gegründet. Der erste öffentliche Auftritt der 5G-ACIA war auf der Hannover-Messe 2018 [ZV18].

Das Ziel der 5G-ACIA ist es, die bestmögliche Anwendbarkeit von 5G-Technologien und 5G-Netzen für die Industrieautomation, also die Fertigungs- und Prozessindustrie, sicherzustellen. Hierfür werden relevante technische, regulatorische und wirtschaftliche Aspekte adressiert, diskutiert und bearbeitet [5G18].

Abbildung 3 zeigt die Struktur der 5G-ACIA. Die Arbeiten der Arbeitsgruppe 1 „*Use Cases and Requirements*" spiegeln und ergänzen die Arbeiten der 3GPP zu den industriellen Dienstanforderungen, insbesondere zu TR 22.804 (FS_CAV) und TS 22.104 (cyberCAV).

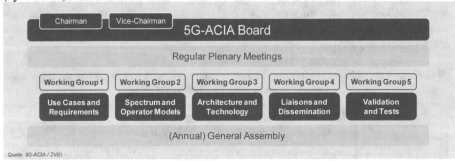

**Abb. 3.** Struktur der 5G-ACIA

Die 5G-ACIA hat 40 internationale Mitglieder (Stand Oktober 2018) aus dem gesamten, internationalen 5G-Öko-System. Neben den industriellen Nutzern der 5G-Technologie, den Firmen aus der Industrieautomation, der Fertigungs- und der Prozessindustrie, sind auch Netzinfrastrukturanbieter, Mobilfunknetzbetreiber und Chiphersteller aus dem 5G-Umfeld und entsprechende akademische Partner in der 5G-ACIA vertreten.

# 6    Offene Themen

## 6.1    Netzwerkanforderungen

Um 5G-Systeme zu spezifizieren welche den stringenten Anforderungen der „vertikalen" Kontrollanwendungen entsprechen, müssen die eingesammelten Dienstanforderungen in Netzwerkanforderungen umgesetzt werden. Dies hat sich besonders beim Themenkomplex Ende-zu-Ende-Latenzzeit, Überlebenszeit, Verfügbarkeit und Funktionssicherheit als ein schwieriges Thema für 5G-Ausstatter und die Hersteller entsprechender 5G-Chips herausgestellt. Wie bereits zum Thema Dienste im Abschnitt 4.5 erwähnt, hat die 3GPP bisher nur Netzwerkanforderungen betrachtet und zu den daraus resultierenden Dienstperformanzen keine verbindliche Aussagen gemacht. Im Fall der „vertikalen" Kontrollanwendungen ist die 3GPP zum ersten Mal mit einem echten Dienstszenario konfrontiert: die Automatisierungsanwendung fordert verbindliche Dienstperformanzen und die 3GPP, ihre Mitglieder und die an Entwicklung, Aufbau und Betrieb von 5G-Netzen Beteiligten müssen während der Spezifikation, der Entwicklung, der technischen Planung und der Aufstellung von industriellen 5G-Netzen sicherstellen, dass diese Dienstanforderungen *verbindlich* eingehalten werden können. Aufgrund des geschichtlichen Hintergrundes bei der 3GPP und den bisherigen Einsatzgebieten von Mobilfunknetzen muss hier noch weiteres, umfangreiches Wissen erarbeitet werden, wie solche Dienstanforderungen in Netzwerkanforderungen umgesetzt werden können.

Zu diesem Thema wurden Diskussionen zwischen den „vertikalen" Interessenten und den Ausstattern gestartet. Erste Ergebnisse sollen im November 2018 veröffentlicht und in TS 22.104 eingebracht werden.

## 6.2    Verhaltensweise der Dienste

Neben der semantischen Beschreibung der Dienstschnittstelle, also der Angabe von an der Schnittstelle auszutauschenden Parametern und deren Syntax, beinhaltet die Beschreibung eines Dienstes auch die Beschreibung des Verhaltens der Schnittstelle („behaviour model") [OA08]. Zu diesem Thema liegen schon erste Anforderungen vor, zum Beispiel das eine Anwendung eine Bestätigung auf eine Dienstanfrage innerhalb von maximal 100 ms erwartet, aber insgesamt steckt dieses Thema noch in den Anfängen. Aufgrund des Zeitdrucks in der Freigabe 16 (normative Anforderungen müssen vor 2019 verabschiedet sein), wird dieses Thema voraussichtlich auf Freigabe 17 verschoben werden.

## 6.3    „Native Einbindung"

Zum Thema „native Einbindung" von 5G-Systemen in die industrielle Kommunikation wurden bisher Anforderungen zur Unterstützung von *Time-Sensitive Networking* (TSN) und Ethernet-Anwendungen eingebracht. TSN ist aber eine Zukunftstechnologie, während heute schon viele andere Kommunikationssysteme in Fabriken installiert sind (EtherCAT, PROFINET, …). Es ist noch offen, wie 5G in schon installierte industrielle Kommunikationssysteme integriert werden kann. Dieses Thema wurde schon in der Interessenorganisation 5G-ACIA [5G08] andiskutiert. Auch die Architekturarbeitsgruppe SA2 der 3GPP bearbeitet dieses Thema in einer Studie [5G18h]. Sobald die Anforderungsspezifikationen in Freigabe 16 abgeschlossen sind, wird dieses Thema bei 5G-ACIA in den Vordergrund rücken.

## 6.4 Frequenzzuweisung

Die Zusicherung von stringenten Kommunikationsdienstanforderungen ist natürlich nur möglich wenn für lokale industrielle 5G-Netze eigene Frequenzbänder zugewiesen werden.

Die Bundesnetzagentur (BNetzA) hat zum Thema Vor-Ort-Versorgung mit hoher Dienstgüte bei der laufenden Vergabe von 5G-Frequenzbändern im Bereich von 3,7-3,8 GHz erstmals auch die Vergabe von lokalen und regionalen Frequenzen vorgesehen [BN18a]. Der derzeitige Vorschlag sieht vor, dieses 5G-Frequenzband in Bereiche für regionale und lokale Nutzung aufzuteilen, sowie zwischen Nutzung im Innen- und Außenbereich zu unterscheiden. Diese Frequenzbänder sollen in einem offenen Verfahren vergeben werden, so dass zum Beispiel Fabriken mit ihren Produktionsanlagen hiermit eine Möglichkeit erhalten, mit vertretbaren Investitionen lokale Lizenzen zu erhalten, die für anspruchsvolle industrielle 5G-Anwendungen nutzbar sind. Bis zum 28. September 2018 lief eine Anhörung und Kommentierung dieses Frequenzzuteilungsverfahrens und der Nutzungsbedingungen.

Auch im 26-GHz-Bereich sollen Frequenzen für 5G-Anwendungen zur Verfügung gestellt werden. Bis zum 19. Oktober 2018 lief eine Anhörung zu den entsprechenden Erwägungen der Bundesnetzagentur [BN18b].

Wegen der unterschiedlichen physikalischen Eigenschaften (Funkausbreitung, Reichweite, Datenrate, Lokalisierungsgenauigkeit) ist eine Kombination von lokalen Zuteilungen im 3,7-3,8-GHz-Band und im 26-GHz-Band für 5G-Anwendungen nötig, damit sämtliche, wichtige Anwendungsfälle von Industrie 4.0 umgesetzt werden können.

Industrieautomatisierung findet international statt. 5G-ACIA engagiert sich aus diesem Grund bei Frequenzzuteilungen auch auf internationaler Ebene, zum Beispiel bei der ITU-R.

# 7    Wie geht es weiter?

Auf dem Treffen der 3GPP-Arbeitsgruppe SA1 im November 2018 in Spokane, WA (USA) ist geplant, die Dienstanforderungen für 5G in der Freigabe 16 zu finalisieren. Auch die cyberCAV-Spezifikation TS 22.104 „Service requirements for cyber-physical control applications in vertical domains" soll dann abgeschlossen sein.

Die erarbeiteten Dienstanforderungen für industrielle und vertikale 5G-Netze werden in den weiteren Arbeitsgruppen der 3GPP für die Entwicklung entsprechender 5G-Architekturkonzepte (Arbeitsgruppe SA2) und der entsprechenden technischen Spezifikationen (RAN-Arbeitsgruppen) verwendet, um industrielle 5G-Netze umsetzen zu können, die den hohen Anforderungen von URLLC (sehr geringe Latenz und sehr hohe Verfügbarkeit) und den weiteren Anforderungen an industrielle 5G-Netze genügen.

## Literatur

[3G18]     3GPP, www.3gpp.org
[3G18a]    3GPP SA: Service requirements for the 5G system, 3GPP TS 22.261 V16.5.0, Sophia Antipolis, 2018.
[3G18b]    3GPP SA: Study on Communication for Automation in Vertical Domains, 3GPP TR 22.804 V16.1.0, Sophia Antipolis, September 2018.
[3G18c]    3GPP SA: Feasibility Study on LAN Support in 5G, 3GPP TR 22.821 V16.0.0, Sophia Antipolis, 2018.
[3G18d]    3GPP SA: Study on Business Role Models for Network Slicing, 3GPP TR 22.830 V0.2.0, Sophia Antipolis, 2018.
[3G18e]    3GPP SA1: New WID on Service requirements for cyber-physical control applications in vertical domains (cyberCAV), 3GPP S1-180585, 3GPP TSG-SA Meeting #80, La Jolla (CA, USA), June 2018
[3G18f]    3GPP SA: Service requirements for cyber-physical control applications in vertical domains, 3GPP TS 22.104 V0.2.0, Sophia Antipolis, August 2018
[3G18g]    3GPP SA1: New WID on Business Role Models for Network Slicing (BRMNS), 3GPP S1-180773, 3GPP TSG-SA Meeting, Gold Coast (Australia), September 2018
[5G18]     5G-ACIA, https://www.5g-acia.org.
[BN18a]    Bundesnetzagentur (BNetzA): Anhörung zur lokalen und regionalen Bereitstellung des Frequenzbereichs 3.700 MHz bis 3.800 MHz für den drahtlosen Netzzugang, 2018, https://www.bundesnetzagentur.de/DE/Sachgebiete/Telekommunikation/Unternehmen_Institutionen/Frequenzen/OeffentlicheNetze/RegionaleNetze/regionalenetze.html
[BN18b]    Bundesnetzagentur (BNetzA): Anhörung zu ersten Erwägungen für die zukünftige Nutzung des 26-GHz-Bandes (24,25 - 27,5 GHz), 2018, https://www.bundesnetzagentur.de/DE/Sachgebiete/Telekommunikation/Unternehmen_Institutionen/Frequenzen/OeffentlicheNetze/RegionaleNetze/regionalenetze.html

[BZ17]    BZKI: Aspekte der Zuverlässigkeitsbewertung in ZDKI, Anwendungen, An-
          forderungen und Validierung im BMBF-Förderprogramm „IKT 2020 – Zuver-
          lässige drahtlose Kommunikation in der Industrie" (BZKI), 2017

[IE09]     IEC: Communication network dependability engineering, IEC 61907, Ge-
          neva, 2009.

[OA08]    OASIS: Reference Architecture for Service Oriented Architecture Version 1.0,
          2008.

[ZV18]    ZVEI: Initiative 5G-ACIA nimmt Arbeit auf: Gemeinsam 5G industriefähig
          gestalten,     Pressemeldung,     24.     April     2018,     Frankfurt/Main,
          https://www.zvei.org/presse-medien/pressebereich/initiative-5g-acia-nimmt-
          arbeit-auf-gemeinsam-5g-industriefaehig-gestalten/

# Optimierung eines Funksystems für hybride kaskadierte Netzwerke in der Fertigungsautomation

Lisa Underberg[1], Rüdiger Kays[1], Steven Dietrich[2]

[1]Lehrstuhl für Kommunikationstechnik
Technische Universität Dortmund
{lisa.underberg, ruediger.kays}@tu-dortmund.de

[2]DC-IA/EFC
Bosch Rexroth AG
steven.dietrich@boschrexroth.de

**Zusammenfassung.** Die Kommunikationsstrukturen industrieller Applikationen sind im Zuge von Industrie 4.0 einem Wandel unterworfen. Die aktuell verwendeten, kabelgebundenen Netzwerke sind einerseits hervorragend erprobt, bringen aber andererseits die typischen Nachteile mit sich. Diesbezüglich ist der Einsatz von drahtlosen Netzwerken aufgrund ihrer Flexibilität sowie ihrer einfachen Nachrüstbarkeit interessant. Diesen Vorteilen steht die bisher nur eingeschränkte Eignung insbesondere für die hohen Anforderungen industrieller Applikationen der Fertigungsautomation entgegen.
In diesem Beitrag werden Anforderungen von Applikationen der Fertigungsautomation zusammengefasst. Daraus wird deutlich, dass diese Anforderungen bisher nur von Industrial Ethernet Netzwerken (IEN) vollständig abgedeckt werden. Zur Unterstützung der Migration von IEN zu Funknetzwerken wird eine hybride, kaskadierte Topologie vorgestellt, in welcher ein bestehendes IEN durch eine drahtlose Technologie erweitert wird. Durch Analyse der Freiheitsgrade drahtloser Technologien wird herausgestellt, welche Eigenschaften ein Funksystem besitzen sollte, um sich für eine solche Erweiterung zu eignen.

## 1 Einleitung

Anwendungen der Fertigungsautomation (FA) stellen verglichen mit Anwendungen der Prozessautomation und der Zustandsüberwachung besonders strikte Anforderungen bezüglich Zuverlässigkeit und Latenz an ein Kommunikationssystem [Di17b,Un18]. Aus diesem Grund werden im Bereich der FA zurzeit kabelgebundene, Industrial Ethernet-basierte Netze (IEN) verwendet, deren Performanz bei hoher Datenrate zuverlässig und deterministisch vorsehbar ist. Dennoch erfordern bereits einige aktuelle und vor allem künftige Anwendungen, die im Zuge von Industrie 4.0 verstärkt aufkommen werden, eine höhere Flexibilität und Mobilität des Kommunikationsnetzes als ein IEN bieten kann. Dementsprechend

J. Jasperneite, V. Lohweg (Hrsg.), *Kommunikation und Bildverarbeitung in der Automation*,
Technologien für die intelligente Automation 12, https://doi.org/10.1007/978-3-662-59895-5_9

gewinnt die Verwendung von Funksystemen in der industriellen Kommunikation an Bedeutung [WSJ17].

Inzwischen decken spezialisierte industrielle Funksysteme wie WirelessHART und WSAN einige Teile industrieller Applikationen ab, insbesondere in der Prozessautomation und der Zustandsüberwachung. Lediglich im Bereich der typischen FA-Closed-Loop-Applikationen werden aufgrund der äußerst hohen Anforderungen weiterhin vorrangig IEN eingesetzt. Vor allem die kurze Zykluszeit von weniger als 1 ms und die hohe Zuverlässigkeit wird von aktuellen Funksystemen nicht erreicht. Um auch in diesem Bereich die Vorteile von Funksystemen nutzbar zu machen, entstehen kaskadierte Netze mit kabelgebundenen und kabellosen Netzwerkdomänen [SJB09,Ho16,Di17a]. Allerdings gibt es in hybriden Netzen mit einem IEN besondere Anforderungen an die Funktionalität des Gesamtnetzes. Diese Anforderungen werden in diesem Beitrag herausgestellt. Darauf aufbauend wird eine Empfehlung für das Design eines kabellosen Netzwerks für den Betrieb in einem hybriden, kaskadierten Netzwerk gegeben.

In Abschnitt 2 werden zunächst die Anforderungen von Applikationen der Fertigungsautomation zusammengefasst. Daraus werden vier zentrale Anforderungen an ein Kommunikationssystem für die Fertigungsautomation abgeleitet. Eine hybrides, kaskadiertes Netzwerk mit kabelgebundenen sowie drahtlosen Teilnetzwerken wird in Abschnitt 3 vorgestellt. Aktuell verfügbare Funksysteme werden hinsichtlich ihrer Eignung diskutiert. Das im Forschungsprojekt ParSec verwendete Parallel Sequence Spread Spectrum (PSSS)-Verfahren wird in Abschnitt 4 kurz eingeführt, welches aufgrund der Kombination von Code Division Multiple Access (CDMA) und Time Division Multiple Access (TDMA) dem MAC große Flexibilität bietet. Abschnitt 5 fasst die Ergebnisse zusammen und gibt einen kurzen Ausblick auf den Demonstrator, welcher im ParSec-Projekt realisiert wird.

# 2 Kommunikationssysteme in der Fertigungsautomation

## 2.1 Allgemeine Anforderungen von Applikationen der Fertigungsautomation

Die Analyse von industriellen Applikationen hinsichtlich ihrer vielfältigen Anforderungen ist ein wichtiger Grundstein für die Leistungsbewertung von Kommunikationssystemen. Bereits 2007 wurden in Richtlinie 2185 Blatt 1 [VD07] Anforderungen verschiedener Applikationskategorien gegenübergestellt. Die Grenzen der Applikationskategorien wurden seitdem verfeinert, und auch die Kategorisierungsgrenzen selbst haben sich verschoben. Häufig wird die Kategorie der Fertigungsautomation - neben anderen - genannt und als die Kategorie mit den anspruchsvollsten Anforderungen hinsichtlich Zuverlässigkeit und Latenz beschrieben [Sc17,VD17].

Eine weiterführende Analyse zeigt, dass Applikationen selbst innerhalb der Fertigungsautomation so unterschiedliche Anforderungen haben, dass eine Verfeinerung in Unterkategorien sinnvoll ist. Die Aufteilung in Werkzeugmaschinen, Verpackungsmaschinen und Druckmaschinen ist inzwischen verbreitet [Fr14,Di17b]. Abbildung 1 zeigt die Anforderungen dieser drei Unterkategorien (vgl. [Di17b,Un18]).

Die Knoten einer Druckmaschine fordern eine hochgenaue Synchronisation mit einem Jitter der dezentralen Uhren von $< 0,25\,\mu s$. Werkzeugmaschinen benötigen eine besonders kurze Zykluszeit von $0,5\,ms$ bei gleichzeitig sehr geringer Fehlerrate. Verpackungsmaschinen haben vergleichsweise moderate Anforderungen.

## 2.2 Zentrale Anforderungen der Fertigungsautomation an ein Kommunikationssystem

Bisher werden die Anforderungen von Applikationen der Fertigungsautomation nur von Industrial Ethernet-basierten Netzen (IEN) vollständig abgedeckt. Durch die Analyse der Kerneigenschaften eines IENs werden in diesem Abschnitt allgemein gültige Anforderungen an ein Kommunikationsnetz abgeleitet. Bei der Betrachtung von typischen IENs wie Sercos III, EtherCAT und Profinet können folgende Gemeinsamkeiten abgeleitet werden:

1. IENs werden entsprechend ihres Zeitverhaltens kategorisiert:
   - Keine Echtzeitfähigkeit
   - Weiche Echtzeitfähigkeit
   - Harte Echtzeitfähigkeit
   - Isochrone Echtzeitfähigkeit
2. IENs sind meistens in einer logischen Sterntopologie mit einem zentralen Koordinator, dem IEN Master, und mehreren IEN Slaves aufgebaut
3. Die physikalische Topologie ist meist eine Linien- oder Doppelringtopologie
4. Der Austausch von zeitkritischen Daten (RT-Datenpakete) zwischen IEN Master und IEN Slaves findet zyklisch statt, zum Beispiel mit einer Zykluszeit von $1\,ms$

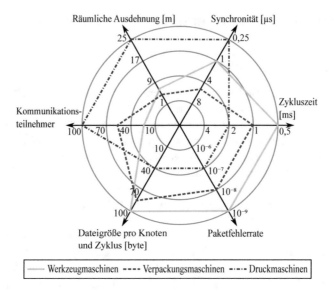

**Abb. 1.** Konsolidierte Anforderungen von drei Applikationsgruppen der Fertigungsautomation (vgl. [Di17a,Di17b]).

5. Alle Teilnehmer übernehmen Steuerdaten beziehungsweise aktualisieren Messwerte jeweils zum Global Sampling Point (GSP)
6. IENs sind durch ihre kabelgebundene Struktur weitgehend abhör- und angriffssicher
7. Aufgrund der kabelgebundenen Kommunikation werden IENs kaum durch Interferenzen gleicher oder anderer Systeme gestört

Aus diesen Gemeinsamkeiten können vier zentrale Anforderungen (zA) abgeleitet werden, die ein Kommunikationssystem - unabhängig von der zugrunde liegenden kabelgebundenen oder kabellosen Technologie - erfüllen muss:

zA1 Zuverlässige Übertragung der Applikationsdaten in jedem Zyklus
zA2 Hochgenaue Synchronisation aller Teilnehmer (Einhaltung des GSP)
zA3 Verschlüsselung und Authentifizierung der Kommunikation
zA4 Inter- und Intrasystemkoexistenz

Die Erfüllung von zA1 hängt wesentlich von der Bereitstellung einer ausreichenden Datenrate ab. Hier müssen natürlich nicht nur die Applikationsdaten selbst, sondern auch für die Übertragung nötiger Overhead wie die Zusatzinformation einer zyklischen Redundanzprüfung (Cyclic Redundancy Check, CRC) oder einer Vorwärtsfehlerkorrektur (Forward Error Correction, FEC) berücksichtigt werden.

zA2 wird erreicht, indem die dezentralen Uhren aller Teilnehmer hochgenau synchronisiert werden. Grundsätzlich gibt es zwei verschiedene Herangehensweisen zur Synchronisation verteilter Uhren. Im ersten Ansatz werden dedizierte

Pakete versendet, die ausschließlich Informationen zum Uhrensynchronisation haben. Entsprechend wird Overhead generiert. Ein Beispiel dafür ist das Precision Time Protocol (PTP) [IE09]. Beim zweiten Ansatz hingegen werden die verteilten Uhren durch die physikalische Datenübertragung selbst synchronisiert. Dies ist möglich, da der GSP durch die Uhr des primären IEN Masters bestimmt wird, der gleichzeitig die Datenübertragung im Funksystem kontrolliert. Die Slaves des Funksystems berechnen den Zeitpunkt des GSPs daher auf einfache Weise relativ zur Detektion der PHY-Präambel. Bei diesem Ansatz wird ein minimaler Jitter zwischen Erzeugung eines IEN-Frames und Detektion des Pakets am Slave des Funksystems vorausgesetzt. Ebenfalls muss der Zugriffspunkt zwischen IEN und Funksystem geschaffen werden. Im Gegenzug ensteht durch dieses Vorgehen kein zusätzlicher Overhead.

Die Einhaltung von zA3 und zA4 ist in einem IEN inhärent durch das Übertragungsmedium gegeben. Die kabelgebundene Kommunikation kann nur intern mitgehört werden. Das Hinzufügen von unerkannten, nicht authentifizierten Teilnehmern ist durch die feste Struktur nur mit erheblichem Aufwnad möglich. Ebenfalls schützt die Abschirmung der Kabel vor Inter- oder Intra-System-Interferenz. Natürlich ist die Einhaltung von zA3 und zA4 von ebenso großer Bedeutung bei der Verwendung von kabellosen Systemen. Die Datenübertragung muss verschlüsselt und authentifiziert werden, um das Eindringen von Angreifern zu vermeiden beziehungsweise zu detektieren. Ein effizientes Koexistenzmanagement ist notwendig, da im industriellen Umfeld drahtlose Systeme örtlich gleichzeitig mit Netzwerken bereits etablierter Technologien sowie weiteren Netzwerken der eigenen Technologie betrieben werden.

Dieser Beitrag fokussiert sich auf die Analyse von zA1 und zA2 und deren Einhaltung in einem hybriden Netzwerk mit kabelgebundenen sowie kabellosen Komponenten.

## 3 Hybride, kaskadierte Netzwerke und ihre Eigenschaften

Die Integration von kabellosen Netzwerken wird insbesondere in der Fertigungsautomation vorsichtig erfolgen. Hier sind die Applikationsanforderungen streng, sodass die Performanz eines Funksystems zunächst praktisch erpobt werden muss, bevor ein Einsatz infrage kommt. Gleichzeitig ist die Lebensdauer der Maschinen in diesem Feld länger als 10 Jahre [ET11], wodurch eine Nachrüstung bestehender Anlagen besonders wünschenswert ist.

Vor diesem Hintergrund sind hybride Netzwerke mit kabelgebundenen Industrial Ethernet-Komponenten sowie kabellosen Komponenten von Interesse. Sie erlauben die frühzeitige Integration von Funksystemen in Anwendungen der Fertigungsautomation, wodurch deren Erprobung unter realen Bedingungen ermöglicht wird. Aus Entwicklersicht bietet dies die Möglichkeit, die Systeme mit direktem Bezug zur Anwendung weiterzuentwickeln. Gleichzeitig wird die Akzeptanz von Funksystemen gefördert. Durch diesen Prozess wird die Integration von und später vollständige Migration zu kabellosen Kommunikationsnetzen begünstigt.

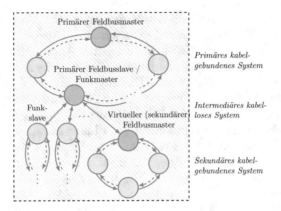

**Abb. 2.** Hybrides Netzwerk aus IEN mit drahtloser Erweiterung (vgl. [Un18]).

Abbildung 2 zeigt eine generische Topologie eines solchen hybriden Kommunikationssystemes anhand eines primären und eines sekundären, kabelgebundenen Netzwerks. Grundsätzlich kann die Kaskadierung fortgesetzt werden. Das primäre IEN ist in einer typischen Doppelringtopologie abgebildet. Einer der Teilnehmer im primären IEN übernimmt gleichzeitig die Rolle des Masters der intermediären drahtlosen Netzwerks. Der Teilnehmer kann sowohl ein primärer IEN Slave sowie der primäre IEN Master sein. Je nach konkretem Anwendungsfall kann die Ende-zu-Ende-Latenz reduziert werden, indem der IEN Master gleichzeitig das Funksystem kontrolliert.

Das intermediäre Funksystem ist in einer einfachen Sterntopologie angeordnet, da diese die Realisierung einer deterministischen Latenz vereinfacht. Die Slaves des Funksystems sind gleichzeitig Master der sekundären IENs. Die sekundären IEN Master emulieren jeweils die Funktion des primären IEN Masters, wodurch das Funksystem aus Sicht der sekundären IEN Slaves transparent wird. Ebenfalls emuliert der Teilnehmer des primären IENs, der gleichzeitig der Master des Funksystems ist, die sekundären IEN Slaves. So wirkt das Funksystem auch aus Sicht des primären IEN Masters transparent, sofern zA1 und zA2 eingehalten werden. Zur Sicherung der drahtlosen Kommunikation müssen zusätzlich zA3 und zA4 erfüllt sein.

### 3.1 Verwendbarkeit von bereits etablierten drahtlosen Technologien

Aktuell sind vielfältige drahtlose Technologien verfügbar. Sie reichen von Ultra Wideband (UWB)-Ansätzen, die eine gute Koexistenz mit bestehenden Technologien versprechen, bis hin zu neuen Ansätzen aus dem Bereich 5G oder IEEE 802.11ax. Unabhängig von einer bestimmten Technologie müssen die vier zentralen Anforderungen der Fertigungsautomation erfüllt werden, damit ein Kommunikationssystem sich für den Einsatz in der Fertigungsautomation eignet.

Technologien, die auf IEEE 802.15.4 [IE15] basieren, sind beispielsweise Zig-Bee [Zi12] und WirelessHART [(I10]. Diese eignen sich aufgrund ihrer Mesh- oder Cluster Tree-Topologie für Anwendungen der Prozessautomation. Werden sie in ihrer als optional definierten Sterntopologie verwendet, so können sie bestimmte Anwendungen der FA mit vergleichsweise lockeren Anforderungen hinsichtlich zA1 und zA2 erfüllen. WirelessHART unterstützt nur eine Meshtopologie, in der die Uhrensynchronisation aus zA2 erschwert ist.

Wireless Sensor Actuator Network (WSAN) [PN12] und Bluetooth [Bl14] verwenden ein Frequenzspreizverfahren (Frequency Hopping Spread Spectrum, FHSS) wie in IEEE 802.15.1 [IE05] standardisiert. Die hier ermöglichte Datenrate von bis zu 3 Mbit/s ist allerdings zu klein für die meisten Anwendungen der Fertigungsautomation, wodurch die Einhaltung von zA1 fraglich ist.

## 3.2 Freiheitsgrade beim Entwurf eines Funksystems

Wie in Abschnitt 3.1 kurz diskutiert, eignen sich aktuell verfügbare, drahtlose Technologien nur für Teilbereiche der Fertigungsautomation. Insbesondere die Einhaltung von zA1 und zA2 ist nicht gleichzeitig gegeben. Daraus folgt, dass diese Aspekte bei der Entwicklung neuer, drahtloser Ansätze schon beim grundlegenden Design berücksichtigt werden müssen.

Beim grundlegenden Design sind vier Entscheidungen zu treffen, welche in Abb. 3 zusammengefasst sind. Im Folgenden wird die Eignung der verschiedenen Optionen hinsichtlich zA1 und zA2 bewertet.

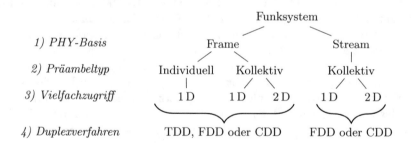

**Abb. 3.** Entscheidungsbaum zum optimierten Entwurf für ein intermediäres Funksystem.

Die erste Option betrifft die PHY-Basis. Die Übertragung der Daten kann entweder in eigenständigen PHY-Frames organisiert sein oder als kontinuierlicher Stream von PHY-Symbolen realisiert werden. Bei einer frame-basierten Realisierung sind zwei PHY-Frames durch einen Interframe Space (IFS) getrennt. Jeder PHY-Frame beginnt mit einer Präambel, auf welche PHY-Symbole zur Nutzdatenübertragung folgen. Die Framelänge ist dabei durch die Kohärenzzeit der Kanals begrenzt. Bei einer stream-basierten Realisierung wird die Übertragung nicht pausiert, sondern erfolgt unterbrechungslos ohne IFS. Regelmäßig werden einige PHY-Symbole für die Übertragung einer Präambel genutzt, die zur Aufrechterhaltung der Synchronisation zwingend benötigt wird. Hier muss die Dauer zwischen zwei Präambeln kleiner als die Kohärenzzeit sein.

Die Wahl des Präambeltyps ist die zweite Option. Bei einer durch jeden Teilnehmer individuell genutzten Präambel werden in jedem PHY-Frame ausschließlich die Daten einer bestimmten Ende-zu-Ende-Verbindung übertragen. Wird eine kollektive Präambel verwendet, so können die nachfolgenden PHY-Symbole die Daten verschiedener Verbindungen enthalten. Bei einer streambasierten PHY-Basis kann nur eine kollektive Präambel verwendet werden, da eine individuelle Datenübertragung gar nicht erst ermöglicht wird. Eine kollektive Präambel ermöglicht die flexible Aufteilung der Übertragungsressourcen in zwei Domänen, sodass diese möglichst effizient genutzt werden können. Framebasierte Übertragungssysteme mit individueller Präambel sind beispielsweise aus IEEE 802.15.1 oder IEEE 802.15.4 bekannt. Eine kollektive Präambel bei framebasiertem PHY wird aktuell in IEEE 802.11ax oder im 5G-Kontext diskutiert.

Nach der Wahl des Präambeltyps wird festgelegt, ob der Vielfachzugriff (Multiple Access) in einer oder in zwei Domänen ermöglicht wird. Typische Vielfachzugriffsverfahren sind Time Divison Multiple Access (TDMA), Frequency Division Multiple Access (FDMA) sowie Code Division Multiple Access (CDMA). Bei einer individuellen Präambel werden die Übertragungsressourcen nur in einer Domäne (1 D) - Zeit, Frequenz oder Code - aufgeteilt. Wird eine kollektive Präambel verwendet, so kann TDMA mit FDMA beziehungsweise CDMA kombiniert werden. Die Übertragungsressourcen werden dann in Zeit und Frequenz (TDMA + FDMA) oder in Zeit und Code (TDMA + CDMA) aufgeteilt. Die Kombination von TDMA und FDMA ist von OFDMA bekannt, während beispielsweise ein PSSS-System TDMA und CDMA kombiniert.

Die vierte Option betrifft das Duplexing. In einer Sterntopologie bezieht sich das Duplexing auf die Realisierung der bidirektionalen Kommunikation in Down- und Uplink. In vielen Systemen wird eine zeitliche Trennung - Time Division Duplex (TDD) - gewählt. Alternativ dazu kann ein Frequency Division Duplex (FDD) oder Code Division Duplex (CDD) genutzt werden. Für den Betrieb eines FDD-Systems muss genug Bandbreite zur Verfügung stehen, während ein CDD-System eine Trennung zwischen RF-Uplink und RF-Downlink erreichen muss.

### 3.3 Optimierter Entwurf des Funksystems

Hinsichtlich der für zA1 geforderten Datenrate bietet der stream-basierte PHY einen Vorteil, da hier durch die ununterbrochene Übertragung die verfügbaren Ressourcen vollständig genutzt werden. Leider kann die Uhrensynchronisation kaum über die PHY-Übertragung selbst durchgeführt werden. Eine Ausnahme gibt es, wenn das GSP-Intervall ein exaktes Vielfaches der PHY-Symboldauer ist. Es muss also ein Synchronisationsverfahren verwendet werden, dessen zusätzlicher Overhead den Vorteil der ununterbrochenen Übertragung nicht vollständig kompensiert.

Dementsprechend ist ein frame-basierter PHY hinsichtlich zA2 vielversprechender, da hier die Uhrensynchronisation an den jeweiligen Beginn eines PHY-

Frames gekoppelt werden kann. Dieser Ansatz setzt natürlich voraus, dass alle Verzögerungszeiten, wie sie zum Beispiel durch die Verarbeitung entstehen, in allen Teilnetzwerken bekannt sind. Im Bereich der Fertigungsautomation ist diese Annahme allerdings sinnvoll, da die Kommunikationsstruktur eines IENs unveränderlich ist, sobald der Betrieb aufgenommen wird. Lediglich die Signallaufzeit ist unbekannt. Bei einer räumlichen Ausdehnung von maximal 25 m hat diese mit $< 0{,}1\,\mu s$ einen vernachlässigbaren Einfluss auf die Genauigkeit der GSP-Synchronisation.

Beim frame-basierten PHY besteht nun die Wahl zwischen einer individuellen und einer kollektiven Präambel. Da der Overhead bei Nutzung einer individuellen Präambel größer als bei einer kollektiven Präambel ist, ist letztere hinsichtlich der Einhaltung von zA1 vorzuziehen. Ebenso ist ein FDD-Ansatz wünschenswert, sofern die nötigen Frequenzbänder zur Verfügung stehen. Für ein TDD-Verfahren wird eine entsprechend höhere Datenrate benötigt.

# 4 Das Projekt ParSec: Paralleles und sicheres Funksystem

Ein Funksystem, welches den vorangegangenen Überlegungen in Abschnitt 3.3 entspricht, wird im Projekt ParSec [BMb,Kr16] entwickelt. ParSec ist eines der acht Projekte der BMBF-Initiative „Zuverlässige drahtlose Kommunikation für die Industrie "(ZDKI) [BMa].

Das in ParSec entworfene Funksystem basiert auf einem Parallel Sequence Spread Spectrum (PSSS)-Ansatz [Wo04,SW04]. Das ParSec Funksystem wird zur Synchronisation der dezentralen Uhren der Teilnehmer frame-basiert realisiert. Zur Reduktion des Overheads wird eine kollektive Präambel gewählt. PSSS erlaubt die Kombination von TDMA und CDMA und ist damit hinsichtlich der Ressourcenaufteilung ähnlich flexibel wie ein auf einem OFDM-Ansatz basierendes System. Das Duplexing erfolgt via FDD.

Abbildung 4 zeigt schematisch die Ressourcenaufteilung im ParSec Demonstrator. Entsprechend der Analyse in [Di18] wird eine sequentielle Aufteilung gewählt, da sich diese für die Erreichung kurzer Latenzen besonders gut eignet.

Im Rahmen des Projekts ParSec, das bis zum 31.12.2018 läuft, entsteht ein Demonstrator eines kaskadierten hybriden Netzes, mit dem die Ansätze darüber hinaus praktisch erprobt werden. In ParSec wurde als typisches IEN Sercos III ausgewählt. Aktuell wurde die Funktionalität der Sercos III-ParSec-Schnittstelle mittels eines PHY-Emulators nachgewiesen. Die Integration des in ParSec implementierten PSSS-Funksystems, dessen angestrebte Parametrierung in Tabelle 1 zusammengefasst wird, ist bis zum Ende der Projektlaufzeit geplant.

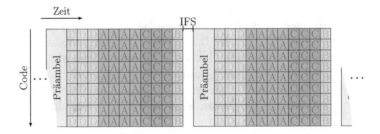

**Abb. 4.** Frame-basierter PHY mit 2 D Ressourcenaufteilung und gemeinsamer Präambel im PSSS Frame.

**Tabelle 1.** Zielparameter des ParSec Funksystems für den ParSec Demonstrators.

| | |
|---|---|
| Mittenfrequenz | 5,8 GHz |
| m-Sequenz für PSSS | $m$ = 255 Chips |
| Chipfrequenz | 20 MHz |
| Cos-Rolloff-Filter | 0,2 |
| Bandbreite | 24 MHz |
| APP-Zykluszeit | 1 ms |
| PHY-Datenrate | 17,34 Mbit/s (68 PSSS Symbole/ms) |
| MAC-Datenrate | 12,75 Mbit/s (50 PSSS Symbole/ms) |
| FEC | BCH(255,131,18) mit Coderate ≈ 0,5 |
| Authentifizierung | CMAC: 64 Bit/Datenpaket |
| Verschlüsselung | Prince Cipher mit 64 Bit Blocklänge |
| APP-Datenrate | 48 Datenpakete/ms |

## 5 Zusammenfassung und Ausblick

In diesem Beitrag wurden Industrial Ethernet-basierten Netze (IEN) hinsichtlich ihrer Gemeinsamkeiten analysiert und vier zentrale Anforderungen (zA) an ein Kommunikationssystem im Bereich der Fertigungsautomation identifiziert. Diese vier Anforderungen müssen für einen reibungslosen Betrieb im Bereich der Fertigungsautomation erfüllt werden. Insbesondere für ein hybrides Netzwerk mit kabelgebundenen sowie drahtlosen Netzwerkdomänen sind diese Anforderungen herausfordernd. Zum Beispiel muss im gesamten Netzwerk neben der zuverlässigen und schnellen Übertragung der Applikationsdaten eine genaue Synchronisation dezentraler Uhren gewährleistet werden. Nur so kann der Global Sampling Point (GSP), der im IEN für Closed-Loop-Applikationen benötigt wird, ausreichend präzise eingehalten werden. Darüber hinaus sind Verschlüsselung und Authentifizierung der Kommunikation sowie die Koexistenz des Übertragungssystems mit gleichen und unterschiedlichen Übertragungssystemen zu berücksichtigen.

Dieser Beitrag zeigte, dass aktuell verfügbare Funksysteme diese vier zentralen Anforderungen noch nicht erfüllen, da bereits die unteren Kommunikationsschichten, physikalische Schicht (PHY) und Medienzugriff (MAC), ungeeignet sind. Beispielsweise führt ein CSMA/CA-Verfahren im PHY zu einer nicht deterministischen Latenz. Dies kann auf höheren Kommunikationsschichten nicht mehr kompensiert werden. Um eine als intermediäres Funknetzwerk geeignete drahtlose Technologie zu entwerfen, müssen die Anforderungen also bereits bei PHY- und MAC-Design berücksichtigt werden.

Die grundlegenden Optionen beim Design einer drahtlosen Technologie wurden daher in diesem Beitrag zusammengefasst. Die Wahl der PHY-Basis, des Präambeltyps, des Vielfachzugriffs sowie der Duplexing-Strategie wurde hinsichtlich der zentralen Anforderungen diskutiert. Hinsichtlich der zuverlässigen Übertragung der zyklischen Applikationsdaten (zA1) und der hochgenauen Synchronisation der dezentralen Uhren aller Teilnehmer (zA2) wurde ein framebasierter PHY mit kollektiver Präambel und 2 D Vielfachzugriff empfohlen. Je nach erreichter Datenrate kommen für das Duplexing im aktuellen Stand der Technik TDD oder FDD infrage.

Ein solches, optimiertes Funksystem wird im Projekt ParSec realisiert. Der auf PSSS basierende PHY wurde entsprechend der Anforderungen von Closed-Loop-Applikationen parametriert. Innerhalb der Laufzeit bis Dezember 2018 wird ein Demonstrator realisiert, der die Kopplung des ParSec Funksystems mit einem IEN zeigt. In ParSec wurde Sercos III ausgewählt. Aktuell wurde die Funktionalität der Sercos III-ParSec-Schnittstelle mittels eines PHY-Emulators nachgewiesen. Die Integration des in ParSec implementierten PSSS-Funksystems ist bis zum Ende der Projektlaufzeit geplant.

## Hinweis

Das diesem Bericht zugrunde liegende Vorhaben wurde mit Mitteln des Bundesministeriums für Bildung und Forschung unter den Förderkennzeichen 16KIS0223 und 16KIS0225 gefördert. Die Verantwortung für den Inhalt liegt beim Autor.

## Literatur

[Bl14] Bluetooth SIG: Bluetooth Specification Version 4.2. S. 2772, 2014.

[BMa] BMBF Initiative „Zuverlässige drahtlose Kommunikation in der Industrie ". www.industrialradio.de.

[BMb] BMBF Projekt ParSec - Ein paralleles zuverlässiges und sicheres Funksystem zur latenzoptimierten Fabrikautomatisierung. www.parsec-projekt.de.

[Di17a] Dietrich, Steven; May, Gunther; v. Hoyningen-Huene, Johannes; Müller, Andreas; Fohler, Gerhard: Anforderungsanalyse und Optimierungen kaskadierter Netzwerke für die Fertigungsautomatisierung. In: 2017 8. Jahreskolloquium "Kommunikation in der Automation"(KommA). November 2017.

[Di17b] Dietrich, Steven; May, Gunther; Wetter, Oliver; Heeren, Holger; Fohler, Gerhard: Performance Indicators and Use Case Analysis for Wireless Networks in Factory Automation. In: 2017 IEEE 22nd International Conference on Emerging Technologies and Factory Automation (ETFA). September 2017.

[Di18]  Dietrich, S.; Underberg, L.; May, G.; Kays, R.; Fohler, G.: Optimized resource allocation for cascaded communication networks in factory automation. In: ICIT 2018; 19th International Conference on Industrial Technology. Feb 2018.

[ET11]  ETSI: TR 102 889-2 V1.1.1, Electromagnetic compatibility and Radio spectrum Matters (ERM); System Reference Document; Short Range Devices (SRD); Part 2: Technical characteristics for SRD equipment for wireless industrial applications using technologies different from Ultra-Wide Band (UWB). Bericht, European Telecommunications Standards Institute, 2011.

[Fr14]  Frotzscher, Andreas; Wetzker, Ulf; Bauer, Matthias; Rentschler, Markus; Beyer, Matthias; Elspass, Stefan; Klessig, Henrik: Requirements and current solutions of wireless communication in industrial automation. In: Communications Workshops (ICC), 2014 IEEE International Conference on. IEEE, S. 67–72, 2014.

[Ho16]  von Hoyningen-Huene, Johannes; Mueller, Andreas; Dietrich, Steven; May, Gunther: Comparison of wireless gateway concepts for industrial real-time-communication. In: IEEE International Conference on Emerging Technologies and Factory Automation (ETFA'16). IEEE, S. 1–4, 2016.

[(I10]  (IEC), International Electrotechnical Commission: , IEC 62591 Ed. 1.0: Industrial commun. networks - wireless commun. network and commun. profiles - WirelessHART, 2010.

[IE05]  IEEE: Standard 802.15.1-2005, IEEE standard for information technology - local and metropolitan area networks - specific requirements - Part 15.1a: Wireless medium access control (MAC) and physical layer (PHY) specifications for wireless personal area networks (WPAN). S. 700, 2005.

[IE09]  IEEE: , IEEE Standard for a precision clock synchronization protocol for networked measurement and control systems, Feb 2009.

[IE15]  IEEE: Standard for low-rate wireless networks. Standard 802.15.4-2015 (Revision of IEEE Std 802.15.4-2011), 2015.

[Kr16]  Kraemer, Rolf; Methfessel, Michael; Kays, Rüdiger; Underberg, Lisa; Wolf, A.C.: ParSec: A PSSS approach to industrial radio with very low and very flexible cycle timing. In: EUSIPCO 2016; 24th European Signal Processing Conference. 2016.

[PN12]  PNO: WSAN air interface specification technical specification, Version 1.0. S. 71, 2012.

[Sc17]  Schulz, Philipp et al.: Latency Critical IoT Applications in 5G: Perspective on the Design of Radio Interface and Network Architecture. IEEE Communications Magazine, 55(2), 2017.

[SJB09]  Sauter, Thilo; Jasperneite, Jürgen; Bello, Lucia Lo: Towards New Hybrid Networks for Industrial Automation. In: ETFA. Jgg. 9, S. 1141–1148, 2009.

[SW04]  Schwetlick, H.; Wolf, A.: PSSS - Parallel Sequence Spread Spectrum a Physical Layer for RF Communication. In: Consumer Electronics, 2004 IEEE International Symposium on. S. 262–265, Sept 2004.

[Un18]  Underberg, L.; Dietrich, S.; ; Kays, R.; Fohler, G.: Towards hybrid wired-wireless networks in industrial applications. In: IEEE International Conference on Industrial Cyber Physical Systems. Mai 2018.

[VD07]  VDI/VDE: VDI/VDE Richtlinie 2185: Funkgestuetzte Kommunikation in der Automatisierungstechnik. Bericht, Verein Deutscher Ingenieure, Verband der Elektrotechnik Elektronik Informationstechnik, 2007.

[VD17]  VDE ITG AG Funktechnologie 4.0: Funktechnologien für Industrie 4.0. Bericht, Verband der Elektrotechnik Elektronik und Informationstechnik, 2017.

[Wo04]   Wolf, A.: , Verfahren zum Uebertragen eines Datenworts, Patent DE 103 01
         250 A1, Jul. 29, 2004.

[WSJ17]  Wollschlaeger, M.; Sauter, T.; Jasperneite, J.: The future of industrial com-
         munication: Automation networks in the era of the Internet of Things and
         Industry 4.0. IEEE Industrial Electronics Magazine, 11(1):17–27, March 2017.

[Zi12]   ZigBee Alliance: ZigBee Specification, Document 053474r20. S. 594, 2012.

# How Device-to-Device Communication can be used to Support an Industrial Mobile Network Infrastructure

Tobias Striffler[1], Nicola Michailow[1], Michael Bahr[1], Hans D. Schotten[2]

[1]Corporate Technology
Siemens AG
Otto-Hahn-Ring 6, 81739 München
tobias.striffler@siemens.com
nicola.michailow@siemens.com
bahr@siemens.com

[2]Institute for Wireless Communication and Navigation
TU Kaiserslautern
Paul-Ehrlich-Straße, 67663 Kaiserslautern
schotten@eit.uni-kl.de

**Abstract.** With the increasing number of sensors and other connected devices in industrial settings like factories or warehouses requiring reliable, low latency communication and mobility, alternatives to current standards have to be considered. In this paper, we investigate how Device-to-Device communication can be used to support an industrial mobile communication infrastructure. We consider a number of possible applications and discuss requirements and potential issues. We focus on the handover from a direct connection to a relay connection and examine whether that is a viable approach to enhancing wireless coverage for mobile wireless machines like automated guided vehicles. Proposed approaches to relay switching exist, but have not been experimentally validated. In this paper, we compare the X2 based handover with the PC5 based path switch procedure and evaluate the expected performance with respect to latency through simulations.

## 1  Introduction

Currently, 5G is starting to be implemented for real world applications. With 3GPP Release 15, the first version of the 5G standard is posed to be released by 2019. One of the key issues being researched right now is therefore how to successfully integrate the new technology into the existing infrastructure. Especially in industry scenarios, where expensive hardware is expected to be used for 15-20 years, it is usually not feasible to replace the existing infrastructure. Similarly, extending existing infrastructure by, for example, adding new base stations is also very expensive. A promising approach is to use LTE Device-to-Device (D2D) communication to support existing networks, as it is part of

J. Jasperneite, V. Lohweg (Hrsg.), *Kommunikation und Bildverarbeitung in der Automation*,
Technologien für die intelligente Automation 12, https://doi.org/10.1007/978-3-662-59895-5_10

the ongoing 3GPP 5G standardization efforts [HAL18]. D2D enabled devices can communicate with each other without the need for base station support, allowing new applications in industrial settings without the need for extensive infrastructure investments. Therefore, in this paper, we investigate applications where we can use D2D communication to support an already present mobile network infrastructure.

## 1.1 Related Works

The research area of D2D communication can be roughly divided into three general topics.

The first topic is D2D communication as a means to support the vehicle-to-everything infrastructure. First and foremost, this means Cellular Vehicle-to-Everything (C-V2X), introduced by 3GPP as part of Release 14 [3GP18e]. This has been shown to be a promising approach [OKTMT+17]. Aside from work on C-V2X itself, there are general connectivity issues related to the high speeds and irregular User Equipment (UE) distributions in vehicular communication that are being investigated. Both [JL17] and [ZYX+17] propose D2D multihop architectures for vehicular communication networks in order to increase the effective communication range of the roadside infrastructure. The focus of [JL17] is on routing, while [ZYX+17] proposes a joint relay selection and spectrum allocation algorithm. A related approach is described in [AEST+15], where a handover to D2D communication is proposed to provide connectivity while a vehicle is out of range for V2V communications. Given the greater range of LTE-Direct transmission, the vehicle can stay connected until the next set of connected vehicles is reached and V2V communication is reestablished.

The second topic is aiming to enhance mobile coverage and spectrum efficiency through offloading mobile communication and services to the unlicensed spectrum when possible. [AWM13] gives an overview of these D2D applications in cellular networks. One of the major issues with this is handling the interference in the unlicensed band. While LTE uses scheduling based access, Wi-Fi is contention based. Both [ZLS17] and [BH17] propose approaches to allocate resources fairly to all participants.

The third topic is about the technology necessary to enable automation in industrial settings. In [LY18], an ultra-reliable and low latency communications (URLLC) protocol for D2D communication in industrial automation applications is proposed. Similarly, [MA18] also considers D2D for URLLC applications. They introduce cooperation into D2D communication and evaluate their proposed scheme on a Software Defined Radio (SDR) testbed in a factory hall. The authors of [WCI+18] integrate D2D communication capabilities into their information interaction model for dynamic resource management for the Industrial Internet of Things (IIoT).

## 1.2 Approach

In this paper, we consider where and how the different aspects of the D2D technology can be used to improve an existing industrial mobile network infrastructure. For this, we look at several possible applications for D2D communication in a factory setting. Part of this work is then assessing the conceptual validity of the proposed example applications.

In section 2, a short introduction to the considered scenario is given. As part of this scenario, we consider possible applications as examples of how D2D technology can be used to improve industrial mobile network infrastructures. In section 3, we examine a handover between a direct link and a D2D relay link and where that can be successfully applied in the scenarios we considered beforehand. The paper ends with a short conclusion in section 4.

## 2 Scenario

We consider a factory setting where communication is handled by a mobile network infrastructure. In this scenario, representative applications for D2D communication are examined. These applications are chosen according to the requirements they impose on the infrastructure.

D2D communication refers to the direct communication of devices without the involvement of the network infrastructure. Depending on the device, application, and used technology, either the licensed or unlicensed spectrum is used. Here, we consider an industrial factory setting, where the mobile network infrastructure is expected to be private and operating in the unlicensed spectrum.

D2D communication can be used with different communication technologies in the unlicensed frequency bands. These are usually either based on the Wi-Fi or LTE technologies. For Wi-Fi, there is for example the Wi-Fi Direct technology [CMGSS], where the Wi-Fi Direct device itself acts as an access point. This allows the device to directly communicate with other Wi-Fi devices, without the need for a "real" access point. For LTE, there is LTE-License Assisted Access (LTE-LAA) [3GP15a], which is based on LTE-Unlicensed but incorporates Listen-Before-Talk in order to comply with requirements for unlicensed spectrum usage. However, contention with Wi-Fi is still a problem for LTE-LAA. LTE Wi-Fi Link Aggregation (LWA) [3GP18e] aims to solve that issue by using the Wi-Fi protocol to transmit LTE traffic in the unlicensed spectrum band. Here, we will only consider LTE based D2D communication (LTE-D2D) due to its integration into 5G and the resulting relevance for future communication infrastructures [HAL18].

The three core functionalities of LTE-D2D are provided by the Proximity Services (ProSe), specified in TS 23.303 [3GP18d]. These functionalities are the "direct communication", "direct discovery", and "synchronization". They enable the devices to find other D2D capable devices in the vicinity, establish a communication link, and transceive messages. For this, three basic scenarios are considered. The first is in-coverage, where both devices are covered by the network infrastructure. The second is out-of-coverage, where neither device is covered by the network infrastructure. The third is partial coverage, where one device is in-coverage and the other is out-of-coverage. These three cases mainly differ by the networks ability to manage the D2D communication. Without network management, the devices have to use predefined resources for their communication. The "direct discovery" functionality of the ProSe has two modes of operation. In Model A, the UE announces its services publicly, for any nearby UE to discover. In Model B, the UE uses a request/response process to relay information to a requesting UE in proximity.

## 2.1 Automated services without coverage

The first application example we consider is use of ProSe's "direct discovery" by a local system to provide a service that is relevant only to UEs in proximity. The advantage here is that these systems do not need to be covered by the communication infrastructure. This results in reduced cost both due to needing less communication infrastructure and the existing infrastructure having to serve fewer participants.

The Model A version of the ProSe's "direct discovery" can be used by a local system with a function that is relevant to every mobile UE or user in proximity. An example would be an automated guided vehicle (AGV) driving around the factory. At the edge of the communication infrastructure coverage, the AGV could provide a wireless communication link to the communication infrastructure via relay. This relay link can be used by UEs to send information where regular updates are not important enough to warrant a dedicated link, but can be send opportunistically whenever an AGV is close by. The Model B version can be used by a local system with a function that is relevant to only select mobile UEs or users in proximity. For example a maintenance worker using his tablet to receive relevant information while on-site. If the information is not needed for general operation, making it available on the network infrastructure is unnecessarily expensive. A Model B D2D communication link can make the information locally available on-demand without taxing the whole communication infrastructure.

From a feasibility point of view, these applications are unlikely to pose any issues since they uncritical for safety or production.

## 2.2 Extended connectivity outside coverage

For the second application example, we consider an autonomous forklift driving around the factory, inside and outside the building. For the operation of this automated vehicle, a reliable connection to the communication infrastructure is necessary. The communication infrastructure might not always be able to provide the necessary connection. For example, if the forklift leaves the coverage range of the factory's wireless network. Or the pathway is obstructed to such a degree by machinery or stored parts that the received signal strength is insufficient. In those cases, to be able to continue operations, an alternative connection is necessary. One possible approach to this issue is a direct D2D connection. Similar use cases are discussed in the 3GPP study TR 22.804 [3GP18a].

According to TR 22.804 [3GP18a], the movement speed of an automated forklift is <14 m/s. This is significantly slower than the normal speed of vehicles on roads and allows for more lax requirements on the latency. Even the relative speed of two vehicles would not exceed 28 m/s in this scenario. Regarding the distance coverage, the 300 m achievable with typical UE transmission power (23 dBm) suffice to facilitate inter-vehicle communication, for example for collision detection or status updates. For fully automated operations, assuming the control is handled in the edge cloud, a constant connection to the network infrastructure is required. In order for a D2D connection to allow for continuous operation, the handover procedure from network infrastructure to direct communication link has to be shorter than the maximum allowed downtime for the communication link.

Regarding the data transfer, the necessary control communication to allow automated operations can be assumed to require data rates in the kbit/s to Mbit/s range and is therefore within the capabilities of a D2D communication link.

## 2.3 Low latency communication and synchronization

In the production of steel girders, the heavy and still hot girders get transported by autonomously operating vehicles. Due to the size of the girders, transportation on a single vehicle is inconvenient and instead two or more vehicles work together for transportation. This, however, means that the vehicles need very strict synchronization, imposing very stringent requirements on the communication infrastructure. Aside from the low latency required to allow autonomous driving, communication has to be uninterrupted even when handovers are necessary. Due to the length of the steel girders, this usually means one vehicle initiating a handover before the other. Despite this, synchronicity has to be upheld.

To keep the vehicles synchronized, a D2D communication link between them can be used. Due to the nature of this application, common issues in industrial V2V communication can be ignored. While transporting a steel girder, the distance between vehicles is fixed. Similarly, line of sight is always guaranteed. Thus, the communication between vehicles is independent of external infrastructure coverage and handovers.

However, synchronization between the vehicles aside, they still need a constant communication link to the local infrastructure to allow autonomous operation. For this, low latency communication and seamless handovers are necessary. Seamless handovers are especially relevant in industrial settings due the nature of the environment. Factories usually have a lot of heavy equipment and machinery that is mostly metal and thus heavily impacts connectivity. This necessitates frequent handovers to different base stations or D2D-capable UEs.

# 3 Handover Comparison

A core issue with automated vehicles is a continuous communication link to allow uninterrupted operation. However, a factory usually has very difficult radio propagation conditions: Many machines, mostly metal, rarely line-of-sight. Due to this, a mobile UE is forced to frequently change its access point, requiring frequent handovers. When considering D2D communication to extend the infrastructure coverage to facilitate the continuous operation of AGVs, the relevant handover procedure to consider is the PC5 Path Switch from the 3GPP study TR 36.746 [3GP18c]. The document describes the switch from a direct connection between the ProSe Remote UE and the eNB, to a relay link between the ProSe Remote UE, a ProSe UE-to-Network Relay UE, and the eNB. However, the PC5 Path Switch handover in D2D communication is not yet standardized. The seamless handover process is also an ongoing topic in the 5G standardization. In TR 23.725 [3GP18b], a possible solution is proposed. During handover, the UPF sends downlink data to both the source and target RAN nodes. The data is cached at the target RAN node until the data radio bearer is established, at which time the cached data will be transmitted. Thus, continuous communication can be achieved. However, the focus here lies in continuous operation of an existing D2D communication link. For D2D-based autonomous vehicle operation, it is also necessary to allow for seamless handover between D2D communication partners, or from D2D connection to infrastructure connection.

In order to be able to assess whether a switch to a D2D communication link is a viable approach to the considered scenarios, it is necessary to know how long the switching takes. Since the procedure is not yet finalized, we can only make an estimate based on what we know. For this, we look at the X2 based handover and the PC5 based Path Switch. From the similarities between both procedures, we try to estimate the PC5 based Path Switch duration.

## 3.1 X2 based Handover

Figure 1 shows the process of an X2 based handover, an intra-RAT handover between two eNBs described in TS 36.300 [3GP18e]. The handover can be broadly divided into four parts. First is the handover decision (1-3). The UE collects measurements about the connection quality and reports them to the source eNB. Based on these measurements the source eNB decides whether to initiate a handover to another eNB. Once that decision is made, the second part begins: the handover preparation (4-6). The source eNB sends a handover request to the target eNB and, upon receive the acknowledgement, forwards relevant information about the target eNB to the UE. In the third part, the handover execution (7-11), the source eNB sends relevant information about the UE to the target eNB. The target eNB and UE exchange information for synchronization and resource allocation. The UE connects to the target eNB, completing the handover from the UE side. In the fourth part, the handover completion (12-18), the target eNB informs the Mobility Management Entity (MME) and Serving Gateway about

the handover so that communication paths can be adjusted. The handover ends
with the release of the resources for the UE by the source eNB.

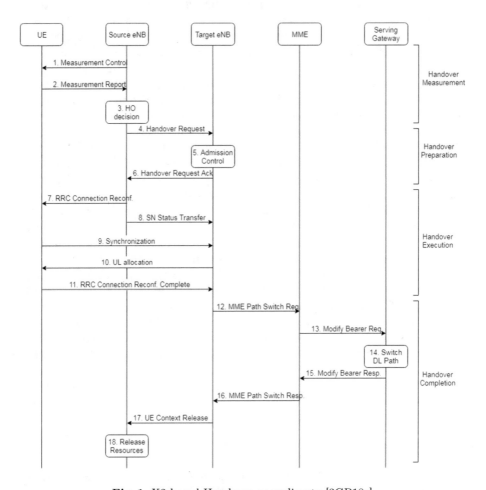

**Fig. 1.** X2 based Handover according to [3GP18e]

## 3.2 PC5 based Path Switch

Figure 2 shows the process of a PC5 based handover, a path switch between
a direct link and a relay link described in TR 36.746 [3GP18c]. The handover
decision happens similarly as in the X2 based handover, though it is not shown
in the Figure 2. Steps (2-9) depict the establishing of a relay link, whereas steps
(10-14) show the switch from a relay link to a direct link.

While it is not shown in Figure 2, the path switch decision is made based on measurements made by the UE and reported to the eNB, similar to the X2 based handover. For the Path Switch from direct to relay link (2-9), first the remote UE and the relay UE directly connect via the PC5 interface (2). After the connection is established, the relay UE forwards the RRC connection request/setup/confirmation messages between the remote UE and the eNB (3). The eNB then informs both UE's MMEs about the relay relationship (4-6). Afterwards, the eNB triggers the RRC reconfiguration of both the remote and relay UEs (7-8). The switch to a relay link finishes with the eNB confirming the context change to the remote UE MME (9).

For the Path Switch from relay to direct link (10-14), the eNB sends the RRC reconfiguration message both to the Remote UE and the Relay UE (11-12). After receiving the RRC reconfiguration confirmation message, the eNB sends messages to the MMEs of both UEs, informing them of the changed relationship between the Remote UE and Relay UE (13-14). With this, the path switch process is finished.

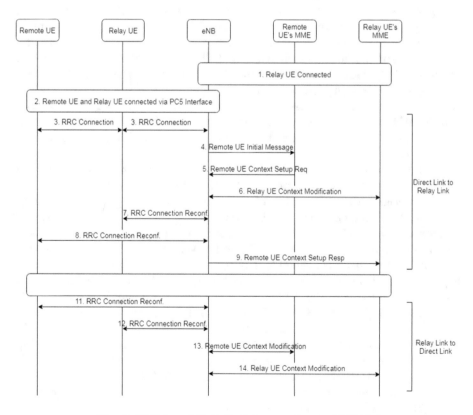

**Fig. 2.** PC5 based Path Switch according to [3GP18c]

### 3.3  X2 - PC5 Comparison

The reason for choosing the X2 based handover to compare to the PC5 Path
Switch, is that both follow a very similar structure. The handover measurement
part is functionally identical between both procedures. The RRC reconfiguration
and MME messaging also happens in both cases. The message content differs
between both procedures, but since we are only interested in the delays, the
message content has no relevance to this examination. Obviously, the PC5 Path
Switch in this case is missing the eNB-to-eNB handover part, which corresponds
to steps 4-11 from the X2 Handover. For the sake of comparison these steps
can simply be ignored as they have no impact on the other steps. A PC5 Path
Switch including eNB-to-eNB handover is also proposed in TR 36.746 [3GP18c],
but won't be considered here, as it isn't relevant for the industry scenarios described in Section 2.

The PC5 Path Switch procedure described in TR 36.746 [3GP18c] is not yet
finalized, and therefore not yet standardized. For this reason, there are no experimental results or simulation implementations can be used as a basis for the
feasibility evaluation of the considered application scenarios. The approach in
this paper is to look at the X2 based Handover, which is already implemented
for simulation, and relate it to the PC5 based Path Switch to get an estimate
on the duration of the path switch process. For the simulation, the ns-3[1] network simulator is used. The included Lena LTE model implements the X2 based
handover [Req]. This handover implementation models all the interactions that
are relevant for our purpose: The RRC messaging between the UE and the eNB,
the X2 interface between eNBs and the path switch messaging between the eNB
and the MME. Using the extensive logging feature of the ns-3 simulator, the different steps in the handover and the durations are obtained from the associated
timestamps.

For the delay comparison of the X2 based handover and the PC5 based Path
Switch, it is assumed that the duration of similar steps is also similar. Specifically,
in both processes the eNB sends an "RRC connection reconfiguration" message.
In the X2 based handover to the UE (step 7-11), in the PC5 based Path Switch
to both UEs (steps 7-8/11-12). The ProSe UE's user plane and control plane
data are relayed through the ProSe UE-to-Network Relay UE. Since the transmission duration itself is negligible it is assumed the reconfiguration process to
happen in parallel at both UEs, limiting the delay. While the RRC connection
procedure is not part of the X2 handover, the delay requirement is given in TR
36.331 [3GP15b], same as the RRC reconfiguration procedure. After the RRC
connection or reconfiguration, dependent on the direction of the path switch,
the eNB informs the MMEs of both ProSe UEs about the changed relationship
of the UEs (steps 4-6,9/13-14). These steps, again, are similar to the target eNB
messaging the MME about the UE cell change in the X2 based handover. Similarly, it is assumed that the messaging of both MMEs happens at the same
time, since the transmission delay should have no relevant impact on the overall

---

[1] https://www.nsnam.org/, last accessed 2018-10-4

process duration. In Table 1 these values are collected and associated with their respective sources.

By adding up the delays of the individual steps, we estimate the complete PC5 Path Switch procedure to last roughly 57 ms when switching from a direct to a relay link, and roughly 42 ms when switching from a relay to a direct link. In TR 22.804 [3GP18a], the survival time for AGVs is assumed to be between 1-50 ms, depending on the specific application.

**Table 1.** PC5 Path Switch procedure delays based on the simulation and requirements document

| PC5 Path Switch Procedure Steps | Handover Measurement | Step 3 RRC connection | Steps 4-6,9/13-14 MME messaging | Steps 7-8/11-12 RRC reconfiguration |
|---|---|---|---|---|
| Ns3 X2 Handover simulation [Req] | 12.9 ms | | 0ms (14ms)$^2$ | 13.9ms |
| Requirements from TR 36.331 [3GP15b] | | 15ms | | 15ms |

---

$^2$ While the MME Path Switch request messaging is implemented in the ns-3 X2 handover simulation, the relevant interactions happen simultaneously. Therefore, the simulation gives no useful indication of the delay imposed by the process. In [Veh11], the duration of the MME messaging process is given as 14 ms for an LTE to 3G handover. We assume this delay to also be applicable in our case.

# 4   Conclusion & Future Work

In this paper, we discussed possible applications where device-to-device communication could be used in industrial settings. Three different general scenarios were considered and examples given. For each scenario, the feasibility was discussed based on the requirements the applications put on the communication infrastructure. The first scenario, "automated services without coverage", is feasible.

For the second and third scenario, "extended connectivity outside coverage" and "low latency communication and synchronization", the main issue is the delay imposed by the path switch procedure when the AGVs shift their communication links between different relays and access points. Whether the communication link downtime is lesser or greater than the survival time depends on the application and its specific requirements. The breadth of the requirements for AGVs do not allow for a simple, single conclusion. For applications in the higher end of the survial time spectrum the path switch delay is short enough to allow for continuous operation. For applications in the lower end of the survival time spectrum the path switch delay is insufficient. Here, additional sensor and processing capabilities on the AGVs should be used to extend the acceptable communication link downtime. Otherwise, a seamless path switch or make-before-break approach to the path switch procedure is necessary. As of now, these are still a work in progress.

However, these conclusions are based on rough estimates of the PC5 Path Switch delay and application requirements. For future work, this procedure should be implemented in ns-3 to obtain a better understanding through simulation. Simulating the Path Switch should give a more accurate representation of the delay imposed by the procedure. Finally, a demonstrator implementation in a 5G Testbed could give actual real-world measurements and verifiable results.

# 5   Acknowledgement

This work was funded by the Federal Ministry for Economic Affairs and Energy of Germany in the project IC4F (grant no. 01MA17008).

# References

[3GP15a]   3GPP. TR 36.889 Study on Licensed-Assisted Access to Unlicensed Spectrum; (Release 13), 2015.

[3GP15b]   3GPP. TS 36.331 Evolved Universal Terrestrial Radio Access (E-UTRA); Radio Resource Control (RRC); Protocol Specification (Release 15), 2015.

[3GP18a]   3GPP. TR 22.804 Study on Communication for Automation in Vertical Domains (Release 16), 2018.

[3GP18b]   3GPP. TR 23.725 Study on enhancement of Ultra-Reliable Low-Latency Communication (URLLC) support in the 5G Core network (5GC), 2018.

[3GP18c]    3GPP. TR 36.746 Study on further enhancements to LTE Device to Device (D2D), User Equipment (UE) to network relays for Internet of Things (IoT) and wearables, 2018.

[3GP18d]    3GPP. TS 23.303 Proximity-based services (ProSe); Stage 2 (Release 15), 2018.

[3GP18e]    3GPP. TS 36.300 Evolved Universal Terrestrial Radio Access (E-UTRA) and Evolved Universal Terrestial Radio Access Network (E-UTRAN); Overall description; Stage 2 (Release 15), 2018.

[AEST+15]   Emad Abd-Elrahman, Adel Mounir Sareh Said, Thouraya Toukabri, Hossam Afifi, and Michel Marot. A hybrid model to extend vehicular intercommunication V2V through D2D architecture. *2015 International Conference on Computing, Networking and Communications (ICNC)*, pages 754–759, 2015.

[AWM13]     Arash Asadi, Qing Wang, and Vincenzo Mancuso. A Survey on Device-to-Device Communication in Cellular Networks. 16, 10 2013.

[BH17]      Anupam Kumar Bairagi and Choong Seon Hong. D2D Communications under LTE-U System: QoS and Co-existence Issues are Incorporated. *19th Asia-Pacific Network Operations and Management Symposium (APNOMS)*, 2017.

[CMGSS]     Daniel Camps-Mur, Andres Garcia-Saavedra, and Pablo Serrano. Device to device communications with WiFi Direct: overview and experimentation.

[HAL18]     Marko Höyhtyä, Olli Apilo, and Mika Lasanen. Review of Latest Advances in 3GPP Standardization: D2D Communication in 5G Systems and Its Energy Consumption Models. *Future Internet*, 10:3, 2018.

[JL17]      Riyanto Jayadi and Yuan-Cheng Lai. Low-Overhead Multihop Device-to-Device Communications in Software Defined Wireless Networks. *International Conference on Soft Computing, Intelligent System and Information Technology (ICSIIT)*, 2017.

[LY18]      L. Liu and W. Yu. A D2D-Based Protocol for Ultra-Reliable Wireless Communications for Industrial Automation. *IEEE Transactions on Wireless Communications*, 17(8):5045–5058, 2018.

[MA18]      H. A. Munz and J. Ansari. An empirical study on using D2D relaying in 5G for factory automation. In *2018 IEEE Wireless Communications and Networking Conference Workshops (WCNCW)*, pages 149–154, 2018.

[OKTMT+17]  Kaouthar Ouali, Meriem Kassar, Nguyen Thi Mai Trang, Kaouthar Sethom, and Brigitte Kervella. Modeling D2D handover management in 5G cellular networks. pages 196–201, 06 2017.

[Req]       Manuel Requena. Lena X2 Handover. https://www.nsnam.org/doxygen/lena-x2-handover-measures_8cc_source.html, Last accessed on 2018-10-04.

[Veh11]     Joona Vehanen. Handover between LTE and 3G Radio Access Technologies: Test measurement challenges and field environment test planning, 2011.

[WCI+18]    J. Wan, B. Chen, M. Imran, F. Tao, D. Li, C. Liu, and S. Ahmad. Toward Dynamic Resources Management for IoT-Based Manufacturing. *IEEE Communications Magazine*, 56(2):52–59, 2018.

[ZLS17]     H. Zhang, Y. Liao, and L. Song. D2D-U: Device-to-Device Communications in Unlicensed Bands for 5G System. *IEEE Transactions on Wireless Communications*, 16(6):3507–3519, June 2017.

140

[ZYX+17]    Z. Zhou, H. Yu, C. Xu, F. Xiong, Y. Jia, and G. Li. Joint relay selection and spectrum allocation in d2d-based cooperative vehicular networks. In *2017 International Conference on Information and Communication Technology Convergence (ICTC)*, pages 241–246, Oct 2017.

# Hardwarearchitektur eines latenzoptimierten drahtlosen Kommunikationssystems für den industriellen Mobilfunk

Ludwig Karsthof[1], Mingjie Hao[1], Jochen Rust[1],
Johannes Demel[2], Carsten Bockelmann[2], Armin Dekorsy[2]
Stefan Meyering[3], Jasper Siemons[3], Ahmad Al Houry[4], Fabian Mackenthun[4],
Steffen Paul[1]

[1]Universität Bremen ITEM
{karsthof,hao,rust,steffen.paul}@item.uni-bremen.de

[2]Universität Bremen ant
{demel,bockelmann,dekorsy}@ant.uni-bremen.de

[3]IMST GmbH
{stefan.meyering,siemons}@imst.de

[4]NXP Semiconductors Germany GmbH
{ahmad.al.houry,fabian.mackenthun}@nxp.com

**Zusammenfassung.** Die immer stärker vernetzten und automatisierten Industrieanlagen erfordern zur Kommunikation der einzelnen Aktoren und Sensoren zunehmend den Einsatz von Funksystemen. Aufgrund der hohen Anforderungen an Stabilität der Funkverbindung durch Reflexion, Interferenz mit anderen Funksystemen und beweglichen Metallteilen können bestehende Standards in der Industrie nicht eingesetzt werden. Des Weiteren benötigen viele Anwendungen Echtzeitverarbeitung der gesendeten Nachrichten. Diese Arbeit stellt die im Rahmen des Forschungsprojekts *HiFlecs* implementierte innovative Hardware-Architektur für eine solche robuste Funklösung mit kurzer Latenz (1ms pro Link) vor. Das vollständig in Hardware entwickelte System weist eine geringe Paketfehlerwahrscheinlichkeit und Hardwarekomplexität auf und zeichnet sich durch geringe Leistungsaufnahme, Zuverlässigkeit und Echtzeitfähigkeit bezüglich der Anwendung aus.

## 1 Einleitung

Drahtlose Kommunikation im industriellen Umfeld gewinnt zunehmend an Bedeutung, da der Integrationsgrad an Sensoren und Aktoren in Fertigungsanlagen stetig ansteigt. Einige Industrieanwendungen benötigen für korrekte Funktionalität garantierte Latenzen von 1ms [SLI+17], um ihre Echtzeitbedingungen zu erfüllen. Aus diesen Spezifikationen ergibt sich der Bedarf an in der Industrie einsetzbaren Funksystemen. Derzeitige Funkstandards wie Zigbee, WLAN oder

© Der/die Herausgeber bzw. der/die Autor(en) 2020
J. Jasperneite, V. Lohweg (Hrsg.), *Kommunikation und Bildverarbeitung in der Automation*,
Technologien für die intelligente Automation 12, https://doi.org/10.1007/978-3-662-59895-5_11

auch LTE erfüllen die Anforderungen der Industrie hinsichtlich der Robustheit oder Latenzzeit nicht. Beispielsweise für Fertigungsanlagen mit Echtzeit- und Sicherheitsanforderungen werden garantierte Latenzen unverzichtbar. Zu niedrigratige Update-Zyklen von Ist- und Soll-Positionen sich bewegender Elemente können bei instabiler Kommunikation ausfallen oder gar kritischen Schaden verursachen, in jedem Fall aber ist die maximale Bewegungsgeschwindigkeit und Leistungsfähigkeit der Anlage stark beeinträchtigt [PFBM16]. Bei den erwähnten Standards für Funksysteme handelt es sich um Funktechnologien, die hauptsächlich im Consumerbereich Anwendung finden, in denen keine Echtzeitanforderungen bestehen und demnach ein dynamisches Resource-Sharing das Timing und Scheduling übernimmt. Auch bestehen im Mobilfunk geringere Anforderungen der privaten Anwender an die Zuverlässigkeit der Übertragung (keine sicherheitskritische Übertragung). Trotz der kommenden 5G-Standardisierung sind gesonderte Konzepte zum industriellen Mobilfunk interessant, da sie Unabhängigkeit von Providern bieten und die voraussichtlich recht generische Peripherie um Industriestandards erweitern können. Versenden Kommunikationsteilnehmer in Mobilfunknetzen häufig Sprachsignale (Voice over IP) oder Bildmaterial, so sind üblicherweise versendete Messwerte oder Maschinenbefehle im industriellen Kontext erheblich kürzer. Im Forschungsprojekt HiFlecs werden von den Applikationen lediglich 256 Bit pro Uplink benötigt. Die 5G ITU-R Arbeitsgruppe der International Telecommunication Union (ITU) stellt diese Anforderungen ebenfalls an zukünftige Funktechnologien [IR15]. Das in dieser Arbeit vorgestellte Funksystem besitzt eine feste Pakettaktung nach dem Schema aus Abbildung 3. Das Scheduling der Kommunikation richtet sich nach dem Controller, welcher so getaktet ist, dass er jede Millisekunde eine Downlink-Broadcast (DL) Nachricht an alle Clients versendet. Die Länge des Downlink-Frames beträgt dabei 446,25$\mu s$. Nach Umschalten der Clients von Empfangen auf Senden beginnt die Übertragung der Uplink-Daten, die zeitlich nacheinander versendet werden. Das Versenden eines OFDM-Symbols dauert 10,625$\mu s$. Die Payloadlängen betragen im DL als Broadcast 8192 Bit und im UL pro Nutzer 256 Bit. Das genutzte analoge Frontend überträgt hierbei gesteuert durch die hier entworfene Hardware der Basisbandsignalverarbeitung (BBSV) die Samples im OFDM-Spektrum mit 224 aktiven Trägern der Bandbreite 25,6MHz und verfügt über eine Fast-Attack-AGC (Automatic Gain Control) zum schnellen Umschalten zwischen Senden und Empfangen mit kurzen Einschwingzeiten. Um die Authentizität und Integrität der Payload sicherzustellen wird im Security Modul ein *Message Authentication Code* verwendet. Zum Schutz der Vertraulichkeit werden die Daten zusätzlich verschlüsselt. Beides passiert durch latenzoptimierte Cipher-Implementierungen. Die entworfene Hardwarearchitektur umfasst die in Abbildung 2 aufgelisteten Blöcke, die in drei unterschiedliche Domänen der Signalverarbeitung aufgeteilt werden. Die SPI-Schnittstelle sowie das Security-Modul befinden sich in der Applikations-Domäne, die mit dem SPI-Takt von 40MHz getaktet ist. An den Schnittstellen der Taktdomänen befinden sich jeweils Dual-Port-RAM Speicherblöcke. Die Basisbandsignalverarbeitung arbeitet in ihrer eigenen Domäne und wird mit 50MHz getaktet. Das Streaming der Sendedaten an das Frontend findet in der Frontend-Domäne statt, hier muss mit 25,6MHz übertragen werden.

**(a)** Digilent Nexys-Video oben, RF-Frontend unten

**(b)** CAD-Darstellung des RF-Frontend Boards

**Abb. 1.** Darstellung der Boards des industriellen Funksystems, verbunden durch schnelle FMC-Verbindung.

Die entwickelte Hardware-Architektur wurde in VHDL implementiert und validiert. Die Ergebnisse der RTL-Synthese für FPGA-Anwendung, Latenz und Leistungsaufnahme sind Tabelle 2 zu entnehmen, wobei ersichtlich wird, dass die Basisbandsignalverarbeitung schneller arbeitet als Daten verschickt werden können. Durch die festgelegte Übertragungsrate ergibt sich für die Algorithmik der digitalen Basisbandsignalverarbeitung eine Zeitreserve, die Optimierungspotenzial für zusätzliche Signalverarbeitung zur weiteren Stabilisierung der Funkübertragung bietet. In Abschnitt 2 wird zunächst näher auf das Einsatzgebiet des Funksystems eingegangen und ein Überblick über die Funktechnologie gegeben. Es folgt unter Kapitel 3.1 die Beschreibung des für die Industrie zwingend notwendige Sicherheits- und Authentifizierungsdienstes. Auch wird die Übertragungsqualität durch das Hinzufügen von Redundanz klassisch mittels Kanalkodierung erhöht, näheres hierzu folgt in Abschnitt 3.2. In den Kapiteln 3.5, 4.1 und 4.1 sind Details zum genutzten RF-Frontend, dessen *Fast-Attack-AGC* (*Automatic Gain Control*) und dem Vorgehen zur Synchronisierung sowie der Schätzung und Kompensierung der unterschiedlichen Taktfrequenzen zu finden. Ebenfalls geschätzt werden die Kanaleigenschaften, das Vorgehen hierzu ist beschrieben unter 4.2. Zusammenfassung und Bewertung folgen in Kapitel 5.

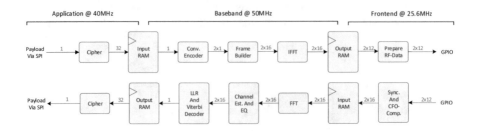

**Abb. 2.** Blockschaltbild der digitalen Signalverarbeitung von SPI-Master zur FMC-Schnittstelle am RF-Frontend.

## 2 Anforderungen

Die Anforderungen an das System sind maßgeblich bestimmt durch die Umgebung in industriellen Fertigungshallen und der Objekte, die sich darin befinden. Mehrere Untersuchungen zu Kanälen in Industriehallen und anderen Anlagen wurden bereits durchgeführt [BFTM15][Cea17]. Aus diesen Untersuchungen gehen für Funkkanäle in Industrieanlagen hohe zeitliche Veränderlichkeit und Frequenzselektivität sowie Einflüsse aus Mehrwegeausbreitung hervor. Der umgesetzte Demonstrator besteht aus einem Förderband mit gesteuerten Transportschlitten und einem Roboter zur Fertigung. Die Schlitten weisen durch ihre Bewegung und die Drehung auf Wendestellen zeitliche Veränderung auf. Der Controller ist fest montiert und befindet sich im Schaltschrank. Die Anbindung der Industriekomponenten funktioniert über eine fest getaktete SPI-Schnittstelle.

## 3 Systemdesign

In diesem Kapitel wird das grundlegende Systemdesign näher beschrieben. Der Fokus liegt hierbei auf der genutzten Funktechnologie und der nachrichtentechnischen Konzepte, die Anwendung fanden, um die Anforderungen für den industriellen Mobilfunk zu erfüllen.

### 3.1 Gewährleistung von Authentizität, Integrität und Vertraulichkeit

Um Authentizität, Integrität und Vertraulichkeit der in Echtzeit übertragenen Nachrichten zu gewährleisten und gleichzeitig die Latenzanforderungen der Anwendungsfälle zu erfüllen, wurden geeignete Verschlüsselungsalgorithmen untersucht, echtzeitfähig in Hardware implementiert und für den Einsatz im HiFlecs-System optimiert. Der Sender verschlüsselt die zu sendenden Daten und erzeugt ein *Authentication-Tag*, das an die verschlüsselten Daten angehängt wird. Der Empfänger entschlüsselt die Daten und prüft das *Authentication-Tag*, um sicher zu stellen, dass die Daten während der Übertragung nicht manipuliert wurden. Nur wenn das *Authentication-Tag* valide ist, dürfen die empfangenen Daten weitergereicht werden. Wird ein Fehler erkannt, muss das Paket verworfen und der Anlagenbetreiber darüber in Kenntnis gesetzt werden. Um auch zukünftig ein hohes Sicherheitslevel zu gewährleisten, werden die Echtzeitdaten in HiFlecs AES-verschlüsselt. Die Schlüssellänge beträgt 128 Bit. AES wird in HiFlecs im Counter-Modus (CTR) verwendet. Dieser sorgt dafür, dass zwei gleiche Eingangsblöcke unterschiedliche Ausgangsblöcke zur Folge haben, was u.a. eine Mustererkennung bei Eingangsdaten mit geringer Entropie verhindert. Damit folgt HiFlecs z.b. den aktuellen Empfehlungen des Bundesamtes für Sicherheit in der Informationstechnik (BSI) [BSI18]. Die optimierte AES-Implementierung wird ebenfalls für die Berechnung des *Authentication-Tags* genutzt. Hierzu wird das CMAC-Verfahren verwendet, welches ein 64-Bit Tag erzeugt, um die Authentizität der Daten zu gewährleisten.

## 3.2 Kanalkodierung

Die in dieser Arbeit genutzte Kanalkodierung fügt wie üblich Redundanz hinzu, um die Robustheit des Systems zu erhöhen. Hier kommt ein halbratiger Code zum Einsatz, sodass sich gegenüber unkodierter Payload eine halbierte Datenrate einstellt. Hierzu nimmt der Encoder pro Takt ein Bit Payload und gibt In-Phasen- und Quadraturkomponente (2 Bit) aus. Bei den genutzten Codes handelt es sich um einen einfachen Faltungscode mit der Einflusslänge 7 und den häufig genutzten Generatorpolynom-Oktetts $[133_{OCT}, 171_{OCT}]$. Es ergibt sich eine Anzahl von 6 Tail Bits, die den Datenstrom am Ausgang des Kodierers im Sendepfad verlängern. Der Dekodierer an der Empfangsseite ist ein Viterbi-Decoder. Die Soft-Bit-Eingänge des Viterbi wurden in der hier vorgestellten Version der Basisbandsignalverarbeitung nicht verwendet. Der Verzicht auf zusätzliche Performanz beim Dekodieren ermöglicht das Einsparen von Hardwarekomplexität und die einfachere Interpolation und Verwendung der Kanalkoeffizienten, da nun die Amplitudeninformation verworfen werden kann. Bei QPSK (*Quadrature phase shift keying*) liegt die Information in der Phase, empfangene Samples können durch einfache Addition oder Subtraktion entzerrt werden (siehe 4.2). Da durch die Faltung bei der Kodierung die Information von jedem einzelnen Bit über mehrere Unterträger verteilt wird, wurde zusätzlich ein *Interleaving* eingebaut. Dieses bewirkt, dass die Reihenfolge der zu übertragenden Bits geändert wird, sodass bei starker Beeinträchtigung mehrerer benachbarter Unterträger (zum Beispiel bei schmalbandiger Störung) beim Dekodieren nicht mehrere Fehlentscheidungen nacheinander getroffen werden und dadurch die Rekonstruktion fehlerhaft ist.

## 3.3 Mehrträgerverfahren OFDM

Beim vorliegenden System kommt ein Mehrträgerverfahren zum Einsatz, wobei orthogonales Frequenzmultiplexing (OFDM) genutzt wird. Da Störer oder Reflexionen bei Mehrwegeausbreitung häufig nur eine schmalbandige Störung der

Funkübertragung verursachen, kann mittels Verteilen der Payload auf mehrere zueinander orthogonale Unterträger der Einfluss auf die gesamte Datenübertragung reduziert werden. Fehler in einzelnen Nutzdatenbits können wie bereits beschrieben durch das Hinzufügen von Redundanz mittels Kanalkodierung korrigiert werden. Die Übertragung findet hier auf 256 orthogonalen Unterträgern mit 100kHz Abstand statt. Hieraus ergibt sich die gesamte Breite des genutzten Spektrums zu 25,6MHz.

## 3.4 Frame-Design

Die Datenübertragung ist aufgeteilt in einzelne Zeitabschnitte (OFDM-Symbole) und die einzelnen Subträger. In Abbildung 3 ist die zeitliche Abfolge der Kom-

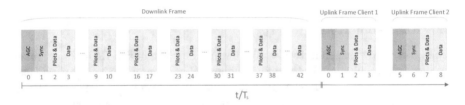

**Abb. 3.** Frame-Struktur des Setups. Zunächst wird eine Energiepräambel zum Einschwingen der AGC gesendet. Das zweite Symbol (grün) enthält die für die Synchronisierung entscheidende selbstähnliche Sequenz, anschließend werden die Daten gesendet. Gleichmäßig auf die Daten-OFDM-Symbole verteilt werden Pilot versendet, die der Entzerrung des Kanals dienen. Die Symboldauer $T_S$ beträgt $10.625\mu s$.

munikation zu sehen. Auf der linken Seite der Abbildung beginnend wird im Downlink zunächst eine Energie-Präambel gesendet. Dies dient dem Einschwingen der automatischen Verstärkungsregelung (*Automatic Gain Control, AGC*). Da die Präambel dieselbe mittlere Energie aufweist wie während des regulären Betriebs festzustellen ist, bleibt die Verstärkung bei Übertragung der Nutzdaten konstant. Das Nachregeln und Einschwingen der AGC während der Übertragung von Nutzbits oder der Synchronisierungspräambel könnte Fehler beim Finden des Startpunkts der Übertragung im Empfänger, oder sogar Fehler in den Nutzdatenbits erzeugen. Das zweite übertragene OFDM-Symbol beinhaltet die Synchronisierungspräambel, wie in Abschnitt 4.1 beschrieben. Nachdem die beiden Präambeln gesendet wurden, werden Daten versandt, wobei in festem Abstand von sieben Symbolen Piloten gesendet werden, die der Kanalschätzung dienen. Untersuchungen zur Frequenzselektivität und zeitlichen Varianz von Kanälen in industriellen Umgebungen [BFTM15] ergaben eine durch Reflexion an Metallteilen (demnach Mehrwegeausbreitung) und sich bewegende Funkteilnehmer hohe Veränderlichkeit des Funkkanals. In dieser Implementierung wurde daher jeder vierte Unterträger mit Piloten belegt, woraus direkt Kanalkoeffizienten berechnet werden. Zwischen den Kanalkoeffizienten wird für die übrigen Unterträger linear interpoliert. Dies wirkt der Frequenzselektivität entgegen, wohingegen für die Zeitvarianz häufig geschätzt werden muss. Im *Downlink* passiert dies alle 74,375$\mu s$, im *Uplink* wurde für jeden Client ein OFDM-Symbol mit gleichem Unterträgerabstand bereitgestellt, dessen Piloten für zwei OFDM-Symbole (also 21,25$\mu s$) Gültigkeit besitzen. Nutzertrennung im Uplink passiert in diesem Design im Zeitbereich, wobei getrennt durch Pausen der Länge eines OFDM-Symbols den *Clients* eigene Zeitschlitze zugewiesen sind (*Time Division Multiple Access, TDMA*). Die Empfangsdaten an der Antenne eines Setups mit zwei im *Uplink* sendenden Clients ist in Abbildung 4 dargestellt. Zu Beginn der Übertragung ist das Frontend noch nicht auf Empfangen geschaltet. Dies wird es, sobald in Abbildung 4 circa bei Sample 4000 der Uplink beginnt. Zunächst sendet das Frontend über den FMC-Connektor nur das empfangene Rauschen, bis Client eins kurze Zeit später beginnt, hohe Aussteuerung aufzuweisen. Dies indiziert die Zeit, in der die AGC sehr hohe oder sehr niedrige Werte nahe *full-scale* an die Signalverarbeitung sendet, da die Verstärkung zunächst sehr hoch eingestellt war und sich nun einschwingt. Mit einer Pause von etwa einem OFDM-Symbol folgt dann die Übertragung des Clients zwei. Zwischen den einzelnen OFDM-Symbolen wurde ein *Cyclic Prefix* eingefügt, welches als *Guard Interval* Interferenz zwischen den Symbolen verhindert. Hierfür werden die letzten 16 Samples jedes OFDM-Symbols an den Beginn des OFDM-Symbols kopiert.

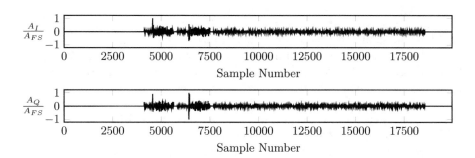

**Abb. 4.** Empfangsdaten von der Antenne des System-Controllers mit $A_I$ als In-Phasenkomponente, $A_Q$ Quadraturkomponente normiert auf die maximale Aussteuerung $A_{FS}$.

## 3.5 RF-Frontend und AGC

**Frontend-Hardware** Ein wesentlicher Bestandteil des neu entwickelten Funksystems ist das Frontend. Das HF-Frontend enthält eine Vorfilterung und Verstärkung der analogen Signale, einen Transceiver mit einer nachgeschalteten schnellen Digitalverarbeitung für zusätzliche Filterungen und Ratenanpassungen sowie Debug- und Kontrollschnittstellen. Die Filter sind auf das Frequenzband 5,725GHz bis 5,875GHz ausgelegt und das Frontend kann mit den Signalverstärkern eine maximale Sendeleistung von 17dBm erreichen. Das Mischen ins Basisband, die schnelle automatische Pegelanpassung AGC und die Analog-Digital-Wandlung erfolgen im Transceiver (AD9361 Chip von Analog Devices). Als Schnittstelle zum Basisband-Board dient ein FMC-Connector (FPGA Mezzanine Card). Die Kernparameter sind in Tabelle 1 zu sehen.

**Tabelle 1.** Wichtige HF-Frontend Parameter im Überblick

| Parameter | Range |
|---|---|
| Frequenzband | 5,725GHz bis 5.875 GHz |
| HF Kanalbandbreite | Maximal 25MHz, Startwert 10MHz |
| Betriebsarten | Einkanaliger TDD, Zweikanaliger TDD, FDD |
| Sendeleistung | Maximal 17dBm (optional max. 26dBm) |
| IQ Abtastrate | Maximal 50MHz |

**Schnelle automatische Pegelanpassung** Um die Echtzeitbedingung für Industrieanwendungen zu erfüllen, werden sehr kurze Reaktionszeiten benötigt. Daher wurde ein schneller AGC-Algorithmus entwickelt und untersucht, der die Einschwingzeit des Funksystems minimiert. Ausschlaggebend für die kurze Reaktionszeit der AGC ist, dass der AGC-Algorithmus ohne Interaktion mit den Basisbandkomponenten auskommt, um die Pegelanpassung durchzuführen. Der Algorithmus besteht aus zwei Phasen, einer sehr schnellen Grobjustierung zur situationsangepassten Reduktion des Pegels und einer Feinjustierung zur Verbesserung der Genauigkeit des Einstellwertes. Bei der Grobjustierung werden Spitzenwert-Detektoren verwendet, die direkt bei Eintreffen eines Pakets mögliche Signalpegelüberschreitungen melden und eine grobe Einstellung des Verstärkungsfaktors in kürzester Zeit ermöglichen. Die Feinjustierung in der zweiten Phase basiert auf Messungen der momentanen Eingangsleistung.

# 4 Hardwarearchitektur

Im folgenden Kapitel wird die Hardwarearchitektur des Funksystems näher beschrieben. Fokus liegt hier auf der digitalen Basisbandsignalverarbeitung. Dieser Abschnitt ist unterteilt in drei Domänen, die nach Abbildung 2 durch die jeweilige Taktdomäne bezeichnet sind. Bei dieser Arbeit war die Taktfrequenz der SPI-Schnittstelle durch die Applikation vorgegeben und wurde daher auf 40MHz festgelegt. Durch das Senden und Empfangen von Daten auf 256 Unterträgern mit 100kHz Abstand ist auch die Schnittstelle zum Frontend-Board auf 25,6MHz festgelegt. Alle Berechnungen im Basisband werden mit 50MHz getaktet, da dies einen guten Kompromiss zwischen Hardwarekomplexität und Echtzeitanforderung darstellt. Die Elemente der einzelnen Domänen werden im Folgenden vorgestellt.

## 4.1 Frontend-Domäne

Die Frontend-Domäne beinhaltet alle Module, die das Sende- oder Empfangssignal im Zeitbereich verarbeiten. Im Zeitbereich wird die Frame-Synchronisierung durchgeführt und der Frequenzversatz der Oszillatoren verschiedener Funksystemteilnehmer ausgeglichen (*Carrier Frequency Offset, CFO*).

**Synchronisierung** Die hier genutzte Framedetektion basiert auf dem in [SC97] vorgestellten Verfahren zur Synchronisierung. Dazu wird eine Zadoff-Chu-Sequenz der Länge eines OFDM-Symbols verwendet. Nach Definition besitzt diese eine konstante Amplitude und eine kleine Autokorrelation. Im vorliegenden System unterscheidet sie sich in *Uplink* und *Downlink*. Die Sequenzen sind vorprozessiert und damit auch im Sendepfad der iFFT nicht zugeführt. Dies optimiert die Latenz des Gesamtsystems um 256 Takte, da die Präambel gesendet werden kann, während die ersten Datensymbole noch verarbeitet werden. Im Zeitbereich betrachtet besitzt die Präambel zwei identische Teile (Zadoff-Chu-Sequenzen) der Länge 128. Empfängt ein Teilnehmer eine solche Sequenz, so detektiert der hier implementierte Synchronisierungsalgorithmus mittels Autokorrelationsfunktion (ACF)

$$X_{ACF} = \sum_{n=0}^{127} x_n \cdot x_{n+128}^*$$

und Kreuzkorrelation (*Cross Correlation Function, XCF*) die Präambel. Bei der ACF handelt es sich um eine *Time lagged ACF*, die zu jedem diskreten Zeitpunkt eine Ähnlichkeit der empfangenen Samples mit den vor 128 Takten verarbeiteten Samples ergibt. Hierbei ergibt sich ein Plateau von der Breite einiger Samples, die zur Framedetektion nicht ausreichend sind. Daher wird diese nach [AKE08] quadriert und mit der Kreuzkorrelation des Empfangssignals mit der bekannten Synchronisierungspräambel multipliziert. Da die bei der *XCF* entstandenen Spitzen geringerer Aussteuerung abseits des eigentlichen Synchronisierungszeitpunkts nun mit dem Quadrat der *ACF* multipliziert werden, ergibt sich nun ein schmaler Puls hoher Aussteuerung, der den Beginn des Frames indiziert. In Abbildung 5 ist von einem über die Luft übertragenen Downlink das Ergebnis der eben genannten Funktionen im ersten OFDM-Symbol dargestellt.

Wird nun im *Downlink* eine Präambel detektiert, beginnt die Schätzung des Frequenzoffsets im Zeitbereich. Das Vorgehen hierzu ist in Abschnitt 4.1 beschrieben. Der Hardware-Controller puffert im RAM Empfangswerte und kann nach detektiertem Framebeginn und berechneter *CFO* diese an die *CFO*-Kompensierung weitergeben.

**CFO-Schätzung und -kompensierung** In jedem Funksystem werden Taktgeber verwendet, die aufgrund von Fertigungstoleranzen von ihrer vorgegebenen Taktfrequenz abweichen. Da es sich beim Sender und Empfänger einer Nachricht um unterschiedliche Systeme handelt, entsteht beim Hochmischen im einen und

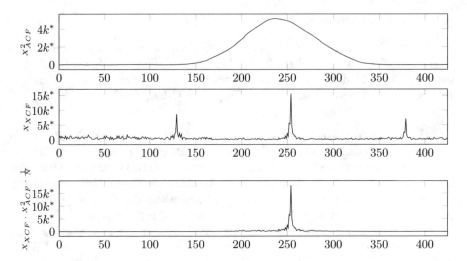

**Abb. 5.** Quadrat der Autokorrelation und Kreuzkorrelation werden multipliziert und mit N normalisiert. Daten gemessen während des Funkbetriebs. *Fixpointdarstellung mit $2^{16}$ multipliziert.

Heruntermischen im anderen ein Frequenzversatz der Unterträger ($CFO$). Dieser kann bei Addition der Versätze Fehler hervorrufen und muss kompensiert werden. Der $CFO$ lässt sich im Zeitbereich durch unterschiedliche Sampledauer der Teilnehmer veranschaulichen, die eine Drehung der Empfangswerte gegenüber den eigentlich gesendeten Samples bewirkt. In Abschnitt 4.1 wurde zur Synchronisierung der Frames bereits die implementierte Autokorrelation erklärt, deren Ergebnisfunktion die Ähnlichkeit mit sich selbst vor 128 Takten beschreibt.

$$\Phi_{ACF} = \arctan\left(\frac{\Im\{X_{ACF}\}}{\Re\{X_{ACF}\}}\right)$$

Der Winkel $\Phi_{ACF}$ dieser Autokorrelation beschreibt nun die Drehung der Samples gegenüber der Drehung von vor 128 Takten, wodurch der $CFO$ bestimmt ist. Der Winkel der Autokorrelation wird mithilfe einer linearen Approximiationsfunktion angenähert und weitergegeben an die Module zur CFO-Kompensation, welche die Drehung im Zeitbereich durch Multiplikation mit der Drehmatrix kompensiert:

$$\begin{pmatrix} y'_R \\ y'_I \end{pmatrix} = \begin{pmatrix} \cos(\Phi_{ACF}) & -\sin(\Phi_{ACF}) \\ \sin(\Phi_{ACF}) & \cos(\Phi_{ACF}) \end{pmatrix} \cdot \begin{pmatrix} y_R \\ y_I \end{pmatrix}$$

Die Winkelfunktionen $\sin\Phi_{ACF}$. und $\cos\Phi_{ACF}$ werden ebenfalls linear approximiert. Ein restlicher $CFO$-Effekt, der durch diese Approximationen verbleibt, kann durch die Kanalschätzung entzerrt werden.

## 4.2 Basisband-Domäne

Die Basisband-Domäne beinhaltet die gesamte digitale Signalverarbeitung die im Basisband stattfindet. Dies betrifft die Hin- und Rücktransformation der Daten von Frequenzbereich zu Zeitbereich, Schätzung der Kanäle, Entzerrung, (De-)Kodierung und Frame-Design.

**Schnelle Fourier-Transformation** Nach Synchronisierung und *CFO*-Kompensierung wird das empfangene Signal vom Zeit- in den Frequenzbereich transformiert. Dies funktioniert mithilfe der diskreten Fourier-Transformation, in Hardware implementiert als *Fast Fourier Transform* (FFT). Bei der hier implementierten FFT handelt es sich um eine sequenzielle Radix-$2^2$ SDF Implementierung. Die Hardware-Architektur wurde durch uns bereits in [KHR$^+$16] genau beschrieben. An dieser Stelle sollen nur die wichtigsten Eigenschaften zusammengefasst werden. Sowohl für den *Uplink* als auch für den *Downlink* werden 256 Subträger belegt und damit auch eine 256-Punkt-FFT umgesetzt. Die Hardwareimplementierung wird sowohl für die Vorwärts- als auch für die Rückwärts-FFT verwendet, da sie sich nur unterscheiden durch die Normierung, die Input-Samples und die Drehrichtung (Vorzeichen Exponent der Eulerschen Zahl). Hier kann durch eingangs- und ausgangsseitiges Vertauschen der Real- und Imaginärteile der Samples die Vor- und Rücktransformation erreicht werden. Die FFT besitzt acht *Butterfly*-Strukturen, die getrennt sind durch Pipeline-Register. Diese sorgen für eine Verkürzung des kritischen Pfads und damit zu einer höheren möglichen Taktfrequenz, mit der das System betrieben werden kann. *Twiddle*-Faktoren werden in ROMs abgelegt und ausgelesen. Durch die *Butterfly*-Struktur und die Pipeline-Register ergibt sich eine Latenz von 256+8 Takten bei einer Genauigkeit von 16 Bit . Intern wird nach den einzelnen Operationen der Datenpfad verbreitert, erst beim Ergebnis wird das Ergebnis wieder auf 16 Bit reduziert, sodass sich Quantisierungseffekte durch endliche Genauigkeit nach Multiplikationen und Additionen nicht innerhalb der FFT verstärken.

**Kanalschätzung** Kanalschätzung und -entzerrung werden in diesem Kapitel näher beschrieben. Ausgangspunkt ist der Frame, der in diesem Punkt im Design bereits durch die schnelle Fourier-Transformation in den Frequenzbereich zurück transformiert wurde. Bei der Kanalschätzung wird üblicherweise eine Kanalmatrix, bestehend aus Kanalkoeffizienten berechnet, die durch Multiplikation mit zugehörigen Empfangs-Samples den entzerrten Wert, idealerweise den Sendewert, ergeben. Bedingt durch das Pilotendesign wurde aufgrund der simplen Interpolation zwischen geschätzten Unterträgern lediglich die Phaseninformation der IQ-Samples verwendet. Dadurch ergibt sich für die Schätzung eine einfache lineare Interpolation zwischen den Kanalkoeffizienten der Subträger, und die Kanalkoeffizienten werden dargestellt durch einfache Korrekturwerte, die durch additive Verrechnung mit Empfangswerten die Samples entzerren können. In Abbildung 6 ist die Funktionsweise der Kanalschätzung als Blockschaltbild dargestellt. Die IQ-Samples des Ausgangs aus der Fourier-Transformation werden

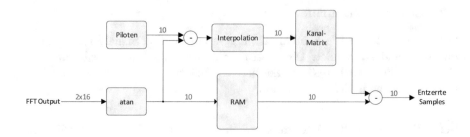

**Abb. 6.** Blockschaltbild Kanalschätzung und -entzerrung

zunächst mit einer linearen Approximation des Arkustangens nach [KHR$^+$16] angenähert und deren Phase bestimmt. Da sich Payload zwischen den Pilot-Samples befindet, müssen zur Entzerrung dieser Samples erst die Kanalkoeffizienten bekannt sein. Da eine Entzerrung ohne gültige Kanalkoeffizienten nicht möglich ist, werden die zu entzerrenden Werte in einem Speicher (RAM-Block in Abbildung 6) für die Dauer eines OFDM-Symbols (256 Takte) zwischengespeichert und später entzerrt. Da der Kanal über einige zig Mikrosekunden als konstant angenommen wird, und *Flat Fading* vorausgesetzt wird, beinhalten nur manche Symbole Piloten (vgl. Abbildung 3) und diese belegen nicht alle Unterträger innerhalb eines Pilotensymbols. Zwischen ihnen wird daher interpoliert, wie in Abbildung 6 gezeigt.

### 4.3 Applikationsdomäne

Das implementierte System verfügt über eine Anbindung an Applikationen via *Serial Peripheral Interface* (SPI). Die SPI-Implementierung ist hierbei in einer eigenen Taktdomäne umgesetzt, da die angebundene Applikation als Randbedingung einen eigenen Takt verlangt. Die angeschlossenen Aktoren der Industrieanlage sind aufgrund der festen Rasterung des UL/DL SPI-Slaves, auf dem Funksystem ist ein SPI-Master umgesetzt. Ebenfalls in der Applikationsdomäne ist das unter Abschnitt 3.1 beschriebene Security-Modul instanziert. Da durch die Struktur der Sendedaten am Ausgang des Cipher-Moduls keine Rückschlüsse auf die eigentlichen Payload-Bits möglich sind, verbessert diese Umsetzung neben der Sicherheit im Funksystem auch die Übertragungseigenschaften und stellt Payload-Unabhängigkeit her, da stets eine Gleichverteilung der Symbole auch bei konstanten Sendedaten vorliegt. Dies verbessert (verringert) die *Peak-to-average-power ratio* (PAPR), die zu Fehlern führen kann, falls die AGC (vgl. 3.5) während der Übertragung von Daten nachregelt. Da der gesamte Wertebereich des Empfangssignals aufgelöst werden muss, um Daten rekonstruieren zu können, bewirkt die Gleichverteilung und Umsortierung der Sendedaten eine höhere Übertragungsqualität. Die Cipher nimmt nach Entzerrung der Samples die Daten und entschlüsselt diese, wobei entschieden wird, ob der übertragene MAC-Header gültig ist. Im *Uplink* wird dies für jede zeitlich getrennte Client-

Nachricht einzeln ausgewertet und den *Quality-of-Service*-Bits (QoS) hinzugefügt, durch die die Applikation die Validität von Nachrichten überprüfen kann.
Der Übertragung der Payload via SPI wird nun noch eine Checksumme (CRC)
hinzugefügt. Die SPI-Kommunikation des Systems ist in Abbildung 7 dargestellt.
Für die Checksumme wurde der Algorithmus CRC-32/BZIP2 mit dem Polynom
0x04C11DB7 verwendet.

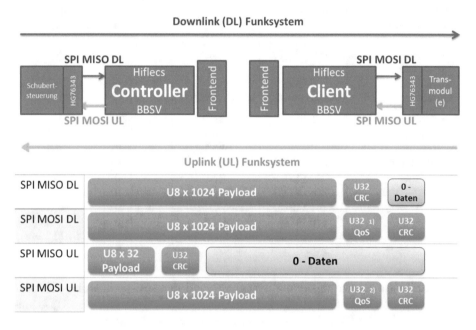

**Abb. 7.** Struktur der SPI-Kommunikation des industriellen Funksystems mit der Applikation

# 5  Auswertung der Implementierung

In dieser Arbeit wurde die Hardwarearchitektur eines in der Industrie einsetzbaren Funksystems vorgestellt. Es verfügt über eine Zykluszeit von 1ms und wurde
getestet. Als Demonstrator wurde das Funksystem mit einer SPI-Anbindung in
Fertigungsanlagen eingebaut und dort in Betrieb genommen. Im Folgenden sollen
Kernparameter und Eigenschaften mit Fokus auf der digitalen Basisbandsignalverarbeitung ausgewertet werden.

## 5.1  Hardwarekomplexität

Eine Übersicht zur Implementierung auf einem Xilinx Artix-7 FPGA ist in Tabelle 2 zu sehen. Besonders auffällig sind hierbei die hohe Komplexität der Kreuz-

**Tabelle 2.** Hardwarekomplexität des Controllers (Clients), synthetisiert @ 50 MHz. Die Latenz gibt die Zeitspanne vom Startzeitpunkt der Verarbeitung bis zu den ersten gültigen Ergebnissen markiert. Die kumulierten Ergebnisse * spiegeln die Verarbeitungszeiten der gesamten digitalen Basisbandsignalverarbeitung mit Speicherzugriffen wieder.

| Modul Name | Slices LUTs | Slices Reg. | BRAM | DSP | Takte Latenz |
|---|---|---|---|---|---|
| Cipher (Encryption) | 1086 (983) | 1243 (1198) | 0 | 0 | 1945(75) |
| Convolutional Encoder | 112 (108) | 357 | 0 | 0 | 2 |
| IFFT | 2001 (2050) | 10375 | 2 | 12 | 265 |
| Frame builder | 200 (202) | 139 | 1 | 0 | 5 |
| Weitere | 54 (49) | 32 | 2.5 | 12 | - |
| **TX total:** | **3453 (3392)** | **12146 (12101)** | **5.5** | **12** | **8916\*** |
| Synchronisierung | 28527 | 14741 | 0 | 552 | 274 |
| CFO Kompensierung | 5855 | 3575 | 0 | 4 | 1 |
| FFT | 1940 | 9811 | 2 | 12 | 265 |
| Kanalschätzung | 1338 (1333) | 1298 | 0 | 0.5 | 14 |
| Entzerrung | 40 (43) | 290 | 0.5 | 0 | 244 |
| Viterbi Decoder | 3344 (3330) | 1540 (1531) | 0 | 0 | 161 (226) |
| Cipher (Decryption) | 1764 (1915) | 1553 (1610) | 0 | 0 | 1949(79) |
| Weitere | 446 (471) | 1356 | 0.5 | 0 | - |
| **RX total** | **43244 (43414)** | **34164 (34212)** | **3** | **46** | **11244 (13959)** * |

korrelation (in Synchronisierung enthalten) und der Kanalschätzung. Die Kanalschätzung benötigt durch die gespeicherten Pilotensymbole viele LUTs, hingegen sind für die Kreuzkorrelation besonders viele Multiplizierer (*DSP-Slices*) notwendig.

## Förderung der Forschung

Diese Arbeit wurde im Rahmen des Forschungsprojekts *HiFlecs*(Referenznummer 16KIS0271) gefördert vom deutschen Bundesministerium für Bildung und Forschung (BMBF).

## Literatur

[AKE08]   A. B. Awoseyila, C. Kasparis und B. G. Evans. Improved preamble-aided timing estimation for OFDM systems. *IEEE Communications Letters*, 12(11):825–827, November 2008.

[BFTM15]  D. Block, N. H. Fliedner, D. Toews und U. Meier. Wireless channel measurement data sets for reproducible performance evaluation in industrial environments. In *2015 IEEE 20th Conference on Emerging Technologies Factory Automation (ETFA)*, Seiten 1–4, Sept 2015.

[BSI18]    BSI. BSI - Technische Richtlinie. `https://www.bsi.bund.de/SharedDocs/`
           `Downloads/DE/BSI/Publikationen/TechnischeRichtlinien/TR02102/`
           `BSI-TR-02102.pdf;jsessionid=42D20DAF775FB0C2476C6AC5CC9C0CB6.2_`
           `cid369?__blob=publicationFile&v=8`, 2018.

[Cea17]    R. Candell und M. Kashef et al.    Industrial wireless systems:
           Radio   propagation   measurements,   National   institute   of   Stan-
           dards   and   Technology,   Gaithersburg,   MD,   Tech.Rep.,   Available:
           http://nvlpubs.nist.gov/nistpubs/TechnicalNotes/NIST.TN.1951.pdf.
           2017.

[IR15]     ITU-R. Framework and Overall Objectives of the Future Development of
           IMT for 2020 and Beyond. ITU, Feb. 2015.

[KHR+16]   L. Karsthof, M. Hao, J. Rust, D. Block, U. Meier und S. Paul. Dynamically
           reconfigurable real-time hardware architecture for channel utilisation ana-
           lysis in industrial wireless communication. In *2016 IEEE Nordic Circuits
           and Systems Conference (NORCAS)*, Seiten 1–6, Nov 2016.

[PFBM16]   K. I. Pedersen, F.Frederiksen, G. Berardinelli und P. E. Mogensen. The
           Coverage-Latency-Capacity Dilemma for TDD Wide Area Ooperation and
           Related 5G Solutions. In *Veh. Technol. Conf. (VTC Spring)*. IEEE, Mai
           2016.

[SC97]     T. M. Schmidl und D. C. Cox. Robust frequency and timing synchronization
           for OFDM. *IEEE Transactions on Communications*, 45(12):1613–1621, Dec
           1997.

[SLI+17]   H. Shariatmadari, Z. Li, S. Iraji, M. A. Uusitalo und R. Jäntti. Control
           channel enhancements for ultra-reliable low-latency communications. In
           *2017 IEEE International Conference on Communications Workshops (ICC
           Workshops)*, Seiten 504–509, May 2017.

# Praxisbericht: Implementierung von TSN-Endpunkten im industriellen Umfeld

Marvin Büchter, Sebastian Wolf

Entwicklung Kommunikationstechnik
Weidmüller Interface GmbH & Co KG
Klingenbergstraße 16
32758 Detmold
marvin.buechter@weidmueller.com
sebastian.wolf@weidmueller.com

**Zusammenfassung.** Dieser Beitrag beschreibt die praktische Umsetzung eines industriellen Anwendungsfalls in einer heterogenen TSN-Domäne und legt hierbei einen Schwerpunkt auf die Integration von TSN in industrielle Netzwerk-Endgeräte nach dem Automationsprofil der Avnu Alliance. Er stellt heraus, welche technischen Anforderungen TSN-Endpunkte erfüllen sollten und wie diese aktuell mit am Markt verfügbaren Lösungen umgesetzt werden können.

## 1 Einleitung

Mit fortschreitender IEEE-Standardisierung von Ethernet TSN werden immer mehr vorwettbewerbliche TSN-Lösungen und -Demonstratoren auch für den industriellen Markt sichtbar. Dabei konzentrieren sich die Hersteller von industrietauglichen TSN-Chip-Lösungen derzeit vorrangig auf Infrastruktur-Komponenten.

Dieser Beitrag beschreibt die praktische Umsetzung eines industriellen Anwendungsfalls in einer heterogenen TSN-Domäne und legt hierbei einen Schwerpunkt auf die Integration von TSN in industrielle Netzwerk-Endgeräte nach dem in [GA00] beschriebenen Avnu Alliance Automationsprofil. Er stellt heraus, welche technischen Anforderungen TSN-Endpunkte erfüllen sollten und wie diese aktuell mit am Markt verfügbaren Lösungen umgesetzt werden können.

Dabei gliedert sich der Beitrag wie folgt: Zunächst wird ein industrieller Anwendungsfall vorgestellt, aus dem die Problemstellungen und Anforderungen an einen industriellen TSN-Endpunkt abgeleitet werden. Anschließend wird ein kurzer Überblick über den Stand der TSN-Automatisierungsprofile gegeben. Ausgehend von den Anforderungen des Avnu Alliance Automationsprofiles werden die aktuellen am Markt befindlichen technischen Lösungen dargestellt. Nachfolgend wird die Implementierung einer der Lösungen kurz beschrieben und im Anschluss messtechnisch verifiziert und ausgewertet.

Kenntnisse von Ethernet, Ethernet TSN, FPGAs sowie dem Linux-Betriebssystem werden vorausgesetzt.

J. Jasperneite, V. Lohweg (Hrsg.), *Kommunikation und Bildverarbeitung in der Automation*,
Technologien für die intelligente Automation 12, https://doi.org/10.1007/978-3-662-59895-5_12

# 2 Ein industrieller Anwendungsfall

Ein Internet of Things (IoT)-Koppler koppelt Feld-nahe IO-Module mit Sensoren und Aktoren an eine übergeordnete Verarbeitungseinheit an. Die Verarbeitungseinheit könnte ein lokaler Egde-PC, eine lokale Cloud oder eine über das Internet erreichbare Cloud-Infrastruktur sein. Sie kennzeichnet sich durch hohe und skalierbare Rechen- und Speicherkapazitäten, die maschinennah so nicht zur Verfügung stehen. Für den Transport der Maschinendaten kommen leichtgewichtige IoT-Protokolle wie MQTT oder AMQP zum Einsatz.

Die Daten werden durch die Verarbeitungseinheit zwischengespeichert und nachfolgend analysiert. Aus diesen Analysen können z. B. Erkenntnisse über die Qualitätsentwicklung der Produktion, die Vorhersage eines möglichen Problems oder einer Energiespitze abgeleitet werden. Die Reaktion auf diese Ergebnisse und damit die Rückwirkung in den Steuerungsprozess der Anlage erfolgt derzeit häufig mit einem variierenden größeren zeitlichen Versatz im Vergleich zum Zeitpunkt, an dem die Maschinendaten zur Analyse vorlagen. Für die Reaktion auf die Vorhersage eines möglichen Ausfalls, der erst in einigen Stunden auftreten wird, reicht dies völlig aus.

Um aber z. B. in schnellen Produktionsprozessen eine durchweg hohe Qualität der erzeugten Güter zu erreichen und damit die Ausschussrate zu senken, sind kontinuierliche Analysen mit direkten schnellen Rückkopplungen in den Produktionsprozess notwendig. Hier werden Maschinendaten nicht zwischen-gespeichert, sondern direkt im Datenstrom analysiert. Diese Art der Analyse wird oft mit dem Stichwort Stream Analytics verknüpft. Dafür ist es notwendig, dass Maschinendaten auch aus verschiedenen Quellen möglichst zeitsynchron und in gleichbleibenden zeitlichen Abständen der Verarbeitungseinheit zur Verfügung gestellt werden. Die Rückkopplungen auf den Steuerungsprozess der Maschinen sollten ebenso schnell und über das selbe Kommunikationsnetzwerk möglich sein.

Aus diesem Anwendungsfall lassen sich drei Probleme ableiten:

- Problem 1: Daten müssen in zeitlich konstanten Intervallen vom IoT-Koppler gesendet werden.
- Problem 2: Datenströme mehrerer IoT-Koppler müssen zeitlich synchronisiert werden.
- Problem 3: Sowohl die IoT-Datenströme als auch die deterministische Rückkopplung durch die Verarbeitungseinheit sollen über das gleiche Netzwerk ermöglicht werden.

Für die Probleme 1 und 2 stellt TSN eine Lösung mit 802.1AS [IE07] und 802.1Qbv [IE09] bereit. Für Problem 3 bietet TSN die Möglichkeit über eine konvergent genutzte Ethernet-TSN-Infrastruktur mehrere Datenströme mit zeitlich konstanten Bedingungen zu übertragen. Ein zusätzliches Netzwerk für die Kontroll-Ströme ist damit nicht erforderlich.

Ziel war es nun, den IoT-Koppler als TSN-Endpunkt zur Teilnahme an einer TSN-Domäne um die grundlegenden für den o. g. Anwendungsfall notwendigen TSN-Mechanismen zu erweitern.

# 3 TSN-Automatisierungsprofile

Es gibt eine ganze Reihe von Projekten, welche sich mit der Definition eines TSN-Profils für die industrielle Automatisierungstechnik beschäftigen. Dabei geht es darum, Anwendungsfälle, Anforderungen, Referenz-Modelle für Netzwerke und -Teilnehmer zu definieren sowie Elemente und die zugehörige Konfiguration aus dem Baukasten der IEEE TSN-Standards für diese Anwendungsfälle festzulegen.

Eines der am weitesten inhaltlich fortgeschrittenen Profile stammt von der Avnu Alliance und ist in der Veröffentlichung „Theory of Operation for TSN-enabled Systems" [GA00] beschrieben. Aufgrund des hohen Reifegrades im Hinblick auf TSN-Endpunkt-Architekturen wurde dieses Profil als Grundlage und Referenz für die Implementierung des TSN-Endpunktes verwendet.

Weitere Projekte, die sich mit der Definition von TSN-Profilen im Automatisierungsumfeld beschäftigen, sind nachfolgend kurz referenziert. Sie werden hier nicht weiter betrachtet.

- Profinet TSN Profile [PI05]
- EtherCAT TSN Communication Profile [WE01]
- Ethernet TSN Nano Profil [SKJ02]
- IEC/IEEE 60802 [II03]
- OPC UA TSN [BBS04]

# 4 TSN-Endpunkt-Architektur aus dem Profil der Avnu Alliance

Das Whitepaper mit dem Titel „Theory of Operation for TSN-enabled Systems" der Avnu Alliance [GA00] beschreibt eine generische Systemarchitektur zur heterogenen Nutzung einer TSN-Infrastruktur. Die Avnu strebt an, die Interoperabilität der TSN-Geräte verschiedener Hersteller durch Profilspezifikationen und Zertifizierungsverfahren sicher zu stellen. Um eine Basis für Kommunikationssysteme der Industrie zu bilden, konzentriert sich die Architektur auf drei Mechanismen: Zeitsynchronisation, Quality of Service (QoS) durch Nutzung von zeitlich geplantem Datenverkehr und eine komplett zentralisierte Netzwerk-Konfiguration.

In der beschriebenen Architektur benötigt ein TSN-Endpunkt sechs TSN-spezifische Elemente: CUC Interface, Time-Sensitive Stream Object, Network Interface, End Station Configuration State Machine, Time Synchronisation und Topology Discovery. Diese Elemente und ihre Zusammenhänge sind in Abbildung 1 dargestellt und werden im Folgenden erläutert.

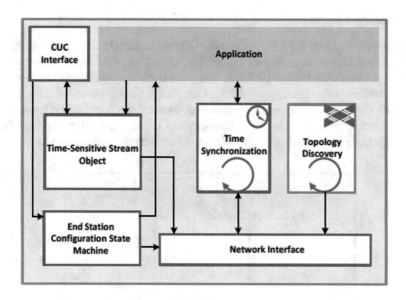

**Abb. 1.** TSN-Endpunktarchitektur der Avnu Alliance (Quelle: [GA00])

## 4.1 CUC Interface

Die Systemarchitektur nutzt eine komplett zentralisierte Netzwerkkonfiguration. Demnach existiert eine logische Einheit mit der Bezeichnung Centralized User Configuration (CUC) zur Applikationskonfiguration. Um mit der CUC zu kommunizieren, wird im TSN-Endpunkt ein CUC-Interface benötigt. Über das CUC-Interface werden die Stream-Anforderungen des TSN-Endpunktes der CUC mitgeteilt. Die CUC ermittelt mit der CNC zusammen einen Kommunikationspfad durch die TSN-Domäne. Die relevanten TSN-Parameter werden anschließend dem Endpunkt und den Netzwerkinfrastruktur-Komponenten mitgeteilt.

Zur Kommunikation zwischen CUC und TSN-Endpunkt wird von der IEEE kein Protokoll vorgegeben. Es wird so ermöglicht, dass bestehende Protokolle zur Applikationskonfiguration um die Konfiguration der TSN-Streams erweitert werden können.

## 4.2 Time-Sensitive Stream Object

Für jeden logischen TSN-Talker und -Listener auf einem TSN-Endpunkt wird ein Time-Sensitive Stream Object angelegt. Dieses Objekt definiert alle für einen zyklischen Datenstrom relevanten Parameter. Die Parameter werden von der Applikation und vom CUC-Interface im Verlauf der TSN-Endpunkt-Konfiguration mit der End Station Configuration State Machine, festgelegt. Nachdem die Parameter des TSN-Datenstroms gesetzt wurden, wird das Netzwerkinterface konfiguriert und die Übermittlung des Datenstroms wird gestartet.

### 4.3  Network Interface

Das Netzwerkinterface der TSN-Endpunkt-Architektur besteht wie in Abbildung 2 zu sehen aus drei Teilen: einer Stream Translation, einer Time-Sensitive Queue und einer Best Effort Queue. Über die Best Effort Queue wird der konventionelle Datenverkehr, welcher zeitlich unbestimmt gesendet und empfangen wird, verwaltet. Die Frames, welche für den TSN-Datenstrom bestimmt sind, werden, wie nachfolgend beschrieben, über die Stream Translation in TSN-Frames übersetzt und anschließend von der Time-Sensitive Queue zu einem bestimmten Zeitpunkt im Kommunikationszyklus gesendet.

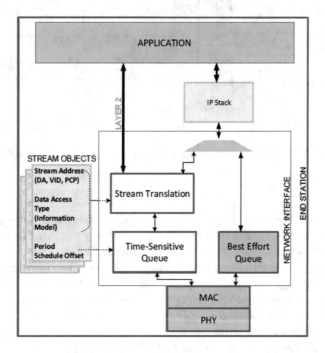

**Abb. 2.** Netzwerkinterface der Avnu TSN-Endpunkt-Architektur (Quelle: [GA00])

**Stream Translation.**

Zur Anbindung der Applikation an das Netzwerkinterface sind zwei Varianten auf-geführt. In einer Variante werden von der Applikation Layer-2-Frames bereitgestellt und in der zweiten Variante durchlaufen die Daten der Applikation einen IP-Stack und werden in IP-Frames gekapselt. Für beide Varianten wird jeweils ein Verfahren zur Übersetzung der Daten in TSN-Streams genannt.

Das Verfahren zur Übersetzung von Layer-2-Frames in TSN-Frames entspricht der Active Destination MAC and VLAN Stream Identification aus dem Standard IEEE 802.1CB [IE08]. Es wird die Destination MAC Address, der VLAN Identifier und die Priorität geändert, sodass der Frame zu dem TSN-Datenstrom mit diesen Parametern gehört.

Das Verfahren zur Übersetzung von IP-Paketen entspricht einer Kombination aus der IP Stream Identification und der Active Destination MAC and VLAN Stream Identification aus dem Standard IEEE 802.1CB. Diese Kombination wurde auch im Entwurf des Standards IEEE P802.1Qcc [IE06] zur Implementierung in einem TSN-Talker vorgeschlagen. Ob ein Frame zu einem TSN-Datenstrom gehört, wird anhand der Parameter des IP-Headers geprüft. Anschließend wird die Destination MAC Address, der VLAN Identifier und die Priorität des Frames geändert, sodass der Frame zu dem TSN-Datenstrom mit diesen Parametern gehört.

**Time-Sensitive Queue.**
Die Time-Sensitive Queue steuert das Senden der TSN-Frames in Abhängigkeit der im Time-Sensitive Stream Object konfigurierten Parameter. Da für jeden logischen TSN-Talker ein individuelles Time-Sensitive Stream Object mit individueller Zykluszeit und Sendezeitpunkt existiert, entspricht dieses Modell dem Per-Stream Scheduling aus dem Entwurf des Standards IEEE P802.1Qcc.

## 4.4 End Station Configuration State Machine

Die End Station Configuration State Machine beschreibt die vier Zustände Init, Configuration, Ready und Running. Diese Zustände werden durchlaufen, um einen Endpunkt im Zusammenspiel mit einem CUC als TSN-Talker oder TSN-Listener zu konfigurieren.

## 4.5 Time Synchronisation

Innerhalb der TSN-Domäne gibt es eine gemeinsame Zeitbasis. Mit der gemeinsamen Zeitbasis wird der geplante Netzwerkverkehr in einer TSN-Domäne koordiniert und die Synchronisation verteilter Applikationen ermöglicht. Die Architektur der Avnu Alliance nutzt das Generalized Precision Time Protocol (gPTP)-Profil des Standards IEEE 802.1AS [IE07] zur Synchronisation der gemeinsamen Zeitbasis innerhalb der Domäne und weist auf die Weiterentwicklung des Standards im Projekt P802.1AS-Rev der IEEE TSN Task Group hin.

## 4.6 Topology Discovery

Damit die Datenströme innerhalb der TSN-Domäne durch eine CNC sinnvoll geplant werden können, benötigt diese eine Übersicht über die gesamte Netzwerktopologie. Per Link Layer Discovery Protocol (LLDP) teilt jeder Teilnehmer einer TSN-Domäne seinem Nachbarn seine Identität mit. Jeder Switch weiß also, welcher direkte Nachbar über welchen Port an dem Gerät angeschlossen ist. Diese Informationen kann die CNC von jedem Switch der Domäne abrufen und daraus eine Übersicht über die gesamte Netzwerktopologie erstellen. Ein reiner TSN-Endpunkt muss demnach nicht mit der CNC kommunizieren, er muss lediglich dem direkten Nachbarswitch aktiv seine Identität per LLDP mitteilen.

## 4.7    Technische Anforderungen an TSN-Endpunkte

In der in diesem Beitrag beschriebenen Umsetzung liegt der Fokus auf den folgenden drei Elementen der Avnu-TSN-Endpunkt-Architektur: Time Synchronisation, Stream Translation und Time-Sensitive Queue.

**Time Synchronisation:** Der TSN-Endpunkt sollte eine PTP-Hardwareuhr inkl. Softwarestack mit Unterstützung des gPTP-Profils vom Standard IEEE 802.1AS implementieren. Die Hardwareuhr sollte einen Jitter im niedrigen zweistelligen Nanosekundenbereich aufweisen.

**Stream Translation:** Der TSN-Endpunkt sollte eine Einheit umsetzen, welche Datenstrom-Übersetzung durch aktive Datenstrom-Identifikation unterstützt. Datenströme sollten anhand Layer-2- oder Layer-3-IP-Parameter identifiziert und die Felder Destination-MAC-Address, VLAN Identifier und Priorität eines Ethernet-Frames passend modifiziert werden können.

**Time-Sensitive Queue:** Der TSN-Endpunkt sollte eine Einheit für das zeitgesteuerte Einspeisen der Frames eines TSN-Datenstroms umsetzen. Diese Einheit sollte einen TAS (Time-Aware Shaper) mit Per-Stream Scheduling (Abbildung 1) ermöglichen, welcher Frames zu einem bestimmten Offset im Kommunikationszyklus mit geringem Jitter einspeisen kann. Für zukünftige Anwendungen sollten mehrere voneinander isolierte TSN-Datenströme konfiguriert werden können und die Anzahl der unterstützten Datenströme skalierbar sein.

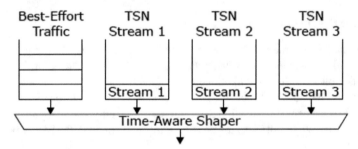

**Abb. 3.** Prinzip eines Per Stream Scheduling Verfahrens

**Integrierter Switch bei 2-Port-Endgerät:** Besitzt das Endpunkt-Gerät zwei Ethernet-Ports ist es sinnvoll einen integrierten TSN-Switch mit umzusetzen. Geräte mit zwei externen Ports werden in der Industrie gerne genutzt, um eine Linientopologie aufzubauen. Zwei oder mehr externe Ports sind bei einem TSN-Endpunkt-Gerät außerdem sinnvoll, wenn mit dem System das Redundanzverfahren Frame Replication and Elimination for Reliability (FRER) nach Standard IEEE 802.1CB genutzt werden soll. Denn so können die Pakete schon im TSN-Endpunkt-Gerät vervielfältigt und in verschiedene Netzwerk-Pfade eingespeist werden.

# 5 Verfügbare Lösungen und Umsetzung

Viele Hersteller am Markt adressieren Infrastruktur-Komponenten und konzentrieren sich vor allem auf Switch-Lösungen. Es sind Lösungen in Form von Application-Specific Integrated Circuits (ASICs) und in Form von Intellectual Property (IP)-Cores für FPGAs verfügbar. Als ASIC wurden Lösungen von Analog Devices, Broadcom, Hilscher, NXP und Renesas betrachtet. Als IP-Core wurden Lösungen von TTTech und Xilinx betrachtet.

Als kritische Anforderung stellte sich die Time-Sensitive Queue insbesondere mit Ihrem geforderten Merkmal „Per-Stream Scheduling" heraus. Dieses wird aktuell nur bei den Lösungen von Hilscher und Xilinx als hardwaregestützte Funktion angeboten. Für ein zukunftssicheres Design, welches in der Lage ist, mehr als nur einen logischen Time-Aware TSN-Talker zu implementieren wird der Per-Stream Scheduling Mechanismus benötigt. Diese beiden Lösungen werden im Folgenden näher beschrieben und verglichen.

## 5.1 Hilscher NetX 51

Hilscher bietet mit dem NetX eine Netzwerkcontroller Familie an, die durch ein Firmwareupdate um TSN-Mechanismen erweitert werden kann [HI10]. Um ein bestehendes Produkt um TSN zu erweitern, kann ein NetX-Baustein als Netzwerkcontroller für eine auf einer separaten Host-CPU befindlichen Applikation dienen. Je nach Anwendung und insbesondere bei Neuentwicklungen kann ein NetX in Form einer Komplettlösung als Applikationscontroller inkl. Netzwerkcontroller eingesetzt werden.

In TSN-Demonstrationen und als Angebot zur Evaluation wird von Hilscher aktuell der NetX 51 Baustein verwendet. An allgemeinen Netzwerkfunktionen besitzt dieser einen integrierten 3-Port Switch, zwei integrierte MACs und zwei integrierte PHYs. Die Übertragungsrate des NetX 51 ist aktuell auf 100 MBit/s begrenzt. Mit dem NetX 4000 ist jedoch auch ein 4-Port Netzwerkcontroller mit Gigabit- und TSN-Support angekündigt.

In der aktuellen TSN-Firmware sind folgende TSN-Funktionen implementiert:

- IEEE 802.1AS Timing and Synchronisation
- Time-Sensitive Queue: Zeitgesteuertes Einspeisen der Frames eines TSN-Datenstroms.
- IEEE 802.1Qbv (Switch): Enhancements for Scheduled Traffic

Für die Zeitsynchronisation nach dem Standard IEEE 802.1AS steht eine integrierte PTP-Hardwareuhr zur Verfügung. Zur Regelung der Uhr wird auf dem Evaluierungsboard der Open Source Softwarestack vom LinuxPTP Project [SF11] genutzt.

In der Time-Sensitive Queue dieser Implementierung können vier Datenströme konfiguriert werden. Laut Hersteller ist die Anzahl der Warteschlangen sowie die Anzahl der konfigurierbaren Datenströme nicht durch die Hardware begrenzt und kann auf Kundenwunsch skaliert werden. Eine Stream Translation Einheit zur Übersetzung zwischen regulären Ethernet-Frames und TSN-Datenstrom-Frames ist aktuell nicht vorhanden. Die Übersetzung müsste entweder vom Anwender selbst als eigene Einheit oder als Teil der Applikation implementiert werden.

## 5.2   Xilinx 100M/1G TSN Subsystem IP

Mit dieser IP bietet Xilinx die Möglichkeit, ausgewählte SoCs um TSN zu erweitern. Zu den unterstützten Produktfamilien zählen die Zynq-7000 und Zynq Ultra-Scale+ MPSoC SoCs von Xilinx [XI12]. Die IP kann wahlweise als TSN-Endpunkt oder als TSN-Endpunkt mit 3-Port Switch konfiguriert werden. Die Anbindung an eine bzw. zwei externe PHYs kann wahlweise über ein Gigabit Media Independent Interface (GMII)- oder ein RGMII-Interface erfolgen.

Aktuell kann die IP zur Implementierung folgender TSN-Funktionen genutzt werden:

- IEEE 1588, 802.1AS und 802.1AS-rev: Timing and Synchronization
- Stream-Translation: Übersetzung zwischen regulären Ethernet-Frames und TSN-Datenstrom-Frames.
- Time-Sensitive Queue: Zeitgesteuertes Einspeisen der Frames eines TSN-Datenstroms.
- IEEE 802.1Qbv (Switch): Enhancements for Scheduled Traffic
- IEEE 802.1Qci (Switch): Per-Stream Filtering and Policing
- IEEE 802.1CB (Switch): Frame Replication and Elimination for Reliability

Für die Zeitsynchronisation nach dem Standard IEEE 802.1AS stellt diese Lösung eine PTP-Hardwareuhr im FPGA zur Verfügung. Zur Regelung der Uhr wird auch bei dieser Lösung der Open Source Softwarestack vom LinuxPTP Project empfohlen. Die Time-Sensitive Queue wird durch eine separate IP von Xilinx namens Time-Aware-DMA realisiert. Je nach IP-Konfiguration kann diese 4 bis 256 TSN-Streams bedienen und bildet für jeden Stream eine eigene Warteschlange ab.

Zur Stream Translation gibt es bei der Lösung von Xilinx zwei Möglichkeiten. Die erste Möglichkeit ist die Übersetzung im TSN-Switch. Hierzu wird der Adress-Lookup Mechanismus genutzt, um während dem Suchvorgang des Ziel-Ports zeitgleich den Frame zu übersetzen. Diese Art der Übersetzung entspricht der Active Destination MAC and VLAN Stream Identification des Standards IEEE 802.1CB.

Die Zweite Möglichkeit ist die Übersetzung im IP-Stack des Betriebssystems. Hierzu bietet Xilinx für Linux ein Kernelmodul an, welches jedes IP-Paket, das den IP-Stack des Linux-Systems durchläuft, analysiert und bei dem Zutreffen bestimmter IP-Parameter übersetzt. Diese Art der Übersetzung entspricht einer Kombination aus der IP Stream Identification und der Active Destination MAC and VLAN Stream Identification des Standards IEEE 802.1CB.

## 5.3 Vergleich der Lösungen

Nach der Betrachtung der beiden relevanten Lösungen werden diese in Tabelle 1 anhand der geforderten TSN-Endpunkt-Anforderungen verglichen. Der NetX-Netzwerkcontroller von Hilscher sowie die TSN Subsystem IP von Xilinx eignen sich gleichwertig als Grundlage zur Implementierung eines TSN-Endpunktes in Anlehnung an die Avnu TSN-Endpunkt-Architektur. Für die Umsetzung wurde die Lösung von Xilinx gewählt, da der IoT-Koppler auf einem Xilinx-Zynq 7020 SoC aufbaut und die IP dort gut integriert werden konnte.

**Tabelle 1.** Vergleich der Lösungen von Hilscher und Xilinx

| Anforderung | Hilscher NetX51 | Xilinx TSN Subsystem IP |
|---|---|---|
| Time Synchronisation 802.1AS, Hardware-Zeit-stempel | vorhanden | vorhanden |
| Stream Translation | nicht vorhanden | vorhanden (Übersetzung anhand von IP- Parametern möglich) |
| Time-Sensitive Queue für TSN-Streams mit Per-Stream Scheduling | >= 4 TSN-Streams | 4 – 256 TSN-Streams |
| TAS nach 802.1Qbv für TSN und Best Effort Traffic | >= 2 Queues | 2 oder 3 Queues |

## 5.4 Umsetzung

Die Xilinx-IP wurde in den FPGA des Xilinx SoC 7020 integriert und an eine der beiden internen CPUs angeschlossen. Weiterhin wurden die Xilinx-Treiber und Software-Tools in das Linux-System des IoT-Kopplers integriert.

Die **Time-Synchronisation** erfolgte auf Basis einer PTP-Hardwareuhr. Mit dem Xilinx-Treiber für die PTP-Hardwareuhr wurde diese in das PTP Hardware Clock (PHC)-Subsystem des Linux-Betriebssystems integriert. Dort kann die PTP-Hardwareuhr mittels grundlegender Funktionen aus dem Linux-Betriebssystem bedient und geregelt werden. Zur Regelung der PTP-Hardwareuhr wurde der Open Source Softwarestack vom LinuxPTP Projekt genutzt [SF11].

Die **Stream-Translation** erfolgte im von Xilinx bereitgestellten Kernel-Modul.

Die **Time Sensitive Queue** und der TAS mit Per Stream Scheduling wurden im IP-Core umgesetzt und mittels diverser Interrupts und DMAs an die SoC-CPU angebunden.

# 6 Auswertung

Um die Funktion der integrierten TSN-Mechanismen beurteilen zu können, wurden Messungen bezüglich der Zeitsynchronisation, der Übersetzung von Datenströmen und der Sendemechanismen durchgeführt.

## 6.1 Messung der Zeitsynchronisation

Zur Messung der Zeitsynchronisation wurde ein Takt der PTP-Hardwareuhr über IO-Pins des IoT-Kopplers ausgegeben. Zwei IoT-Koppler wurden direkt verbunden, wobei jeder Koppler einmal als PTP-Grandmaster und -PTP-Slave eingestellt wurde. Die Takte der Koppler wurden auf ein externes Oszilloskop geführt, um die Abweichung zwischen den verschiedenen synchronisierten PTP-Hardwareuhren der Koppler messen zu können.

Im Ergebnis ließ sich erkennen, dass die Synchronisation in der Rolle als PTP-Grandmaster, sowie als PTP-Slave, funktioniert und die zeitliche Abweichung als mathematische Standardabweichung ermittelt 26,46 ns betrug.

## 6.2 Prüfung der Übersetzung von Datenströmen

Zur Überprüfung der Stream Translation wurden UDP-Pakete im Linux System eines als TSN-Talker fungierenden IoT-Kopplers mit dem Tool netcat generiert. Bei einem als TSN-Listener fungierenden Koppler wurden alle eintreffenden Pakete mit dem Tool tcpdump mitgeschnitten. Nachdem die Vermittlung der Pakete sichergestellt wurde, wird im Talker die Stream Translation für diese IP-Pakete konfiguriert. Anschließend wurde anhand eines weiteren Mitschnitts vom Listener geprüft, ob die Parameter des Ethernet-Frames korrekt modifiziert wurden.

Bei Funktionsprüfungen mit verschiedenen Konfigurationen der IP-Parameter sind keine Fehler aufgetreten. Während der Prüfung ist jedoch aufgefallen, dass das verwendete Kernelmodul zur Datenstrom-Übersetzung nur in Sende-Richtung arbeitet, eine Rückübersetzung beim Listener kann hiermit nicht realisiert werden. Wird der TSN-Switch des IP-Cores verwendet, kann mit ihm eine Übersetzung in Sende- und Empfangsrichtung auf ISO/OSI Schicht-2 umgesetzt werden.

## 6.3 Prüfung der Sendemechanismen

**Time Sensitive Queue.**

Zur Prüfung der Sendemechanismen werden die Sendezeitpunkte eines Ethernet-Frames benötigt. Hierzu wurde das Custom Hardware-Timestamp Feature des Xilinx IP-Cores verwendet. Beim Senden oder Empfangen eines Ethernet-Frames kann mit dieser Funktion die aktuelle PTP-Zeit per Hardware an eine vorbestimmte Stelle des Frames geschrieben werden. Die hierzu verwendeten Zeitpunkte werden jeweils beim Durchlaufen des Start Frame Delimiter (SFD) in der programmierbaren Logik direkt vor dem PHY aufgenommen (siehe Abbildung 4). Die Auswertung dieser Zeitstempel wurde mit dem Programm Wireshark durchgeführt.

Der Xilinx IP Core besitzt einen TAS zur Isolierung von Best-Effort-, AVB- und TSN-Datenverkehr. Bei diesem Mechanismus muss geprüft werden, ob der TSN-Datenverkehr von anderem, von dem Endpunkt erzeugten, Datenverkehr optimal isoliert wird.

Um die ordnungsgemäße TAS-Funktion zu prüfen, werden von einer Testapplikation mehr Pakete generiert, als in einem geplanten Zeitschlitz übertragen werden können. Anhand von Sende- und Empfangszeitstempeln kann überprüft werden, ob Frames nur in dem für sie vorgesehenen Zeitschlitz vermittelt werden.

Die TAS-Konfiguration war dabei wie folgt: das Gate der Warteschlange für zeitlich geplanten Datenverkehr wird abhängig von der PTP-Netzwerkzeit in einem TAS-Zyklus mit einer Zykluszeit von 1ms zu Beginn eines jeden Zyklus für 100µs geöffnet (siehe Abbildung 5 (a)). Von einer Applikation werden bewusst mit einer längeren Zykluszeit von 1s jeweils 12 Frames mit einer Größe von 150 Byte in die Warteschlange für zeitlich geplanten Datenverkehr eingefügt. Ein Frame mit einer Größe von 150 Byte benötigt bei einer Übertragungsrate von 100 MBit/s etwa 13,6µs zur Übertragung. Sieben solcher Frames benötigen 7 x 13,6µs = 95,2µs zur Übertragung, das heißt, dass Frame 8 bis 12 erst in dem 100µs Zeitschlitz des nächsten TAS-Zyklus übertragen werden können.

Wie erwartet und in Abbildung 5 (b) dargestellt wurden sieben Frames in dem ersten TAS-Zyklus und die restlichen fünf Frames in dem zweiten TAS-Zyklus vermittelt. Es wurden keine Frames vermittelt, welche zeitlich über ihr Zeitfenster hinausragen. Die Isolierung der verschiedenen Arten von Datenverkehr war damit erfolgreich verifiziert.

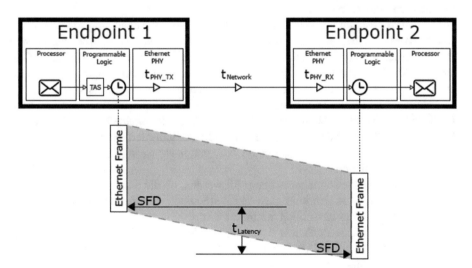

**Abb. 4.** Aufnahme der Sende- und Empfangszeitpunkte

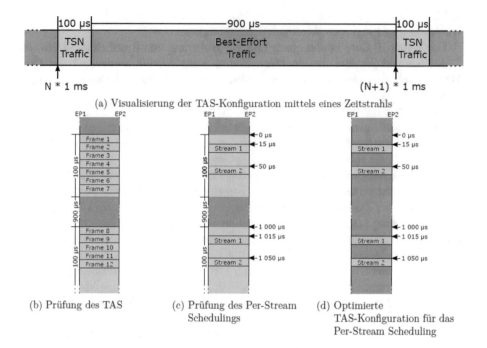

(a) Visualisierung der TAS-Konfiguration mittels eines Zeitstrahls

(b) Prüfung des TAS

(c) Prüfung des Per-Stream Schedulings

(d) Optimierte TAS-Konfiguration für das Per-Stream Scheduling

**Abb. 5.** Prüfung der Sendemechanismen

**Per-Stream Scheduling.**

Der Xilinx-IP-Core implementiert auch den Per-Stream Scheduling Mechanismus. In diesem Modell besitzt jeder TSN-Datenstrom eine eigene logische Warteschlange und es werden nur eine vorbestimmte Anzahl an Frames zu einem vorbestimmten Offset des TAS-Zyklus in den Sendepfad des TSN-Datenverkehrs eingespeist. Somit wird erreicht, dass sich die TSN-Datenströme untereinander nicht beeinflussen können.

Außerdem sollten die TSN-Frames nun mit einem sehr geringen Jitter zu einem konfigurierten Zeitpunkt von dem TSN-Endpunkt in die TSN-Domäne eingespeist werden. Dieser geringe Jitter wird im Standard IEEE 802.1Qcc gefordert, damit bei der Planung der TSN-Datenströme, z. B. durch eine CNC, möglichst geringe Toleranzen berücksichtigt werden müssen.

Bei diesem Mechanismus muss überprüft werden, ob die Sendezeitpunkte der Frames eines Datenstroms den konfigurierten Zeitpunkten entsprechen und ob der Jitter der gesendeten Frames tatsächlich minimiert wird.

Um diesen Sendemechanismus zu prüfen, werden zwei TSN-Streams konfiguriert. Das heißt, dass in einem TAS-Zyklus ein Frame von Datenstrom 1 mit einem TAS-Offset von 15μs und ein Frame von Datenstrom 2 mit einem TAS-Offset von 50μs gesendet werden (siehe Abbildung 5 (c)).

Anschließend werden im TSN-Talker mit der Applikation packETH im Millisekundentakt Frames für beide Streams erzeugt. Mit der Applikation tcpdump werden in 24

Sekunden 24000 Pakete von jedem Stream bei dem TSN-Listener mitgeschnitten. Anhand der eingefügten Zeitstempel in den Frames werden die Sende- und Empfangszeitpunkte untersucht.

Im Ergebnis wurden die beiden TSN-Streams sehr gut voneinander isoliert. Im Mittel wurde die Übermittlung jedoch etwa 2,3µs vor dem geplanten Zeitpunkt begonnen und besitzt eine Standardabweichung von unter 50ns.

Um dieses verbleibende Problem zu lösen, kann eine optimierte Konfiguration des TAS angewandt werden. Dabei muss der TAS so konfiguriert werden, dass das Gate für den zeitlich geplanten TSN-Datenverkehr immer nur zum exakten Sendezeitpunkt eines TSN-Datenstroms geöffnet wird und auch nur so lange geöffnet bleibt, wie ein zu sendender Frame maximal für die Übertragung benötigt (siehe Abbildung 5 (d)).

Im Ergebnis lässt sich festhalten, dass mit der Xilinx TSN-IP die Avnu TSN-Endpunkt-Architektur in einem industriellen IoT-Koppler sehr gut umgesetzt werden konnte.

## Literatur

[GA00]    Gardiner, E.: Theory of Operation for TSN-enabled Systems, Avnu Alliance™ Best Practices, 2017, https://avnu.org/knowledgebase/theory-of-operation, Stand 03.10.2018.

[WE01]    Weber, K.: EtherCAT and TSN - Best Practices for Industrial Ethernet System Architectures, EtherCAT Technology Group, 2018

[SKJ02]   Schriegel, S.; Kobzan, T.; Jasperneite, J.: Investigation on a distributed SDN control plane architecture for heterogeneous time sensitive networks, In: 2018 14th IEEE International Workshop on Factory Communication Systems (WFCS), 2018, S. 1–10

[II03]    IEC/IEEE: 60802 TSN Profile for Industrial Automation, https://1.ieee802.org/tsn/iec-ieee-60802-tsn-profile-for-industrial-automation, Stand 17.08.2018

[BBS04]   Bruckner, D.; Blair, R.; Stanica, M-P.; Ademaj, A.; Skeffington, W.; Kutscher, D.; Schriegel, S.; Wilmes, R.; Wachswender, K.; Leurs, L.; Seewal, M.; R., Hummen; Liu, E-C.; Ravikumar, S.: OPC UA TSN - A new Solution for Industrial Communication, Shaper Group, 2017

[PI05]    PROFIBUS & PROFINET International: Integration von TSN in PROFINET schreitet voran, https://www.profibus.com/newsroom/news/integrationvon-tsn-in-profinet-schreitet-voran, Stand: 17.08.2018

[IE06]    IEEE P802.1Qcc/D2.3: Stream Reservation Protocol (SRP) Enhancements and Performance Improvements, New York: IEEE, 2018

[IE07]    IEEE 802.1AS-2011: Timing and Synchronization for Time-Sensitive Applications in Bridged Local Area Networks, New York: IEEE, 2011

[IE08]    IEEE 802.1CB-2017: Frame Replication and Elimination for Reliability, New York: IEEE, 2017

[IE09]    IEEE 802.1Qbv-2015: Enhancements for Scheduled Traffic. New York: IEEE, 2015

[IE10]    IEEE 802.1Qbu-2016: Frame Preemption. New York: IEEE, 2016
[HI10]    Hilscher: Die Zukunft der Industriellen Kommunikation - TSN als Firm-
          ware Update, https://www.hilscher.com/de/news/die-zukunft-der-industriel-
          lenkommunikation-tsn-als-firmware-update/, Stand: 14.08.2018
[SF11]    SOURCEFORGE: The Linux PTP Project. http://linuxptp.sourceforge.net,
          Stand: 27.05.2018
[XI12]    XILINX: Xilinx 100M/1G TSN Subsystem, https://www.xilinx.com/prod-
          ucts/intellectual-property/1gtsn.html, Stand: 26.05.2018

# Ethernet TSN Nano Profil –

# Migrationshelfer vom industriellen Brownfield zum Ethernet TSN-basierten IIoT

Sebastian Schriegel[1], Alexander Biendarra[2], Thomas Kobzan[1], Ludwig Leurs[3], Jürgen Jasperneite[1,2]

[1]Fraunhofer IOSB-INA
32657 Lemgo
{sebastian.schriegel, thomas.kobzan, juergen.jasperneite}
@iosb-ina.fraunhofer.de

[2]Institut für industrielle Informationstechnik (inIT)
Technische Hochschule Ostwestfalen-Lippe
32657 Lemgo
{alexander.biendarra, juergen.jasperneite}@th-owl.de

[3]Lehrstuhl für Werkzeugmaschinen und Steuerungen (WSKL)
TU Kaiserslautern
67663 Kaiserslautern
leurs@rhrk.uni-kl.de

**Zusammenfassung.** IEEE 802.1 Ethernet TSN ermöglicht Netzwerkkonvergenz für zeitsensitive Applikationen und Protokolle und ist damit eine wichtige Basistechnologie für universelle, einheitliche und durchgängige industrielle Kommunikation vom Sensor bis zur Cloud. Es ist allerdings nicht einheitlich definiert, welche TSN- und Ethernet-Funktionen mit welchen Ressourcen (z. B. Speicher) dafür notwendig sind bzw. genutzt werden sollen. Hersteller, die IEC und die IEEE arbeiten deshalb daran Ethernet TSN für den Einsatz in der industriellen Automation in einem engeren Rahmen zu definieren als die IEEE 802.1-Standardfamilie dies tut. Das entsprechende Profil IEC/IEEE 60802 TSN Profile for Industrial Automation soll 2021 fertig sein. Die hohe Einsatz- und Anforderungsbandbreite (Sensor bis Cloud) macht eine homogene Lösung aber schwer und die Entwicklung und Verbreitung der Technologie in den Anwendungen wird sehr viel Zeit benötigen. In diesem Beitrag wird ein TSN-Nano Profil vorgeschlagen, das einerseits Ethernet TSN für die Feldebene (Sensoren und Aktoren) skalieren soll und andererseits passende heutige IEC-Echtzeit Ethernet-Hardware mit speziellen Umsetzungsmethoden per Firmware mit TSN-Funktionen updaten kann und so die Markteinführung von Ethernet TSN in der Automation und auch das Retrofitting von existierenden Anlagen vereinfacht und beschleunigt. Es wird vorgeschlagen das Ethernet TSN Nano Profil in das IEC/IEEE 60802 TSN-IA-Profil aufzunehmen und so eine Profilskalierung für einfachste Geräte zu erzielen und Retrofitting zu ermöglichen.

© Der/die Herausgeber bzw. der/die Autor(en) 2020
J. Jasperneite, V. Lohweg (Hrsg.), *Kommunikation und Bildverarbeitung in der Automation*,
Technologien für die intelligente Automation 12, https://doi.org/10.1007/978-3-662-59895-5_13

# 1 Entwicklungstendenzen von Ethernet TSN im Applikationsfeld industrielle Automation und Motivation für ein Ethernet TSN Nano Profil

Heute werden in der industriellen Automation Echtzeit-Kommunikationssysteme eingesetzt, die teilweise IEEE Ethernet-Technologie enthalten, spezifische Anforderungen nach Echtzeit oder Robustheit mit IEC-Standards ergänzen und untereinander nicht interoperabel sind (z. B. PROFINET, Sercos III, EtherCAT: OT-Operation Technology). Weiterhin werden IT-Technologien wie IP und OPC UA für die vertikale Vernetzung verwendet, die Kopplung zur OT erfolgt über Gateways. Für Industrie 4.0-Applikationen ist eine flexible und durchgängige Vernetzung vom Sensor bis in die Cloud notwendig, die als IIoT – Industrial Internet of Things bezeichnet wird und die hierarchisch organisierte Automatisierungspyramide auflöst [WO07] [SC18]. IEEE 802.1 Ethernet TSN (Time Sensitive Networks) wird als Kommunikationsinfrastruktur gesehen, welche dies leisten kann, da verschiedene zeitsensitive und nicht-zeitsensitive IT- und OT-Protokolle gleichzeitig (konvergent) das Netzwerk nutzen können. Neben Konvergenz verspricht Ethernet TSN Flexibilität (stoßfreie Re-Konfiguration) und aufgrund der Verwendung von IEEE-konformer Hardware Gerätekostenoptimierung (IEEE Ethernet-Standard-Chips) und Kommunikationsleistungssteigerung (z.B. Link Speeds > 100 Mbit/s) [SC17] [IM11] [SC11]. Es handelt sich bei Ethernet TSN um eine Reihe neuer IEEE 802.1 Ethernet Bridging Standards. Verschiedene Interessensgemeinschaften und Nutzerorganisationen kombinieren Ethernet TSN mit Kommunikationsprotokollen und Methoden der Gerätemodellierung und Konfiguration zu Gesamtlösungen. Beispiele sind die Profibus-Nutzerorganisation (PROFINET over TSN) [XS17], die EtherCAT Technology Group (EtherCAT TSN Profile) [EC18], Sercos International (Sercos over TSN) [SE18] oder verschiedene Bestrebungen OPC UA mit TSN zu kombinieren. Viele der neuen TSN-Standards erfordern eine Umsetzung in Hardware, also neue Kommunikations-ASICs. Dies ist aufwendig und insbesondere für die große Gerätevielfalt eine Herausforderung für die Komponentenhersteller. Hinzu kommt, dass es verschiedene Ausprägungen (Profile) der zu TSN gehörenden IEEE 802.1-Standardfamilie in Systeme und Chips sowie spezifischer Chipeigenschaften wie Speicher, Latenzzeit, Queues oder Zeitstempelauflösung geben kann. Die IEEE und die IEC arbeiten deshalb an einen gemeinsamen TSN-Profil für die industrielle Automation (IEC/ IEEE 60802 TSN-IA), welches TSN für das Anwendungsfeld der industriellen Automation in einem engeren Rahmen definieren soll als die IEEE 802-Standardfamilie dies tut. Im Jahr 2021 soll das Profil fertiggestellt sein. Durch Ethernet TSN soll die Netzwerktechnik auf dem Layer 2 in der industriellen Automation also einheitlicher und damit überhaupt erst einmal potential interoperabel werden, eine vollständige Homogenität wird aber auch aufgrund der hohen Einsatzbreite vom Sensor bis in die Cloud nicht erreicht und eine Markt- und Applikationsdurchdringung wird Jahrzehnte dauern. In der Zeit können viele neuen Anwendungen wie z. B. datenbasierte Services oder flexible Anlagen nicht oder nur mit einer beschränkten Leistung umgesetzt werden oder müssen umständlich und teuer z.B. mit Gateways und parallelen Netzwerken umgesetzt werden.

Dieser Aufsatz beschreibt Ethernet TSN aus der Sichtweise der Heterogenität, Hürden bei der Marktdurchdringung und dem aktuellen Status der Profilbildung in Kapitel 2. Die Updatefähigkeit von heutigen Echtzeit-Ethernet-Geräten (inkl. Anlagenretrofitting), Skalierung von Ethernet TSN für einfachste Geräte (Sensor- und Aktorebene) und Konfiguration solcher TSN-Systeme sind die Themen dieses Beitrages. Ziel der Betrachtungen ist eine einfache und schnellere Migration hin zu Ethernet TSN-basierten Industriellen Netzwerken (inkl. Retrofitting) und Skalierbarkeit von TSN-Profilen für einfachste Geräte. In Kapitel 3 wird dazu das Ethernet TSN Nano-Profil als kleinster gemeinsamer TSN-Funktions- und Ressourcennenner und potentielle Update-Chance für (IEC-Standard-) Echtzeit-Ethernet-Geräte vorgestellt und Verfahren beschrieben mit denen in heterogenen Netzwerken TSN-Geräte Geräte mit weniger TSN-Funktionen (die z.B. basierend auf IEC-Echtzeit Ethernet-Hardware) im Verbund unterstützen. Kapitel 4 zeigt darauf aufbauend mit welchen Modellen heterogene Netze, die aus Geräten mit unterschiedlichen Profilen und unterschiedlichen TSN-funktionsstärken aufgebaut sind, konfiguriert werden können und dass Echtzeiteigenschaften mit solchen Netzen erreichbar sind.

## 2 Heterogenität von Ethernet TSN in Profilen, Systemen und Geräten

Ethernet TSN wird grundsätzlich als Technologie gesehen, welche das Potenzial hat die industrielle Kommunikation auf Basis von IEEE-Standards zu vereinheitlichen. Der Anspruch ein so breites Anforderungsfeld vom Sensor bis zur Cloud mit einer einheitlichen Lösung zu bedienen ist hoch. Vollständig homogene Netzwerke sind selbst innerhalb der TSN-Anwendungsdomäne Industrieautomation aus mehreren Gründen nicht absehbar:

- Divergente Anforderungen der Applikationen vom Sensor bis in die Cloud: Updateraten, Verfügbarkeitslevel, Synchronität, Kostensensitivität, Verlustleistung, Rekonfiguration und Dynamik, Geräte- und Datenmengen, Topologien

- Divergente Geräteklassen vom Sensor bis in die Cloud mit z. B. Bridged Endstations mit 2 Ports und Link Speeds zwischen 0,01 und 1GBit/s im Feld (Maschinen und Anlagen) oder TSN im Fabriknetzwerk mit z. B. Switches mit mehr als 48 Ports und Link Speeds zwischen 1 und 10 GBit/s

- Verschmelzung von IT und OT durch konvergente Netze: Es kann im Prinzip jedes Protokoll und jede zeitsensitive Anwendung auf jede andere treffen. Der Bedarf und die Existenz von TSN-Profilen zeigen, dass Homogenität, wenn überhaupt, nur innerhalb von Anwendungsdomänen erreichbar ist.

- Time-to-Market- und Kosten-Druck bei den Herstellern (Notwendigkeit eines schnellen Aufbaus großer Gerätevielfalt): Geräte und Systeme werden auf dem Markt gebracht, die nur einen Teil der TSN-Standards unterstützen

- Differenzierungsstrategien

- Investitionsschutz bestehender Geräte und Systeme und unterschiedliche Migrationswege

- Anlagenretrofitting

Die Heterogenität entsteht in der Auswahl der IEEE-Standards (IEEE 802.1, IEEE 802.3), die für das Gerät oder das System zum Einsatz kommen sollen (z.B. Preemption ja oder nein und für welche Link Speeds), in der Auslegung und Implementierung der Standards in Systeme (für IEEE 802.1AS z.B. die Zeitstempelauslösung oder für das Switching die Größer der Pufferspeicher) und in der Konfiguration und Gerätemodellierung. Die folgende Tabelle zeigt IEEE Ethernet-Standards und Funktion sowie implementierungsabhängige Leistungskriterien in den beiden linken Spalten. Dazu sind TSN-Profile dargestellt, die versuchen TSN für spezifische Anwendungsdomänen und Protokolle enger zu definieren und so Homogenität zu fördern. Die Tabelle zeigt die zum Zeitpunkt der Einreichung dieses Papiers verfügbaren Informationsstand auf Basis veröffentlichter Dokumente.

**Tabelle 1.** Übersicht über publizierte TSN-Profile sowie Ideen, Vorschläge (PAR) und Anforderungen („gefordert" in der Tabelle) für TSN-Profile

| Anwendungsfeld | | Infotainment | Augmented | Mobilität | Avi- | Kommunikation | | Automation & Control | | Handel (High-Freq.- | Tele-Medizin (Haptic-) |
|---|---|---|---|---|---|---|---|---|---|---|---|
| **Profil für spezifische Anwendungsfeld** | | Audio Video Bridgeing Systems IEEE 802.1BA | | TSN for Auto-motive IEEE P802.1DG | | 5G/ Netw.-slicing Service Pro. N. IEEE 802.1DF | TSN for Fronthaul Systems IEEE 802.1CM | TSN for Utility Networks TAG IEEE 802.24 | TSN-IA Industrial Automation IEEE/IEC 60802 | | |
| Referenz | | | [ULL18] | [TA18] | [ULL18] | [P5G18] | | [TE18] | [IE18] | [ULL18] | [ULL18] |
| **Jahr** / **Status** | | 2011 publiziert | | 2018 PAR | | 2018 PAR | 2018 publiziert | 2018 Idee | 2018: PAR 2021: fertig | | |
| **Protokolle, die in Verbindung mit den TSN-Profilen verwendet werden** | | AoE AES67 IEEE 1722 | | AUTO-SAR | | | Telecom CPRI 7.0 IEEE 1904/1914 | Energy Goose, MMS IEC 61850 | PROFINET OPC UA IEC 61158 IEC 61784 | | |
| **Funktionen und Standards** | **Parameter Ressourcen** | | | | | A | B | | | | |
| Zeitsynchronisation IEEE 802.1AS | # ID | 1 | | 1 | | ja | ja | gefordert | 2 gefordert | | |
| | Genauigkeit | | | | | | | +- 1µs | +- 1µs | | |
| Store and Foreward IEEE 802.1Q (S&F) | Speichergröße | ja | | | | | | | 6,25 KByte 100 Mbit/s 25 kByte 1GBit/s | | |
| Cut Through (IEC 61158) IEEE: seit 2018 Arbeitsgruppe | Latenz | nein | | nein | | nein | nein | nein | < 3µs 100 Mbit/s < 1µs 1 GBit/s | | |
| Link Speeds IEEE 802.3 | Bitrate APL | | | 0,01 - 10 GBit/s | | >= GBit/s | >= GBit/s | | 0,01 – 10 GBit/s | | |
| Queues | Anzahl | | | | | | | | 8 | | |
| Strict Priority 802.1Q | | ja | | ja | | ja | ja | ja | ja | | |
| Credid Based IEEE 802.1Qav | | ja | | gefordert | | | | | nicht gefordert | | |
| Time Aware IEEE 802.1Qbv | | nein | | gefordert | | | | | gefordert | | |
| Asynchronous IEEE 802.1Qcr | | nein | | gefordert | | | | | nicht gefordert | | |
| Preemption IEEE 802.1Qbu Interspersing Express Traffic IEEE P802.3br | Link Speeds | nein | | gefordert | | nein | ja | gefordert | gefordert für alle Link Speeds | | |
| Per-Stream-Filtering and Policing IEEE 802.1Qci-2017 | | nein | | gefordert | | | | | gefordert | | |
| Cyclic Queuing and Forwarding IEEE 802.1Qch-2017 | | nein | | gefordert | | | | | | | |
| Frame Replication and Elimination IEEE 802.1CB | | nein | | gefordert | | | | | gefordert | | |
| FDB VLAN-IDs MAC-Adressen IEEE 802.1Q | # Einträge # Einträge | | | | | | | | 4 4096 | | |
| Networklayer IP/ IETF DetNet | | | | | | | | | | | |

Seitliche Gruppenbeschriftungen (gedreht): Switchmode (Store and Foreward, Cut Through); Traffic Shaper (Strict Priority, Credid Based, Time Aware, Asynchronous)

Wie ein Netzwerk aussehen kann, das heterogen aufgebaut ist, zeigt Abbildung 1. Die Topologie besteht aus Multiport-Gigabit-Switches, die neben Preemption, Synchronisation und allen Traffic Shapern viel Pufferspeicher besitzen (in der Abbildung als Typ C bezeichnet), 100 Mbit/s-Zweiportbridges, die auf IEC-Echtzeit Ethernet-Hardware basieren (Typ D) sowie Geräten die zwischen diesen beiden Funktions- und Ressourcenextremen liegen (Typen A und B).

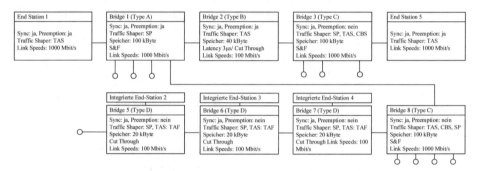

**Abb. 1.** Heterogen aufgebautes Ethernet-Netzwerk

Es entstehen folgende Fragen:
-   Wie können existierende IEC-Echtzeit Ethernet-Systeme und die dafür verfügbare Gerätevielfalt möglichst gut zu Ethernet TSN migriert werden? Wie können bestehende Anlagen im Sinne eines Retrofittings mit TSN einfach umgerüstet werden und so z.B. von daten-basierten Services profitieren?
-   Wie kann Ethernet TSN für einfache Geräte skaliert werden?
-   Wie können in heterogenen Netzwerken Echtzeiteigenschaften (max. Latenz, Synchronisationsgenauigkeit) realisiert und garantiert werden?

In diesem Beitrag werden sich ergänzende Lösungskomponenten beschrieben:

**Kapitel 3:** TSN Nano Profil für die industrielle Automation: Skalierung von Ethernet TSN für einfache Geräte und Firmware-Update-Möglichkeit für IEC-Echtzeit Ethernet-Geräte

**Kapitel 4:** Ethernet TSN-Konfigurationsmodellvarianten für heterogene Netze

# 3 Ethernet TSN Nano-Profil – Skalierung von Ethernet TSN für die Feldebene und Retrofitting von IEC Echtzeit Ethernet-Hardware und -Anlagen

Das Ethernet TSN-Nano Profil ist so aus Funktionen und Ressourcen zugeschnitten, dass die Anforderungen an die Hardware den heutigen IEC-Echtzeit Ethernet-Mechanismen möglichst ähnlich sind. Damit werden die Chancen maximiert, dass die TSN Nano-Funktionalität per Treiberupdate auf heute verfügbare und für gängige Echtzeit-Ethernet-Protokolle im Einsatz befindliche Hardware installiert werden kann (muss für die spezifischen Geräte geprüft werden). Die im Profil enthaltenen Funktionen leiten sich aus Kompromissen zwischen Hardwareanforderungen, durchgängiger, interoperabler und anforderungserfüllender (TSN-) Kommunikation (IEC/IEEE 60802 Use Cases [IE18]: isochrone Kommunikation: garantierte maximale kleine Latenzzeit und maximale Latenzzeit ohne Übertragungsverluste) und Möglichkeiten IEC-Echtzeit Ethernet-Funktionen für TSN zu verwenden ab. Die am stärksten verbreitete Geräteklasse sind Bridged Endstations mit zwei externen Ports. Der Beitrag fokussiert sich deshalb auf diese Geräteklasse. Die folgenden Standards und Funktionen sollen unterstützt und teilweise mit speziellen vereinfachten Verfahren umgesetzt werden.

| Funktion/ Standard | | Umsetzungsverfahren, Parameter und Ressourcen |
|---|---|---|
| IEEE 802.3 MAC | | 2 externe Ports 100 Mbit/s, 1 interner Port |
| IEEE 802.1AS | | Sync-ID 20 Workingclock |
| IEEE 802.1Q | VLAN-Prioritäten, Queues, Switch | 2 Queues mit je 1,5 kByte Speicher je Port, Cut Through |
| | Time Aware Shaper | Guard Band, TAF (Time Aware Forwarder) Abschn. 3.1 |
| | VLAN-ID und MAC | Einträge nur für lokalen Port, keine VLAN-ID-Auswertung |

Per-Stream-Filtering and Policing (IEEE 802.1Qci-2017) und das Remapping von VLAN-Prioritäten sind im Ethernet TSN Nano-Profil nicht enthalten. Diese Funktionen müssen aber nicht zwangsläufig an den TSN-Domänengrenzen aktiviert werden, sondern können auch von den TSN-Switches ausgeführt werden, an die die Ethernet TSN-Nano-Linientopologien angeschlossen werden. In einem so aufgebauten und konfigurierten TSN-Netzwerk ist die VLAN-ID-Auswertung in den Ethernet TSN-Nano-Geräten auch nicht zwingend notwendig. Diesbezüglich folgen in den nächsten beiden Unterkapiteln spezielle Umsetzungsverfahren für Time Aware Shaper.

### 3.1 Time Aware Forwarder: Funktionsmodus für den Time Aware Shaper für Bridged Endstations mit eingeschränkter Weiterleittabelle und VLAN-Auswertung

Als IEC-Hardwarefreundliche Umsetzungsvariante des Time Aware Shaper wird hier Time Aware Forwarding (TAF) vorgeschlagen. TAF basiert darauf, dass gegenüber Traffic Shaping bei Geräten mit 2 Ports Frames einfach nur weitergeleitet werden müssen und eine Prüfung von MAC und VLAN nur für den lokalen Empfang notwendig ist. Um das Time Aware Forwarding (TAF) zu realisieren, sind 2 Queues notwendig deren Gates zeitgesteuert zyklisch geöffnet und geschlossen werden. Der garantierte Startzeitpunkt für die Time-Aware Queue Q1 wird über ein Guard Band (GB) abgesichert. In Q1 werden Frames eingereiht, die während einer entsprechenden Empfangs-Gatezeit empfangen wurden (RX-Gate Q1) (keine IEEE-Funktion, kommt aus der IEC). Die folgende Abbildung 2 zeigt Beispiele wie das Queueing und Forwarding funktionieren.

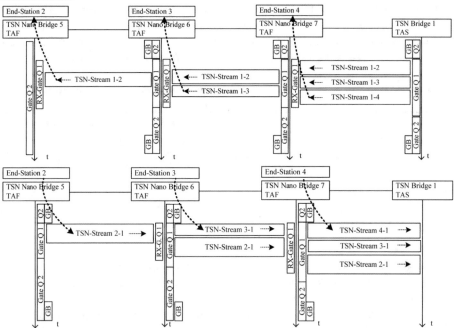

**Abb. 2.** Funktionsprinzip Time Aware Forwarder: Queueing für zeitsensitive Frames mit RX-Gate

Nachteile:

1.) TAF basiert darauf, dass alle Frames die nicht für die lokale Applikation bestimmt sind, ohne Prüfung weitergeleitet werden (wie z.b. bei SERCOS III), das Normalverhalten von TSN-Streams ist aber verwerfen und nicht fluten. IEEE-Konformität müsste durch Standardisierung von TAF noch erfolgen.

2.) Da Preemption nicht unterstützt wird, TAS aber schon, sinkt die effektive Bandbreitennutzung für azyklische, ungeplante Kommunikation (Q2) und es muss eine Mindestzeit für die maximal MTU zwischen den TAS-Fenstern eingehalten werden.

3.) TAF ist für die Traffic-Klasse isochron (*garantierte maximale kleine Latenzzeit*) TAS ebenbürtig, weil die TSN-Frames zeitgeplant übertragen werden was durch eine Netzwerkkonfiguration sichergestellt ist. Je nach Netzwerkdiameter und der Anzahl von dezentralen Kommunikationspunkten (Multi-Controller) muss dies für die Traffic-Klasse *maximale Latenzzeit ohne Übertragungsverluste* bewertet werden.

Da die Anforderung insbesondere an die TAS-Funktion (Guard Band, Queue-Auswahl auf Basis RX-Gate) eine IEC-Echtzeit Ethernet-Funktion ist (die wiederum sehr heterogen ist), wird im folgenden Kapitel 3.2 noch eine Variante vorgeschlagen bei der die Bridges in einer Linientopologie nur eine Queue benötigen und Nachbargeräte sowie eine übergeordnete Konfiguration die Funktion nachbilden.

## 3.2 Domain-based Time Aware Forwarder: Funktionsmodus für garantierte niedrige Latenz in Linientopologien mit Geräten ohne Time Aware Shaper

Um eine niedrige Latenz, insbesondere in einem 100 Mbit/s-TSN-Netzwerk zu garantieren, ist der Time Aware Shaper notwendig. Verfügen Chips nicht über TAS-Funktionen, steigen insbesondere in Linientopologien die Latenzen stark an. Um Geräte in einem zeitsensitiven Netzwerk nutzen zu können, wird hier ein Funktionsmodus vorgestellt, bei dem die Nachbargeräte dieser Geräte oder Domänen eine Time Aware Forwarder-Domäne bilden. Für diese Domäne werden Übertragungszeitschlitze für die azyklische Kommunikation so geplant, dass diese die (ebenfalls geplante) zyklische Kommunikation nicht stört und so spezifische TAS-Hardware nicht notwendig ist. Da die vollständige Kommunikation in der Domäne also zeitgeplant ist, wird kein lokales Traffic Shaping benötigt und die Geräte kommen entsprechend mit einer Queue aus. Die Kontrolle der azyklischen Kommunikation stützt sich dabei auf folgende Funktionen:

1.) Die Geräte senden von der lokalen Applikation (End-Station) nur zeitgesteuert in die D-TAF-Domäne (also auch die azyklischen Frames). Zur Optimierung können die für die einzelnen Geräte geplanten Kanäle für die azyklischen Frames auf Kommunikationsphasen aufgeteilt werden was eine hochfrequente Kommunikation (kleine Zykluszeit) der zyklischen Kommunikation auch in so einer Domäne ermöglicht.

2.) Die (Voll-TSN-) Geräte an den D-TAF-Domänengrenzen (Abbildung 2: Bridge 1) nutzen eine verlängerte Gatezeit der zeitsensitiven Q1 um die D-TAF-Domäne vor ungeplanten Frames zu schützen.

In der vollständigen D-TAF-Domäne werden azyklische Frames nie gepuffert, sondern immer im Cut Through-Verfahren weitergeleitet. Abbildung 3 zeigt eine D-TAF-Domäne im heterogenen TSN-Netzwerk.

Nachteile (zusätzlich zu TAF):
1.) Das D-TAF-Verfahren verursacht eine verringerte Bandbreite für azyklische Kommunikation. Unter der Annahme, dass TSN Nano-Profil-Geräte oder -Linien als Kammzähne an eine leistungsfähige TSN-Hauptdomäne angeschlossen werden, könnten die verschlechterten Eigenschaften als unkritisch angesehen werden (da es hier um die weniger stark beanspruchten Netzwerkzweige geht).
2.) Eine D-TAF-Domäne inkl. ihrer Nachbargeräte muss explizit konfiguriert werden. Dies kann eine zentrale Konfiguration übernehmen oder es könnte eine dezentrale unterlagerte D-TAF-Konfiguration Anwendung finden.
3.) Die Topologie wird eingeschränkt: Eine D-TAF-Domäne muss entweder von TAS-fähigen Bridges umsäumt oder der D-TAF-End-Port der Linie muss offen sein.

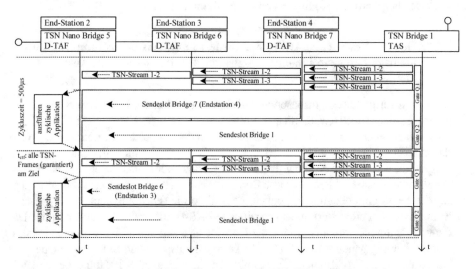

**Abb. 3.** Ort-Zeit-Diagramm und Konfiguration des D-TAF (hier Outbound-Kommunikation, Inbound-Kommunikation (Upstream) zur Steuerung sieht identisch aus)

# 4 Ethernet TSN-Konfigurationsmodellvarianten für heterogene Netze

In diesem Kapitel werden grundlegende TSN-Konfigurationsvarianten beschrieben und gezeigt, dass Echtzeiteigenschaften in heterogenen Netzwerken erreichbar sind und wie sich TSN-Nano-Profilgeräte dabei einfügen. Abbildung 4 zeigt ein Beispiel für applikationstaktsynchrone (isochrone: garantierte maximale kleine Latenzzeit) Kommunikation in einem heterogenen Netz, bei der zu einem garantierten spätesten Zeitpunkt tctf (ctf – cyclic traffic finished) der Kommunikationszyklus abgeschlossen ist.

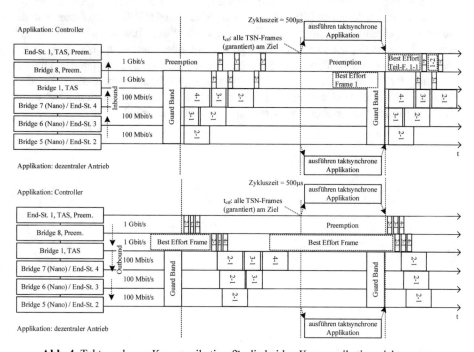

**Abb. 4.** Taktsynchrone Kommunikation für die beiden Kommunikationsrichtungen

Alle hier vorgestellten TSN-Konfigurationsmodi basieren darauf, dass keine Sendezeitpunkte in den Bridges verwendet werden, sondern das Senden der TSN-Endpoints (Talker) zum synchronisierten Zyklusbeginn erfolgt. Bei TSN funktioniert dieser Modus, da nicht ausschließlich im Cut Through-Verfahren weitergeleitet werden muss, sondern auch das Zwischenspeichern von Frames möglich ist. Gegenüber z.B. PROFINET IRT enthält die Konfigurationslogik aus diesem Grund ein Element mehr: die Berechnung und Prüfung ob die einzelnen Bridges (dies ist insbesondere für die Multiport-Bridges relevant) genug Speicher für die berechnete Sendereihenfolge haben. Abbildung 5 zeigt die Elemente einer TSN-Konfigurationslogik.

182

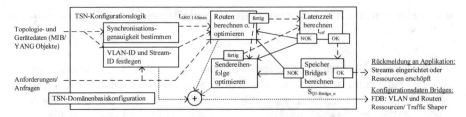

**Abb. 5.** Elemente einer TSN-Konfigurationslogik

Je nach Informationslevel, die der Konfigurationslogik zur Verfügung steht und den Applikationsanforderungen (Stream: QoS und Verortung der Talker und Listener in der Netzwerktopologie) sind unterschiedliche TSN-Funktions- und Konfigurationsmodi notwendig oder möglich. Die TSN-Konfigurationslogikelemente Latenzzeit- und Speicherberechnung und Sendereihenfolge sind dann unterschiedlich ausgeprägt. Die Berechnung der Routen kann z.B. mit dem Dijkstra-Algorithmus vorgenommen werden. Darauf wird hier nicht eingegangen. Die Berechnung der Synchronisationsgenauigkeit wurde in [SC15] beschrieben und wird hier auch nicht weiter behandelt.

| Applikationsanforderungen<br><br>Informationslevel | | Zykluszeiten, Datenmengen | |
|---|---|---|---|
| | | Taktsynchrone Applikation | Freilaufende Applikation |
| | | Kommunikationstyp: Garantierte maximale kleine Latenzzeit | Kommunikationstyp: Maximale Latenzzeit und keine Überlastverluste |
| **Gerätemodelle** | Single-Controller (Inbound-Outbound-Unterscheidung) — Keine Pfadredundanzen | TSN-Funktionsmodus: fluten *Kap. 4.2* | TSN-Funktionsmodus: fluten *Kap. 4.2* |
| | Single-Controller (Inbound-Outbound-Unterscheidung) — Pfadredundanzen | nicht möglich | nicht möglich |
| | Multi-Controller (inkl. Konvergenz) (kein zentraler Komm.-Punkt) — Keine Pfadredundanzen | TSN-Funktionsmodus: fluten *Kap. 4.1* | TSN-Funktionsmodus: fluten *Kap. 4.1* |
| | Multi-Controller (inkl. Konvergenz) (kein zentraler Komm.-Punkt) — Pfadredundanzen | nicht möglich | nicht möglich |
| **Gerätemodelle und Topologie** | Single-Controller (zentraler Kommunikationspunkt) — Keine Pfadredundanzen | TSN-Funktionsmodus: Pfadplanung und (optional) Sendereihenfolgeoptimierung *Kap. 4.3* | TSN-Funktionsmodus: Pfadplanung und Speicherauslastung *Kap. 4.3* |
| | Single-Controller (zentraler Kommunikationspunkt) — Pfadredundanzen | TSN-Funktionsmodus: Pfadplanung und (optional) Sendereihenfolgeoptimierung *Kap. 4.4 (nur Ausblick)* | TSN-Funktionsmodus: Pfadplanung *Kap. 4.3* |
| | Multi-Controller (inkl. Konvergenz) (kein zentraler Komm.-Punkt) — Keine Pfadredundanzen | TSN-Funktionsmodus: Pfadplanung und (optional) Sendereihenfolgeoptimierung *Kap. 4.4 (nur Ausblick)* | TSN-Funktionsmodus: Pfadplanung *Kap. 4.3* |
| | Multi-Controller (inkl. Konvergenz) (kein zentraler Komm.-Punkt) — Pfadredundanzen | TSN-Funktionsmodus: Pfadplanung und (optional) Sendereihenfolgeoptimierung *Kap. 4.4 (nur Ausblick)* | TSN-Funktionsmodus: Pfadplanung *Kap. 4.3* |

## 4.1 TSN-Funktionsmodus ohne Topologiewissen in der Konfigurationslogik

In diesem Funktionsmodus leiten Bridges alle TSN-Frames an alle Ports weiter (außer auf dem den es empfangen worden ist), es erhält also auch jeder Switch für jeden Port die gleiche Konfiguration. Es dürfen also keine Ringe in dem Netz vorkommen (was ja Topologiewissen ist).

1. Bestimmen Worst Case Topologie: Linientopologie, alle Frames (Inbound und Outbound) über den maximalen Netzwerkdiameter.

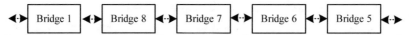

2. Bestimmen Worst Case Link Speed-Kombinationen (maximal kleinste Bandbreite B)
3. Bestimmen Worst Case Preemption-Kombinationen (maximal wenig Links mit Preemption)
4. Summen Delays: n Links, m Bridges (inkl. egress Traffic Shaper, Queueing, GB) und k Frameübertragung

$$t_{ctf} = \sum_1^n t_{LinkDelay_n} + \sum_1^m t_{BridgeDelay_m} + \sum_1^k t_{Frame_k} + t_{\Delta_{802.1ASmax}}$$

$$t_{LinkDelay_n} = f \left\{ \begin{matrix} Online \\ Offline \end{matrix} \right\}$$

$$t_{BridgeDelay_m} = f \left\{ \begin{matrix} Traffic\ Shaper \\ Latenzzeit \\ Preemption \\ Guard\ Band \end{matrix} \right\} \qquad t_{Frame_k} = f \left\{ \begin{matrix} Länge \\ Bitrate\ Link \end{matrix} \right\}$$

5. Berechnung des Speicherbedarfes für Queue 1 $S_{Q1}$: Worst Case für die Speicher: Sterntopologie: Alle End-Station werden an eine Bridge angeschlossen und je Port p wird ein Durchsatz D (t) in die Queue 1 eingespeist und mit einer Bandbreite $B_{egress}$ geleert.

$$S_{Q1-Bridge_n}(t) = \left[ \sum_{p=o}^{p=n-1} \int_{t=0}^{t=t_{ctf}} D_{ingress_n}\, dt \right] - B_{egress_{port_n}} \quad D_{ingress_n}(t)$$

$$= f \left\{ \begin{matrix} ingress\ Link\ Speed \\ Frame\_k \end{matrix} \right\}$$

Der Vorteil diesen Funktionsmodus ist, dass jede Heterogenität möglich ist und das Netzwerk robust und dynamisch ist. Topologieänderungen können ohne die TSN-Konfiguration zu ändern erfolgen, Multi-Controller können genutzt werden. Nachteilig ist, dass keine Ringe möglich sind, die garantierbare Latenzzeit bzw. kleineste Zyklus-zeit hoch ist und die Ressourcen verschwenderisch eingesetzt werden.

## 4.2 Spezieller TSN-Funktionsmodus für Netzwerke mit einem zentralen Kommunikationspunkt (Single-Controller Networks)

Der Funktionsmodus ist gleich zu dem des vorherigen Kapitels 4.1. Da es aber einen zentralen Kommunikationspunkt in der TSN-Domäne gibt, kann Inbound- und Out-bound-Kommunikation unterschieden werden (de facto Topologiewissen). Dies führt zu Vereinfachungen in der Berechnung der notwendigen Kommunikationsfenster und auch zu einer deutlichen Reduzierung der Zeitfenster $t_{ctf}$.
Berechnung des Kommunikationsfensters $t_{ctf-outbound}$ und $t_{ctf-inbound}$

$$t_{ctf-inbound} = \sum_{1}^{n} t_{LinkDelay_n} + \sum_{1}^{m} t_{BridgeDelay_m} + \sum_{1}^{k} t_{Frame_{inbound_k}}$$
$$+ t_{\Delta_{802.1ASmax}}$$

$$t_{ctf-outbound} = \sum_{1}^{n} t_{LinkDelay_n} + \sum_{1}^{m} t_{BridgeDelay_m} + \sum_{1}^{k} t_{Frame_{outbound_k}}$$
$$+ t_{\Delta_{802.1ASmax}}$$

Berechnung des Speichers für Queue 1 $S_{Q1}$

$$S_{Q1-Bridge_n}(t) = \left[ \sum_{p=o}^{p=n-1} \int_{t=0}^{t=t_{ctf}} D_{ingress_n} \, dt \right] - B_{egress_{port_n}}$$

Das Verfahren ist robust, bei einer Topologieänderung muss aber eine Neuberechnung und teilw. Neukonfiguration erfolgen. Um ein Optimum bzgl. Kosteneffizienz bei Erfüllung der Anforderungen zu erreichen, muss die Topologie bereits während der Anlagenplanung bekannt sein. Das ist in der Netzwerktechnik und auch in der Echtzeitkommunikation nicht neues, bei Feldbus-Systemen war dies aber sehr einfach überschaubar. Da die Sendereihenfolge nicht optimiert ist, wird die für die gegebenen physikalischen Netzwerkressourcen nicht die optimal mögliche kleinste Latenzzeit tctf erreicht.

## 4.3 Spezieller TSN-Funktionsmodus mit Topologiewissen und Sendereihenfolgeoptimierung für Single-Controller Networks

1. Routen bestimmen (z.B. Dijkstra-Algorithmus)
2. Sendereihenfolge festlegen Outbound: Frame mit der längsten Route zuerst
3. Summen Latenzzeiten berechnen: Link, Bridge und Frameübertragung (Kommunikationsfenster $t_{ctf}$)

$$t_{ctf-inbound} = \sum_{1}^{n} t_{LinkDelay_n} + \sum_{1}^{m} t_{BridgeDelay_m} + \sum_{1}^{k} t_{Frame_{inbound_k}}$$
$$+ t_{\Delta_{802.1ASmax}}$$

für

$$\sum_{1}^{n} t_{LinkDelay_n} > \sum_{1}^{m} t_{BridgeDelay_m} + \sum_{1}^{k} t_{Frame_{inbound_k}}$$

4. Berechnung des notwendigen Speichers für Queue 1 $S_{Q1}$:

$$S_{Q1-Bridge_n}(t) = \sum \int_{t}^{t=t_{ctf}} D_{ingress_n} \, dt - B_{egress_{port_n}}$$

Mit dem Vorgehen kann die minimal erreichbare Latenzzeit erzielt werden, die Konfiguration einer Multi-Controller-TSN-Domäne ist aber so nicht möglich.

## 4.4 Ausblick allgemeine TSN-Funktion und -konfiguration für konvergente Netzwerke (inkl. Multi-Controller Networks, kein zentraler Kommunikationspunkt)

Ein konvergentes Netzwerk, das verschiedene zeitsensitive Applikationen und Protokolle von unterschiedlichen Kommunikationspunkten aus gleichzeitig überträgt, ist mit vielen der dargestellten Konfigurationsverfahren der letzten drei Kapitel nicht konfigurierbar, da sie auf Vereinfachungen basieren. Dies ist der Inhalt weiterer Arbeit.

# 5 Zusammenfassung

IEEE 802.1 Ethernet TSN ermöglicht Netzwerkkonvergenz für zeitsensitive Applikationen und Protokolle und ist damit eine wichtige Basistechnologie für universelle, einheitliche und durchgängige industrielle Kommunikation vom Sensor bis zur Cloud. Es ist allerdings nicht einheitlich definiert, welche TSN- und Ethernet-Funktionen mit welchen Ressourcen (z.B. Speicher) dafür notwendig sind bzw. genutzt werden sollen. Hersteller, die IEC und die IEEE arbeiten deshalb daran Ethernet TSN für den Einsatz in der industriellen Automation in einem engeren Rahmen zu definieren als die IEEE 802.1-Standardfamilie dies tut. Das entsprechende Profil IEC/IEEE 60802 TSN Profile for Industrial Automation soll 2022 fertig sein. Die hohe Einsatz- und Anforderungsbandbreite (Sensor bis Cloud) macht eine homogene Lösung aber schwer. Dazu kommen Kompromisse zwischen Entwicklungszeit und -kosten die inhomogene TSN-Lösungen fördern. In diesem Beitrag wird ein TSN-Nano Profil vorgeschlagen, das einerseits Ethernet TSN für die Feldebene (Sensoren und Aktoren) skalieren soll und andererseits passende heutige IEC-Echtzeit Ethernet-Hardware mit speziellen Umsetzungsmethoden per Firmware mit TSN-Funktionen updaten kann und so die Markteinführung von Ethernet TSN in der Automation und auch das Retrofitting von existierenden Anlagen vereinfacht und beschleunigt. Es wird vorgeschlagen das Ethernet TSN Nano Profil in das IEC/IEEE 60802 TSN-IA-Profil aufzunehmen und so eine Profilskalierung für einfachste Geräte zu erzielen und Retrofitting zu ermöglichen.

# Literatur

[WO07] Martin Wollschläger, Thilo Sauter, and Jürgen Jasperneite: The future of industrial communication. In: in IEEE Industrial Electronics magazine. IEEE, Mar 2017.

[IE18] IEC/IEEE 60802 TSN Profile for Industrial Automation, online: https://1.ieee802.org/tsn/iec-ieee-60802-tsn-profile-for-industrial-automation/

[SC17] Sebastian Schriegel, Carsten Pieper, Sergej Gamper, Alexander Biendarra, and Jürgen Jasperneite: Vereinfachtes Ethernet TSN-Implementierungsmodell für Feldgeräte mit zwei Ports. In: Kommunikation in der Automation - KommA 2017, Magdeburg, Germany, Nov 2017.

[XS17] Xaver Schmidt: The goals of integration of TSN into PROFINET. In: TSN/A Conference 2017.

[SE18] SERCOS: Sercos over TSN. Online: www.sercos.de, 2018.

[EC18] Karl Weber: Whitepaper EtherCAT Technology Group - EtherCAT and TSN - Best Practices for Industrial Ethernet System Architecture. Online: www.ethercat.org, 2018.

[SC07] Schriegel, Sebastian; Jasperneite, Jürgen: Investigation of Industrial Environmental Influences on Clock Sources and their Effect on the Synchronization Accuracy of IEEE 1588, International IEEE Symposium on Precision Clock Synchronization for Measurement, Control and Communication (ISPCS 2007), Vienna, 2007.

[PS18] TonTong Wang, Norman Finn, Xinynam Wang: TSN Profile for Network Slicing. Online: http://www.ieee802.org/1/files/public/docs2018/new-tsn-wangtt-TSN-profile-for-network-slicing-0718.pdf

[P5G18] Applicability of TSN for 5G services: Online: http://www.ieee802.org/1/files/public/docs2018/new-tsn-wangtt-applicability-of-TSN-for-5G-services-0318-01.pdf

[SPN18] 802.1DF Standard: Time-Sensitive Networking Profile for Service Provider Networks

[In-V18] 802.1DG - Standard: Time-Sensitive Networking Profile for Automotive In-Vehicle Ethernet Communications

[ULL18] Ahmed Nasrallah, Akhilesh Thyagaturu, Ziyad Alharbi, Cuixiang Wang, Xing Shao, Martin Reisslein, and Hesham ElBakoury: Ultra-Low Latency (ULL) Networks: The IEEE TSN and IETF DetNet Standards and Related 5G ULL Research. In: https://arxiv.org/pdf/1803.07673.pdf

[SC11] Schriegel, Sebastian; Jasperneite, Jürgen: Taktsynchrone Applikationen mit PROFINET IO und Ethernet AVB. In: Automation 2011 – VDI-Kongress, Baden Baden, Juni 2011.

[TE18] Whitepaper online: http://www.ieee802.org/24/802.24-smart-grid-whitepaper.pdf

[TA18] Tutorial Automotive Ethernet: online: http://www.ieee802.org/802_tutorials/2017-07/tutorial-Automotive-Ethernet-0717-v02.pdf

[IM11] Imtiaz, Jahanzaib; Jasperneite, Jürgen; Schriegel, Sebastian: A Proposal to Integrate Process Data Communication to IEEE 802.1 Audio Video Bridging (AVB). In: 16th IEEE International Conference on Emerging Technologies and Factory Automation (ETFA 2011) Toulouse, France, Sep 2011.

[SC15] Schriegel, Sebastian; Biendarra, Alexander; Ronen, Opher; Flatt, Holger; Leßmann, Gunnar, Jasperneite, Jürgen: Automatic Determination of Synchronization Path Quality using PTP Bridges with Integrated Inaccuracy Estimation for System Configuration and Monitoring. In: ISPCS 2015, Beijing, 2015.

[KO18] Thomas Kobzan, Sebastian Schriegel, Simon Althoff, Alexander Boschmann, Jens Otto, Jürgen Jasperneite: Secure and Time-sensitive Communication for Remote Process Control and Monitoring. In: IEEE International Conference on Emerging Technologies and Factory Automation (ETFA), Torino, Italy, September 2018.

[SC18]    Schriegel, Sebastian; Kobzan, Thomas; Jasperneite, Jürgen: Investigation on a Distributed SDN Control Plane Architecture for Heterogeneous Time Sensitive Networks. In: 14th IEEE International Workshop on Factory Communication Systems (WFCS) Imperia (Italy), Jun 2018.

[SK18]    Stephan Kehrer: Time-Sensitive Networking (TSN) in Brownfield Applications. In: TSN/A Conference 2018

[KD18]    Keynote-Discussion: The Migration-Plans to TSN – Panel on the Battle of Fieldbus Protocols. In: TSN/A Conference 2018, Stuttgart

[CBdb]    P802.1CBdb – FRER Extended Stream Identification Functions. Online: https://1.ieee802.org/tsn/802-1cbdb/

# Sichere Benutzerauthentifizierung mit mobilen Endgeräten in industriellen Anwendungen

Andreas Schmelter, Oliver Konradi, Stefan Heiss

Institut für industrielle Informationstechnik (inIT)
Technische Hochschule Ostwestfalen-Lippe
Campusallee 6, 32657 Lemgo
andreas.schmelter@hs-owl.de
oliver.konradi@stud.hs-owl.de
stefan.heiss@hs-owl.de

**Zusammenfassung.** Ein Anwendungsfeld mobiler Endgeräte im Kontext von Industrie 4.0 ist das Prozessmonitoring. Daten werden in Echtzeit auf mobilen Endgeräten dargestellt und geben Aufschluss über den aktuellen Zustand des Prozesses. Im Falle von Fehlerzuständen kann es zielführend sein, mit dem mobilen Endgerät steuernd in den Prozess einzugreifen; allerdings wird dazu eine sichere Nutzerauthentifikation benötigt, um den Prozess vor unbefugten Zugriffen zu schützen, beziehungsweise ein abgestuftes Rechtesystem zu etablieren. Eine solche Nutzerauthentifikation, die alle in IEC 62443 genannten Anforderungen erfüllt, wurde prototypisch umgesetzt.

## 1 Einleitung

Mit der Digitalisierung in der Produktion (Industrie 4.0) finden auch mobile Endgeräte in diesem Bereich zunehmend mehr Anwendungsmöglichkeiten. Anwendungen, die zum Beispiel Lehrmaterial in Form von Videos oder Augmented Reality-Funktionen beinhalten und direkt vor Ort angewendet werden können, sind hilfreich für eine Einweisung und Bedienung neuer Anlagen und Maschinen. Einzelne Produktionsschritte und die Anzahl der bearbeiteten und gelagerten Produkte sowie deren Standort im Lager lassen sich auf einem mobilen Endgerät nachvollziehen. Außerdem können im Fehlerfall Informationen abgerufen werden und eine digitale Dokumentation erstellt werden, die bei Bedarf auch mit Fotos oder Videos angereichert werden kann [1].

Ein weiterer Anwendungsfall ist eine Adhoc-Überwachung und -Steuerung von industriellen Prozessen, die prinzipiell mit mobilen Endgeräten wie zum Beispiel Tablets oder Smartphones möglich ist. Für die Übertragung der mit den Endgeräten auszutauschenden Prozessparameter bietet sich hierbei beispielsweise das durch die „Open Platform Communications Unified Architecture" (OPC UA) definierte Protokoll an. OPC UA bietet eine plattformunabhängige und sichere Vernetzung von industriellen Anlagen [2] und kristalisiert sich immer mehr als wichtiger Bestandteil zukünftiger Industrie-4.0-Standards heraus [3].

Bei einer Nutzung mobiler Endgeräte, deren Bedienung nicht zwingend eine räumliche Nähe zu einem zu überwachenden Prozess voraussetzen, sind besondere Anfor-

J. Jasperneite, V. Lohweg (Hrsg.), *Kommunikation und Bildverarbeitung in der Automation*,
Technologien für die intelligente Automation 12, https://doi.org/10.1007/978-3-662-59895-5_14

derungen an die Authentifizierung berechtigter Nutzer gegeben. Im Rahmen des Protokollschrittes „ActivateSession" bietet OPC UA verschieden Möglichkeiten der Benutzerauthentifizierung, unter anderem mittels Passwort oder einem sogenannten X509IdentityToken (vgl. [4], 7.3.5, S. 161). Bei einem X509IdentityToken besitzt der Nutzer einen privaten Schlüssel mit dem im Rahmen einer Authentifizierung eine digitale Signatur erstellt wird. Der private Schlüssel muss hierzu auf dem Endgerät verfügbar sein. Wird er auf dem Endgerät gespeichert, so sollte dessen Verwendung zumindest durch ein starkes Passwort geschützt sein, welches von dem berechtigten Nutzer gemerkt und zum Verbindungsaufbau eingegeben werden muss.

Durch die genannten Optionen der Benutzerauthentifizierung kann die in IEC62443 genannte Forderung nach einer eindeutigen Benutzerauthentifizierung [5] erfüllt werden. Eine deutlich sicherere und benutzerfreundlichere Authentifizierung lässt sich allerdings durch eine Nutzung von SmartCards erreichen. Im Zusammenhang mit der o.g. X509IdentityToken-basierten Authentifizierung kann eine solche Zweifaktorauthentifizierung realisiert werden, bei der der private Schlüssel sicher und unabänderlich an eine nutzerspezifische SmartCard gebunden ist. Ein Nutzer muss sich anstelle eines komplexen Passwortes nur noch eine persönliche Identifikationsnummer (PIN) merken. Die Anbindung der SmartCard an verschiedene mobile Geräte kann per Near-Field-Communication (NFC) erfolgen.

Ein entsprechendes Verfahren einer differenzierten Nutzerauthentifikation, welches durch die Anwender einfach und intuitiv zu handhaben ist, wurde prototypisch umgesetzt und soll in diesem Beitrag detailliert beschrieben werden. Neben der SmartCard, die als sicherer Speicher für den privaten Schlüssel eingesetzt wird, kommt in der prototypischen Umsetzung eine Public-Key-Infrastruktur (PKI) zum Einsatz, durch die die den X509IdentityToken entsprechenden X509-v3 Zertifikate gemanagt und verwaltet werden können. Durch die PKI wird zusätzlich zu der eindeutigen Benutzeridentifizierung, eine zentrale Verwaltung der Identifizierung und Authentifizierung von Nutzern ermöglicht. In IEC 62443 wird eine solche zentrale Verwaltung als optionale Erweiterung der eindeutigen Benutzeridentifizierung vorgeschlagen (vgl. [5], 5.7.2, S. 28).

## 2    OPC-UA

OPC-UA ist eine plattformunabhängige Norm, die eine sichere Kommunikation zwischen einem Client und einem Server definiert. In industriellen Anwendungen können Prozesse von Benutzern oder technischen Systemen überwacht und gesteuert werden, indem ein OPC-UA-Server einem OPC-UA-Client Dienste bereitstellt [2]. Für den Zugriff und die Nutzung der Dienste wird ein Kommunikationskanal aufgebaut. Dazu können im Vorfeld Informationen über verfügbare Endpunkte des OPC-UA-Servers abgerufen werden. Endpunkte definieren die zur Absicherung des Kommunikationskanals zu verwendenden Mechanismen und Algorithmen sowie die Art der Benutzerauthentifizierung (User Identity Token) [4].

Folgende Typen von User Identity Token sind in OPC UA spezifiziert: AnonymousIdentityToken, UserName-IdentityToken, IssuedIdentityToken und X509IdentityToken (vgl. [4], 7.35, S.161). Das AnonymousIdentityToken bietet dem OPC-UA-

Server keine Informationen über den Benutzer, was dazu führt, dass keine Identifikation möglich ist. Bei einer Nutzung dieses Token müssen die Zugriffsrechte auf vertrauliche Daten und Dienste eingeschränkt werden, um diese zu schützen. Mittels des UserNameIdentityToken erfolgt die Anmeldung am Server durch einen Benutzernamen und ein zugehöriges Passwort. Eine Nutzung dieses Verfahrens erfordert vom Server keine besonderen Funktionen, allerdings hängt die Sicherheit des Verfahrens nur von der Qualität das Passwortes und der Geheimhaltung des selbigen ab. Alternativ dazu kann das IssuedIdentityToken verwendet werden, welches durch einen externen Authentifizierungsdienst erzeugt wird; zum Beispiel mittels des Ticket Granting Services von Kerberos.

Als letzte Option kann ein Benutzer mittels eines X509IdentityToken identifiziert werden. Das X509IdentityToken setzt sich aus zwei Elementen zusammen: Einem X.509-Zertifikat und einer Signatur des Erstellers des Tokens (vgl. Kapitel 3).

Neben des Typs des User Identity Tokens wird durch einen Endpunkt der Message Security Mode festgelegt: Nachrichten können ohne eine Anwendung von Sicherheitsfunktionen übertragen werden (Modus: none), sie können um einen Message Authentication Code ergänzt werden (Modus: sign) oder zusätzlich verschlüsselt werden (Modus: sign and encrypt). Zusätzlich wird ein Application Instance Certificate gesendet, welches sowohl den genutzten Server, als auch den genutzten Dienst identifiziert (vgl. [6], Kap. 2.1).

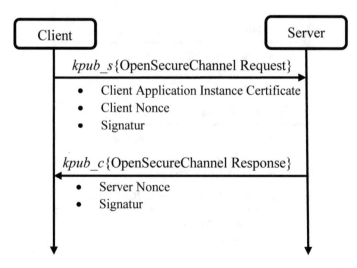

**Abb. 1.** Aufbau des SecureChannel

Abbildung 1 stellt den Aufbau eines sicheren Kommunikationskanals (SecureChannel) dar, wobei alle Nachrichten durch den öffentlichen Schlüssel des Kommunikationspartners verschlüsselt werden. Der Aufbau wird durch den OpenSecureChannel-Request des Clients initiiert. Innerhalb des Request werden diverse Daten verschickt (Client Application Instance Certificate, Nonce, Signatur der Daten). Die Signatur wird durch den privaten Schlüssel des Client erstellt und umfasst alle vorher aufgezählten

Daten (vgl. [7], 6.7.2, S.43). Abschließend wird die Nachricht durch den öffentlichen Schlüssel des Servers verschlüsselt und verschickt. Dieser kann die Nachricht nun entschlüsseln und die Signatur des Clients durch dessen öffentlichen Schlüssel prüfen. Sofern das Zertifikat (noch) gültig ist, verläuft der anschließende Validierungsprozess des Servers erfolgreich und der „OpenSecure-Channel-Response" wird erzeugt. Der „OpenSecureChannel-Response" beinhaltet eine vom OPC-UA-Server generierte Zufallszahl (nonce) und eine Signatur, welche über die gesamte OpenSecureChannel-Request-Nachricht berechnet wird. Diese Daten werden mit dem öffentlichen Schlüssel des OPC-UA-Clients verschlüsselt und an selbigen gesendet. Anschließend können Client und Server identische symmetrische Schlüssel ($k\_symm$) auf Basis der ausgetauschten Zufallszahlen, generieren [7]; der weitere Einsatz der Schlüssel obliegt dem gewählten Security Mode (none, sign, sign and encrypt). Innerhalb des SecureChannel kann eine Session erstellt und aktiviert werden.

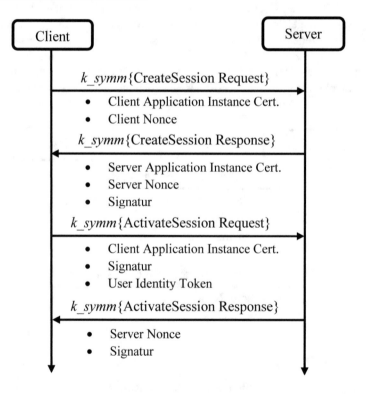

**Abb. 2.** Erstellen und Aktivieren einer Session

Abbildung 2 stellt den Aufbau einer Session dar. Der Aufbau beginnt mit dem „CreateSession-„Request, welcher unter Anderem das Application Instance Certificate und eine Zufallszahl (nonce) des Clients beinhaltet; der Request und alle folgenden Nachrichten ist mit $k\_symm$ verschlüsselt. Nachdem der OPC-UA-Server das Application Instance Certificate validiert hat, wird der Response mit einem „CreateSession-„

Response beantwortet. Dieser beinhaltet unter anderem das Application Instance Zertifikat des Servers, eine vom OPC-UA-Server generierte Zufallszahl sowie eine Signatur, erzeugt durch den Server, über das Application Instance Certificate desselben und die Zufallszahl des Clients. Da der Client den öffentlichen Schlüssel des Servers aus dem Zertifikat kennt, kann er die Signatur prüfen und somit sichergehen, dass der Server im Besitz des entsprechenden privaten Schlüssels ist. Innerhalb des nun folgenden „ActivateSession-„Request erbringt der Client ebenfalls einen Identitätsnachweis. Dazu wird eine Signatur, über das enthaltene Application Instance Certificate des Clients, gebildet und zusammen mit dem User Identity Token verschickt. Wird das X509IdentityToken genutzt, so erzeugt der Client eine zweite Signatur und fügt diese mit dem Token hinzu (vgl. Aufbau des SecureChannel) [4].

Schlüsselpaare und Zertifikate, die wie oben beschrieben zur Etablierung sicherer Kommunikationskanäle und zur Authentifizierung von Nutzern eingesetzt werden, müssen im Vorfeld generiert und verteilt werden. Wie diese Aufgaben im Rahmen einer minimalistischen Public-Key-Infrastruktur (PKI) gelöst werden können, wird im nächsten Abschnitt beschrieben.

## 3 Nutzung einer PKI im Zusammenhang mit einem Konfigurations- und Nutzermanagementsystems

Wie im letzten Abschnitt dargestellt, werden im Rahmen von OPC UA für den Aufbau sicherer Verbindungen und zur Authentifizierung von Nutzern mit einem X509IdentityToken diverse Zertifikate benötigt. Die zur Erzeugung und Verwaltung dieser Zertifikate benötigte PKI wird im einfachsten Fall durch die Etablierung einer einzigen Zertifizierungsstelle (Certification Authority, CA) als vertrauenswürdige Instanz realisiert. Diese CA besitzt ein Schlüsselpaar, dessen öffentlicher Schlüssel (Public Key, $k_{pub\_CA}$) an alle weiteren Kommunikationsteilnehmern zu verteilen ist. Mit ihrem privaten Schlüssel (Private Key, $k_{priv\_CA}$) kann die CA Signaturen erstellen, welche dann von allen weiteren Teilnehmern mithilfe des öffentlichen Schlüssels $k_{pub\_CA}$ verifiziert werden können.

Innerhalb einer PKI besitzen alle Kommunikationsteilnehmer ebenfalls ein spezifisches Schlüsselpaar (User $Ui$ das Schlüsselpaar $k_{priv\_Ui}$, $k_{pub\_Ui}$), sodass sie sich untereinander mithilfe von Signaturen authentifizieren können. Damit der jeweils für die Verifikation benötigte öffentliche Schlüssel von der Gegenseite nicht vorgehalten werden muss, wird er in einem von der CA signierten Zertifikat $Cert_{CA}(Ui, k_{pub\_Ui})$ (üblicher Weise ein X509-Zertifikat in der Version 3, vgl. [8]) zusammen mit der Signatur an die Gegenseite geschickt. Neben der eigentlichen Verifikation der Signatur mit dem im Zertifikat enthaltenen öffentlichen Schlüssel muss also noch die Signatur des Zertifikats mithilfe des öffentlichen CA-Schlüssels verifiziert werden.

Neue Teilnehmer müssen im Rahmen einer PKI also einerseits mit dem öffentlichen Schlüssel der CA ausgestattet werden, um Signaturen anderer Teilnehmer verifizieren zu können, und andererseits ein Schlüsselpaar generieren und sich ein Zertifikat von der CA ausstellen lassen, um selbst verifizierbare Signaturen erzeugen zu können. Damit die CA ein Zertifikat erzeugen kann, benötigt sie die den Teilnehmer identifizierenden Daten zusammen mit dessen öffentlichen Schlüssel. Häufig werden diese Daten in einem sogenannten Certification Request [9] an eine CA übertragen (s. Abbildung 3).

Soll eine PKI im Rahmen einer wohldefinierten, zentral gemanagten Umgebung genutzt werden, so besteht prinzipiell die Möglichkeit die CA-Funktionalitäten in ein Konfigurations- und Nutzermanagementsystem zu integrieren, sodass die Erzeugung von Schlüsselpaaren und Zertifikaten durch dieses System ausgeführt wird (s. Abbildung 4). Beispielsweise könnten von einem solchen System Smartcards nutzerspezifisch personalisiert und mit den benötigten Schlüsseln und Zertifikaten ausgestattet werden. Ein entsprechendes Szenario liegt der in dieser Arbeit vorgestellten Lösung zugrunde.

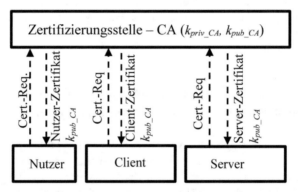

**Abb. 3.** Ausstellen und Verteilen der Zertifikate

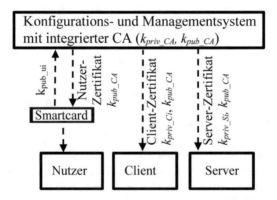

**Abb. 4.** Ausstellen und Verteilen von Zertifikaten durch ein Konfigurations- und Managementsystem

# 4 Smartcards als Schlüssel zum Zugriff auf Komponenten eines Netzwerks und ihre Personalisierung

Im Zusammenhang mit der Authentifizierung von Personen ist eine Smartcard als Träger des der Person zugeordneten privaten Schlüssels sehr gut geeignet, denn der private Schlüssel ist (nachweisbar) nur

- mit Besitz der Smartcard und
- nach Eingabe einer PIN des Besitzers

nutzbar. Smartcards stellen eine physikalisch wohldefinierte und abgegrenzte Umgebung dar, innerhalb der ein privater Schlüssel genutzt werden kann. Sie repräsentieren somit eine für Nutzer offensichtliche Entsprechung physikalischer Schlüssel, mit denen der Zugang zu Gebäudeteilen geregelt wird, nur dass sie eben die Zugangsregelung zu technischen Systemen nutzerspezifisch ermöglichen. Gegenüber einem üblichen Schlüssel besitzen Smartcards, die erst nach Eingabe einer nutzerspezifischen PIN eine Verwendung des gespeicherten privaten Schlüssels erlauben, einen wesentlichen Schutz vor ihrem Missbrauch nach einem Verlust oder Diebstahl (Zwei-Faktor-Authentifizierung). Zusätzlich erlaubt der beschriebene Einsatz von Smartcards die sichere Authentifizierung von Nutzern, die diese auch im Nachhinein nicht abstreiten können.

Lösungen, die auf eine hardwaregestützte Sicherung der privaten Schlüssel verzichten, müssen diese in geeigneter Form direkt auf den Geräten der Nutzer speichern. Neben der Bindung eines Schlüssels an ein Gerät sind auch viele der im letzten Absatz genannten vorteilhaften Eigenschaften nicht mehr realisierbar. Um einen gewissen Schutz vor einer missbräuchlichen Verwendung der privaten Schlüssel zu erreichen, werden diese häufig mithilfe nutzerspezifischer Passwörter verschlüsselt gespeichert. Um hier nun einen ausreichenden Schutz gegen Brute-Force-Angriffe zu gewährleisten, sind diese Passwörter hinreichend komplex zu wählen. Demgegenüber kann der Zugriffsschutz auf die privaten Schlüssel bei einer Verwendung von Smartcards durch relativ kurze PINs erreicht werden, da Smartcards zur Abwehr von Brute-Force-Angriffen über Fehlbedienungszähler verfügen.

Von einem Konfigurations- und Managementsystem, wie es in Kapitel 3 beschrieben ist, kann die Personalisierung einer Smartcard nach Erfassung der einen Nutzer identifizierenden Daten durchgeführt werden. Im Rahmen der hier beschriebenen Implementierung werden die in Abbildung 5 dargestellten Kommandos mit einer Smartcard ausgetauscht. Am Ende des dargestellten Prozesses erhält ein Nutzer eine Smartcard mit seinem Schlüsselpaar, seinem Zertifikat und dem öffentlichen Schlüssel der CA.

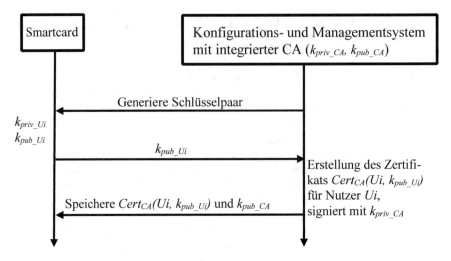

**Abb. 5.** Personalisierung einer Smartcard

# 5 Benutzerauthentifizierung mit einem mobilen Endgerät und einer Smartcard

Das im Folgenden beschriebene Konzept der Benutzerauthentifizierung wurde mit einem einfachen Demonstrator für einen industriellen Prozess umgesetzt. Abbildung 6 stellt diesen Demonstrator dar.

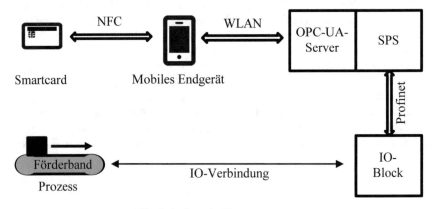

**Abb. 6.** Aufbau des Demoprozesses

Ein Prozess ist an einen IO-Block angebunden und wird von einer speicherprogrammierbaren Steuerung (SPS) angesteuert, wobei die generierten Prozessdaten als Nodes eines OPC-UA-Servers bereitgestellt werden; neben der Bereitstellung der Prozessdaten dienen die Nodes auch zur Steuerung des Prozesses. Der OPC-UA-Client kann je nach Status der Benutzerauthentifizierung und der zugeteilten Benutzerrechte lesend oder schreibend auf die Nodes zugreifen. Anhand der nutzerspezifischen Daten in den

X.509-Zertifikaten können die Nutzer nicht nur als anonym oder authentifiziert kategorisiert werden, sondern es kann auch zwischen authentifizierten Nutzern individuell unterschieden werden, sodass sich prinzipiell ein feingranulares Zugriffsrechtesystem realisieren lässt.

Im Zusammenhang mit dem Demonstrator kommen handelsübliche mobile Endgeräte (Tablets, Smartphones) als OPC-UA-Clients zum Einsatz. Diese bauen zunächst einen SecureChannel mit dem Message Security Mode sign and encrypt zu dem OPC-UA-Server auf. Hierzu benötigt der Client ein spezifisches Client Application Instance Certificate, den dazugehörigen privaten Schlüssel und das Root-Zertifikat des OPC-UA-Servers, welches den öffentlichen Schlüssel $k_{pub\_CA}$ enthält. Diese kryptographischen Schlüssel und Zertifikate werden zusammen mit der OPC-UA-Clientapplikation auf dem Endgerät fest (und möglichst sicher) installiert.

Auf Basis dieses Secure Channels kann bereits ohne weitere Nutzerauthentifikation (Token-Typ: Anonymous-IdentityToken) auf die Prozessdaten zugegriffen werden. Für einen schreibenden Zugriff, der einen aktiven Eingriff in den Prozess erlaubt, muss sich ein Nutzer mit einem X509IdentityToken authentifizieren. Dazu greift das mobile Endgerät mittels NFC auf die Smartcard des Nutzers zu und bildet das benötigte X509IdentityToken, welches anschließend, im Protokollschritt ActivateSession, als User Identity Token genutzt wird. Den Kommunikationsablauf zwischen Smartcard, mobilem Endgerät und Server zeigt Abbildung 7.

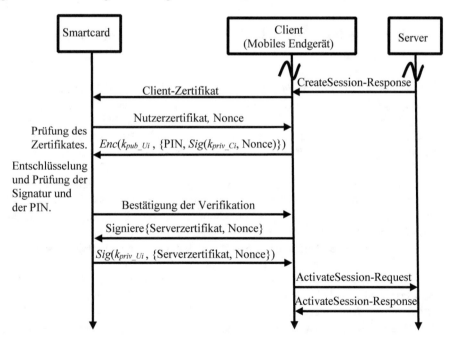

**Abb. 7.** Erzeugen des X509IdentityToken

Die in Abbildung 7 dargestellte Kommunikation mit der Smartcard beginnt nach dem Empfang des „CreateSession"-Response. Zuerst sendet das mobile Endgerät sein

Client Application Instance Certificate an die Smartcard, damit diese über den öffentlichen Client-Schlüssel $k_{pub\_Ci}$ verfügt. Nachdem die Smartcard die Vertrauenswürdigkeit des Zertifikates mit dem öffentlichen Schlüssel $k_{pub\_CA}$ der CA geprüft hat, schickt sie das Nutzerzertifikat und einen Zufallswert (Nonce) an das mobile Endgerät. Im Anschluss erzeugt das mobile Endgerät eine Nachricht bestehend aus der PIN und einer Signatur über den zuvor empfangenen Nonce und überträgt diese Nachricht verschlüsselt, mit dem öffentlichen Schlüssel $k_{pub\_Ui}$, an die Smartcard. Die Smartcard entschlüsselt die Nachricht mit $k_{priv\_Ui}$ und prüft die Signatur. Ist die Signatur gültig, erfolgt die Prüfung der PIN. Nach der Bestätigung der Nutzeridentität, können die nachfolgenden Befehle ausgeführt werden. Zur Erzeugung der Signatur werden das Server Application Instance Zertifikat und die Zufallszahl des OPC-UA-Servers (Nonce) aus der „CreateSession Response"-Nachricht an die Smartcard gesendet (vgl. Abbildung 2). Für diese Daten erzeugt die Smartcard mit dem privaten Schlüssel $k_{priv\_Ui}$ eine Signatur. Aus dieser Signatur und dem Nutzerzertifikat wird das X.509IdentityToken gebildet und innerhalb des ActivateSession-Request an den Server übertragen. Anschließend verifiziert der Server die im X.509IdentityToken enthaltene Signatur, um so den Nutzer zu authentifizieren.

Eine Begründung für das oben skizzierte Protokoll zur Übertragung der PIN an die Smartcard erfolgt im Rahmen der sicherheitskritischen Betrachtung der Near-Field-Kommunikation im nächsten Abschnitt.

# 6 Sicherheitskritische Betrachtung von NFC im Kontext der Applikation

In der Literatur [11, 12, 13] werden verschieden Angriffsmöglichkeiten gegen NFC-Tags selbst (Cloning) als auch gegen die Übertragungsstrecke (Datenmodifikation, Datainjection, Abhören (Eavesdropping), Relay-Attack) betrachtet. Ein Cloning kann allerdings bei einer Smartcard ausgeschlossen werden [12]. Bei Angriffen auf der Luftschnittstelle geht es entweder darum, übertragene Daten mitzulesen oder zu manipulieren.

Ein Abhören (Eavesdropping) der einer Funkübertragung zugrundeliegenden elektromagnetischen Wellen ist prinzipiell immer möglich und daher bei einer Sicherheitsbetrachtung zu berücksichtigen. Die Funkübertragung von NFC kann, je nach Gerätetyp (aktiv/passiv), in einer Entfernung von bis zu 10 Metern abgehört werden [10].

Vor der eigentlichen Nutzung der Smartcard zur Signaturerzeugung muss sich der Besitzer der Smartcard durch der Übertragung der PIN gegenüber der Smartcard authentifizieren. Die PIN ist bei dieser Übertragung vor einem möglichen Mitlesen zu schützen und wird deshalb verschlüsselt übertragen. Die Möglichkeit eines Replay-Angriffs durch die Wiederverwendung einer mitgeschnittenen PIN-Übertragung ist durch die Integration (einer Signatur von) einer durch die Smartcard zuvor generierten Nonce ausgeschlossen.

Würden PIN und Nonce lediglich verschlüsselt übertragen werden, böte sich jedem potentiellen Angreifer, der in die Nähe der Smartcard gelangen kann, die Möglichkeit der Durchführung eines Denial-of.Service-Angriffs auf die Smartcard, indem er das PIN-Übertragungsprotokoll so oft mit beliebigen (falschen) PIN-Werten durchführt, bis die Smartcard für eine weitere Nutzung gesperrt ist. Durch die Verwendung der Signatur wird dieses Angriffsszenario auf Angreifer beschränkt, die im Besitz eines privaten Schlüssels sind für dessen zugehörigen öffentlichen Schlüssel ein durch die eingesetzte CA erstelltes Zertifikat existiert.

Bei einem Relay-Angriff wird die Übertragungsstrecke zwischen Smartcard und Smartcardterminal überbrückt, um eine Aktion ohne direkten Besitz der Smartcard auszuführen. Da jedoch alle sicherheitsrelevanten Operationen nur nach Eingabe der PIN möglich sind, ist dieser Angriff im Zusammenhang mit der in dieser Arbeit beschriebenen Lösung nicht durchführbar.

Um eine aus Sicht eines Angreifers erfolgreiche Modifikation oder Einfügung von Daten (Datainjection) prinzipiell zu verhindern, werden die mit der Smartcard ausgetauschten Daten mit einem MAC (Message Authenticaton Code) versehen. (Der Einfachheit halber wurde auf deren Darstellung in Abb. 7 verzichtet.)

# 7 Zusammenfassung

Die vorliegende Arbeit zeigte, wie eine differenzierte Nutzerauthentifikation, welche durch die Anwender einfach und intuitiv zu handhaben ist, in aktuellen industriellen Anwendungen mit einer Nutzung handelsüblicher mobiler Endgeräte umgesetzt werden kann. Diese Nutzerauthentifikation kann, je nach gewünschtem Anwendungsfall, weiter verfeinert werden und lässt sich gut im Zusammenspiel mit einem feingranularen Rechtemanagementsystem nutzen.

Die Integration einer eigenen CA-Funktionalität in Rechtemanagement- und Konfigurationssysteme erspart Aufwände und Abhängigkeiten gegenüber Dritten bei der Erstellung von Authentifizierungsmitteln (Zertifikate). Die Nutzung von Smartcards bietet den Vorteil einer Zwei-Faktor-Authentifizierung und gibt den Nutzern darüber hinaus einen physikalischen „Schlüssel" an die Hand, mit dem sie sich die ihnen jeweils gewährten Zugang zum System freischalten können. Im Zusammenhang mit der Nutzung der NFC-Schnittstelle wurden mögliche Angriffsszenarien untersucht. Durch eine Verwendung geeigneter kryptographischer Mechanismen können diese jedoch ausgeschlossen werden.

# Literatur

[1]    „Mobile devices in Industry 4.0," 31. Mai 2016. [Online]. Available: http://www.criticalmanufacturing.com/pt/newsroom/blog/posts/blog/mobile-devices-in-industry-4-0#.W59e8fZCTUg. [Zugriff am 17. 09. 2018].

[2]    OPC Unified Architecture – Teil 1: Übersicht und Konzepte (IEC 62541-1:2010).

[3]    „Verband Deutscher Maschinen- und Anlagenbau (VDMA): Industrie 4.0 Kommunikation mit OPC UA - Leitfaden zur Einführung in den Mittelstand," 2017. [Online]. Available: https://industrie40.vdma.org/documents/4214230/16617345/ 1492669959563_2017_Leitfaden_OPC_UA_LR.pdf/f4ddb36f-72b5-43fc-953a-ca24d2f50840. [Zugriff am 22. 04. 2018].

[4]    „OPC Unified Architecture - Teil 4: Dienste, (IEC 62541-4:2015)".

[5]     „IEC 62443 Part 3: Industrial communication network - Network and system security - Part 3-3 System Security requirements and security levels, Edition 1.0," 2013.

[6]     OPC Foundation, „The OPC UA Security Model for Administrators v1.0," 7. July 2010.

[7]     „OPC Unified Architecture - Teil 6: Protokollabbildungen, (IEC 62541-6:2015)".

[8]     „RFC 5280," Mai 2008. [Online].Available: https://www.ietf.org/rfc/rfc5280.txt. [Zugriff am 10. 10. 2018].

[9]     „RFC 2986," 11 2000. [Online]. Available: https://www.ietf.org/rfc/rfc2986.txt. [Zugriff am 10 10 2018].

[10]    Google, „Android Developers," 14. 8. 2018. [Online]. Available: https://developer.android.com /training/articles/keystore#SecurityFeatures. [Zugriff am 5. 10. 2018].

[11]    E. H. a. K. Breitfuß, „Security in Near Field Communication (NFC)," Gratkorn, Austria.

[12]    K. M. Keith Mayes, Smart Cards, Tokens, Security and Applications; Seccond Edition, Springer, 2017.

[13]    G. K. U. K. S. R. Anusha Rahul, „NEAR FIELD COMMUNICATION (NFC) TECHNOLOGY: A SURVEY," *International Journal on cybernetics & Informatics (IJCI) Wol. 4, No. 2,* April 2015.

# A comparative evaluation of security mechanisms in DDS, TLS and DTLS

Maxim Friesen[1], Gajasri Karthikeyan[1], Stefan Heiss[1], Lukasz Wisniewski[1], Henning Trsek[2]

[1]inIT - Institute Industrial IT
Technische Hochschule Ostwestfalen-Lippe
32657 Lemgo
{maxim.friesen, gajasri.karthikeyan, stefan.heiss,
lukasz.wisniewski}@th-owl.de

[2]rt-solutions.de GmbH
50968 Cologne
trsek@rt-solutions.de

**Abstract.** In this paper the end-to-end security mechanisms of the Transport Layer Security (TLS) as well as the Datagram Transport Layer Security (DTLS) standard and the security related plugins within the Data Distribution Service (DDS) specification are analyzed and compared. The basic IT security requirements with regard to industrial applications are defined. Both, TLS/DTLS and DDS Security are evaluated against these requirements, and features such as cryptographic keys, key exchange mechanisms, encryption algorithms and authentication methods are compared. The results shall indicate if and why the use of a DDS-specific security protocol is necessary instead of deploying TLS/DTLS. Furthermore, the fundamental differences between TLS and DTLS are discussed and the distinctive features of DDS Security are highlighted.

## 1 Introduction

The continuous advances of trends like *Industrie 4.0* (I4.0), the *Internet of Things* (IoT), and *Cyber-Physical Systems* (CPS) reshape the basic structure of communication systems in the industrial domain. The decentralization of systems and applications like remote monitoring, controlling and configuration, cloud computing, and machine-to-machine communication require remote access to communication networks and subsequently create big challenges for the current IT security methods. The development of components and systems by different manufacturers and the varying requirements for industrial applications lead to various proprietary communication protocols. The lack of interoperability between different systems is tackled by middleware protocols and frameworks, such as MQTT [OAS15], DDS [Obj14], OPC UA [MLD09], web services and many more.

Previous work in [FSK+18] showed that there is a wide variety of middleware solutions in the industrial domain. And all of these approaches have varying

J. Jasperneite, V. Lohweg (Hrsg.), *Kommunikation und Bildverarbeitung in der Automation*,
Technologien für die intelligente Automation 12, https://doi.org/10.1007/978-3-662-59895-5_15

implementations of common IT security features. While features like client authentication and authorization are usually realized within a middleware-specific IT security infrastructure, most middlewares utilize the Transport Layer Security (TLS) [DR08] or Datagram TLS (DTLS) [RM12] standards to provide a secure channel for data exchange. In contrast, the Data Distribution Service (DDS) protocol implements its own authentication and encryption layer [Obj18]. As industrial networks are becoming more vertically-oriented, where shop floor operations need to stay in direct contact with manufacturing execution systems or cloud computing that interconnects different locations, the use of multiple middlewares for different application purposes has to be expected. Different implementations of security features in each middleware requires users to maintain separate security infrastructures that can become unnecessarily difficult to manage. A joint IT security infrastructure that serves all middlewares would facilitate the setup and management of such a complex multi-middleware system and benefit the scalability of a network. The use of an alternative security approach within DDS contradicts this and potentially impedes compatibility to middlewares that make use of the TLS/DTLS standard. Hence, it is required to compare the DDS and TLS/DTLS approaches and evaluate their differences.

This paper first defines IT security requirements for industrial applications in Section 2. In Section 3 the general DDS architecture and its security features, as well as the TLS and DTLS standards are described. The approaches are compared and evaluated against the defined IT security requirements in Section 4. The main differences and intentions behind the alternative DDS security mechanisms are discussed. The paper is concluded in Section 5.

## 2 IT security requirements in Industrie 4.0

Based on the security objectives defined in the ISO/IEC 27001 standard, this section lists the main requirements for information security and puts them into an industrial context. These shall be used to evaluate the DDS Security and TLS/DTLS functions in the following sections.

*Authenticity* – of users or devices represents the main requisite to achieve most other security objectives. Before encrypted messages are decrypted, or checked for their integrity, it needs to be ensured that the originator is truly who it claims to be. In an industrial environment, access to machine data or its maintenance controls should only be granted to entities that can reliably authenticate themselves. Not only to be able to track and associate any network activity to a unique identity to provide *Non-repudiation* but also to apply *Access Control* mechanisms. User IDs and passwords are standard procedures. More sophisticated and secure approaches include certificates. They provide a description and a digital signature of an entity's identity. This certificate is additionally signed by a third party that both communicating partners trust, usually referred to as Certificate Authority (CA), to verify the certificate's contents.

*Confidentiality* – of information is required if sensitive digital data shall only be viewed by authorized entities. It therefore needs to be securely stored or transported. When data is transmitted over an unsecured channel, an attacker that has gained access to the channel can eavesdrop and obtain all transmitted messages. Communication between separated factory sites usually contains confidential company-related information like trade secrets or personal data and needs protection. A common method to ensure confidentiality is data encryption. An encryption key is used to encrypt information or a message. An authorized recipient that is in possession of the key can decrypt and view the message. Different encryption algorithms use different mathematical methods to obfuscate digital information. The two main schemes are symmetrical and asymmetrical encryption. Symmetrical encryption implies the use of a single key for encrypting and decrypting while asymmetrical encryption uses a mutually generated key-pair which does not require a preceding key exchange. As symmetric-key encryption is much faster, it is generally used to encrypt the actual data, while asymmetric schemes are only used to exchange the symmetric key during initialization.

*Integrity* – of data involves maintaining its accuracy, consistency and trustworthiness throughout its whole life cycle. Machine communication can be intercepted and the sensor or control data can be tampered to harm or even destroy systems. But even non-human-caused events such as electromagnetic interference or software crashes can lead to wrong or faulty alterations in data. A common approach to detect forged or altered data are cryptographic checksums and hash functions that generate Message Authentication Codes (MACs).

*Non-repudiation* – is the assurance that the execution of previous actions cannot be denied. In the context of communication, it provides technical proof of the authorship of messages. A user with malicious intent cannot access and sabotage information or certain processes within a company and repudiate his actions afterwards. Digital signatures in messages provide indisputable proof of its originator. Based on asymmetric cryptographic schemes, a digital signature is calculated with a private key only the message author has access to. Recipients can verify the signature against a corresponding unique public key.

*Availability* – of resources and information ensures that authorized parties can access it when needed. The value of information is lost if it cannot be accessed at the right time. Services within a factory that can be accessed through the Internet to enable cloud-computing or for other purposes can be a potential target for distributed denial-of-service (DDoS) attacks. Further factors that could lead to unavailability of information may include hardware failures, software issues, power outages or natural disasters. Besides regular hardware maintenance and software patching, redundant systems and high-availability clusters with fail-over routines can provide enhanced availability in the event of failure.

*Access Control* – is the selective restriction of authenticated entities to services, data and other resources. In the case of few users and few resources, access control can be configured individually for each entity, but in large distributed systems with many users and hierarchical levels more sophisticated approaches are required.

# 3 Fundamentals

## 3.1 DDS Core

Data Distribution Service is a middleware communication standard maintained by the Object Management Group (OMG) [Obj]. In the context of distributed systems, the term middleware refers to a software layer between the application and the operating system. It abstracts various functions to simplify the connection of components in a system and allows developers and users to focus on the application functionality rather than on providing mechanics for the exchange of data. DDS is a data-centric publish-subscribe protocol that targets the data sharing needs of highly scalable computing environments. In message-centric middlewares, messages are just passed between applications. Data-centricity on the other hand implies the addition of contextual information to messages so that applications can interpret the received data more easily. This makes the middleware aware of the data it processes and allows it to adapt its data sharing to the needs of the application.

The DDS specification is separated in several parts and describes the provided services in the Unified Modeling Language (UML) based on a Platform Independent Model (PIM). The PIM ensures the portability of implementations in any programming language and on any operating system. The DDS Core specifications include the Real-Time Publish-Subscribe (RTPS) [Obj14] protocol and the Data-Centric Publish-Subscribe (DCPS) layer [Obj15].

**Data-Centric Publish-Subscribe Architecture** The DDS architecture is decentralized to provide high reliability and low-latency data connectivity for mission-critical IoT applications. As seen in Fig. 1, data in DDS is made available within a global data space consisting of DDS Domains. Individual appli-

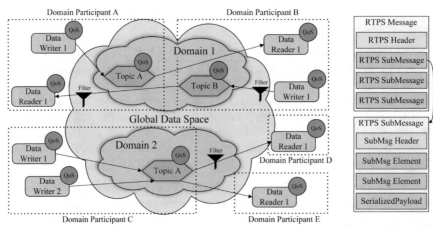

**Fig. 1.** The DDS architecture.

**Fig. 2.** The RTPS message structure.

cations locally store their required data temporarily while the rest is held in remote nodes and accessed through APIs. Based on the principles of the publish-subscribe paradigm, data is read from or written to Topics by applications using Data Reader or Data Writer entities also referred to as Endpoints. DDS Domains logically divide the data space to optimize communication and addressing. Applications can host Domain Participant entities that create and hold Data Writers, Data Readers and Topics. Furthermore, they contain security and QoS-related configurations and are identified with Globally Unique Identifiers (GUIDs). A Domain Participant is bound to a single Domain and cannot communicate with Endpoints on another Domain. A discovery module in the RTPS protocol uses preconfigured dedicated Data Readers, Data Writers and Topics to announce and collect QoS and security policies and information about new Domain Participants inside the domain. A newly created Domain Participant announces itself to a list of configured target peers over multicast. Changed properties of a Domain Participant are automatically propagated. Endpoints can also be excluded from discovery announcements if network or device resources are limited.

From the point of view of an application, it has direct access to the entire part of the global data space, while in reality relevant data is remotely accessed on demand. The global data space is therefore a collection of local application stores that are available to all participants on a peer-to-peer basis. All devices are essentially connected to a virtual bus and communicate with each other without the need for a cloud or server broker. This decentralized architecture enables systems to communicate in real-time while scaling across a large amount of participants.

**Real-Time Publish-Subscribe Protocol** The DDS DCPS specification sets various requirements for its underlying transport protocol, such as discovery services for new devices, lack of single points of failure like centralized name servers or information brokers and QoS properties to enable fault tolerance, reliability and timeliness. However, it does not actually specify a wire protocol or the data encoding. To ensure that different DDS implementations can interoperate, the Real-Time Publish-Subscribe Protocol was utilized. RTPS defines a standard wire protocol that can take advantage of the configurable QoS settings in DDS. It was first approved as part of the Real-Time Industrial Ethernet Suite IEC-PAS-62030 by the IEC and was tailored to comply with the requirements of publish-subscribe data-distribution systems. As a result it forms a close synergy with DDS and its underlying behavioral architecture. Similar to DCPS, RTPS is specified through a PIM which defines message structures, sets of legal message exchanges and discovery functions. Even though the original specification by OMG only provides a Platform Specific Model (PSM) for UDP/IP, most commercial implementations, like Connext DDS, CoreDX or OpenSplice, adopted a TCP/IP binding as well.

As seen in Figure 2 the RTPS message structure consist of a RTPS Header, followed by a variable amount of RTPS Submessages. Each Submessage consists of a Submessage Header, Submessage Elements and optionally a Serialized

Payload. The RTPS Header identifies the RTPS protocol and its vendor. Submessages contain application data or different types of metadata information, such as acknowledgements. The specific type is identified by the Submessage Header. In the case of an acknowledgement, the Submessage Elements could be a set of sequence numbers for missing messages and the related Data Reader and Writer IDs for identification. A Submessage of type Data contains the value of an application data-object in the Serialized Payload and the data type and other relevant information in the Submessage Elements.

**Quality of Service** Since DDS utilizes a broker-less infrastructure, communicating entities run the risk of loosing control over the data flow and either receive unnecessary information or do not meet the reliability requirements of the application. QoS policies are therefore a very important property of the DDS architecture. As indicated in Fig. 1, each DDS entity has a set of configurable QoS parameters that provide a large number of possibilities to regulate the data flows. If certain Topics need to be updated periodically, the *Deadline* policy establishes a contract that the publishing application has to meet. Similarly, subscribing applications can set the *TimeBasedFilter* policy to prevent receiving all published messages to a Topic and only retrieve data in fixed time intervals. To name a few more examples, the *Durability* policy allows late joining Data Readers to obtain historical data from Data Writers by configuring its durability mode; the *Liveliness* policy helps applications to identify inactive entities within the DDS data space. Redundancy can be achieved by publishing data from multiple Data Writers to the same Topic. The *Ownership* policy allows to configure which publisher can update the contents of the Topic and in what order other publishers are authorized to do so if the first one fails to deliver in time.

## 3.2 DDS Security

Information assurance in DDS is realized within the DDS Domains, where the read and write access between Topics and Domain Participants is controlled. Application-defined security policies that affect a DDS Domain, its Topics and participants are enforced by DDS Security.

The DDS Security Model specifies five service interfaces that allow the implementation of plugins. Each of these Service Plugin Interfaces (SPIs) implement certain security functions. Combined together they provide information assurance to DDS systems. This modular approach allows for flexible deployment and makes it possible to complement existing DDS implementations without having to adapt them. DDS provides built-in plugins, namely *DDS:Auth:PKI-DH* for authentication, *DDS:Access:Permissions* for access control and *DDS:Crypto:-AES-GCM-GMAC* for message encryption and authentication. They can be used as is or can be replaced with customized implementations. In this paper however, only the built-in standardized service plugins are evaluated. The additional Logging Service Plugin provides means to log security events for a Domain Participant. The Data Tagging Service Plugin allows the addition of security labels or data tags to messages for additional access control and message prioritization. Since they are not mandatory conformance points with DDS Security, they will not be further discussed in this paper.

**Authentication Service Plugin** *DDS:Auth:PKI-DH* facilitates the authentication of Domain Participants invoking operations in DDS Domains. Depending on the configuration, a Domain Participant might need to be authenticated in order to communicate in a DDS Domain. Authentication is based on a trusted Identity CA that mutually authenticates Domain Participants, either by using Rivest-Shamir-Adleman (RSA) [MKJ$^+$16] or Elliptic Curve Digital Signature Algorithms (ECDSA) [ANS05]. Depending on the used algorithm, the public and private key-pairs of the CA and the Domain Participant shall either be 2048-bit RSA keys or 256-bit EC keys for the NIST P-256 curve [Nat13]. To calculate a shared secret, ephemeral variants of either 2048-bit Diffie-Hellman (DHE) key or 256-bit Elliptic Curve Diffie-Hellman (ECDHE) key agreement methods are used [Res99]. X.509 v3 certificates [Int16] are used for identification. They are validated with a Certificate Revocation List (CRL) [CSF$^+$08] or/and the On-line Certificate Status Protocol (OCSP) [SMA$^+$13]. A shared Identity CA signs the identity certificates of Domain Participants. The same or a separate shared CA signs the permissions and domain governance documents which specify the access rights of a Domain Participant and the Domain's security policies respectively (Section 3.2). Regardless of the choice, the CAs will be labeled separately as Identity CA and Permissions CA throughout this paper. Before a Domain Participant is enabled it therefore needs to be configured with:

- A X.509 v3 CA certificate that defines the Identity CA.
- A X.509 v3 identity certificate that defines the Domain Participant by binding its GUID to its public key and chains up to the Identity CA.

Used for later access control (Section 3.2):
- A X.509 v3 CA certificate that defines the Permissions CA.
- A Domain governance document, signed by the Permissions CA.
- A Domain permission document, signed by the Permissions CA.

Authentication is started by a 3-message handshake protocol. If for example a Data Reader of Domain Participant A wants to read from a Topic hosted by Domain Participant B, the Domain Participant with the lowest GUID sends a handshake request.

1. If Domain Participant B initiates the protocol, the request will contain its generated DH public key (*B.dh*), its identity certificate (*B.cert*) signed by the Identity CA, the Domain permissions document signed by the Permissions CA and a random 256-bit nonce (*B.rand*) used for challenge-response authentication and key derivation.

2. Domain Participant A validates the identity certificate $B.cert$ against the Identity CA and sends a reply with its own generated DH public key ($A.dh$), its own CA-signed identity certificate ($A.cert$), its CA-signed Domain permissions document, the received 256-bit nonce ($B.rand$), a newly generated 256-bit nonce of its own ($A.rand$) and a generated digital signature ($A.sig$) on $A.rand$ and $B.rand$.

3. Domain Participant B validates $A.cert$, verifies $A.sig$ and sends its own signature ($B.sig$) on $A.rand$ and $B.rand$.

4. Domain Participant A finalizes the handshake after verifying $B.sig$.

Both Domain Participants use each others DH public keys ($A.dh$, $B.dh$) to compute a shared secret and proceed to hash it with the 256-bit Secure Hash Algorithm (SHA256) [EH11]. Domain Participant B generates a master salt, a random session ID and a random Initialization Vector (IV) suffix. Based on HMAC-Based Key Derivation (HKDF) [KE10], Domain Participant B creates a master sender key using the shared secret, the master salt, $A.rand$ and $B.rand$ in the extraction phase. The master sender key and the salt are sent to Domain Participant A using a built-in secure Data Writer and Data Reader. The sent key material is encrypted using the shared secret. As the second step of the HKDF, both Participants expand the master sender key, master salt, session ID, $A.rand$ and $B.rand$ into a session key. HMAC-SHA256 serves as the extraction function and as the underlying pseudorandom function (PRF) [EH11] for the expansion. The IV is formed by the IV suffix and the session ID. The session key and the IV are used to create the actual ciphertext and MACs. A crypto header precedes every encrypted message, containing the session ID and the IV suffix. For each subsequent MAC or encrypt operation under the same session key, the IV is incremented. When reestablishing a connection, the session ID is incremented and a new session key is derived from the new session ID and the old key material.

**Access Control Service Plugin** *DDS:Access:Permissions* implements access control mechanisms within DDS systems. As described in 3.2, a Domain Participant needs to be configured with a Domain governance and permission document, signed by the Permissions CA. The document's purposes are specified as follows:

– The Domain governance document specifies the security policies of a domain. It configures various aspects applying to the whole domain, such as the protection mode for RTPS messages (Section 3.2), whether discovered but unauthenticated Domain Participants should be able to access unprotected Topics, whether read or write access to Topics should be restricted to Domain Participants that have the proper permissions, whether only the Serialized Payload, the Submessage or the whole RTPS message (Section 3.1) sent on specific Topics should be protected and with which kind (see protection levels in Section 3.2) etc.

– The permissions document contains the identity of the Domain Participant to which the permissions apply, matching the contents of its identity certificate. Furthermore, the valid time dates for the permissions are stated. A set of rules define the permissions of the Domain Participant. Any DDS operation like joining a Domain or publishing/subscribing to certain Topics is either allowed or denied. Referring to the example in Section 3.2, after successful authentication and granted that the governance document requires Participants to have proper permissions to access any Topic, Domain Participant B would first check the permissions document of Domain Participant A whether it is allowed to access the requested Topic or not.

**Cryptographic Service Plugin** *DDS:Crypto:AES-GCM-GMAC* provides various levels of message encryption and authentication. It utilizes the Advanced Encryption Standard (AES) in Galois Counter Mode (AES-GCM) [Nat07] and supports 128-bit and 256-bit key sizes with a 96-bit nonce as IV. MACs are provided using Galois MAC (AES-GMAC) [Nat07]. GCM is an operation mode for symmetric key cryptographic block ciphers. It enables authenticated encryption at high throughput with low cost and latency. Because the block ciphers are generated with counters, they can be encrypted and decrypted in arbitrary order. This is important for DDS, as Data Readers might not receive all data samples written by a Data Writer when content filtering QoS policies are applied. Furthermore, this allows parallel processing and pipelining of block encryption and decryption operations, optimizing it for the real-time communication requirements of DDS. Each AES-GCM transformation produces a ciphertext and a MAC using the same secret key. AES-GMAC is essentially an authentication-only variant of AES-GCM which only generates a MAC if no plaintext is selected for encryption.

The Domain governance document (3.2) specifies the protection mode of RTPS messages within a Domain. Depending on the security requirements of the network environment and the available computational resources, RTPS messages can be secured as a whole, on Submessage or even only on Payload level (Section 3.1). For that, different protection modes are provided:

*None* – indicates no cryptographic transformation.

*Sign* – indicates the cryptographic transformation shall only be a message authentication code (MAC) without encryption.

*Encrypt* – indicates the cryptographic transformation shall include encryption followed by a MAC that is computed on the ciphertext.

### 3.3 TLS and DTLS

The Transport Layer Security protocol (TLS) and the Datagram Transport Layer Security protocol (DTLS) are applied over TCP and UDP respectively, in order to provide confidentiality, integrity and authenticity. In this work the focus lies on the security features of TLS version 1.2 [DR08] and DTLS version 1.2 [RM12].

**Transport Layer Security** The Transport Layer Security protocol is used to apply security for communication between client/server applications over a reliable transport protocol and operates independently of application layer protocols. TLS utilizes two layers for establishing the secure connection, namely the TLS handshake protocol and TLS record protocol. The TLS handshake protocol ensures authentication of a peer's identity, negotiation of the protocol version, cryptographic algorithms and computation of a shared secret. It utilizes X.509 v3 certificates and trusted CAs that authenticate servers and optionally clients. The TLS record protocol uses the keys generated from the handshake, to ensure data confidentiality and integrity. The record protocol uses symmetric-key cryptography for data encryption and ensures integrity through MACs. TLS supports a variety of cipher suites listed in [DR08,SCM08]. They determine the algorithms used for key exchange, authentication and symmetric-key encryption.

If a client wants to establish a mutually authenticated and secure communication channel to a TLS-enabled server, the client will initiate the TLS handshake protocol as shown below. For the purpose of comparing the security features of DDS and TLS/DTLS, the used cipher suite shall be TLS_DHE_RSA_WITH_AES_128_GCM_SHA256 [SCM08], so that it is configured similarly to the specified authentication and cryptographic plugins of DDS.

1. The client sends a ClientHello message to the server containing the requested TLS protocol version, cipher suite and a 256-bit nonce ($C.rand$) for challenge-response authentication and key derivation.
2. The server sends a ServerHello message which contains the chosen TLS protocol version, the cipher suite, the session ID and the server's nonce ($S.rand$). It proceeds to send its CA-signed certificate ($S.cert$). As an ephemeral DH key-exchange was negotiated, the server additionally sends its DH public key ($S.dh$) and appends a generated digital signature ($S.sig$) on $S.dh$, $S.rand$ and $C.rand$. It concludes the response with a ServerHelloDone message.
3. The client validates $S.cert$ and verifies $S.sig$. It then sends its own CA-signed certificate ($C.cert$) and his DH public key ($C.dh$) to the server as well as a generated signature $C.sig$ on all previous handshake messages including $S.rand$ and $C.rand$.
4. The server completes the handshake after validating $C.cert$ and verifying $C.sig$.

In case of TLS version 1.2, the hash algorithm specified in the cipher suite is the base for the PRF involved in the key derivation. Server and client compute a premaster secret using each others DH public keys ($C.dh$ and $S.dh$). A master secret is generated from the premaster secret, $C.rand$ and $S.rand$ using HMAC-SHA256. Further key material is computed from the master secret, $C.rand$ and $S.rand$ using a PRF similar to the one used in the expansion phase of the HKDF. The key material includes the session keys that are used by the record layer protocol to create MACs and the ciphertext for both directions individually. The IV consists of an implicit and explicit nonce. The implicit nonce is created as part of the key material. The explicit nonce is generated by the sender and is carried by each TLS record. For every invocation of the GCM encryption function under the same session key, the explicit nonce shall be incremented. A TLS session can be resumed by exchanging a new set of $C.rand$, $S.rand$ and generating new key material.

**Datagram Transport Layer Security** The Datagram Transport Layer Security protocol adapts the TLS protocol to unreliable transports like UDP. Similar to TLS, it also utilizes the handshake and the record protocol with additional features to ensure the reliable delivery of handshake messages during session negotiation. These include the introduction of message and record sequence numbers to handle re-ordering and losses during the handshake or record message exchange respectively. Furthermore, message loss is handled with retransmission timers. The cipher suites used in DTLS are adapted from TLS as stated in [RM12].

## 4 Evaluation

In this section DDS and TLS/DTLS are compared with regard to the IT security requirements defined in Section 2.

*Authenticity*: Both DDS and TLS/DTLS make use of a PKI, where communicating parties are authenticated with X.509 v3 certificates, signed by a trusted

**Table 1.** Comparison of the built-in DDS Security plugins and common TLS/DTLS cipher suites

| Requirements | TLS/DTLS | DDS |
|---|---|---|
| Authenticity | PKI with X.509 certificates RSA or ECDSA and DHE or ECDHE for authentication and key exchange | PKI with X.509 certificates RSA or ECDSA and DHE or ECDHE for authentication and key exchange |
| Confidentiality | AES-GCM | AES-GCM |
| Integrity | AES-GMAC | AES-GMAC |
| Non-repudiation | None | Possible with alternative plugins |
| Availability | None | QoS-policies to enable redundancy |
| Access Control | None | Permissions and Governance document signed by a CA |

shared CA. The DDS:Auth:PKI-DH plugin offers either RSA or ECDSA for certificate authentication and relies on DHE or ECDHE for the key exchange. Similar configurations can be achieved with common TLS/DTLS cipher suites, namely:

- TLS_DHE_RSA_WITH_AES_128_GCM_SHA256
- TLS_DHE_ECDSA_WITH_AES_128_GCM_SHA256
- TLS_ECDHE_RSA_WITH_AES_128_GCM_SHA256
- TLS_ECDHE_ECDSA_WITH_AES_128_GCM_SHA256

Further comparisons in this section and in Table 1 will assume the usage of one of these TLS/DTLS cipher suites. The use of 2048-bit keys for RSA and DHE or 256-bit EC keys for ECDSA and ECDHE conforms with the state of the art cryptographic security standards [BR18]. Furthermore, the availability of ephemeral variants of the DH key exchange provide perfect forward secrecy. The handshake of DDS closely resembles the TLS handshake protocol with minor differences regarding the key derivation and key exchange. In TLS/DTLS, both sides derive their key material from the premaster secret. In DDS, the handshake initiator derives the key material, encrypts and sends it to the other participant using the shared secret. Key derivation in DDS is based on the HKDF. In the case of not uniformly distributed keying material, an attacker could gain partial knowledge about it (e.g. exchanged DH values). HKDF uses the extract phase to eliminate the risk of having a dispersed entropy of the input keying material and concentrates it into a cryptographically strong key first to expand upon it later. TLS/DTLS utilizes a similar scheme with a differently implemented PRF and without the preceding extraction phase. However, the transformation of the premaster secret into the master secret serves a similar purpose. Nevertheless, the new TLS version 1.3 [Res18] adopted the HKDF approach to standardize the key derivation and conform with the current security standards.

*Confidentiality*: AES-GCM with either 128-bit or 256-bit keys is supported by DDS and TLS/DTLS and is currently considered to be a secure encryption and decryption standard [BR18]. This Authenticated Encryption with Associated Data (AEAD) cipher suite provides confidentiality, integrity and authenticity. DDS fully utilizes the AEAD functionality by using different RTPS message protection modes. Among other configuration options, it is possible to use the "authenticated encryption" on the payload and consider the header of a message as the "associated data" which is only equipped with a MAC. This gives the payload confidentiality, the header integrity and both authenticity.

*Integrity*: AES-GCM natively provides encrypt-then-MAC functionality. By applying a keyed-hash function on the ciphertext, its data integrity is ensured. TLS initially only made use of the MAC-then-encrypt construct which was regarded as secure at the time of its original specification. It is known today that malleable ciphertext allows attackers to alter messages without breaking the integrity of the encryption. The encrypt-then-MAC approach identifies invalid or corrupted ciphertext without having to waste resources on decrypting the message first. The introduction of AEAD cipher suites solved these concerns. In case no data encryption is required, the nature of the AES-GCM allows to only generate MACs using the same key, referred to as AES-GMAC. While AEAD cipher suites are optionally supported by TLS 1.2, in TLS 1.3 their use is mandated and non-AEAD ciphers are not supported.

*Non-repudiation*: Neither TLS/DTLS nor DDS digitally sign messages outside of the initial handshake. However, the DDS specification states that alternative plugin implementations can make use of digital signatures for regular data exchange. The RTPS messages already have the necessary structure to carry additional signatures, as they could simply replace the MACs.

*Availability*: TLS/DTLS does not provide any means to guarantee availability. The DDS Security plugins also do not consider availability assurance, however the inherent DDS architecture and its QoS policies enable various possibilities to create redundant communication patterns and ensure the availability of data access.

*Access Control*: DDS makes use of permissions and governance documents that specify access rights to individual Topics and general security policies within a whole Domain. The documents are legitimized by a CA that is part of the PKI. TLS/DTLS is unable to provide such functionality, as it lacks the same tight integration into the DDS architecture.

## 5 Conclusion

Before the DDS Security specification was published, the usage of TLS/DTLS was best practice. DDS communication would have simply been layered on top of it. Since TLS/DTLS operates on the transport layer in the ISO/OSI reference model, all application data is encrypted according to the configured cipher suite. Whenever two Endpoints attempted to communicate, a separate TLS/DTLS session was created between the two DDS-enabled applications. However, the DDS Security specification introduced a new plugin-based security approach that was tightly knit into the existing DDS core architecture. While the basic mechanisms like authentication, key exchange and encryption were addressed with similar standards and approaches as in TLS/DTLS, more sophisticated features like access control could only be realized by integrating it into the DDS Core specification. Furthermore, availability, even though not explicitly part of the DDS Security specifications, can be ensured using the decentralized nature of the DDS communication topology. Together with the big variety of QoS parameters, redundant communication patterns can be established to avoid single point of failure scenarios. Another big difference to TLS/DTLS is the ability of DDS to separately configure the protection modes for the underlying communicating entities and their logical address space. Each Topic can be protected differently, so that data being published and subscribed is either encrypted, only signed or not secured at all. The DDS-specific RTPS messages itself can be protected on different levels and in different configurations. E.g. encrypting the payload and submessages and providing MACs for the message header or encrypting the message as a whole. The Domain address space can be differently configured by specifying which entities need authentication and how much access is granted to them individually. While in TLS/DTLS each individual connection between two applications is secured separately with different master secrets that first need to be derived, DDS reuses key material that is once established for multiple connections. Two Domain Participants can host multiple Data Readers and Data Writers and reuse the same master sender key to derive session keys for the different connections. When adding up the various configuration possibilities of DDS Security, its advantages over TLS/DTLS become clear. DDS promises to be a highly scalable middleware that provides low-latency communication for distributed systems. A security architecture that can be tailored by the user to its own use-case is therefore essential to achieve these advertised goals, while still upholding current security standards. In environments where applications scale across powerful server nodes and resource-constrained embedded devices with networks where bandwidth capacity can be scarce, the security mechanisms and the messages on the wire need to be customizeable in complexity and size. TLS/DTLS has a large set of cipher suites but is unable to provide the same level of adaptability as the service plugins in DDS.

In this work the basic security requirements for industrial applications were defined and the the security functions of DDS Security and TLS/DTLS were discussed and evaluated. The results have shown that both make use of the same state of the art mechanisms to provide confidentiality, integrity and authenticity but TLS/DTLS lacks the ability to provide the needed customization that the highly scalable DDS architecture requires to fulfill its advertised objectives. Namely low-latency, low-overhead and simultaneous data exchange between a very large number of participants. DDS Security defines service plugin interfaces that integrate security mechanisms in a configurable manner. Their incorporation into the DDS Core architecture makes the implementation of sophisticated access control features possible that could not have been realized with a transport layer solution such as TLS/DTLS. As the actual performance differences were not evaluated in this paper, future work could provide more insight by comparing the latencies and computational efforts of running DDS over TLS/DTLS and over DDS Security in various protection modes.

# References

[ANS05] ANSI X9.62. Public Key Cryptography For The Financial Services Industry: The Elliptic Curve Digital Signature Algorithm (ECDSA). 2005.

[BR18] Elaine Barker and Allen Roginsky. Transitioning the Use of Cryptographic Algorithms and Key Lengths. *Draft NIST Special Publication 800-131A*, July, 2018.

[CSF⁺08] D. Cooper, S. Santesson, S. Farrell, S. Boeyen, R. Housley, and W. Polk. Internet X.509 Public Key Infrastructure Certificate and Certificate Revocation List (CRL) Profile. Technical report, IETF - RFC5280, may 2008.

[DR08] T Dierks and E Rescorla. The Transport Layer Security (TLS) Protocol Version 1.2. Technical report, IETF - RFC 5246, aug 2008.

[EH11] D. Eastlake 3rd and T. Hansen. US Secure Hash Algorithms (SHA and SHA-based HMAC and HKDF). Technical report, IETF - RFC6234, 2011.

[FSK⁺18] Maxim Friesen, Kai Steinke, Gajasri Karthikeyan, Lukasz Wisniewski, Stefan Heiss, and Karl-Heinz Niemann. Sichere Middleware-Lösungen für die Industrie 4.0: Eine IT-Sicherheitsanalyse aktueller Kommunikationsansätze. In *AUTOMATION 2018 - Der Leitkogress des Mess- und Automatisierungstechnik*, 2018.

[Int16] International Telecommunication Union. Information technology – Open Systems Interconnection – The Directory: Public-key and attribute certificate frameworks. *SERIES X: DATA NETWORKS, OPEN SYSTEM COMMUNICATIONS AND SECURITY*, November, 2016.

[KE10] H. Krawczyk and P. Eronen. HMAC-based Extract-and-Expand Key Derivation Function (HKDF). Technical report, IETF - RFC5869, 2010.

[MKJ⁺16] K. Moriarty, B. Kaliski, J. Jonsson, A. Rusch, and RSA. PKCS #1: RSA Cryptography Specifications Version 2.2 Abstract. Technical report, IETF - RFC3447, nov 2016.

[MLD09] Wolfgang Mahnke, Stefan Helmut Leitner, and Matthias Damm. *OPC Unified Architecture*. 2009.

[Nat07] National Institute of Standards and Technology. Recommendation for block cipher modes of operation: Galois/Counter Mode (GCM) and GMAC. *NIST Special Publication 800-38D*, November, 2007.

[Nat13] National Institute of Standards and Technology. Digital Signature Standard (DSS). *FIPS PUB 186-4*, (July), 2013.

[OAS15] OASIS. MQTT Version 3.1.1, dec 2015.

[Obj] Object Management Group. What is DDS?

[Obj14] Object Management Group. The Real-time Publish-Subscribe (RTPS) DDS Interoperability Wire Protocol Specification v2.2. (September), 2014.

[Obj15] Object Management Group. Data Distribution Service (DDS) v1.4. (April), 2015.

[Obj18] Object Management Group. DDS Security v1.1. (July), 2018.

[Res99] E. Rescorla. Diffie-Hellman Key Agreement Method Status. Technical report, IETF - RFC2631, jun 1999.

[Res18] E. Rescorla. The Transport Layer Security (TLS) Protocol Version 1.3. Technical report, IETF - RFC 8446, aug 2018.

[RM12] E. Rescorla and N. Modadugu. Datagram Transport Layer Security Version 1.2. Technical report, IETF - RFC6347, jan 2012.

[SCM08] J. Salowey, A. Choudhury, and D. McGrew. AES Galois Counter Mode (GCM) Cipher Suites for TLS Status. Technical report, IETF - RFC5288, aug 2008.

216

[SMA+13]  S. Santesson, M. Myers, R. Ankney, A. Malpani, S. Galperin, and C. Adams. X.509 Internet Public Key Infrastructure Online Certificate Status Protocol - OCSP. Rfc6960, IETF - RFC6960, jun 2013.

This paper was funded as part of the project IT_SIVA (ref.: 19117 N) of the Research Association for Electrical Engineering at ZVEI e.V. - FE, Lyoner Strasse 9, 60528 Frankfurt am Main, Germany, by the German Federal Ministry for Economic Affairs and Energy via the AiF as part of the program for the promotion of industrial joint research on the basis of a resolution of the German Bundestag.

# Modeling Security Requirements and Controls for an Automated Deployment of Industrial IT Systems

Martin Gergeleit[1], Henning Trsek[2], Till Eisert[2], Marco Ehrlich[3]

[1]Hochschule RheinMain
65195 Wiesbaden
martin.gergeleit@hs-rm.de

[2]rt-solutions.de GmbH
50968 Köln,
trsek@rt-solutions.de, eisert@rt-solutions.de

[3]inIT - Institute Industrial IT
Technische Hochschule Ostwestfalen-Lippe
32657 Lemgo
marco.ehrlich@th-owl.de

**Abstract.** Due to the dynamic nature of the Industrial Internet and Industry 4.0, future production systems will be reconfigured frequently and as a part of the engineering process, new system configurations will be deployed automatically. In order to keep pace with this development, it will be required to achieve the needed security level in an automated way and to reduce the current static procedures and manual efforts as much as possible. Therefore, the development and modeling of requirements and capability profiles for all cyber security related aspects is needed. The paper describes an approach for such a modeling based on security requirements and levels of the international standard IEC-62443-3-3 and a system description based on OASIS TOSCA. The approach is applied to a real industrial use-case scenario and an evaluation is performed to demonstrate its feasibility.

## 1 Introduction

The emerging Industrial Internet offers a great potential in assuring and extending Germany's position as a powerful location for production technology and innovations in the area of industrial automation. Future intelligent networks and innovative services, which are based on the Industrial Internet, are the basis to be able to link virtual and real processes as a fundamental concept of Industry 4.0. Techniques from business IT like (Edge) Cloud Computing and Software-Defined Networking (SDN) are becoming increasingly important in Industrial Automation and Control Systems (IACS). Their introduction allows a fast and automated deployment of logically defined, virtualized architectures onto physical hardware, which is an important factor for the promised adaptable manufacturing in Industry 4.0.

For the definition of these logical structures like computing nodes, network links, operating systems, and services, as well as their configuration parameters a number of concepts exist, like e.g. OpenFlow [MAB⁺08], NETCONF [ESB11] for SDNs or OASIS TOSCA [OAS13] for cloud orchestration. However, these specifications do not explicitly address another important factor for the success of I4.0 systems: Security. Currently each specified system configuration has to be checked manually whether it fulfills the specific security requirements of the current production environment. This imposes a high effort that leads to a trade-off between the dynamics of the adaption of production processes and their security. To avoid this in the future it will be required to achieve the needed security level in an automated way and to reduce the current static procedures and manual efforts as much as possible [EWT⁺17]. Therefore, the development and modelling of requirements and capability profiles for all cyber security related aspects is needed.

The international standard series IEC 62443 defines procedures for implementing secure IACS. It specifies four security levels (SLs) that are related to the skills, the resources, and the motivation of an adversary, ranging from an accidental intrusion up to a secret service style attack. Especially IEC 62443 part 3-3 [IEC15] defines the technical requirements that have to be met by a complete system to conform to one of the security levels. It distinguishes seven foundational requirements (FRs) covering the most important security objectives, each of them having detailed technical system requirements (SRs). For any specific IACS a risk analysis has to be performed to identify the required SLs for these different aspects of security, as not all of them necessarily have to fulfill the same level. Thus, the resulting security requirements can be summarized in a vector of these seven SLs.

The methodology of the IEC 62443 suggests that a supplier of an industrial IT component specifies which FRs/SRs at which SL are covered by the security controls of the component. Often a component has the ability to fulfill requirements at different SLs, even the higher ones, but there is a trade-off in terms of performance, resource consumption, or often easy-of-use and productivity. When a system integrator builds a system architecture out of these components, the integrator has to select and parametrize the components. Furthermore, the subsystems (zones) and connections (conduits) must be analyzed to assess whether they meet as a whole the FRs/SRs of the desired SL. However, with virtualization techniques and automated deployment of components in a highly flexible production environment this process gets very dynamic. Manual validation of conformance with security requirements will either become a time-consuming bottleneck or tends to be sloppy and introduces new security risks.

A formal description of the security requirements of the target environment in terms of the IEC 62443 abstractions and an according description of the security controls of the deployed components will be beneficial here. This allows at least for basic sanity checks and can give hints on mismatches of required functionality and the defined system configuration. Moreover, it allows to select the appropriate security configuration parameters of components for deployment. Finally, this model can be used to define rules for the composition of components and a validation of a complete system.

Therefore, the approach of this paper is to propose a formal notation that models the security requirements of a system as well as the security controls and parameters of its components – similar to [Tun17] – in accordance to the well-accepted international standard IEC 62443. This model, based on YAML, a simple markup-language, can then be used to automatically check and/or parameterize the deployment specifications. The approach is applied to a real industrial use-case scenario and an evaluation is performed.

The reminder of the paper is organized as follows: First the specification of IEC 62443 security parameters is explained and an introduction to TOSCA is given. Then the approach for checking such models against given security requirements is explained. Finally, an example use-case scenario of a non-trivial IACS system is described including the security parameter modeling and the approach is evaluated.

## 2   IEC 62443 Security Standard

In general, several approaches from various domains, such as telecommunication, multimedia, home computing, industrial automation, or research, are available for security modelling nowadays [EWT+17,EWT+18]. Nevertheless, the furthest developed standard is the IEC 62443 by the International Society of Automation (ISA), which is originally suited for the Industrial Automation and Control Systems (IACSs) inside the industrial automation and manufacturing domain and is enriched by ideas and concepts from various other standards, guidelines, and numerous worldwide distributed organizations. This standard gained a lot more attention during the past years and was developed into the most important one for the industrial domain covering the topics of industrial communication networks and system cyber security [Rol13].

During various editing and improvement phases the current status offers a structure including all aspects of industrial cyber security today. The standard describes possible threats or attacks regarding cyber security in a four stage scaling system in which each stage is stated as a Security Level (SL). **SL 1** delivers protection against casual or coincidental violation, **SL 2** provides protection against intentional violation using simple means, **SL 3** gives protection against intentional violation using sophisticated means, and finally **SL 4** is described by protection against intentional violation using sophisticated means with extended resources. The SLs are designed in the way of using the attacker's motivation and resources, which is seen as a future-proof definition. The standard further describes so-called Foundational Requirements (FRs) based on multiple System Requirements (SRs) with varying quantity on each FR, which provide an abstracted view on the overall security goals [IEC15]. For the current state of our approach we will focus on the utilization of the seven defined FRs:

- **FR 1:** Identification and Authentication Control (IAC) - Identify and authenticate all users (humans, software processes, and devices) before allowing them to access the control system.
- **FR 2:** Use Control (UC) - Enforce the assigned privileges of an authenticated user (human, software process, or device) to perform the actions on the IACSs and monitor the use of these privileges.
- **FR 3:** System Integrity (SI) - Ensure the integrity of the IACSs to prevent unauthorized data or information manipulation.
- **FR 4:** Data Confidentiality (DC) - Ensure the confidentiality of information on communication channels and in data repositories to prevent unauthorised disclosure.
- **FR 5:** Restricted Data Flow (RDF) - Segment the control system via zones and conduits to limit the unnecessary flow of data.
- **FR 6:** Timely Response to Events (TRE) - Respond to security violations by notifying the proper authority, reporting needed evidence of the violation, and taking timely corrective action when incidents are discovered.
- **FR 7:** Resource Availability (RA) - Ensure the availability of the control system against the degradation or denial of essential services.

The desired SLs regarding the different FRs can be varying and they are dependent on the specific use case, which is described using the IEC 62443 standard. Generally there is a differentiation between three characteristics of SL [IEC15]:

- **Target Security Level (SL-T):** Desired level of security for a particular system during conception phase
- **Achieved Security Level (SL-A):** Actual level of security for a particular system after finished setup
- **Capability Security Level (SL-C):** Security level that the chosen components in a setup can provide

The basis of the given procedure is always a risk analysis. The goal is to identify risks and their impact based on a segmentation of the system into cells (zones) and communication channels (conduits). The subdivision of the network is very useful to limit possible damages to a certain cell. The protection objectives of the various cells can be quite different. The result of this exercise is an architecture divided into zones and conduits and the definition of the SL-T vector for each of these units. In response to the above, the system integrator or the plant engineer configures an automation solution based on available components or systems, which inherit their own single SL-C. It is tried to achieve the SL-T of the zones and conduits as far as possible. If this is not sufficient, it takes additional measures, so called compensating countermeasures, which increase the protection level. If the accumulated SL-A protection level cannot meet the requirements from the SL-T vector, the operator must accept the remaining risks or compensate through further measures within his area of responsibility.

# 3 Security extension for OASIS TOSCA

TOSCA (Topology and Orchestration Specification for Cloud Applications) [BBF+12,OAS18] is an OASIS standard language that has been developed to simplify the definition and deployment of services in a cloud environment. It allows to describe the topology of cloud based services, their hard- and software components, and the processes that manages them. TOSCA uses an object-oriented approach to model "topologies" consisting of "nodes" (all kind of components: computing nodes, networks, and also software services), their attributes, their relationships (like "runs on" or "linked to"), their capabilities, and requirements. The TOSCA standard also contains a set of basic types that are usually used to compose cloud services [OAS18]. The classic way of defining TOSCA models is to write a declaration in a YAML language dialect given by the OASIS standard. However, in the last years there also have been developed graphical browsers, which allow for visual and interactive creation of such topologies.

While not initially targeted towards IACS, TOSCA is generic enough to describe any kind of topologies and the language is also open for the definition of new types – either derived from the standard types or in a separate type hierarchy. TOSCA, in contrast to other modeling languages (like e.g. UML), has the advantage, that it has been developed with explicitly cloud computing in mind. Thus, there are also tools that can automatically deploy and maintain TOSCA models in a cloud environment. As IACS are also moving towards cloud infrastructures, even if it is "only" a local edge cloud, it becomes obvious, that TOSCA is also a candidate for modeling these kind of automation systems.

However, up to now TOSCA has no means to handle security issues explicitly. It is the approach of this paper to enhance TOSCA, its definition language as well as its compiler with its static semantic checker, to become aware of security. Thus, a system integrator can select the system components, describe the system's topology, and declare its security requirements. The TOSCA compiler will be able to check, whether the system (as a whole or parts of it) can match these requirements. If not, it can identify those components that violate the requirements and it can give an indication about which dimensions of security these components would need an enhancement. This is the basis for later on empowering the deployment and management engine to automatically select the correct components and the proper configurations for a system.

Obviously, a good starting point for introducing security considerations into TOSCA when focusing on IACS are the abstractions of the IEC 62443 as described in the previous section. TOSCA already has the build-in type of a capability. A capability is a typed attribute that describes a feature of a node, e.g. its RAM size or its number of CPUs. Why not using these attributes also for the describing and quantifying the security features of a component? Listing 1 shows the declaration of a new property type, named IEC62443_FRs, as a vector of 7 named integer values ranging from 0 to 4 corresponding to the 7 FRs of the IEC 62443. The possible values 1 to 4 represent the four different SLs. A 0-value, as a special case, means "not applicable here", when for some reason this FR as a dimension of security cannot be attributed to this component.

**Listing 1.** Declaration of FRs/SLs as capability type.

```
capability_types:
  tosca.capabilities.IEC62443_FRs:
    derived_from: tosca.capabilities.Root
    properties:
      FR1_IAC:
        type: integer
        default: 0
        constraints:
        - {in_range: [ 0, 4 ]}
# details of other FRs omitted for brevity
      FR2_UC:
      FR3_SI:
      FR4_DC:
      FR5_RDF:
      FR6_TRE:
      FR7_RA:
```

This capability type can now be used to extend the existing TOSCA types using object-oriented inheritance by simply deriving a "Secure" type from a basic type. As such a "Secure" type has all the properties and capabilities of the basic type, it can replace it in any topology without any harm to the standard TOSCA semantics. Additionally, it contains at least an instance of the IEC62443_FRs capability and optionally some more properties that describe the security controls provided by this component and their parameters. Listing 2 shows as an example the declaration of a "SecureNetwork" type, derived from the standard "Network". In this case it contains additional properties describing the provided network technology (e.g. plain IP or TSL), the used authentication mechanism (e.g. certificates or username/password), and the used encryption algorithm (e.g. AES-CCMP or 128-EEA2-AES). Most importantly, it also contains a vector of the IEC62443_FRs capability to describe the SLs provided by this component.

**Listing 2.** Declaration of the SecureNetwork type.

```
# SecureNetwork
  tosca.nodes.network.SecureNetwork:
    derived_from: tosca.nodes.network.Network
    properties:
      technology:
        type: string
      authentication:
        type: string
      encryption:
        type: string
    capabilities:
      IEC62443_FunctionalRequirements:
        type: tosca.capabilities.IEC62443_FRs
```

As shown later in Section 5 the actual components are then classified according to the strength of their security controls. Based on a security evaluation the actual values of these additional security properties and SLs are attributed to components. These "Secure" types are then used to build topologies.

# 4  Model checking

Once an application is defined as a topology consisting only of "Secure" types with actual nodes including their IEC62443_FRs capabilities, the TOSCA compiler can process it. A standard TOSCA compiler would just check whether all functional requirements can be met and it would then create a database containing all the required information for deploying this topology on a cloud infrastructure. This still works, but a security-aware TOSCA environment can do more: It can check, whether the topology as a whole can meet the security requirements defined by the owner of the application. To do this, a global FRs/SLs vector has to be defined and given to the compiler. It states the security requirements for an application as a result of a prior threat and risk analysis of the application owner. Static checking is quite simple: The compiler just has to check, whether all defined components reach at least the required global value in each of their FRs/SLs vector dimensions (or have a 0-value, i.e. "not applicable"). If so, each component of a topology can meet the global requirements, if not, the compiler can identifies all components that need to be revisited and their security deficits (Section 5 shows an example of such a check).

In a scenario where more than one component is available that can fulfill the same functional requirements and where the TOSCA deployment engine is free to choose an appropriate set of resources the security information given in the FRs/SLs vectors is even more valuable. If there are e.g. several compute nodes available, some in a physical secured area while other are on the shop floor, the different security classification can force the software components to be deployed automatically in the secured area. Also, if there are different network options available, some just with plain HTTP and others with HTTPS (i.e. TLS authentication and encryption), the security requirements can lead to an automatic choice of HTTPS.

# 5  Prototypical Evaluation in a Realistic Scenario

In order to evaluate the proposed solution approach and to demonstrate its feasibility, a realistic scenario with two different use-cases has been identified. The scenario is situated in the area of automated-guided vehicles. The first use-case (cf. App 1) is a user interface (UI) for a manufacturing execution system (MES), referred to as MES User Interface (MES UI). The MES itself is partly deployed in the edge cloud (service 1: MES local) and partly in a private cloud on premise (service 2: MES data center). The second use-case (cf. App 2) deals with the analysis of the vehicle data from various sensors collected by the vehicle data controller (VDC). The VDC provides the available sensor data to the vehicle data analysis service (service 3: VDA) in a cloud-based system. The overall topology of both use-cases is shown in Fig. 1. The connection to the AGV can be established by using a mobile radio cell (MRC) for LTE, 5G, etc. or a Software-Defined Radio (SDR) for WLAN, ZigBee, etc. as technologies.

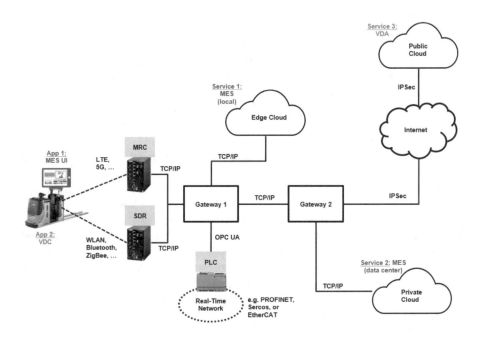

**Fig. 1.** Topology of the corresponding use-cases as used for the prototypical evaluation

The use-case scenario is first described in this section and the resulting main requirements are derived. Afterwards the requirements of one use-case are formally modeled using the proposed modeling approach based on IEC 62443 [IEC15] foundational and system requirements.

### 5.1 Use-case scenario: Operation and Monitoring of Automated-Guided Vehicles

The whole scenario consists of two use-cases. According to the plant life-cycle the first use-case deals with the operational phase of the automated-guided vehicle (AGV). It encompasses an MES installation using an industrial edge cloud infrastructure. An administrator deploys an existing MES into a new industrial environment with hybrid cloud components, i.e. edge cloud and enterprise cloud components. The MES component deployments are described with TOSCA and also encompass field devices, which are human-machine interfaces (HMI). The field devices are connected with a radio communication technology. The connection between the HMI and the back-end allows the operator to view existing orders or other monitoring information from the process.

According to this description, the security requirements are derived in terms of the objectives availability, integrity and confidentiality of the relevant information. They can be summarized as follows.

- The **availability** of the HMI panel is less important, because there will be always a local copy of the relevant process information. Since the process is monitored over longer periods of time, the process information does not become invalid immediately.
- **Integrity** of the data must be guaranteed, i.e. the manipulation or changes of the MES data should not be possible by unauthorized persons or devices.
- **Confidentiality** is important, because only authorized personnel should be allowed to operate the HMI panel and to get access to the displayed information.

The second use-case is related to the monitoring of the AGV. The remote monitoring is implemented by sending vehicle data to a cloud infrastructure, where it is used to maintain a digital twin of the AGV. This comprises data such as geographic location, status of the AGV, etc. Usually a public cloud infrastructure is used for such monitoring applications. Therefore, the data communication must be done via untrusted networks.

The following requirements can be derived based on the previous description:

- **Availability:** The connection between vehicle and cloud (digital twin) must always be available to keep the digital twin up to date. Furthermore, it must be possible to send information in a timely manner, which requires sufficient bandwidth and a low latency.
- **Integrity:** Manipulation of the vehicle data results in a wrong virtual representation of the AGV and misleading monitoring decisions.
- **Confidentiality:** The AGV must be able to identify and authenticate itself to associate the provided data with the correct digital twin. Since the process data is probably send on a byte level, the confidentiality is less critical.

## 5.2   Security Requirements Modeling based on IEC 62443

After introducing all the needed fundamentals and ideas in the previous sections, we are now able to design the security functionalities of the given topology in order to show and evaluate the proposed approach based on the IEC 62443 standard already described in Section 2. The overall goal is to enable an automatic comparison and evaluation of security requirements from applications (top-down) and security capabilities of e.g. protocols or devices (bottom-up) for the central network management. This creates a future-proof approach to support the industrial networks with additional security functionalities, which can be adapted during runtime in a dynamic manner. To show the usability and applicability of the proposed approach the focus is set on the MES UI use-case from the given scenario.

Based on the overall security goals described in the previous section it is possible to derive certain SL-T values for the seven FRs specified in the IEC 62443 standard. For now, this description depends on the subjective evaluation of the security expert. Therefore, Table 1 represents an exemplary modeling of the security requirements of the MES UI application from the given topology. To understand the values of the given SL-T vector, the evaluation and specification of the first FR, which covers the issues around the identification and authentication control, is further described and presented in the following.

In general, the first FR ensures that every action inside the industrial automation system is supervised and checked before allowing the requesting instance access to the communication network. This FR is further specified by thirteen underlying SRs ranging from the identification and authentication of human users, software applications, regulations for passwords, and the management of wireless access mechanisms. The use-case is assessed with a SL-T value of 3, which can be seen as a summary of all underlying SRs, given by the described requirements of confidentiality and integrity of the transmitted process data. This includes the identification and authentication of all users (humans, applications, and devices) with security mechanisms, which secure the underlying industrial automation system against an intentional non-authenticated access by using technical means, medium resources, automation-related skills, and an overall moderate motivation of the attacker [IEC15].

**Table 1.** Security Vector Example: MES UI

| FR | Name | SL | MES UI Security Mechanisms |
| --- | --- | --- | --- |
| 1 | IAC | 3 | User identification and authentication |
| 2 | UC | 2 | User rights and roles management |
| 3 | SI | 2 | Integrity of process data with adequate resources |
| 4 | DC | 2 | Confidentiality of process data with adequate resources |
| 5 | RDF | 3 | Correct handling of wireless connections |
| 6 | TRE | 1 | Only non real-time requirements |
| 7 | RA | 1 | Availability of process data |

### 5.3 Security Capabilities Modeling based on IEC 62443

This section contains the modeling of the security capabilities from the communication protocol functionalities (bottom-up) based on the IEC 62443 standard from Section 2 in order to make them comparable to the specified security requirements from the MES UI application from the previous section. This procedure allows a further distribution of the network traffic onto the present devices and protocols in order to enable a future-proof and resource-adequate network management for the industrial automation system. In order to further understand the modeling approach two examples from the given topology out of the described scenario are given: ZigBee as a wireless technology from the industrial domain [Zig12] and LTE as a communication protocol from the telecommunication domain. The description offers a simplified view on the protocols and their security functionalities, which can be seen in the described vectors inside Figure 2. Additional examples can be found in the previous publications [EWT$^+$17] and [EWT$^+$18].

ZigBee is one of the mostly used wireless communication standards for the (Industrial) Internet of Things, which is already widely used in private applications, but has also found its way inside the industrial automation domain. In the specified scenario from Section 5.1 ZigBee is used as a lightweight wireless communication protocol to transmit small amounts of process data in a secure way to the movable AGV on the factory shop floor. The ZigBee Alliance specified ZigBee as an open standard for wireless low-power, low-cost communication for short ranges e.g. 10-100 meters [Zig12]. Although ZigBee was developed with the importance of security in mind, the specification only contains a limited amount of security functionalities and mechanisms in order to keep up with the low resource requirements. Table 2 shows the assessment of the ZigBee communication protocol for our given MES UI use-case from the overall topology.

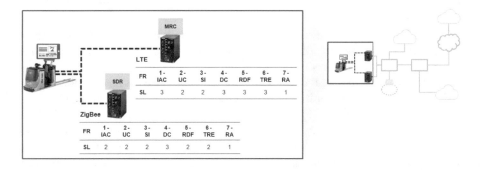

**Fig. 2.** Focus on the described industrial communication protocols ZigBee and LTE

In general, the ZigBee standard defines different principles for the inherited security policies e.g. the Coordinator, which configures the overall security level of the communication network, or the Trust Center, which is run on a trusted device inside the ZigBee network and distributes the keys for the end-to-end application configuration management based on either the Standard Security Mode or the High Security Mode [Zig12]. These two exemplary security mechanisms inside the ZigBee standard affect the evaluation of the FRs 1 and 2 for the modeled security vector.

LTE, often called 4G, is the currently widely deployed standard for high-speed wireless communication for mobile devices and data terminals. Nowadays, it is typically used for wide area public telecommunication infrastructures, but it also allows for small picocells or "enterprise femtocells". These cells just cover

**Table 2.** Security Vector Example: ZigBee [Zig12]

| FR | Name | SL | ZigBee Security Mechanisms |
|----|------|----|---------------------------|
| 1 | IAC | 2 | Trust Center for device authentication |
| 2 | UC | 2 | Different security policies available |
| 3 | SI | 2 | Symmetric cryptography (128bit AES) |
| 4 | DC | 3 | Symmetric cryptography (128bit AES) |
| 5 | RDF | 2 | Separation of device types |
| 6 | TRE | 2 | Frame counter against replay attacks |
| 7 | RA | 1 | Frequency agility against simple jamming |

100-200m, e.g. a private premise, and provide IP-connectivity similar to WiFi Access Points and to the envisaged future 5G infrastructure for M2M factory communication. LTE security [CFB17] is based on the USIM cryptography hardware that contains a unique key per module. It is used for mutual authentication between the module and the network. Based on a session key derived from the authentication, the communication is encrypted and integrity protected. While there are some known attacks especially by downgrading backward compatible devices to unsafe 2G communication the air-interface of pure LTE can be considered as well protected.

Table 3 shows the assessment of the LTE wireless link in our example given the criteria as defined by IEC 62443. Considering e.g. FR2–Use Control LTE can be rated as security level SL2: while the LTE standard implies authorization checks for all participants, it doesn't provide measures against hacked devices (security status checks as required in system requirement SR 2.3 for SL3). However, e.g. the authentication (FR1) can be considered as stronger than that in ZigBee. LTE requires a hardware cryptography module – the USIM and, if authentication of an individual user is required, the USIM's functions can be protected by a PIN. Thus, two-factor authentication can be provided and masquerading, e.g. by cloning of identities is virtually impossible.

**Table 3.** Security Vector Example: LTE communication

| FR | Name | SL | LTE Security Mechanisms |
|----|------|----|------------------------|
| 1 | IAC | 3 | USIM HW authenticates individual devices |
| 2 | UC | 2 | Authorization, but no status check of devices |
| 3 | SI | 2 | Communication integrity, but not device integrity |
| 4 | DC | 3 | Privacy on air link preserved when encryption enabled |
| 5 | RDF | 3 | Cell can be isolated from other networks |
| 6 | TRE | 3 | Trace logs of Node B available |
| 7 | RA | 1 | Can be physically jammed |

## 5.4 Model Checking Evaluation

The complete specification of the sample topology given in in Fig. 1 with all security vectors attributed results in a structured TOSCA YAML file of about 500 line of code. It can be translated using e.g. the Apache ARIA TOSCA compiler into a relational database that contains all the relevant information for further processing the model. On this database the simple static check against the security requirements of the application can be performed as described above: i.e. for all nodes (compute, network, services) is checked, whether their security capabilities vectors are greater or equal in all dimensions than the globally required values.

Fig. 3 depicts this comparison for our sample application and here especially for the wireless link components. The check reveals, that e.g. for the wireless link between the AGV and the fixed infrastructure the ZigBee link cannot fulfill the requirements completely: The application owner requested SL3 for FR1–Identification and Authentication Control. ZigBee's capability vector only states an SL2 here, e.g. because there is no hardware protection for device authentication. In addition, the demanded SL3 for FR5-Restricted Data Flow cannot be met by ZigBee as well due to e.g. missing functionalities for network segmentation and control of data flow. Without further security measures this would rule out ZigBee for this application and the checker will issue a warning here. In contrast, LTE meets or exceeds with its capabilities the requirements vector in all security dimensions and the model checker won't throw a warning here. If there is a choice between the two technologies, a future automated deployment tool would dynamically select LTE in order meet the overall required level of security.

| | 1 - IAC | 2 UC | 3 SI | 4 - DC | 5 - RDF | 6 - TRE | 7 - RA |
|---|---|---|---|---|---|---|---|
| MES-HMI | 3 | 2 | 2 | 2 | 3 | 1 | 1 |
| LTE | 3 | 2 | 2 | 3 | 3 | 3 | 1 |
| ZigBee | 2 | 2 | 2 | 3 | 2 | 2 | 1 |

**Fig. 3.** Checks performed on the capability vectors per security dimension

# 6 Conclusion

Adaptable manufacturing systems belong to the core concepts of Industrie 4.0. In order to achieve the required level of flexibility for them, a fast and automated deployment of logically defined, virtualized and networked architectures will be an important factor. In this context, security aspects are of utmost importance. However, security is usually handled in a very static way, which contradicts to the needed flexibility and leads to the demand for more flexible approaches for security.

Hence, the paper introduces a simple modeling language that is based on the TOSCA Simple Profile in YAML and extends it towards security controls. The extension consists of security capabilities as additional attributes of components. The idea of this paper is the approach, that these security capabilities not only describe security configuration options and additional security-related functionalities, but also their mapping onto IEC 62443 FRs/SRs and the provided SLs. After the modeling approach is introduced, the paper describes a system model of a real world use-case scenario and the corresponding vectors of security requirements are derived. An example topology is defined and the capabilities of the topology are modeled. The performed evaluation demonstrates that the presented approach is suitable for an automated deployment of innovative industrial IT architectures.

Future work will extend the introduced modeling approach to more complex scenarios. Furthermore, it will be investigated if the current level of granularity of the modelled requirements and capabilities is sufficient in all cases. In addition to this, it has been identified that the automatic mapping of requirements and capabilities is very challenging, especially when the mapping result does not match the expectation. Therefore, this area also requires more research.

## Acknowledgments

This work was partially funded by the German Federal Ministry for Economic Affairs and Energy as part of the research project "Industrial Communication for Factories" (IC4F) and the German Federal Ministry of Education and Research as part of the research project "Future Industrial Network Architecture" (FIND).

## References

[BBF+12] T. Binz, G. Breiter, F. Leyman and T. Spatzier. Portable Cloud Services Using TOSCA. *IEEE Internet Computing* 16(3): 80–85, May–June 2012.

[CFB17] Jeffrey A. Cichonski, Joshua M. Franklin, Michael J. Bartock. Guide to LTE Security. *Special Publication (NIST SP) - 800-187*. Dec 2017.

[EWT+17] M. Ehrlich, L. Wisniewski, H. Trsek, D. Mahrenholz and J. Jasperneite. Automatic mapping of cyber security requirements to support network slicing in software-defined networks. In *2017 22nd IEEE International Conference on Emerging Technologies and Factory Automation (ETFA)*, Sept 2017.

[EWT+18] M. Ehrlich, L. Wisniewski, H. Trsek, and J. Jasperneite. Modelling and automatic mapping of cyber security requirements for industrial applications: survey, problem exposition, and research focus. In *2018 14th IEEE International Workshop on Factory Communication Systems (WFCS)*, June 2018.

[ESB11] M. Enns, R and; Bjorklund, J. Schoenwaelder and A. Bierman. Network Configuration Protocol (NETCONF) - RFC6241. Internet Engineering Task Force (IETF), Juni 2011.

[IEC15] IEC. IEC62443-3-3, System security requirements and security levels, 2015.

[MAB+08] Nick McKeown, Tom Anderson, Hari Balakrishnan, Guru Parulkar, Larry Peterson, Jennifer Rexford, Scott Shenker and Jonathan Turner. OpenFlow: Enabling Innovation in Campus Networks. *SIGCOMM Comput. Commun. Rev.*, 38(2):69–74, March 2008.

[OAS13] OASIS. OASIS Topology and Orchestration Specification for Cloud Applications - ver.1.0, November 2013.

[OAS18] OASIS. OASIS TOSCA Simple Profile in YAML Version 1.1,. http://docs.oasis-open.org/tosca/TOSCA/v1.0/TOSCA-v1.0.pdf, Januar 2018.

[Rol13] I. Rolle and P. Kobes. Functional Safety and Industrial Security - State of Standardisation and Risk reduction. In *Elektronik Magazin 8/2013*, August 2013.

[Tun17] Tunc, Cihan et al. Cloud Security Automation Framework. *IEEE 2nd International Workshops on Foundations and Applications of Self* Systems (FAS*W)*. 2017, S. 307-312.

[Zig12] ZigBee Alliance. ZigBee Specification. In *Document 053474r20*, September 2012.

# Self-Configuring Safety Networks

Dieter Etz[1,2], Thomas Frühwirth[1,2], Wolfgang Kastner[1]

[1]Institute of Computer Engineering
Automation Systems Group
TU Wien
{dieter.etz, thomas.fruehwirth, wolfgang.kastner}@tuwien.ac.at

[2]Research Department
Austrian Center for Digital Production
Wien

**Abstract.** In the context of Industry 4.0, production lines as part of Cyper-Physical Systems (CPS) have specific demands for interoperability and flexibility. Machinery, being part of these production lines, has additional requirements in terms of functional safety and real-time communications. The re-configuration of functional safety systems, which is characterized by high manual configuration efforts, leads to time-intensive and expensive downtimes. This paper presents the requirements on and the concept of self-configuring safety networks, which reduces the engineering efforts and allows the operator of production lines convenient re-configuration of safety functions and devices. The proposed concept is based on the vendor-neutral technologies Ethernet, Time-Sensitive Networking (TSN), and OPC Unified Architecture (OPC UA).

## 1   Introduction

The transition from industrial automation (Industry 3.0) to Cyber-Physical Production Systems (Industry 4.0) implies a huge demand for connectivity along the whole value chain. This chain encompasses vertical and horizontal communication from the sensor/actuator level up to Enterprise Resource Planning (ERP) systems and further to applications residing inside the cloud. Factories, in this context, comprised of a heterogeneous array of machines from a multitude of vendors and manufacturers, which are integrated as a singular production line, have their own specific demands on flexibility, interoperability, and real-time. Existing vendor agnostic technologies such as OPC UA and TSN try to address these demands. However, so far no specification exists which covers the need for interoperability, discovery, and automatic configuration in the field of functional-safety-related applications [EFIK18].

Machinery, which poses a risk of physical injury or damage, has additional requirements in terms of functional safety. A common way to address these challenges is to deploy dedicated cables that have to be installed separately to guarantee safety requirements of various machines in a production line. Additionally, these cables require monitoring for open-circuit and short-circuit problems, in

J. Jasperneite, V. Lohweg (Hrsg.), *Kommunikation und Bildverarbeitung in der Automation*,
Technologien für die intelligente Automation 12, https://doi.org/10.1007/978-3-662-59895-5_17

order to assure proper function of their safety features. Such a discrete wiring solution is simple, but every change in a production line results in a huge effort of re-cabling and re-configuring. Over the past several years, industrial communication systems have emerged that address safety features based on Industrial Ethernet to simplify cabling for functional safety applications.

Today, several safety transport protocols based on Industrial Ethernet are established in the industry. However, there is no system on the market which offers discovery of safety devices and automatic configuration of the safety network.

This paper describes a method of how to use existing technologies in order to achieve self-configuring functional safety connectivity which minimizes the effort required due to system changes. The proposed solution is based on Ethernet, TSN, OPC UA, and openSAFETY, combining them into an integrated architecture which enables self-configuring safety networks.

## 2 Functional Safety in Cyber-Physical Systems

The objective of functional safety is "freedom from unacceptable risk of physical injury or of damage to the health of people, either directly, or indirectly as a result of damage to property or to the environment" [IEC05a]. The most important functional safety standard in continental Europe is IEC 61508. It is a generic standard that can be used as a template for application-specific standards, or it can be applied directly. Furthermore, two international standards, namely ISO 13849-1 and IEC 62061, use the concept of functional safety by specifying safety requirements in terms of functional requirements and by defining the amount of risk reduction.

A safety-related electrical, electronic and programmable electronic control systems consists of several Safety-Related Parts of Control Systems (SRP/CS) such as sensors, logic, actuators, and the connections in between.

### 2.1 Discrete Wiring Solution

The classic approach for building a functional safety system is to connect safety devices using cables with line monitoring. This discrete wiring concept involves efforts in wiring each sensor and actuator to safety relays or a safety Programmable Logic Controller (PLC). It is an inflexible solution as every change in the safety configuration implies a change in cabling, which leads to a long downtime of the machine or production line.

### 2.2 Ethernet-Based Real-Time Safety Control Networks

In recent years, automation networking technologies, in particular those dedicated to the industrial automation domain, have been enriched with safety features. An industrial network, as the platform for all communications within a production line, must also support deterministic real-time traffic as well as best effort traffic. The pre-requisite of a safe and stable operation of a functional safety protocol within a system is the deterministic transmission of data, which includes low latency, minimal jitter, and minimal packet loss.

**Black-Channel Principle** The black channel principle, recommended by IEC 61784-3 [IEC16], is based on the requirement that the transmission of safety data is performed independently of the characteristics of the transmission system. Therefore, an additional layer – the safety layer – is placed on top of the application layer. The safety layer considers that safety data is subject to various threats, and for each one a set of defense measures is defined in order to protect this data [WI16, chapter 46.1.2].

**Ethernet-Based Safety Protocols** IEC 61784-3 defines common principles for the transmission of safety-relevant messages among participants within a distributed system using control network technology in accordance with the requirements of IEC 61508 series for functional safety.

Although all safety protocols and profiles defined in IEC 61784-3 are transport layer agnostic using the "black channel principle", almost every Industrial Ethernet protocol comes with its own safety protocol. Some of the most prominent protocols are listed in Table 1.

**Table 1.** Industrial Ethernet and Safety Protocols

| IND. ETHERNET | SAFETY PROTOCOL | IEC NORM | ORG. |
|---|---|---|---|
| EtherNet/IP | CIP Safety | 61784-3-2 | ODVA |
| PROFINET | PROFIsafe | 61784-3-3 | PNO |
| EtherCAT | Safety-over-EtherCAT | 61784-3-12 | ETG |
| POWERLINK | openSAFETY | 61784-3-13 | EPSG |

The choice of an Industrial Ethernet solution almost always determines the safety protocol which has to be used within a machine. But the advantage of a well integrated safety protocol entails difficulties when it comes to interoperability of machines of various manufacturers within a production line.

**Safety Configuration Procedure for Ethernet-Based Systems** The commissioning and re-configuration process of a safety system is usually assisted by an engineering tool supported by the manufacturer of that system. The safety engineer provides all necessary information to that tool, which compiles the needed configuration and transfers it to the safety system. The configuration procedure, according to the E/E/PE system safety lifecycle phase 10 in IEC 61508-1, includes the following steps: create a safety application; compile and transfer the safety application to the safety system; at initial commissioning or hardware change, the safety modules have to be validated by the safety engineer.

## 2.3 Safety Connectivity in Production Lines

Heterogeneous production lines, comprised of machines from various manufacturers in an Industry 4.0 environment, are placing a new range of demands on communication, interoperability, and flexibility. Although, machine manufacturers already use proprietary Ethernet-based safety protocols inside their machines, it is still common today to implement functional safety connectivity among machines within a production line using a discrete wiring solution. The lack of interoperability between different safety protocols of various manufacturers implies therefore limitations in flexibility.

Figure 1 illustrates a production line consisting of 3 machines and an external emergency stop button. Safety connectivity is carried out with dedicated cables between the machines. Non-safety critical communication includes real-time and non-real-time data transmission. Real-time data is utilized for process data using Industrial Ethernet solutions such as PROFINET or POWERLINK. Applications with no need for real-time such as Human Machine Interface (HMI), Manufacturing Execution System (MES), ERP, or cloud services are connected via a best effort network to the production line.

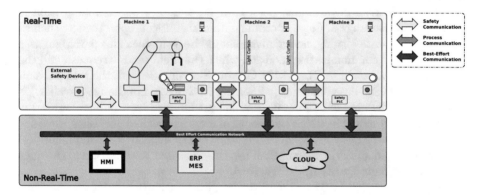

**Fig. 1.** Production line with hard-wired safety connectivity

# 3 Requirements for Self-Configuring Safety Networks

The set of requirements that needs to be satisfied by an industrial communication solution spreads out over three different areas: the communication network, the Machine-to-Machine (M2M) communication protocol, and functional safety. Each of these areas provides capabilities which serve as foundation for a self-configuring safety solution.

## 3.1 Communication Network

The foundation of a unified data transport platform places requirements on the network capabilities. The deterministic transmission of data is a prerequisite for a safe and stable safety protocol in a Cyber-Physical System (CPS). Process data transmission as well as safety communication requires deterministic real-time network capabilities which includes low latency, minimal jitter, and minimal packet loss rates (**Req.C1: Periodic real-time traffic**).

Furthermore, there is also the demand for non-real-time capabilities on the same infrastructure. Applications such as HMI, ERP, or cloud services as well as configuration and diagnostic are not time-critical, and therefore can be based on a best-effort type of traffic (**Req.C2: Best-effort traffic**).

## 3.2 Machine-to-Machine Communication

The current trend towards reduced lot sizes and more flexibility re-inforces the need for a unified Machine-to-Machine (M2M) communication infrastructure. Devices or machines as part of such a unified infrastructure must be able to describe and advertise their capabilities (**Req.M1: Self-description**), and to discover capabilities of other devices (**Req.M2: Discovery**).

In an industrial environment such as a production line, communication is based on two paradigms. First, sporadic data transmission upon request such as configuration, data logging, and analysis should be available. This paradigm uses a Client/Server communication model in which the client sends a request, and the server returns a response (**Req.M3: Client/Server**). Second, the transmission of data in an event-based manner (e.g for the transmission of change-of-values) is mandatory. This kind of communication is best handled by a publish/subscribe communication model in which the sender of messages, called publisher, does not send the data to a specific receiver but rather uses a dedicated stream identifier. Receivers, called subscribers, can then use this identifier to subscribe to the data stream (**Req.M4: Publish/Subscribe**).

A comprehensive M2M communication platform must provide mechanisms to maintain a secure channel ensuring confidentiality, integrity and availability of data and services. It therefore has to support common security features including user authentication, user authorization, message authentication, and encryption (**Req.M5: Security**).

## 3.3 Functional Safety

Functional safety certification is widely considered to be an essential tool to control and mitigate risk, particularly in those cases where a failure could lead to serious injury or death. Compliance with international standards such as IEC 61508 [IEC05a] is driven by legislation, regulations, and insurance demands. IEC 61508 is a basis for sector-specific standards including process industry (IEC 61511), nuclear industry (IEC 61513), machinery industry (IEC 61061 and ISO 13849), and rail industry (EN 50126).

The machinery-sector-specific safety standards IEC 62061 [IEC05b] and ISO 13849-1 [ISO15], therefore, require the user to assess the risks by calculating the average probability of a dangerous failure per hour (PFH). IEC 62061 assigns the PFH to Safety Integrity Levels (SIL) which range from 1 to 4. ISO 13849-1 uses Performance Levels (PL) from "a" to "e" instead. A common communication platform in machinery, consequently, has to support safe and standard applications in order to get a safety certificate (**Req.S1: Safety Certification**).

IEC 61784-3 [IEC16] defines common principles for the transmission of safety-relevant messages among participants within a distributed system using control network technology in accordance with the requirements of IEC 61508 series for functional safety. The "black channel principle", recommended by IEC 61784-3, is based on the requirements that the transmission of safety data is performed independently of the characteristics of the transmission system. Therefore, an additional layer, the safety layer, is placed on top of the application layer (**Req.S2: Black Channel Principle**).

Communication platforms intended for safety data are equipped with several mechanisms to prevent potential errors from occurring during data transmission. These errors are replicated data, data loss, inserted data, incorrect data sequences, corrupt data, and transmission delays (**Req.S3: Safe Data Mechanisms**).

It can be very costly to stop a production line for each change in the safety configuration. Therefore, it is essential that the safety layer offers seamless configuration changes (**Req.S4: Seamless Configuration Change**).

# 4 Building Block Technologies

The aim of this paper is to design a self-configuring safety network based upon existing technologies. Deterministic data transport as well as unified communication combined with a safety protocol is the foundation for a real-time safety network.

Three technologies, which are gaining acceptance in the industry, were chosen as a basis: Time-Sensitive Networking (TSN), OPC Unified Architecture (OPC UA), and openSAFETY.

## 4.1 Time-Sensitive Networking

TSN is a set of IEEE 802 Ethernet sub-standards that are defined by the IEEE TSN task group. Each of these standards offers a different set of functionality that can be applied to IEEE 802 networks, including the well-known 802.3 wired Ethernet and 802.11 Wireless Local Area Network (WLAN). Standards, such as IEEE 802.1AS-Rev (Timing and Synchronization for Time-Sensitive Applications), IEEE 802.1Qbv (Traffic Shaping), and IEEE 802.1Qbu (Frame preemption), provide extensions for wired and wireless Ethernet in order to enable deterministic real-time communication [SPG+16]. IEEE 802.1Qcc (Stream Reservation Protocol) is focused on the definition of management interfaces and protocols to enable TSN network administration. The fully centralized configuration model, which is used for this paper, is illustrated in Figure 2.

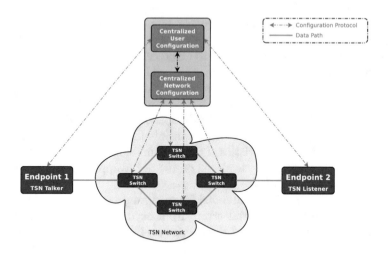

**Fig. 2.** Fully Centralized Configuration Model from IEEE 802.1Qcc

Configuration or rather re-configuration takes places in several steps. The Central User Configuration (CUC) takes a request from an endpoint and hands it over to the Central Network Configuration (CNC), including information about the talker and the listener. The CNC, which has full and global knowledge of network resources and topology, calculates a path that fits the communication requirements. On successful completion, the path is configured in the network and a positive feedback is sent via the CUC to the endpoints.

From a technical perspective, any real-time capable protocol which fulfills the requirements discussed in Section 3.1 or analyzed in [DJF15] could be used as transport platform. TSN was chosen du to the fact that it is the only candidate which is vendor independent, offers converged networks, and allows large and flexible network topologies.

### 4.2 OPC Unified Architecture

OPC UA is a platform-independent service-oriented architecture for M2M communication. The components of OPC UA include transport mechanisms, information modeling capabilities, and services. The transport mechanisms support one-to-one, one-to-many, and many-to-many communication. Information modeling defines the rules and building blocks required to expose managed data with OPC UA. Services allow clients to interact with the application and information model on OPC UA servers [MLD09].

**Information Model** OPC UA uses nodes as a fundamental notion to represent the data and behavior of an underlying system. The nodes can be of various classes including variables, objects, and methods. Nodes can be organized using references that represent the relationships between them. Thus, an information model may be constructed to expose data and metadata for consumption by clients. OPC UA companion specifications exist that map concepts and technologies to standard models for representation in the OPC UA domain.

**Communication Concepts** OPC UA supports two communication models. A client/server model for one-to-one communication, and a publish/subscribe (PubSub) model for one-to-many.

When using the client/server principle, a client establishes a channel and an actively maintained session with a server. Client requests (service calls) are sent to the server, which in return is required to respond. The client may subscribe to nodes in the information model. Changes to these nodes trigger notifications.

Using the PubSub mechanism, a publisher may use connection-less (broker-less) or connection-oriented (broker-based) transmissions to distribute messages to subscribers. The former uses multicast to deliver messages to subscribers. The latter uses a message broker and a standard message exchange protocol (e.g., MQTT, AMQP) for message distribution.

## 4.3 openSAFETY

openSAFETY is a bus-independent communication protocol defined in IEC 61784-3-13 used to transmit information that is crucial for the safe operation of machinery. It is a black channel protocol certified according to IEC 61508 and meets the requirements of Safety Integrity Level (SIL) 3 applications. IEC 61784-3 defines common principles for the transmission of safety-relevant messages among participants within a distributed network using fieldbus technology in accordance with the requirements of IEC 61508 series for functional safety. The openSAFETY stack is the only safety protocol with an open source implementation (mixed BSD/GPLv2 license).

Two communication models are applied within openSAFETY, the producer/consumer model for process data, and the client/server model for configuration and network management. Process data is transmitted in the way that a producer node sends data identified by a specific Safety Address (SADR). Any Safety Node (SN) within the Safety Domain (SD) may receive this data. Configuration data as well as network management data uses client/server communication where the Safety Configuration Manager (SCM), as the client, sends requests to a SN which acts as a server. The SN replies with a response. Both messages, request and response, include server and client addresses.

# 5 Self-Configuring Safety Machine-to-Machine Communication

Two of the major obstacles to functional safety M2M communication in a production line are the lack of interoperability and a complex, time-consuming safety configuration. This paper proposes a concept that addresses interoperability and flexibility by using TSN for deterministic real-time transport, OPC UA as communication platform, and openSAFETY for functional safety communication. The concept provides an automatic re-configuration procedure, assisting the system operator on configuration changes and consequently reducing machine downtime.

## 5.1 Concept

The traditional approach in production line communication is to separate real-time and non-real-time related system parts on a hardware level as shown in Figure 1. In the real-time domain, there is a process communication network and a discrete wiring solution for functional safety requirements. For applications in the non-real-time domain such as HMI, MES, and ERP as well as connectivity to cloud-based services, a best effort communication network is used.

In our concept, the distinction between real-time and non-real-time domain is accomplished on a configuration level using features of TSN instead of using separate communication networks. As illustrated in Figure 3, all communication in the production line is based on one comprehensive communication platform, replacing all the cabling for various hardware interfaces by a single networking technology.

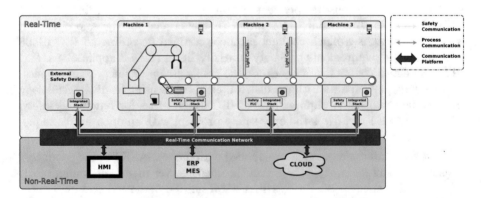

**Fig. 3.** Production line with a comprehensive communication platform

Each system change in the production line entails re-configuration in all parts of the communication stack, including the safety protocol and safety application.

In order to keep the re-configuration effort for the system operator as small as possible, this concept defines an automatic procedure for re-configuration.

## 5.2 Re-Configuration Procedure

Self-configuring safety networks can be realized by combining a functional safety protocol, deterministic real-time transport, and an integration platform with discovery and security capabilities to implement and execute a well-defined re-configuration procedure. This procedure has to be executed whenever the safety configuration changes, i.e. Safety Nodes (SNs) are added to or removed from the system setup. As illustrated in Figure 4, it follows four consecutive phases[1]: *Discovery*, *Validation*, *Plausibility*, and *Processing*.

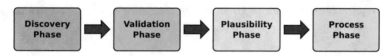

**Fig. 4.** Re-configuration phases

In the 'Discovery Phase', a new device advertises its functionality to the existing safety network and uses a discovery service to search for other nodes that offer safety functions. This phase is based on client/server communication using best effort traffic. Therefore, the requirements 'C2: Best-effort traffic', 'M1: Self-description', 'M2: Discovery', and 'M3: Client/Server' have to be met.

The next stage is the 'Validation Phase' where a check occurs to ascertain whether a device is new or already known to the ensemble. If a new device has entered the network and, thus, a safety configuration change is needed, the operator is prompted to verify and acknowledge the changes. Similar to the previous stage, the communication utilizes the client/server principle with best effort traffic. The addressed requirements in this phase are 'C2: Best-effort traffic' and 'M3: Client/Server'.

The new configuration is checked for potential issues and errors during the 'Plausibility Phase'. This phase involves device matching and network timing such as response and cycle times. The result of the plausibility checks are communicated to other entities in the system, either success or fail. In both cases, the subsequent client/server communication is based on best effort traffic. Thus, the requirements 'C2: Best-effort traffic' and 'M3: Client/Server' are necessary.

Upon successful completion of the first three phases, the 'Processing Phase' can start where the SNs transmit safety-related process data. This phase concludes the re-configuration procedure. Now, the network and the safety application are prepared, and safety-relevant process data is transmitted using the

---

[1] https://www.br-automation.com/en/products/innovations-2017/
safe-line-automation/

publish/subscribe paradigm. Consequently the requirements 'C1: Periodic real-time traffic', 'M4: Publish/Subscribe', 'S2: Black Channel Principle', and 'S3: Safe Data Mechanisms' are needed.

Furthermore, there are some requirements which are demanded in all four phases. 'M5: Security' ensures the secure transmission of data during the whole operation. In order to keep machine down-time as small as possible, the configuration has to be applied seamlessly into the system, which explains the 'S4: Seamless Config. Change' requirement. Finally, the safety protocol has to be certified according to [IEC05a] which is reflected in 'S1: Safety Certification'.

## 5.3 Requirements Matrix

Implementation of the proposed concept requires the mapping of all requirements to the suggested technologies. Therefore, Table 2 summarizes all previously mentioned requirements and maps them to the technologies discussed in this paper.

**Table 2.** List of requirements

| | M1: Self-description | |
| | M2: Discovery | S1: Safety Certification |
| | M3: Client/Server | S2: Black Channel Principle |
| C1: Periodic real-time traffic | M4: Publish/Subscribe | S3: Safe Data Mechanisms |
| C2: Best-effort traffic | M5: Security | S4: Seamless Config. Change |
| **TSN** | **OPC UA** | **openSAFTEY** |
| (a) Communication Network | (b) M2M Communication | (c) Functional Safety |

The requirements matrix points out that the requirements on the communication network, the M2M communication platform, and functional safety protocol can be covered with the technologies TSN, OPC UA, and openSAFETY. Thus, these technologies are combined to achieve a comprehensive and integrated architecture.

## 5.4 Integrated Architecture

As basis for a self-configuring safety network serves an architecture which was proposed in [EFIK18] and is illustrated in Figure 5. This communication stack combines TSN, OPC UA, and openSAFETY in a way that it is capable of transmitting real-time and non-real-time as well as safety and non-safety relevant data.

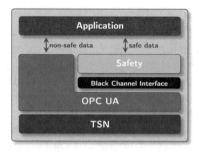

**Fig. 5.** Integrated Architecture handling safety and non-safety critical data

## 5.5 Prototype Implementation

In order to realize a prototype, the integrated architecture is chosen as building block for the proposed solution. It includes openSAFETY as the functional safety protocol, TSN for deterministic real-time transport, and OPC UA as integration platform.

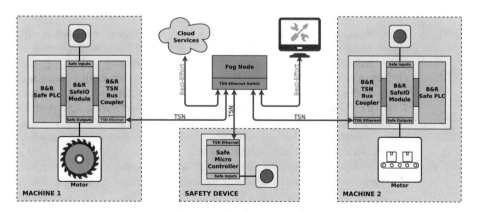

**Fig. 6.** Prototype schematic

Figure 6 illustrates the prototype setup including PLC components from B&R Industrial Automation, a TSN switch, and a Fog Node. The use-case assumes that Machine 1 and Machine 2 communicate via the TSN network. During operation, a new device, the safety device in the middle, will be connected to the TSN switch. After automatic execution of the re-configuration procedure and acknowledgment of the safety engineer, the newly added emergency button is able to stop the motor in Machine 1 and the conveyor belt in Machine 2.

# 6    Conclusion and Outlook

The presented solution of self-configuring safety networks can help to reduce the re-configuration effort and costs of production lines. Instead of re-installing separate cables to connect safety functions, the safety engineer simply re-configures the system and acknowledges the changes via the HMI on one of the corresponding machines. Additionally to the financial aspect, the introduction of an automated configuration can help to prevent configuration mistakes especially in stressful situations. The construction and configuration of the prototype presented in Figure 6 is currently in progress. The findings in setup and configuration of the prototype will help to identify necessary adjustments in communication relations, user interaction, and safety application.

# Acknowledgment

This work has been partially supported and funded by the Austrian Research Promotion Agency (FFG) via the "Austrian Competence Center for Digital Production" (CDP) under the contract number 854187.

# References

[DJF15]   L. Dürkop, J. Jasperneite, and A. Fay. An analysis of real-time ethernets with regard to their automatic configuration. In *2015 IEEE World Conference on Factory Communication Systems (WFCS)*, pages 1–8, May 2015.

[EFIK18]  D. Etz, T. Frühwirth, A. Ismail, and W. Kastner. Simplifying functional safety communication in modular, heterogeneous production lines. In *2018 14th IEEE International Workshop on Factory Communication Systems (WFCS)*, pages 1–4, June 2018.

[IEC05a]  IEC.   Functional safety of electrical/electronic/programmable electronic safety-related systems. IEC 61508, 2005.

[IEC05b]  IEC.   Safety of machinery - Functional safety of safety-related electrical, electronic and programmable electronic control systems. IEC 62061, 2005.

[IEC16]   IEC. Industrial communication networks - Profiles - Part 3: Functional safety fieldbuses - General rules and profile definitions. IEC 61784-3, 2016.

[ISO15]   ISO. Safety of machinery – Safety-related parts of control systems – Part 1: General principles for design. ISO 13849-1, 2015.

[MLD09]  Wolfgang Mahnke, Stefan-Helmut Leitner, and Matthias Damm. *OPC Unified Architecture*. Springer Publishing Company, Incorporated, 1st edition, 2009.

[SPG⁺16]  W. Steiner, P. G. Peón, M. Gutiérrez, A. Mehmed, G. Rodriguez-Navas, E. Lisova, and F. Pozo. Next generation real-time networks based on IT technologies. In *2016 IEEE 21st International Conference on Emerging Technologies and Factory Automation (ETFA)*, pages 1–8, Sept 2016.

[WI16]  B.M. Wilamowski and J.D. Irwin. *Industrial Communication Systems*. ENGnetBASE 2015. CRC Press, 2016.

# Plug&Produce durch Software-defined Networking

Thomas Kobzan[1], Alexander Boschmann[2], Simon Althoff[2], Immanuel Blöcher[3], Sebastian Schriegel[1], Jan Stefan Michels[2], Jürgen Jasperneite[1,4]

[1]Fraunhofer IOSB-INA
32657 Lemgo
{thomas.kobzan, sebastian.schriegel, juergen.jasperneite}
@iosb-ina.fraunhofer.de

[2]Weidmüller Interface GmbH & Co. KG
32758 Detmold
{alexander.boschmann, simon.althoff,
janstefan.michels}@weidmueller.com

[3]Hilscher Gesellschaft für Systemautomation mbH
65795 Hattersheim
IBloecher@hilscher.com

[4]Institut für industrielle Informationstechnik (inIT)
Technische Hochschule Ostwestfalen-Lippe
32657 Lemgo
juergen.jasperneite@th-owl.de

**Zusammenfassung.** Dieser Beitrag behandelt das Potential von softwaredefinierten Netzwerken für das Industrie 4.0 Anwendungsszenario Plug&Produce. Um dies umzusetzen, müssen Autokonfigurationsmethoden für das industrielle Netzwerk entwickelt und untersucht werden. Software-definierte Netzwerke eignen sich aufgrund ihrer zentralen Administration dafür, jedoch müssen Mechanismen umgesetzt werden, welche die Autokonfiguration vornehmen. Es wird dargestellt, dass die Netzwerkteilnehmer ihre Selbstbeschreibung an die zentrale Administration kommunizieren müssen, damit diese das Netzwerk verwalten und konfigurieren kann. Anhand eines industriellen Use-case, in dem eine Kamera zwischen Produktionslinien ausgetauscht wird und ohne Konfigurationsaufwand reintegriert werden soll, wird eine erste Implementierung der Mechanismen dargestellt. Ergebnis hieraus ist, dass sich die Kombination aus softwaredefinierter Vernetzung und OPC UA sich dafür eignet. Hierbei werden auf den Netzwerkteilnehmern OPC UA-Server installiert. Die Netzwerkadministration bzw. der erstellte Integrierungsmechanismus verfügt über eine OPC UA-Client Implementierung und kann so die Eigenschaften und Anforderungen der Netzwerkteilnehmer auslesen. Anschließend kann er die Informationen verarbeiten und das Netzwerk durch die Installation von SDN-Flows auf den Netzwerkinfrastrukturkomponenten konfigurieren.

# 1 Einleitung

Industrie 4.0 stellt neue Anforderungen an die Administration industrieller Netzwerke. Eine hohe Flexibilität und robuste Methoden für die Gewährleistung der Informationssicherheit werden in Zukunft vorausgesetzt. Dabei soll dies integraler Bestandteil der Architektur werden, was bedeutet, dass die Konfiguration automatisch geschehen soll [BE17]. Der Anwender soll lediglich die verwaltungstechnischen Rahmenbedingungen setzen müssen. Zu diesem Zwecke werden Möglichkeiten gesucht, die das Paradigma der softwaredefinierten Vernetzung (engl. Software-defined networking, kurz: SDN) hierfür nutzbar zu machen. SDN zeichnet sich dadurch aus, dass der Konfigurationsaspekt in logisch zentralisierten Steuerungskomponenten erfolgt und die Netzwerkinfrastruktur lediglich die Weiterleitung der Daten übernimmt [KA14]. Da alle Informationen des Netzwerks an einer Stelle zusammenlaufen, ergeben sich Möglichkeiten das Netzwerk effektiv und flexibel zu programmieren, was ein großes Potential für künftige industrielle Netzwerke birgt [HE16].

Anhand eines Use-case aus dem Bereich Spritzguss wird der Mehrwert dieser SDN-Netzwerkarchitektur exemplarisch gezeigt. In Abbildung 1 sind zwei Fertigungslinien abgebildet, die jeweils aus einer Spritzgießmaschine mit Steuerung (SPS), einem Förderband und einer Montagestation bestehen. Es wird hierbei nur die SPS als vernetzte Komponente gezeigt. Das Kunststoffgranulat wird erhitzt und unter hohem Druck in die Form gepresst. Nach Erkalten wird das Formteil ausgestoßen und auf einem Förderband zu einem Montageautomaten transportiert. Anschließend findet die lagegerechte Montage mit entsprechenden Metallteilen statt. Zur Sicherstellung der elektrischen Leistungsfähigkeit erfolgt eine Hochspannungsprüfung der Klemmenträger. Bei sicherheitsrelevanten Klemmen findet zusätzlich eine Überprüfung mit einer hochauflösenden Kamera statt. Das erlaubt eine zusätzliche ganzheitliche optische Analyse des Bauteils. Die Kamera kann direkt mit der Steuerung kommunizieren und notfalls den Prozess anhalten. Um einen flexiblen und dynamischen Fertigungsablauf zu gewährleisten, muss der Umrüstvorgang der Kamera möglichst schnell erfolgen. Im vorgestellten Beispiel soll die Kamera, wie in Abbildung 1 gezeigt, die Produktionslinie wechseln. Ein SDN-Netzwerkmanagement könnte anhand der explorierten Netzwerkstruktur erkennen, welchem Fertigungsprozess die Kamera zugeordnet ist und mit welcher SPS sie kommunizieren muss. Ein SDN-Netzwerkmanagement ermöglicht die benötigte Flexibilität im Sinne von Plug&Produce, doch müssen stets auch weitere Aspekte wie Datensicherheit und Sicherstellung notwendiger Quality-of-Service-Anforderungen mit betrachtet werden. Das bedeutet, dass das Netzwerkmanagement einen Mechanismus

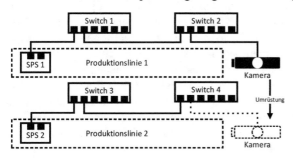

**Abb. 1.** Industrieller Use-case

248

benötigt, der sowohl entscheidet, wie das Netzwerk auf eine derartige Zustandsänderung reagieren soll, als auch die entsprechenden Managementbefehle erteilt.

Der Beitrag ist im Weiteren wie folgt strukturiert. Abschnitt 2 gewährt einen Überblick über den Stand der Technik. Das Konzept wird in Abschnitt 3 dargestellt und in Abschnitt 4 in eine erste Implementierung überführt. Abschnitt 5 fasst den Beitrag zusammen und stellt in einem Ausblick sowohl die nächsten Schritte der Implementierung als auch Möglichkeiten für Forschungsaktivitäten dar.

## 2 Stand der Technik

Nachfolgend werden die aktuellen Bestrebungen im Bereich der Autokonfiguration mit Fokus auf SDN dargestellt. Des Weiteren wird das Konzept SDN erläutert.

### 2.1 Autokonfiguration

Das Plug&Produce Anwendungsszenario spielt künftig vor allem in der dynamischen Rekonfiguration von Produktionskomponenten eine Rolle [HY18]. Hierfür werden Komponenten benötigt, die über automatische Konfigurationsmechanismen verfügen. Eine wichtige Grundlage sind die von Diedrich et. al [DI17, DI18] beschriebenen Mechanismen. Es werden hier Prinzipien beschrieben, wie durch eine semantische Beschreibung mittels z. B. OPC UA aus Assets Industrie 4.0 Komponenten entstehen, die anschließend miteinander interagieren können. OPC UA-basierte Plug&Produce Methoden werden in [PA18] sowie [PR17] vorgestellt. Auch wenn diese Konzepte und Mechanismen grundsätzlich breit anwendbar sind, fokussieren sie sich in den Beschreibungen auf die Interaktion von Produktionskomponenten horizontal untereinander, vertikal mit übergeordneten MES und ERP IT-Systemen sowie als I4.0 Verbundkomponente. Eine sehr komplexe Komponente in einer vernetzten Fabrik, die für eine automatische Konfiguration mit betrachtet werden muss, ist jedoch das Netzwerk bzw. die Kommunikation selber. Rauchhaupt et al. beschreiben in [RA16] die SDN-basierte industrielle Netzwerkkommunikation als RAMI4.0 konforme Industrie 4.0-Komponente mit einer Verwaltungsschicht. Diese Konzepte schaffen die Grundlage, dass die I4.0 Komponenten der Produktion und der übergeordneten IT-Systeme mit der I4.0 Komponente(n) „Netzwerk" interagieren können.

Die grundlegenden Interoperabilitätsmechanismen und Implementierungen können so erweitert werden, dass die Komponenten Informationen an ein Netzwerkmanagement übertragen können. Dadurch wird das Netzwerk befähigt, auf physische und logische Veränderungen der Produktionsumgebung zu reagieren. Henneke et al. stellen in [HE18] den praktisch ersten Schritt zum Plug&Produce in Verbindung mit SDN vor, indem sie OPC UA Discovery Mechanismen in eine SDN Plattform integrieren.

Die konsequente Erweiterung dieses Verfahrens ist die Extraktion von Informationen, die für den Datenverkehr wichtig sind und die automatisierte Konfiguration des SDN durch erstellte Routinen. Um ein besseres Verständnis wie das durch SDN möglich werden kann zu erhalten, werden nachfolgend grundlegende Eigenschaften und Mechanismen eines SDN beschrieben.

## 2.2 Software-defined Networking

Ein softwaredefiniertes Netzwerk kann in drei Ebenen unterteilt werden, was Abbildung 2 veranschaulicht. In den Ebene sind verschiedene Funktionen für das Netzwerk abstrahiert. In der Datenebene (engl. Data-Plane) findet der Nutzdatenverkehr statt und auf ihr befinden sich die Komponenten, die für die Weiterleitung der Daten verantwortlich sind. Anders als bei herkömmlichen Netzwerkinfrastrukturkomponenten besitzen diese in einem

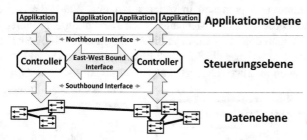

**Abb. 2.** Grundsätzliches Konzept eines softwaredefinierten Netzwerks

SDN keine Steuerungsfunktionen. Diese befinden sich in dedizierten Steuerungen, die sich auf der Steuerungsebene (engl. Control-Plane) befinden [KR15, KA16].

Die oberste Ebene, genannt Applikationsebene, beinhaltet Applikationen, die zur Administration aber auch Unterstützung des Netzwerkbetriebs eingesetzt werden können. Hierbei ist es implementierungsabhängig, in welcher Art und Weise die Applikationsebene auf die darunterliegende Steuerungsebene einwirkt. SDN-Lösungen wie die Plattformen ODL (OpenDaylight) und ONOS lassen es zu, dass über das sogenannte Northbound-Interface direkt auf die Konfiguration der Netzwerkinfrastruktur-Komponenten eingewirkt werden kann. Dadurch lässt sich auf das Netzwerk sehr feingranular administrieren. Die Applikationsebene bietet somit die Möglichkeit basierend auf Autokonfigurationsmechanismen Plug&Produce umzusetzen. Jedoch muss darauf geachtet werden, keine zusätzlichen Sicherheitslücken oder andere Nachteile für den laufenden Netzwerkbetrieb zu generieren. Für das Northbound-Interface kommen z. B. Interfaces zum Einsatz, die REST (Representational State Transfer) verwenden.

Auf der darunterliegenden Steuerungsebene befinden sich Mechanismen, die das Netzwerk verwalten und hierbei eine Basisfunktionalität sicherstellen. Da in einem softwaredefinierten Netzwerk mehrere Netzwerksteuerungen bzw. -controller eingesetzt werden können, ist eine Schnittstelle für die Interoperabilität von mehreren Steuerungen als East-West-Bound Interface definiert [SC18]. Aus dieser Ebene werden die Weiterleitungsanweisungen in die Datenebene versendet.

Auf der Datenebene befinden sich die Komponenten, welche die Daten nach Anweisungen der Steuerungsebene weiterleiten sowie der Nutzdatenverkehr. Die Verbindung von Steuerungs- zu Datenebene stellen sogenannte Southbound-Interfaces sowie -Protokolle sicher. Es existieren zwar mehrere Southbound-Protokolle, der de facto Standard ist jedoch das OpenFlow-Protokoll [CO17]. Durch seine Verbreitung ist es wichtig seine grundsätzliche Mechanik nachfolgend zu erläutern.

250

## 2.3  OpenFlow

OpenFlow-Protokoll mit der aktuellen Version 1.5.1 [OF15] wird von der Open Networking Foundation verwaltet und spezifiziert. Es beschreibt wie ein Controller und ein Switch miteinander kommunizieren und in welcher Art und Weise die Switche Datagramme weiterleiten. Diese spezielle Mechanik ist in Abbildung 3 grundlegend aufgezeigt. Hierbei muss angemerkt werden, dass die Funktion eines SDN-Switches bzw. die des OpenFlow-Protokolls über die Schicht 2 hinausgeht. Dem OpenFlow-ba sierten Switch ist es u. a. auch möglich, Datagramme nach z. B. IPv4-/IPv6-Adressen oder TCP/UDP-Ports auszuwerten.

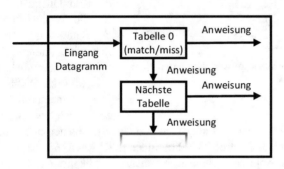

**Abb. 3.** Grundlegende Funktionsweise der Flow-Anweisungen des OpenFlow-Protokolls

Das Datagramm kommt initial in der Verarbeitung des Switches an. Hier wird es mit Einträgen in einer sogenannten Flow-Tabelle verglichen. Entsprechen Informationen des Datagramms einem Eintrag, ist eine Übereinstimmung („Match") gefunden. Fälle von mehreren Übereinstimmungen handhabt eine Priorisierung der Einträge. Findet sich keine Überreinstimmung, handelt es sich um ein „Miss". Jedes Match und jedes Miss haben gewisse Anweisungen zur Folge. Diese Anweisungen können u. a. sein, die Datagramme zu verwerfen oder sie an spezifizierte Hardware-Ports weiterzuleiten. Des Weiteren können sie an weitere Flow-Tabellen weitergeleitet werden, in denen sie wiederum auf Übereinstimmungen zu Tabelleneinträgen geprüft werden.

## 3  Theoretisches Konzept

In diesem Abschnitt wird zunächst das theoretische Konzept des Integrierungsmechanismus näher erläutert. Anschließend werden die Rollen der Netzwerkteilnehmer und auszutauschende Informationen sowie die Anforderungen an eine zu verwendende SDN-Lösung beschrieben.

## 3.1 Gesamtarchitektur

Die Konzept der Gesamtarchitektur ist in Abbildung 4 dargestellt. Die dreischichtige SDN-Architektur ist gegeben. Für die beschriebene Plug&Produce-Fähigkeit muss eine Applikation erstellt werden, welche die Einpassung vornimmt. Diesem Integrierungs-

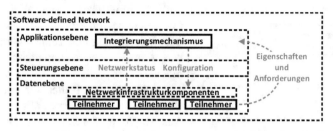

**Abb. 4.** Konzept des Integrierungsmechanismus

mechanismus müssen die dafür notwendigen Informationen zur Verfügung gestellt werden. Dies sind der Netzwerkstatus, wie z. B. Informationen über die Topologie sowie die bereits eingestellten Weiterleitungsbefehle. Zusätzlich benötigt es die Charakteristika der Netzwerkteilnehmer, die in Eigenschaften (z. B. MAC-Adresse, IP-Adresse) sowie Anforderungen an das Netzwerk getrennt sind. Anforderungen an das Netzwerk müssen semantisch so beschrieben sein, dass das Netzwerkmanagement sie versteht und in entsprechende Befehle transformieren kann. Der Integrierungsmechanismus überführt die Informationen in SDN-Einstellungsparameter, mit denen er anschließend das SDN konfiguriert.

Nachfolgend werden in Abschnitt 3.2 die Rollen der Netzwerkteilnehmer sowie die auszutauschenden Informationen beschrieben. In Abschnitt 3.3 wird auf die Anforderungen an die benötigten SDN-Komponenten genauer eingegangen.

## 3.2 Rollen der Netzwerkteilnehmer und auszutauschende Informationen

Rauchhaupt et al. beschreiben in [RA16], dass ein Netzwerkteilnehmer Informationen über seine Fähigkeiten im Kontext der Kommunikation (z. B. Quality-of-Service-Charakteristiken) beschreibt. Diese Fähigkeiten gilt es um weitere semantische Beschreibungen ihrer Eigenschaften und v. a. um ihre Anforderungen an das Netzwerk zu erweitern. Unter die Eigenschaften fallen allgemeine Informationen zur Identifikation des Geräts (z. B. eindeutige Identifikation, Seriennummer) und netzwerkrelevante Eigenschaften wie Netzwerkschnittstellen und -adressen [DI17, RA40].

Im Kontext von SDN beinhaltet ein Netzwerkteilnehmer die semantischen Beschreibungen von Anforderungen, die er an das Netzwerk hat. Anforderungen können bei-

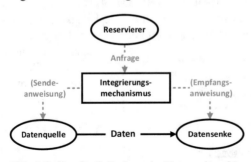

**Abb. 5.** Rollen der Teilnehmer im Netzwerk und Interaktion mit dem Integrierungsmechanismus

spielsweise Verbindungsanfragen sein, mit der ein Teilnehmer mitteilt, mit welchen Teilnehmern und/oder in welcher Art und Weise (Verwendung von Portfilter, Black- oder Whitelisting von Teilnehmern und Adressen) er kommunizieren möchte.

Es werden drei Rollen für Akteure in einem Netzwerk definiert, was Abbildung 5 verdeutlicht. Die Fähigkeit Anforderungen an das Netzwerk zu stellen gibt einem Teilnehmer die Rolle eines Reser-

vierers. Zudem existiert die Rolle der Datenquelle sowie die der Datensenke. Teilnehmer können auch mehrere Rollen gleichzeitig einnehmen.

Die semantischen Beschreibungen der Eigenschaften der Netzwerkteilnehmer und deren Anforderungen werden an den Integrierungsmechanismus übermittelt. Mittels bestimmter Eigenschaften (z. B. MAC-Adresse) wird ein Netzwerkteilnehmer eindeutig identifiziert. Durch die in der Anforderung enthaltenen Verbindungsanfragen kann das SDN die Geräte im Netzwerk durch SDN-Flows zusammenschalten. Anschließend sind die Netzwerkteilnehmer befähigt, entsprechend ihrer Verbindungsanfragen Daten auszutauschen. Die in der Abbildung gezeigten Sende- und Empfangsanweisungen sind optional. Eine Datenquelle kann so konfiguriert sein, dass sie ohne Anweisung permanent ihre Daten kommuniziert und eine Datensenke kann für einen stetigen Datenempfang konfiguriert sein.

Zwei Beispiele sollen das Beschriebene verdeutlichen:

1.  Ein industrielles Managementsystem stellt zum Datenmonitoring eine Verbindung zwischen einem Sensor und einem Analysetool in einer Cloud her. Das Managementsystem agiert als Reservierer, der Sensor als Datenquelle und das Analysetool als Datensenke. Dies ist an sich eine administrative Handlung, aber passt dennoch in die hier gezeigte Rollenverteilung, da das Managementsystem als Reservierer mit einer möglicherweise sehr hohen Priorität seine Anfrage kommuniziert.

2.  Im Falle des in Abschnitt 1 beschriebenen industriellen Use-case ist die Kamera die Datenquelle. Eine SPS soll die Bilddaten der Kamera erhalten und tritt als Datensenke auf. Die Kamera ist so konfiguriert, dass sie die Anfrage stellt, ihre Daten an die SPS zu leiten, sobald sie dem Netzwerk hinzugefügt wird. Somit tritt die Kamera sowohl in der Rolle der Datenquelle als auch in der des Reservierers auf.

## 3.3 Anforderungen an die SDN-Komponenten

Da es sich bei SDN um ein Paradigma bzw. Architekturkonzept handelt, existiert keine Standard-SDN Lösung. Die grundsätzliche Funktionalität wurde bereits in Verbindung mit Abbildung 4 beschrieben.

Nachfolgend werden die benötigten SDN-Komponenten und die Anforderungen an sie näher erläutert. Die Implementierung des vorgeschlagenen Lösungskonzepts soll vorhandene Lösungen verwenden.

- **Datenebene:**
  Netzwerkinfrastrukturkomponenten, die für die Weiterleitung des Nutzdatenverkehrs verwendet werden, sollen das OpenFlow-Protokoll verarbeiten können.
- **Steuerungsebene:**
  Da OpenFlow verwendet wird, muss der Controller ebenfalls dieses Protokoll verarbeiten können. Controllerimplementierungen mit East-Westbound-Funktionalität sind anzustreben, da in späteren Implementierungen auch größere und komplexere Netzwerke konfiguriert werden sollen.
- **Applikationsebene:**
  Dem Integrierungsservice muss es möglich sein, über ein Interface sowohl die Netzwerkstatusinformationen auszulesen als auch die Netzwerkparameter anzupassen. Der Integrierungsservice muss eigene Weiterleitungskonfigurationen für die Datenebene erstellen können.
- **Netzwerkstatusinformationen:**
  Zwingend erforderlich sind grundlegende Informationen über die Topologie. Es muss ersichtlich sein, an welchen physikalisch Ports der Switches welche Komponenten angeschlossen sind. Des Weiteren müssen die bereits konfigurierten Weiterleitungsbefehle auslesbar und editierbar (auch entfernbar) sein.

## 4 Umsetzung

Die beschriebene Lösung wird angelehnt an den industriellen Use-case implementiert. Dieser Abschnitt beschreibt den aktuellen Stand der Implementierung und zeigt Erfahrungen sowie offene Punkte auf. Abbildung 6 beschreibt die Hard- und Software-Komponenten und die Verbindung untereinander. Als SDN Plattform mit Controller wird OpenDaylight (ODL) Version 4.0.10 verwendet. ODL verfügt über mehrere Southbound-Protokolle und -Controllerimplementierungen, u. a. OpenFlow. Der Integrierungsmechanismus wird in Python Version 3.6.4 umgesetzt, da Python alle benötigten APIs unterstützt. Beides ist installiert auf einem Desktop PC mit Intel® Core™ i7-3770 CPU @ 3.40 GHz und 8 GB RAM. Betriebssystem ist Windows 10 64-Bit. Die SDN-Plattform ist southbound via einem 5-Port unmanaged Switch an vier SDN-Switches angeschlossen. Diese sind vom Modell Zodiac FX von der Firma Northbound Networks und besitzen einen Ethernet Port für den Controller und drei Ports für den Netzwerkdatenverkehr. Für eine erste Proof-of-Concept-Implementierung werden stellvertretend für die SPS zwei Hilscher netPIs verwendet. Als Kamera kommt ein

254

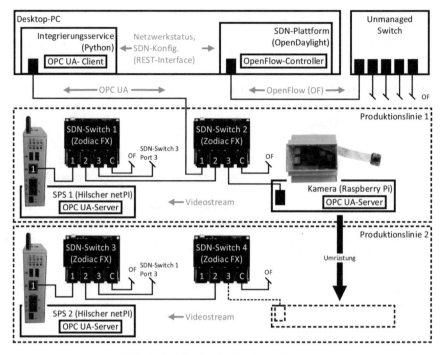

**Abb. 6.** Architektur der Implementierung

Raspberry Pi 3 (RPi) mit einem angeschlossenem RPi Camera Module zum Einsatz. Die miteinander verbundenen Switches 1 und 2 repräsentieren Produktionslinie 1, gekennzeichnet durch den Anschluss der SPS 1. Die miteinander verbundenen Switches 3 und 4 repräsentieren Produktionslinie 2, gekennzeichnet durch den Anschluss der SPS 2. Der Integrierungsmechanismus ist über einen extra Ethernet Port mit dem Datenverkehr der Netzwerkteilnehmer verbunden. Dieser ist über Switch 2 mit Produktionslinie 1 verbunden und über eine Verbindung von Switch 1 und 3 mit Produktionslinie 2.

Dadurch ist es dem Mechanismus möglich, über OPC UA die Charakteristika der Netzwerkteilnehmer auszulesen (siehe Abschnitt 4.1). Gleichzeitig kann er über das von ODL zur Verfügung gestellte Northbound Interface (REST basiert) auf die SDN-Plattform einwirken. Somit kann er den Netzwerkstatus, z. B. die von ODL bereit gestellten Topologieinformationen auslesen. Des Weiteren ist es ihm möglich, neue Flows auf den Netzwerkinfrastrukturkomponenten zu installieren.

Die Kamera bzw. der RPi stellt einen Videostream zur Verfügung, der über eine Browserumgebung per TCP-Port 8081 (HTTP) ausgegeben werden kann.

## 4.1 Informationsmodell

Die Netzwerkteilnehmer müssen in ihrem Informationsmodell Eigenschaften und Anforderungen an das Netzwerk hinterlegen. Die Umsetzung des Informationsmodells erfolgt mit Hilfe von OPC UA. Der Vorteil hier liegt darin, dass OPC UA einen Server-

Client-Kommunikationsmechanismus mit sich bringt, mit dem das Informationsmodell von den Servern durch einen Client ausgelesen werden kann. Die herkömmliche Server-Client-Option ist hier ausreichend. Da nur der Integrierungsmechanismus über einen Client verfügen muss, um die Informationen der Netzwerkteilnehmer auszulesen, ist die alternative Publisher-Subscriber Architektur nicht notwendig.

Das Informationsmodell, dargestellt in Abbildung 7, enthält die zwei Sektionen „ConnectionSet" und „DeviceInformationSet". Das ConnectionSet enthält die Anforderungen an das Netzwerk sowie den Teil der Netzwerkteilnehmereigenschaften, der die Netzwerk-Interfaces beschreibt. Die Verbindungsanfragen an den Integrierungsservice werden mittels einer „ConnectionRequest"-Liste, die einzelne Verbindungs-anfragen enthält, im Informationshaushalt des Servers angegeben. Eine Anfrage wiederum besteht aus zwei Adressen, die mittels SDN miteinander verbunden werden sollen. Im Anwendungsfall der Kamera besteht die Anfrage aus der eigenen MAC-Adresse als Quelladresse und als Zieladresse die MAC-Adresse der jeweiligen SPS. Mittels der „NetworkInterfaceList" teilt der Netzwerkteilnehmer mit, welche Interfaces er besitzt. Pro Interface teilt er den Namen und MAC-Adresse mit, falls vorhanden, auch die IP-Adressen (IPv4 & IPv6).

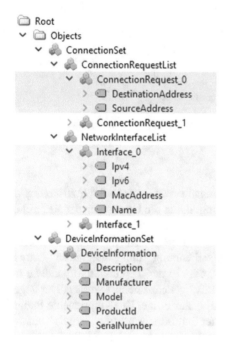

**Abb. 7.** Modell des Informationshaushalts der Netzwerkteilnehmer

Das Informationsmodell wird mittels eines graphischen Editors erstellt. Aktuell bieten sich zwei nicht kommerziell vertriebene Editoren an: FreeOpcUa/opcua-modeler und der Siemens OPC UA Modeling Editor (SiOME). Der SiOME weist dabei eine bessere Usability und weitreichendere Funktionalitäten auf, jedoch lässt sich in der aktuellen Version die verwendeten Informationsmodelle nur als gemeinsames XML exportieren. Die erstellten Informationsmodelle von beiden Editoren lassen sich trotz allem leicht in einen OPC UA-Server umsetzen. Hier wird der NodesetCompiler der Open-Source OPC UA Implementierung open65241 verwendet, um für jeden Netzwerkteilnehmer einen OPC UA-Server zu erstellen.

Durch die ergänzenden „DeviceInformationen", die eine Beschreibung des Gerätes, den Hersteller, das Gerätemodell sowie Produkt- und Seriennummer enthalten, ist das Gerät eindeutig identifizierbar. Über die Abfrage der OPC UA-Informationsmodelle kennt das Netzwerkmanagement die Informationen, um ein Gerät eindeutig identifizieren zu können, die Netzwerk Interfaces und die teilnehmerspezifischen Verbindungsanfragen. Mit diesen Informationen und zusätzlichen Topologieinformationen können die Geräte, abhängig ihrer Anforderungen, miteinander vernetzt werden. Abbildung 8 zeigt die übertragenen Charakteristika beispielhaft. Die Kamera möchte eine Verbindung zu einer anderen Komponente herstellen. Wie bereits in Abschnitt 3.2 beschrieben, fällt hier die Rolle der Datenquelle mit der des Reservierers zusammen, da die Quelladresse der Verbindungsanfrage gleich der eigenen MAC-Adresse der Kamera ist.

| # | Node Id | Display Name | Value | |
|---|---------|--------------|-------|---|
| 1 | NS2\|Numeric\|50211 | Manufacturer | Weidmueller | |
| 2 | NS2\|Numeric\|50213 | Model | PiCam | |
| 3 | NS2\|Numeric\|50209 | ProductId | 54235.47 | DeviceInformation |
| 4 | NS2\|Numeric\|50212 | SerialNumber | 10054 | |
| 5 | NS2\|Numeric\|50210 | Description | Camera | |
| 6 | NS2\|Numeric\|50222 | Name | eth0 | |
| 7 | NS2\|Numeric\|50224 | MacAddress | b8:27:eb:3b:17:f9 | |
| 8 | NS2\|Numeric\|50221 | Ipv4 | 10.13.5.46 | Interface_0 |
| 9 | NS2\|Numeric\|50223 | Ipv6 | fe80::ba27:ebff:fe3b:17f9 | |
| 10 | NS2\|Numeric\|50216 | SourceAddress | b8:27:eb:3b:17:f9 | |
| 11 | NS2\|Numeric\|50215 | DestinationAddress | c2:d9:d8:53:b2:6f | ConnectionRequest_0 |

**Abb. 8.** Informationshaushalt der RPi Kamera (beispielhafte Werte)

## 4.2 Integrierungsmechanismus

Der in Python 3.6.4 implementierte Integrierungsmechanismus ist dafür zuständig, das Netzwerk auf die Topologieveränderung, bedingt durch die Umrüstung des RPi mit der Kamera, zu detektieren und darauf zu reagieren. Er sorgt dafür, dass die entsprechenden SDN-Flows auf den SDN-Switches durch den Controller installiert werden. Grundsätzlich kann er in die Komponenten „Aktivitätserkennung" und „Integration" getrennt werden. Die Aktivitätserkennung sorgt dafür, dass in der Topologie vorhandene und mit OPC UA erreichbare Komponenten als „aktiv" gekennzeichnet werden. Der gegenteilige Fall hat eine Kennzeichnung mit „inaktiv" zur Folge. Die Komponente Integration überwacht diesen Aktivitätsstatus. Bei einer Statusänderung von „inaktiv" auf „aktiv" geht der Service davon aus, die Komponente wurde physisch dem Netzwerk hinzugefügt. Somit reagiert er entsprechend und liest mittels OPC UA das auf der Komponente hinterlegt Informationsmodell aus. Entsprechend der hier übermittelten Eigenschaften und Anforderungen der Komponente und dem Netzwerkstatus, installiert der Service die benötigten Flows auf den Switches. Bei einer Statusänderung von „aktiv" auf „inaktiv" geht der Service davon aus, die Komponente wurde physisch vom Netzwerk entfernt. Die Flows werden wieder deinstalliert.

### 4.3 Umrüstvorgang

**Vorbedingungen.**
In einer ersten Implementierung wird der Fokus auf die Integrierung mit Hilfe von SDN gelegt. Die initiale Registrierung einer Netzwerkkomponente, die noch nie im Netzwerk war, ist sehr von der Implementierung und entsprechenden Security Mechanismen abhängig und muss im Gegensatz zu Umrüstvorgängen, gesondert betrachtet

werden. Somit wird angenommen, dass dem Netzwerk eine Liste mit registrierten Netz-werkteilnehmern vorliegt. Als Identifikatoren dienen die MAC-Adresse der Komponente sowie die OPC UA-Adresse. Über die MAC-Adresse wird in der Topologie erkannt, ob die Komponente vorhanden ist. Mittels der OPC UA-Adresse kann das Informationsmodell ausgelesen werden.

Es soll eine komplette Kontrolle des Netzwerks durch die Administration vorliegen, somit ist es dem Controller nicht erlaubt, Flows eigenmächtig zu installieren.

Auf allen Switches sind insgesamt fünf persistente Flows, aufgelistet in Tabelle 1, installiert. ARP-Datagramme sind uneingeschränkt zwischen den Netzwerkteilnehmern durchlässig und werden zur Topologieaufzeichnung auch an den Controller weitergeleitet. Für eine noch bessere Topologiedetektion werden LLDP-Datagramme ebenfalls an den Controller weitergeleitet (aktives ODL Loop-remover Modul). Datenverkehr über den OPC UA-Port 4840 (TCP) ist nur in Verbindung (&&=Verundung) mit der Quell- oder Ziel-IP des Integrierungsservice möglich. Der physische Anschluss des Service wäre durch die untere Einstellung nicht auf Port 1 von Switch 2 beschränkt. Findet sich kein Match, wird das Datagramm verworfen.

**Tabelle 1.** Persistent installierte Flows auf den SDN-Switches

| Match: | Anweisung: |
|---|---|
| ARP-Protokoll | Ausgabe an Ports 1, 2, 3, *Controller* |
| LLDP-Protokoll | Ausgabe an Port *Controller* |
| Ziel ist IP-Adresse des Integrierungsservice && TCP-Port 4840 der Quelle | Ausgabe an Ports 1, 2, 3 |
| Quelle ist IP-Adresse des Integrierungsservice && TCP-Port 4840 des Ziels | Ausgabe an Ports 1, 2, 3 |
| Kein Match | Datagramm verwerfen |

Zusätzlich zu den persistenten Flows, sind auf Switch 1 und 2 temporäre Flows installiert, die die Datenübertragung zwischen SPS und Kamera zulassen. Tabelle 2 zeigt die Konfiguration. Er werden zur Weiterleitungsentscheidung lediglich die MAC-Adressen der Teilnehmer verwendet. Dadurch ist eine Kommunikation zwischen SPS 1 und Kamera gegeben.

**Tabelle 2.** Installierte Flows für die Datenübertragung zwischen Kamera und SPS (Produktionslinie 1 Konfiguration)

| | Match: | Anweisung: |
|---|---|---|
| Switch 1 | Ziel ist MAC-Adresse der SPS 1 && Quelle ist MAC-Adresse der Kamera | Ausgabe an Port 1 |
| | Ziel ist MAC-Adresse der Kamera && Quelle ist MAC-Adresse der SPS 1 | Ausgabe an Port 2 |
| Switch 2 | Ziel ist MAC-Adresse der SPS 1 && Quelle ist MAC-Adresse der Kamera | Ausgabe an Port 2 |
| | Ziel ist MAC-Adresse der Kamera && Quelle ist MAC-Adresse der SPS 1 | Ausgabe an Port 3 |

**Umrüstung.**

Wird nun die Kamera physisch von Port 3 des Switches 2 getrennt, erkennt dies der Service anhand der Topologieänderung und verifiziert dies dadurch, dass der OPC UA-Server der Kamera nicht mehr erreichbar ist. Der Status wird auf inaktiv gesetzt. Dies hat zur Folge, dass alle Flows, die der Kamerakommunikation mir der SPS dienen, gelöscht werden. Erfolgt nun die Umrüstung und die Kamera wird an Port 3 des Switches 4 angeschlossen, erkennt der Service den wieder integrierten Teilnehmer anhand der Topologieänderung. Der Service versucht nun per OPC UA auf die Kamera zuzugreifen, um das Informationsmodell herunterzuladen. Ist dies erfolgreich, wird der Status der Kamera von inaktiv auf aktiv gesetzt. Daraus resultiert, dass die benötigten Flows mit Hilfe der Einträge aus dem Informationsmodell auf den Switches installiert werden. Die Flows sind aufgrund der gleichen physischen Vernetzung von Produktionslinie 1 und 2 überwiegend konform zu den Angaben aus Tabelle 2. Lediglich die MAC-Adresse von SPS 1 ist nun diejenige von SPS 2 und die Flows werden auf den Switches 3 und 4 installiert.

## 4.4    Diskussion

Die Erstellung der SDN-Flows erfolgt in dieser ersten Implementierung noch semiautomatisch. Die jeweiligen Quell- und Ziel-MAC-Adressen werden aus dem Informationsmodell übernommen. Die Ports werden aus dem Netzwerkstatus, also der Topologie, extrahiert. Der Integrierungsmechanismus besitzt für diese erste Implementierung Kenntnis über die Topologie der Produktionslinien. Die jeweilige Anforderung und damit die Ziel-MAC-Adresse wird basierend auf der physikalischen Verbindung der Kamera mit Switch 2 oder 4 gewählt. Die Anzahl der Switches zwischen Kamera und SPS sowie die physikalische Verbindung ist dem Mechanismus ebenfalls bekannt.

Es zeigte sich bei der Implementierung, dass es zu spontanen Verbindungsabbrüchen der Zodiac FX Switches zum Controller kam. Zudem gestaltete es sich als schwierig, vier Switches gleichzeitig mit einem Controller zu verbinden. Meistens war die Southbound-Kommunikation nur mit weniger als vier Switches gleichzeitig möglich. Es mussten sowohl Controller als auch Switches mehrmals neu gestartet werden bis alle vier Switches mit dem Controller verbunden waren. Zudem bildeten sich gelegentlich nicht korrekte Schleifen in der Topologieaufzeichnung der OpenDaylight SDN-Plattform. Hierbei muss in Zukunft die Funktionalität der Plattform näher untersucht werden. Eine vollumfängliche Evaluierung gestaltete sich wegen der bereits beschriebenen Punkte als schwierig. Die Übertragung des Kamerabildes über die SDN-Switches war jedoch problemlos möglich. Die Übertragung war zudem erst möglich, sobald die Flows installiert wurden und vorher korrekterweise blockiert.

Des Weiteren kann gesagt werden, dass sich Python 3 als Programmierumgebung gut für die Implementierung eignet, die Integrierung der Schnittstellen erfolgte problemlos über die Python Software-Bibliotheken. In diesem Zusammenhang war auch die grundsätzliche Einbindung von OPC UA ohne großen Aufwand möglich und passend für den Use-Case. Das Northbound-Interface der SDN-Plattform ODL verwendet YANG als Modellierungssprache und REST als Schnittstelle, was als Basis verwendet werden kann, um aus der Netzwerkkommunikation eine Industrie 4.0-Komponente zu erstellen. Hierfür müssen die bereits modellierten Informationen auf industrielle Zweckmäßigkeit analysiert und gegebenenfalls erweitert werden. Eine weitere Möglichkeit wäre, ODL um eine OPC UA-Serverimplementierung zu erweitern, um eine Industrie 4.0-Verwaltungsschale zu erstellen.

## 5 Zusammenfassung und Ausblick

In diesem Beitrag wurde ein Integrierungsservice vorgestellt, der per OPC UA auf Charakteristika von Teilnehmern in einem Netzwerk zugreifen kann und darüber automatisch Konfigurationen für ein SDN-basiertes Netzwerk erstellt. Eine erste Implementierung des grundlegenden Mechanismus wurde anhand eines industriellen Use-case implementiert und beschrieben. Die Anreicherung eines Informationsmodells durch Eigenschaften von Netzwerkteilnehmern und deren Anforderungen an das Netzwerk kann eine Methode werden, um in Zukunft industrielle Netzwerke mittels Autokonfigurationsmechanismen effektiver administrieren zu können. Umrüstvorgänge im Sinne von Plug&Produce sind dadurch möglich.

In weiteren Arbeiten soll die initiale Registrierung von Netzwerkteilnehmern mittels SDN näher beleuchtet werden. Hierbei stehen Security-Mechanismen im Vordergrund und es muss abgeschätzt werden, wann ein potentieller Teilnehmer über das Netzwerk kommunizieren darf und wie ein solcher Registrierungsvorgang umgesetzt werden kann. Des Weiteren kann der Integrierungsmechanismus derart erweitert werden, dass er Verbindungsanfragen mit einem größeren Detailgrad verarbeiten kann.

Die konkrete Implementierung muss durch flexiblere Mechanismen zur Flow-Erstellung ausgestattet werden. Hierbei wird sich zuerst auf Algorithmen zur Pfaderstellung konzentriert. Des Weiteren wird die Informationsbasis über den Netzwerkstatus erweitert. Die Controller-Verbindung zu den Switches muss untersucht und robuster gestaltet werden. In weiteren Schritten werden die erstellten Mechanismen auf OPC UA-fähigen Industriekomponenten implementiert und im Feld getestet werden.

Forschungsaktivitäten können auf die semantische Beschreibung der Netzwerkteilnehmerinformationen und ihre Kombination gerichtet werden. Besonderer Augenmerk kann hierbei auch auf das Netzwerk selber gerichtet werden und es kann untersucht werden, wie eine Verwaltungsschale aus der Netzwerkkommunikation eine Industrie 4.0 Komponente erstellen kann.

**Danksagung:** Dieser Beitrag wurde im Rahmen des durch das BMBF geförderten Projekts FlexSi-Pro (Fördernummer 16KIS0650K) erstellt.

# Literatur

[BE17]   H. Bedenbender et al., „Industrie 4.0 Plug-and-Produce for Adaptable Factories: Example Use Case Definition, Models, and Implementation," Working Paper, Plattform Industrie 4.0, BMWI, Jun. 2017.

[KA14]   G. Kálmán, D. Orfanus, und R. Hussain, „Overview and Future of Switching Solutions for Industrial Ethernet," in International Journal on Advances in Networks and Services, vol. 7, no. 3 & 4, 2014.

[HE16]   D. Henneke, L. Wisniewski, und J. Jasperneite, „Analysis of Realizing a Future Industrial Network by Means of Software-Defined Networking (SDN)," IEEE World Conference on Factory Communication Systems (WFCS), Aveiro (Portugal), Mai 2016.

[HY18]   S. Heymann et al., „Cloud-based Plug and Work architecture of IIC Testbed Smart Factory Web," IEEE 23rd International Conference on Emerging Technologies and Factory Automation (ETFA), Turin (Italien), Sep. 2018.

[DI17]   C. Diedrich et al., „Semantic interoperability for asset communication within smart factories," IEEE International Conference on Emerging Technologies and Factory Automation (ETFA), Limassol (Zypern), Sep. 2017.

[DI18]   C. Diedrich et al., „Semantik der Interaktionen von I4.0-Komponenten," AUTOMATION – Leitkongress der Mess- und Automatisierungstechnik, Baden-Baden (Deutschland), Jul. 2018.

[PA18]   S. K. Panda, Tizian Schröder, Lukasz Wisniewski, and Christian Diedrich, „Plug&Produce Integration of Components into OPC UA based data-space", International Conference on Emerging Technologies and Factory Automation (ETFA), Turin (Italien), Sep. 2018.

[PR17]   S. Profanter, K. Dorofeev, A. Zoitl, und A. Knoll, „OPC UA for plug & produce: Automatic device discovery using LDS-ME," IEEE International Conference on Emerging Technologies and Factory Automation (ETFA), Limassol (Zypern), Sep. 2017.

[RA16]   L. Rauchhaupt et al., "Network-based Communication for Industrie 4.0 – Proposal for an Administration Shell," Discussion Paper, Plattform Industrie 4.0, BMWI, Nov. 2016.

[HE18]   D. Henneke, A. Brozmann, L. Wisniewski, und J. Jasperneite, „Leveraging OPC-UA Discovery by Software-defined Networking and Network Function Virtualization," IEEE International Workshop on Factory Communication Systems (WFCS), Imperia (Italien), Juni 2018.

[KR15]   Kreutz et al., „Software-Defined Networking: A Comprehensive Survey," Proceedings of the IEEE | Vol. 103, No. 1, Jan. 2015.

[KA16]   G. Kálmán, Prospects of Software-Defined Networking in Industrial Operations," International Journal on Advances in Security, vol. 9 no. 3 & 4, 2016.

[SC18]   S. Schriegel, T. Kobzan, und J. Jasperneite, „Investigation on a Distributed SDN Control Plane Architecture for Heterogeneous Time Sensitive Networks," 14th IEEE International Workshop on Factory Communication Systems (WFCS), Imperia (Italien), Jun. 2018.

[CO17] J. Cox Jr. et al., „Advancing Software-Defined Networks: A Survey," IEEE Access, Oct. 2017.

[OF15] A. Nygren et al., „Openflow switch specification version 1.5.1," Open Networking Foundation, Tech. Rep., 2015.

[RA40] DIN SPEC 91345, „Referenzarchitekturmodell Industrie 4.0 (RAMI4.0)," Apr. 2016.

# Anforderungstaxonomie für industrielle Cloud Infrastrukturen durch Internet of Things- und Big Data-Applikationen

Kornelia Schuba, Carsten Pieper, Sebastian Schriegel, Khaled Al-Gumaei

Fraunhofer IOSB-INA
Langenbruch 6
32657 Lemgo
kornelia.schuba@iosb-ina.fraunhofer.de
carsten.pieper@iosb-ina.fraunhofer.de
sebastian.schriegel@iosb-ina.fraunhofer.de
khaled.al-gumaei@iosb-ina.fraunhofer.de

**Zusammenfassung.** Die Anzahl miteinander vernetzter Sensoren, Geräte und Systeme wird in den nächsten Jahren weltweit weiter massiv ansteigen. Die Erhebung dieser Menge an Daten, es wird von Big Data gesprochen, ist nur dann sinnvoll, wenn Schlussfolgerungen daraus extrahiert werden. Auch die Anwendungsbereiche industrielle Automation und Smart City werden von Internet of Things- (IoT) und Big Data-Technologie derzeit maßgebend geprägt. Mit dem Anstieg von Datenquellen (IoT) und somit erzeugten Daten, die verarbeitet und analysiert werden müssen, müssen IT-Infrastrukturen entwickelt und angewandt werden, die die Anforderungen im Zusammenhang mit Big Data und IoT erfüllen. Eine Möglichkeit die wachsenden Datenmengen und Anforderungen zu bewältigen bietet die Integration von IoT und Big Data in Cloud Infrastrukturen. Heute sind viele Cloud-Lösungen marktverfügbar und die Begriffe IoT und Big Data werden inflationär genutzt, daher fällt es zunehmend schwer eine passende Lösung auszuwählen, die spezifischen Anforderungen einer Anwendung genügen. In diesem Paper wird eine strukturierte Anforderungstaxonomie entwickelt, die die spezifischen industriellen Anforderungen hervorhebt und die es erleichtert Cloud Plattformen passend zur Applikation auszuwählen und zu konfigurieren. Die Taxonomie wird an einem Use Case aus der industriellen Produktion und einem Use Case aus dem Smart City-Bereich evaluiert.

## 1 Industrial Internet of Things und die Notwendigkeit einer Anforderungstaxonomie

Die Anzahl an vernetzten Geräten ist in den letzten Jahren stark gestiegen und dieser Trend wird nicht abreißen. Ebenso wird die Nutzung von Internet of Things in der industriellen Automation, dem Industrial Internet of Things (IIoT) erheblich voranschreiten und zunehmend an Bedeutung gewinnen [1]. Dementsprechend müssen auch die mit dem IoT einhergehenden Technologien, wie Big Data und Cloud Computing entsprechend der Anforderungen der Industrie 4.0 evaluiert und angepasst werden [1]. Die

J. Jasperneite, V. Lohweg (Hrsg.), *Kommunikation und Bildverarbeitung in der Automation*,
Technologien für die intelligente Automation 12, https://doi.org/10.1007/978-3-662-59895-5_19

Einbindung von Sensoren und Aktoren hat zur Folge, dass große Datenmengen (Big Data) erzeugt, aufgezeichnet und analysiert werden müssen. Als Folge dessen ist die Integration von Cloudstrukturen in die Produktionsumgebung zu sehen. Dieser strukturelle Wandel von der Automatisierungspyramide, die im Umfeld Industrie 3.0 angesiedelt ist, zur IIoT-Architektur im Umfeld der Industrie 4.0 ist in Abbildung 1 dargestellt.

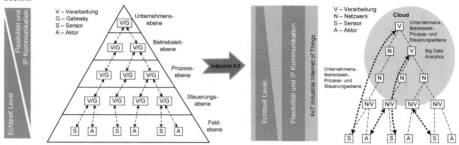

**Abb. 1.** Von der Automatisierungspyramide zur Industrie 4.0 Architektur IIoT (vgl. [2])

Die Architektur der Automatisierungspyramide ist in fünf Ebenen, die Feld-, Steuerungs-, Prozess-, Betriebsleit-, und Unternehmensebene gegliedert. Die einzelnen Ebenen sind durch Gateways verbunden, die manuell konfiguriert werden müssen, was lediglich im Rahmen einer (undynamischen) Massenproduktion effizient ist. Eine flexible und IP -basierte Kommunikation ist hauptsächlich in den höheren Ebenen, eine Echtzeitübertragung eher in den unteren Ebenen der Pyramide zu finden. Die Industrie 4.0 definiert zu effizienter Massenproduktion zusätzliche Anforderungen an die Produktionstechnik: flexibilisierte Massenproduktionen, automatisierte Produktionen bis zur Losgröße eins und eine durch Daten getriebene (Big Data) Effizienzoptimierung (Condition Monitoring, Predictive Maintenance, Optimierung) [1, 3]. Die Industrie 4.0 Architektur IIoT, die als Basis dafür dienen soll, ist losgelöst von Ebenen und starrer Kommunikation zwischen diesen. IIoT setzt dazu unter Anderem viel auf die Nutzung von Virtualisierung und Cloud-Technologie. Ausgenommen der Feldebene, können alle für die Automation notwendigen Funktionen sowohl innerhalb als auch außerhalb der Cloud implementiert werden. Die bereits angesprochenen Datenmengen (Big Data) und deren Analyse kann z. B. effizient als Cloud-Service umgesetzt werden. Insgesamt sind deutlich weniger Gateways im Einsatz was eine IP-basierte flexible Kommunikation vom Sensor bis in die Cloud durchgängig möglich macht. Die Echtzeit-Fähigkeit in den oberen Ebenen (IT und Smart Services) soll mit dieser Architektur ebenfalls gesteigert werden [2].

Insbesondere die Integration von Cloud Technologien ist Thema in diesem Paper. Von dem Cloud Service müssen Anforderungen, die die Industrie stellt, erfüllt werden um z.B. Produktionsabläufe, Reaktionszeiten, Sicherheitsaspekte und Verfügbarkeit einhalten zu können. Diese Anforderungen werden in einer Anforderungstaxonomie zusammengestellt und evaluiert. Im Stand der Technik werden die zentralen Begriffe IoT/ IIoT, Big Data und Cloud Computing erläutert und in Zusammenhang gestellt. Anschließend werden zunächst die industriellen Anforderungen an eine Cloud beschrieben und schließlich diese Anforderungen in Bezug auf ihre Bedeutung für die

Industrie in der Anforderungstaxonomie bewertet und evaluiert. Dann wird die Anforderungstaxonomie anhand von zwei Bespielen auf ihre Plausibilität geprüft. Den Abschluss bildet eine Zusammenfassung der Erkenntnisse und Resultate der Untersuchung und Taxonomie, die auch einen Ausblick auf weitere mögliche Fragestellungen und Forschungsansätze gewährt.

## 2 Stand der Technik: IoT, Big Data und Cloud Computing

In der vernetzten Welt sind die drei Begriffe IoT, Big Data und Cloud unabdingbar und werden häufig zusammen verwendet. Dies ist der Kausalität der drei Themen geschuldet. Viele vernetzte IoT Geräte erzeugen viele und unstrukturierte Daten (Big Data), die wiederum in Cloud Plattformen gespeichert und ausgewertet werden können, in denen Speicherkapazität und Rechenleistung beliebig gebucht werden können.

**IoT:** Der Begriff Internet of Things (IoT) wird als Infrastruktur von vernetzten Sensoren, Geräten oder Systemen definiert, die sowohl auf Informationen aus der physikalischen und der virtuellen Welt reagieren. Die Verknüpfung dieser beiden Welten ermöglicht es neue intelligente Lösungen in der physikalischen Welt zu schaffen. Die Anwendungsbereiche von IoT erstrecken sich von Smart Home über Smart City, den Agrar- und Gesundheitsbereich bis hin zur industriellen Automation [4]. In der industriellen Automation wird der Begriff Industrial Internet of Things (IIoT) verwendet; hier werden smarte Objekte und Maschinen vernetzt und somit die Produktion „smart" gestaltet [5, 6]. Der ausgeprägte Anstieg an vernetzten Geräten und auch Maschinen wird die Menge an Daten, die verarbeitet werden müssen weiterhin deutlich erhöhen, daher ist IoT bzw. IIoT eine der Hauptquellen von Big Data [7].

**Big Data:** Big Data wird oft durch die Charakteristika volume (große Datenmengen), variety (verschiedenste Datenquellen), velocity (enormer und kontinuierlicher Datenfluss) und variability (Veränderung der Daten, wie Format oder Qualität) beschrieben, die als Basis für eine skalierbare Architektur dienen [8, 9]. Im Themenfeld Big Data spielt die Datenanalyse eine wichtige Rolle, denn die Daten müssen insbesondere für industrielle Anwendungen mit Echtzeitbezug direkt analysiert und in Bezug auf bisherige Daten gedeutet werden. Mit dem Anstieg von Datenquellen und somit erzeugten Daten, die verarbeitet und analysiert werden müssen, müssen IT-Infrastrukturen gewählt werden, die die Anforderungen im Zusammenhang mit Big Data und IoT erfüllen. Die Integration von IoT und Big Data in Cloud Infrastrukturen, die die Möglichkeit der virtuell unbegrenzten Kapazitäten von z. B. Speicher, Prozessoren und Leistung haben, bietet eine Lösung, die wachsenden Datenmengen und damit verbundenen Anforderungen zu bewältigen [10]. Cloud Computing Plattformen lösen diese Problematik oft durch angebotene Analysetools und Datenbanken, die auf die Speicherung und das Handling mit Big Data ausgelegt sind.

**Cloud Computing:** Cloud Computing bezeichnet ein Modell, das on-demand Netzwerkzugriffe auf im Kollektiv genutzte Datenressourcen liefert. Datenressourcen können in dem Fall Netzwerke, Speicher, Server oder Anwendungen sein, die schnell bereitgestellt werden und einen geringen Verwaltungsaufwand haben können [8]. Die

Cloud Computing Architektur kann in drei Service Modelle unterschieden werden: Infrastructure as a Service (IaaS), Platform as a Service (PaaS), Software as a Service (SaaS). Dabei werden im IaaS-Modell dem Anwender Prozessoren, Speicher, Netzwerke und Computer-Ressourcen bereitgestellt. Der Anwender kann diese nutzen und beliebige Software, inklusive Applikationen und Betriebssystem, einsetzten und installieren. Insgesamt hat der Anwender Kontrolle über Betriebssystem, Speicher, entwickelte Applikationen und eingeschränkt auch auf Netzwerkkomponenten, wie z.B. Firewall. Keinen Zugriff auf die Infrastruktur, wie Speicher, Netzwerk und Server hat der Anwender dahingegen beim PaaS-Modell. In diesem Fall werden vom Anwender lediglich mit angebotenen Programmiersprachen, Services und Tools erstellte oder erworbene Applikationen genutzt. Bei Nutzung des SaaS-Modells kann der Anwender nur Anwendungen und Applikationen auf der Cloudinfrastruktur des Anbieters nutzen. Die Infrastruktur einer Cloud kann als private, public, community oder hybrid Cloud strukturiert sein. In der privaten Cloud wird die Infrastruktur exklusiv für eine Organisation bereitgestellt, der die Cloud Infrastruktur gehören und auch von dieser gemanagt und gesteuert werden kann. Diese Aufgabe kann auch an Dritte weitergegeben werden oder in einer Kombination aus beidem zusammenlaufen. Insgesamt kann die private Cloud On- oder Off-Premise existieren. Das bedeutet, dass die Hardware, wie Server, Netzwerke etc. lokal (z.B. in einem eigenen Rechenzentrum) bereitstehen. Off-Premise dahingegen bezeichnet die Auslagerung der Hardware in dem Sinne, dass z. B. die Infrastruktur von einem Anbieter gemietet wird. Die public Cloud Infrastruktur kann von der Allgemeinheit offen genutzt werden. Im Gegensatz zur private Cloud kann die public Cloud nicht vom User selbst gemanagt und gesteuert werden, dies wird von einer Business-, Akademischen- oder Regierungsorganisation übernommen. Die public Cloud existiert auf der Basis der Infrastruktur des Cloud Anbieters. Des Weiteren kann die Cloud für eine bestimmte Gruppe/ Community bereitgestellt werden, die Interessen oder Themengebiete gemeinsam teilen. Die community Cloud kann, wie die private Cloud, sowohl on- als auch off-Premise bestehen. Letztlich kann auch eine Kombination von mindestens zwei der drei vorgestellten Deployment Modelle, das hybrid Cloud Modell umgesetzt werden. Dieses bietet die Möglichkeit z. B. je nach Anwendung und deren Anforderung zwischen der private und public Cloud zu entscheiden [8].

## 3    Herleitung einer Anforderungstaxonomie

In der Anforderungstaxonomie an industrielle Cloud Infrastrukturen werden hier zum einen die technischen Detailanforderungen an die Cloud und zum anderen die Anwendungsfälle der Industrie selbst betrachtet. Diese Anwendungen können in die Basisapplikationstypen Monitoring (Beobachten) und Control (Steuern) struktuiert werden. Der Bereich Monitoring enthält die Betrachtung von z.B. gerichtsverwertbaren und historischen, als auch von live Daten, Predictive Maintenance, Condition Monitoring und Security. Das Themenfeld Control beinhaltet die Steuerung von Prozessen. Diese Steuerung kann zeitunkritisch oder zeitkritisch und/ oder sicherheitsrelevant sein. Der Sicherheitsaspekt bezieht sich sowohl auf Safety als auch auf Security. Die Kommunikation zwischen Maschinen und Sensoren und auch Optimierungsprozesse in der industriellen Produktion sind dem Bereich Control zugeordnet. Bringt man den Aspekt Monitoring und Control zusammen, ergibt sich eine Anforderung der Industrie, die sich durch die Kombination beider Bereiche als besonders hohe Anforderung darstellt. Es handelt sich um ein Monitoring auf Grund dessen eine Steuerung der Maschine oder eine Handlungsanweisung an einen Menschen gestellt wird. Beiden Bereichen wird ebenfalls der Anwendungsfall Security zugeordnet, da dieses sowohl in Zusammenhang mit Datenaufnahme und Überwachung als auch im Bereich der Steuerung relevant ist. Insgesamt zeigen diese Basisanwendungsfälle der Industrie deren Breite und Heterogenität.

Vorbereitend auf die Anforderungstaxonomie wurden die technischen und generischen Detailanforderungen an die Cloudlösung definiert. Zwei davon sind die Einbindung von IoT als auch Big Data in die Cloud Struktur. Diese beiden Anforderungen haben Verzahnungen mit weitere Anforderungen, die im Folgenden beschrieben werden und dabei eine Grundvoraussetzung an das Cloud System darstellen. Bei vielen Anforderungen sind Korrelationen untereinander festzustellen.

Skalierbarkeit und Flexibilität: Es muss die Möglichkeit bestehen jederzeit Ressourcen zu erweitern, je nachdem wie sie verwendet und gebraucht werden. Dies kann sich beispielsweise auf Rechenleistung, Anzahl an IoT-Geräten oder auch Speichervolumen beziehen. Eine Flexibilität der Cloud muss im Bereich der flexiblen und vernetzten Produktion gegeben sein. Dies kann z.B. bedeuten, dass ein Prozess, der on-premise gelaufen ist, nun off-premise verschoben werden soll; dies muss dann mit der Cloud umgesetzt werden können.

Quality of Service (QoS): In der industriellen Automation fällt unter QoS insbesondere eine kurze Latenzzeit als Anforderung an die Systeme. Zum Beispiel wird in den Bereichen Motion Control 250µs – 1ms, Condition Monitoring 100ms und Augmented Reality 10ms Latenzzeit gefordert [11]. Eine Echtzeit-Verarbeitung, die von der Latenzzeit abhängt, wird z. B. für Stream Processing benötigt. Diese Echtzeit-Kontrolle und auch Steuerung muss von einer industriellen Cloud zur Verfügung gestellt werden.

Preismodell: Ein Preismodell einer Cloud muss, wie die Cloud selbst, flexibel und skalierbar sein. Und vor allem sollten nur die Leistungen abgerechnet werden, die auch gebraucht/ in Anspruch genommen werden. Denn eine flexible Produktion ist nur bis zu einem gewissen Grad berechenbar und dementsprechend auch die benötigte Dimension der Infrastruktur. Viele Cloud Anbieter bieten ihre Plattformen nach dem Preismodell pay-as-you-go an, dies bedeutet, nur für das zu bezahlen, das auch benutzt wurde. Andere Preismodelle schnüren Pakete mit angebotenen Leistungen und z.B. vorgegebener Datenmenge, die beliebig zusammengestellt werden können oder haben Grundpakete, die die Basis des Systems beschreiben und lediglich zwischen einer beschränkten Anzahl an verschiedenen Ausführungen wählbar sind.

Sicherheit: Diese Anforderung muss in der industriellen Produktion ein wichtiger Punkt. Die Absicht produktionstechnische und durchaus sensible Daten in der Cloud zu speichern erfordert, ein Sicherheitskonzept um vor Cyber Angriffen zu schützen.

Service Level Agreement (SLA): Kriterien wie die Verlässlichkeit, Verfügbarkeit und Leistungsspektrum werden über das SLA definiert und garantiert. Auf diese Weise kann die Wahrscheinlichkeit des Risikos ermittelt werden, mit der z. B. die Produktion zum Erliegen kommen könnte bzw. in welchem Zeitraum Server- oder ähnliche Probleme gelöst werden. Über das SLA werden auch Ausfallentschädigungen deklariert.

Analyse: In der industriellen Cloud muss die Analyse von unterschiedlichsten Datentypen und –mengen (unter anderem Big Data) gewährleistet werden. Diese Analyse muss in bestimmten Anwendungsbereichen in Echtzeit umgesetzt werden. Cloud Anbieter integrieren verschiede Analysetools, die z.b. Anomalie Erkennung oder Maschine Learning Komponenten enthalten.

Kommunikation, Protokolle, Plug and Play: Im Rahmen der Vernetzung im industriellen Umfeld und der Interaktion zwischen Maschine zu Maschine ist es notwendig, dass Protokolle miteinander interoperabel sind. Entsprechend wird die Anforderung einer hohen Bandbreite an unterstützten Protokollen an die Cloud Plattform gestellt [12]. Das übergeordnete Ziel ist es, dass eine Integration in bestehende Systeme simpel und schnell zu realisieren ist, ganz nach dem Prinzip Plug and Play.

Blockchain: Die Blockchain-Technologie bietet eine Möglichkeit Informationen unverfälschbar und so vertragssicher zu speichern.

Safety: Daten/ Information müssen verfälschungssicher (SIL-Level) übertragen und gespeichert werden um Safety-relevante Prozesse damit zu steuern.

## 3.1 Taxonomie

Anhand der aufgestellten Anforderungen wurde eine Taxonomie erstellt, die in Abbildung 2 dargestellt ist. Hierbei sind die Basisanwendungsfälle der Industrie, wie für eine Taxonomie üblich in einer Baumstruktur abgebildet. Dabei wurden die Anwendungsfälle entsprechend ihres Bedarf an Echtzeitverarbeitung strukturiert: der Bedarf fällt von dem überlappenden Bereich von Control und Monitoring nach außen hin. Eine Ausnahme ist der Anwendungsfall Security, der sowohl für Control als auch Monitoring gilt und nicht diesem Ordnungsprinzip folgend angeordnet wurde. Die technischen und generischen Detailanforderungen an die Cloudlösung sind so integriert, dass diese für jeden dargestellten Anwendungsfall der Industrie gewichtet werden können. Dabei wurden drei Kategorien „weniger wichtig", „wichtig" und „sehr wichtig" zur Bewertung herangezogen, die in der Abbildung durch Kreise in drei verschiedenen Größen dargestellt wurden.

Bei der Auswertung der Taxonomie zeigt sich, dass der Bedarf an einer Echtzeitverarbeitung die Anforderungen an die Cloudlösung erhöht. Zudem sind die Anforderungen an den Bereich Control höher als an den Bereich Monitoring, dies lässt sich durch den Eingriff ins System der durch den Steuerungsaspekt beschrieben ist erklären. So sind für die Auswertung von gerichtsverwertbaren oder auch historischen Daten Analysetools sehr wichtig. Des Weiteren ist in den beiden speziellen Anwendungen eine Integration von Big Data und Security wichtig. Gerichtsverwertbare Daten können z.B. im Smart City Bereich Umweltdaten sein. Für diese Art von Daten ist die Sicherheit, beispielsweise um eine Manipulation zu vermeiden, sogar sehr wichtig und könnte durch den Gebrauch von Blockchain unterstützt werden. Für Predictive Maintenance und Condition Monitoring sind die Anforderungen in Analyse, Big Data und IoT sehr hoch. In beiden Fällen sind die Kommunikation und Plug and Play wichtig, da Maschinen- und Produktionszustände von verschiedensten Anlagen und Sensoren übermittelt und zusammengefasst werden müssen. Damit so, in Verbindung mit den Analysetools eine Vorhersage über nötige Wartungen oder Produktveränderungen getroffen werden kann. Im Themenfeld Condition Monitoring kann eine Echtzeitüberwachung des Zustandes von Anlagen gefordert sein, dementsprechend sind die Anforderungen an den QoS und das SLA sehr hoch bzw. hoch. Immer wenn es darum geht Änderungen an Anlagen und/ oder Prozessen in Echtzeit umzusetzen, ist der Security Aspekt der Cloudlösung sehr wichtig, da z.B. bei einer zeitkritischen Steuerung die Prüfung auf Manipulation der Daten kaum umsetzbar ist. Im Rahmen einer Live-Überwachung, die ebenfalls einen Bedarf an Echtzeitverarbeitung hat, sind die Cloud-Komponenten Analyse, Big Data, IoT, QoS, Security, SLA und pay-as-you-go sehr wichtig und die Skalierbarkeit, Protokolle, Flexibilität und Blockchain wichtig. Dies spiegelt die Zunahme der Anforderungen an Cloudlösungen im Bereich der Echtzeitverarbeitung wieder. Die Daten müssen direkt, in Analysetools, die Big Data geeignet sind ausgewertet werden. Hierfür ist ein Anspruch an Latenzzeit, Bandweite und die allgemeine Performance gestellt und die Verfügbarkeit muss zu jedem Zeitpunkt über ein SLA gewährleistet sein. Ein ähnliches Anforderungsprofil lässt sich auf Seiten des Control Bereiches erkennen. Für den Basisanwendungsfall Monitoring ist für alle betrachteten spezifischen Anwendungen eine hohe Anforderung an Safety weniger wichtig. Für den Bereich Control werden dahingegen in den Anwendungen Motion Control, zeitkritische und sicherheitsrelevante Steuerung der Aspekt Safety als sehr wichtig betitelt. Es müssen Sicherheitsmechanismen einwandfrei funktionieren, sodass diese in automatisierten und flexibel gestalteten Prozessen, wenn notwendig, stets greifen. Die Anwendung Motion Control stellt zudem den Fokus in den Anforderungen an eine Cloud Lösung insbesondere auf QoS, Security, Verfügbarkeit und Skalierbarkeit. In der Bewegungssteuerung müssen exakte Positionierungen realisiert und Ansteuersignale gegeben werden, sodass eine Verfügbarkeit des Systems als auch die Anforderungen an den QoS zwingend notwendig ist. Diese Struktur bildet sich auch in der zeitkritischen Steuerung ab. Insgesamt werden im Anwendungsfall der zeitkritischen und sicherheitsrelevanten (Safety) Steuerung 58% der Anforderungen als sehr wichtig, 33% als wichtig deklariert. Damit sind die Anforderungen an diese Anwendungsfälle aus dem Themenkomplex Control vergleichbar mit denen der live Übertragung.

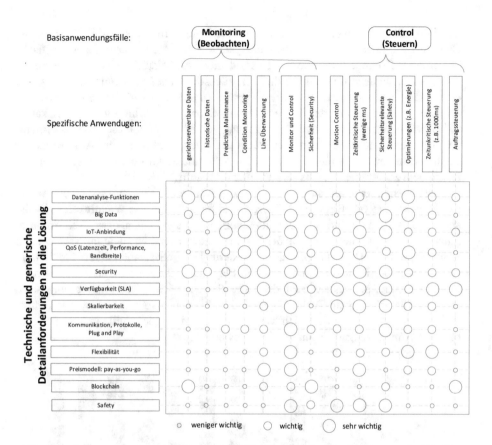

**Abb. 2.** Anforderungstaxonomie an industrielle Cloudinfrastrukturen: Sichtbar werden die Heterogenität und die Abhängigkeiten

In der flexiblen Produktion werden stetig Optimierungen und Anpassungen in Prozessen vorgenommen, diese stellen eine hohe Anforderung an die Analyse und Verarbeitung von Big Data, QoS und Flexibilität. Es müssen permanent zu optimierende Werte, wie die Energieeffizienz oder aber Wartezeiten analysiert werden und möglichst in Echtzeit auf die Ergebnisse dieser Analysen reagiert werden, sodass die Flexibilität der Produktion ausgeschöpft wird. Für die zeitunkritische Steuerung werden alle Anforderungen an die Cloud, außer Blockchain und Safety, als wichtig eingestuft. Trotz des unkritischen Zeitfensters und damit keinem Anspruch auf Echtzeit müssen die korrekten und relevanten Werte des Steuerungsprozesses bestimmt und übermittelt werden, denn Präzision und Sicherheit sind in dem Umfeld von äußerster Bedeutung. In den Basisanwendungsfällen ist auch der Sicherheitsaspekt in Bezug auf Security aufgeführt, da zur Gewährleistung der Security ebenfalls Anforderungen an Cloud Lösungen gestellt werden. So müssen durch Analysen sichergestellt werden, dass z.B. manipulierte Daten erkannt werden und im Bereich IoT z.B. eine sichere Kommunikation der Sensoren und Gateways mit den Maschinen umgesetzt wird. Weniger wichtig sind im Zusammenhang mit Security die Skalierbarkeit, die Flexibilität und das Preismodell.

Die größte Anforderung an Cloud Lösungen stellt die Verbindung von Monitoring und Control. Es können die beiden Anwendungsfälle live Überwachung und zeitkritische Steuerung in Kombination auftreten. Das bedeutet, dass beispielsweise auf Grund einer live Überwachung in Echtzeit ein direkter Rückschluss auf Steuerungsmechanismen, die vorgenommen werden sollen, getroffen werden muss. Es sind alle Bereiche von der Analyse, über die garantierte Verfügbarkeit durch das SLA bis hin zur Kommunikation zwischen Sensorik, die die live Überwachung von Parametern umsetzen und Maschinen deren Steuerung auf Grund der Daten getriggert wird betroffen. Auf Grund der Control-Komponente in dieser spezifischen Anwendung wird die Anforderung an Safety in dem Zusammenhang als sehr wichtig eingestuft.

Zusammenfassend lässt sich in der Grafik in Abbildung 3 erkennen, dass die Anforderungen an Analyse, Big Data, IoT, SLA und Security in ihrer Wichtigkeit in Basisanwendungsfällen der Industrie dominieren. Es ist zu entnehmen, dass diese Anforderungskriterien in mindestens 50% der Fälle für die Anwendungsfälle mit sehr wichtig eingestuft wurden. Daran knüpfen die Anforderung an QoS, Skalierbarkeit, Flexibilität, Kommunikation, Protokolle und Plug and Play an. Diese Anforderungen werden jeweils in Summe mindestens 50% der Fälle als sehr wichtig und wichtig eingestuft. Preismodelle, Blockchain-Technologien und Safety sind als Anforderungen an industrielle Cloudlösungen im Vergleich weniger wichtig, denn hier wurde in über 50% der Fälle die Anforderung als weniger wichtig evaluiert.

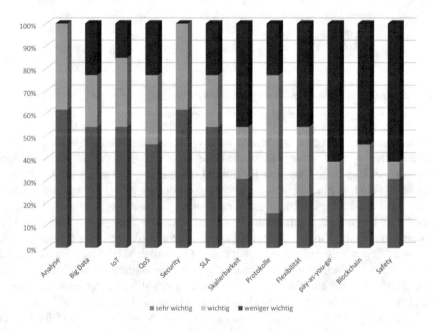

**Abb. 3.** Auswertung der Relevanz von Anforderungen an Cloud Lösungen

# 4 Cloud-Beispiele aus der industriellen Produktion und der Smart City und Einordnung in die Taxonomie

Als Evaluation der Taxonomie werden zwei Beispiele aus industriellen Produktion und der Smart City beschrieben. Neben der Industrie ist Smart City ein Cloud- und IoT-Anwendungsbereich, in dem die Anzahl an Sensoren und Aktoren, die vernetzt agieren, immer weiter steigt. In vielen Punkten stimmen die Anforderungen der beiden Bereiche überein. Zum Beispiel sind für eine durch Sensorik und Aktorik geschalteten Ampel die Echtzeitfähigkeit und Sicherheit unerlässliche Anforderungen an eine Cloud. Es dürfen keine falschen oder zu späten Ampelphasenschaltungen vorkommen, die die Verkehrssicherheit gefährden könnten. Dies spiegelt sich in der Produktion in zeitkritischen Steuerungen und sicherheitsrelevanten Steuerungen, die Menschen unter dem Safetyaspekt oder die Produktion unter dem Securityaspekt gefährden, wieder.

## 4.1 Auftragssteuerung im IIC-Testbed Smart Factory Web

Das IIC-Testbed Smart Factory Web wird vom Fraunhofer IOSB (Karlsruhe und Lemgo) gemeinsam mit dem koreanischen Partner KETI betrieben. Ziel ist es, basierend auf dem industriellen Internet der Dinge(IIoT) und Standards wie OPC UA und AutomationML Architekturen und Technologien für ein Netz verteilter Smart Factories zu realisieren und zu evaluieren. Das Smart Factory Web zielt darauf ab, ein Netzwerk intelligenter Fabriken mit flexibler Anpassung der Produktionskapazitäten und der gemeinsamen Nutzung von Ressourcen zu bilden, um die Auftragsabwicklung zu verbessern und auf Basis von Datenanalysen die Effizienz der Fabriken zu steigern. Die folgende Abbildung 4 zeigt die bisher vernetzten Smart Factories.

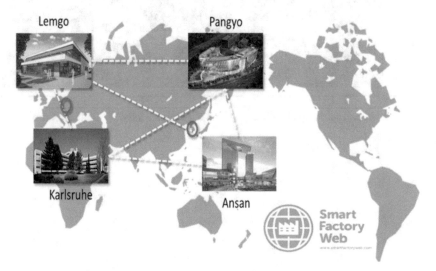

**Abb. 4.** Smart Factory Web: Vier vernetzte Smart Factories (Südkorea und Deutschland)

Die einzelnen Maschinen und Anlagen der Smart Factories werden über einen Smart Factory Web Cloud Coupler mit integriertem OPC UA Aggregation Server mit einer Microsoft-Azure-Cloud-basierten Webportal verbunden [13]. Die folgende Abbildung 5 zeigt dies am Beispiel eines modularen Montagesystems der SmartFactoryOWL. Mittels AutomationML und OPC UA-Informationsmodell wurden die Fähigkeiten der Maschine Modelliert und die Produktionsressource in der Cloud (dem Smart Factory Web) zu Verfügung gestellt. Im Smart Factory Web kann nun für spezifische Produktproduktionsbedarfe weltweit nach einer passenden Produktionsstätte gesucht werden und diese dann auch gebucht werden. Diese Buchung soll in Zukunft vertragssicher (Blockchain) erfolgen.

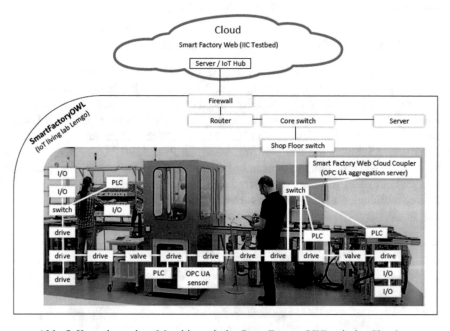

**Abb. 5.** Koppelung einer Maschine mit der SmartFactoryOWL mit der Cloud

## 4.2 Beispiel eines Use Case der Smart City im Cloud und IoT-Anwendungsbereich

In Smart City-Projekten wird häufig Echtzeit-Geotracking des öffentlichen Personennahverkehrs umgesetzt, um den Bürgern und Fahrgästen einen Mehrwert zu bieten und eine Grundlage für weitere Anknüpfungspunkte zu schaffen. Die Echtzeit-Information der Busposition gibt Fahrgästen einen Überblick über Verspätungen und Abfahrtssituationen an Haltestellen. In der Zukunft werden Daten und Mehrwerte, die im Bereich des Echtzeit-Geotracking des öffentlichen Personennahverkehrs aufgezeichnet und erzeugt werden, ausgewertet. So können mit Analysetools die Bewegungsdaten von Bussen ausgewertet und ein Indiz für die Verkehrslage in der Stadt geben. Wenn z.B. Busse verspätet sind oder sich nur mit einer geringen Geschwindigkeit fortbewegen, ließe sich daraus mit einer gewissen Wahrscheinlichkeit prognostizieren, dass die Verkehrsauslastung der Straße hoch sein muss. Anhand dieses Beispiels wird die Anforderung an die Cloud Lösung im Bereich der Analyse deutlich. Es können auch weitere Informationsknoten, wie z. B. der Zustand von Bahnschranken, welche auf der Buslinie liegen integriert werden und so bei längeren Schließzeiten der Schranken dem Bus eine alternative Routenführung vorschlagen um die Verspätung zu minimieren. Somit würde eine Vernetzung der Busposition mit weiteren Sensorknoten in der Stadt zusätzliche Usecase und Mehrwerte bieten. Besonders bezogen auf Smart City, sind Kommunen darauf bedacht, dass keine personenbezogenen und sensiblen Daten nach außen gelangen und entsprechende Security Vorkehrungen getroffen werden. Insbesondere dürfen Daten, die in der Öffentlichkeit gezeigt werden, nicht manipuliert werden und entsprechend gegen Cyber Angriffe geschützt werden. Dies kann sogar so weit gehen, dass Safetyrelvante Situationen z.B. Ampelkreuzungen, die intelligent den Verkehr regeln, abgebildet werden und natürlich einen sehr hohen Anspruch an die Security der Cloud stellen. Dieses Beispiel der Ampelschaltung verdeutlicht auch den Anspruch an ein SLA; denn Ausfälle der Systeme sollten möglichst vermieden werden und über eine Verfügbarkeitsgarantie abgedeckt werden. Das Gleiche gilt für die Anforderung an QoS, da Echtzeitfähigkeit für Geotracking von bewegten Objekten entscheidend ist. Bei einer Geschwindigkeit von 50 km/h werden bereits 500 m in 38 s zurückgelegt. Das heißt ein Geotracking von bewegten Objekten mit einem Intervall von z. B. 30 s liefert nicht die benötigte Auflösung. Dieses Beispiel zeigt die Vielseitigkeit eines Smart City Use Case und den Gedanken der globalen Vernetzung der verschiedensten Objekte, wie z. B. Bus, Ampel und Bahnschranke in den Städten und die damit einhergehenden Anforderungen an Cloud Lösungen.

## 5 Zusammenfassung und Ausblick

In diesem Paper wurde eine Anforderungstaxonomie mit Bezug auf Basisanwendungsfälle für industrielle Cloud Lösungen erstellt. In diesem Zusammenhang wurden technische und generische Detailanforderungen, die an Cloud Lösungen gestellt, herausgearbeitet und hinsichtlich spezifischer Anwendungsfälle evaluiert. In dem dreistufigem Bewertungsverfahren zeigte sich, dass Anwendungen, die eine Echtzeitverarbeitung oder eine nahezu Echtzeitverarbeitung voraussetzten, die höchsten Anforderungen an die Cloud stellen. Zudem zeigt die Taxonomie, dass sich die Bereiche Datenanalyse und Security hervorheben, da diese Anforderung stets als wichtig bzw. sehr wichtig eingestuft wurde. Schließlich sind es aber auch Big Data und Verfügbarkeitsgarantie (SLA), die zusammen mit dem QoS sich zusätzlich zu Analyse und Security als die entscheidenden Anforderungen evaluieren ließen. Diese Aspekte wurden in zwei Beispielen aus Industrie und Smart City wiedergespiegelt und beschrieben. In einem nächsten Schritt müssten Anbieter von Cloud Plattformen zu der Taxonomie verknüpft werden, sodass der spezifischen Anwendung folgend ein Portfolio an geeigneten Plattformen vorgestellt wird. Hierzu muss eine Marktübersicht an Cloud Plattformen erstellt und entsprechend der Anforderungen bewertet werden.

## Literatur

[1]     Wollschläger, M.; Sauter, T.; Jasperneite, J.: The future of industrial communication. IEEE Industrial Electronics magazine. IEEE, März 2017.

[2]     Schriegel, S.; Kobzan, T.; Jasperneite, J.: Investigation on a Distributed SDN Control Plane Architecture for Heteregenous Time Sensitve Networks. 14th IEEE International Workshop on Factory Communication Systems (WFCS) Imperia (Italy), Juni 2018.

[3]     Schriegel, S.; Pethig, F.; Windmann, S.; Jasperneite, J.: PROFIanalytics – die Brücke zwischen PROFINET und Cloud-basierter Prozessdatenanalyse. Automation 2017 , Baden-Baden, Oktober 2017.

[4]     ISO/IEC: Information technology – Internet of Things Reference Architecture (IoT RA). ISO/IEC CD 30141, Schweiz, 2016.

[5]     Lassnig, M.; Schön S.; Stabauer, P.; Selhofer, H.: Transformation verschiedener Wirtschaftssektoren durch Industrie 4.0 – Wie sich ausgewählte Branchenprofile im Industrial Internet verändern. InnovationLab Arbeitsberichte, Salzburg Research Forschungsgesellschaft, 2017.

[7]     Botta, A.; de Donato, W.; Persico, V.; Pescapé, A.: On the Integration of Cloud Computing and Internet of Things. International Conference on Future Internet of Things and Cloud (FiCloud), Spanien, 2014.

[6]     World Economic Forum: Industrial Internet of Things: unleashing the potential of connected products and services. 2015.

[8]     NIST Big Data Public Working Group, Definitions and Taxonomies Subgroup: NIST Big Data Interoperability Framework: Volume1: Definitions. National Institute of Standards and Technology Special Publication 1500-1, 2015.

[9]     ISO/IEC JTC 1, Information Technology: Big data Preliminary Report 2014. ISO/IEC, Schweiz, 2015.

[10]    Mell, P.; Grance, T.: The NIST Definition of Cloud Computing. National Institute of Standards and Technology Special Publication 800-145, 2011.

[11]    Müller, A.: Radio communication for Industrie 4.0. ITG-expert comittee 7.2 radio systems, Robert Bosch GmbH 2015.

[12]     Fysarakis, K.; Askoxylakis, I.; Soultatos, O.; Papaefstathiou, I.; Manifavas, C.; Katos, V.: Which IoT Protocol? Comparing standardized approaches over a common M2M application. IEEE Global Communications Conference (GLOBECOM), Washington DC, USA, Februar 2016.

[13]     Heymann, S.; Stojanovic, L.; Watson, K.; Seungwook, N.; Song, B.; Gschossmann, H.; Schriegel, S.; Jasperneite, J.: Cloud-based Plug and Work architecture of IIC Testbed Smart Factory Web. In: IEEE 23rd International Conference on Emerging Technologies and Factory Automation (ETFA). Torino, Italy, September 2018.

# Aspects of testing when introducing 5G technologies into industrial automation

Sarah Willmann, Lutz Rauchhaupt

ifak e.V. Magdeburg
Werner-Heisenberg-Str. 1, 39106 Magdeburg
sarah.willmann@ifak.eu
lutz.rauchhaupt@ifak.eu

**Abstract.** This paper deals with test aspects for the introduction of 5G technologies into industrial communication. In this context, test types, test objectives and test objects need to be re-evaluated. For the information and communication industry it is new to consider specific fields of application. For the automation industry, the type of network technology is fundamentally changing. Therefore, the role of validation, demonstration, conformance tests and tests to prove the fulfilment of application requirements for both industries will be reconsidered. Furthermore, essential test objects are described with their possible test interfaces. The example of the test for proving the fulfilment of application requirements of communication links shows how closely the views of the information and communication industry and the automation industry are interconnected. On the basis of an assignment of test types to test objects, recommendations are made on how the topic of testing industrial 5G technologies can be further developed in a systematic way.

## 1 Topic test in 5G-ACIA

The aim of the paper is to discuss approaches for unified testing of industrial communication solutions based on 5G technologies. Industrial communication is a specific field of data communication. For cost reasons, the aim has always been to use standard communication technologies for industrial communication. However, so far neither standards such as Manufacturing Messaging Specification (MMS) nor standards of the IEEE 802 series could be applied unchanged. This will also apply to standards that are summarized under the terms Time Sensitive Networking (TSN) or 5th Generation Mobile Networking (5G) if industrial automation stack holders, so called Operational Technology companies (OT), would not contribute to the requirement specification development. For the use of 5G technologies in industrial automation applications the 5G Alliance for connected industry and automation (5G-ACIA) has been founded in April 2018. Thus, a platform was created for the cooperation of Information and Communication Technology companies (ICT) and Operational Technology companies (OT) to jointly contribute to the development of application-oriented communication standards.

J. Jasperneite, V. Lohweg (Hrsg.), *Kommunikation und Bildverarbeitung in der Automation,*
Technologien für die intelligente Automation 12, https://doi.org/10.1007/978-3-662-59895-5_20

The cooperation in 5G-ACIA includes aspects of testing communication solutions. This subject area includes conformity and interoperability tests as well as reliability and timing tests with regard to the requirements of industrial automation. An important aspect here is the specification and design of interfaces. In addition to the user data transmission (User Plane), mobile communications technology also knows separate levels for control (Control Plane) and management (Management Plane) of networks. For each of these levels, in addition to radio transmission, various higher protocols such as IEEE 802.3, in future TSN standards, Internet Protocol (IP), Message Queuing Telemetry Transport (MQTT), Representational State Transfer (RESTful), etc. are used. This is the basis that will be available for industrial communication. Based on this situation, a number of questions arise for testing automation devices with 5G communication as well as for network installations.

# 2 Types of tests and test objectives

## 2.1 Test within a product life cycle

The general term test denotes a methodical experiment or check to determine the suitability, characteristics or performance of an object.

The test method depends on the life cycle phase of the object and on the test objective. Figure 1 provides an overview over types of tests. Validation, demonstration and trial are important stages on the way towards implementing technologies into products. If a communication standard has been developed the implementations shall be tested for conformance to the standard and for interoperability with other implementations of the communication standard. Within the production process of the developed implementations product evaluations are advisable in different productions steps. When a communication product is installed and configured within an application system approvals of installation and commissioning ensure the readiness for use and can provide documentations of the initial state. Periodic audits can discover dangers deviations of the initial or expected state. The same task take diagnosis functions. If even so an error occurs dedicated tests may discover the fault.

Tests can be performed by using a simulation platform or a software test bed, or by using a hardware test bed.

## 2.2 Validation

Newly developed methods, algorithms or models are typically validated against the requirement specification. This can be done by simulation or by measurements of exemplary implementations in a hardware test bed. This kind of test is performed in research and in early phases of product development. With respect to industrial applications this kind of tests are necessary for example to support the development of new radio technologies considering the industrial propagation conditions.

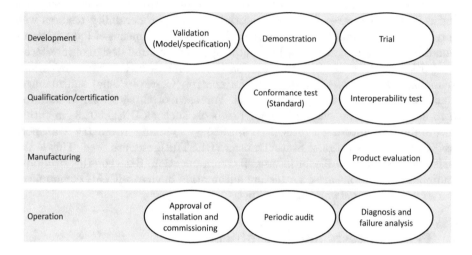

**Fig. 1.** Types of tests within a product life cycle

Validation procedures often focus very strongly on the specific research object and its degree of maturity. The specification of a uniform procedure is hardly possible here. However, application-related parameters and influences and conditions affecting them should already be taken into account in this phase of product development.

### 2.3 Prototype demonstration

Prototype demonstration is an effective way to present the key features of a new product development. That means not every aspect of the planned product have to be in the focus. The prototype is put into an operational environment according to the intended objective of the demonstration. The operational environment should represent the relevant influences and conditions. The main focus of the test is the proof of certain functions and not the in-depth metrological analysis of the behaviour of the prototype.

One example of prototype demonstrations is a so called plug fest. Different vendors of network hardware and software demonstrated the interoperability of their products within a communication network. Since ICT and OT are involved in building industrial communication networks with 5G technologies, such kind of demonstrations are strongly recommended.

### 2.4 Test of conformance

If there is a standard for a communication technology, devices that refer to it must be tested. With a number of well specified test cases the conformity of an implementation to the related standard has to be proven. Successful test results of conformance tests are the necessary condition to build an error-free network. If 5G technologies are used for industrial communication, most likely additional communication standards such as IP or industrial application layers may be necessary. Experience has shown that implementations of communication layers and an application are usually not retroactive. This has to be considered when specifying conformance tests for industrial 5G implementations.

While 5G standards are developed by 3GPP, further relevant standards are developed by IEC or by other organisations. So, it has to be clarified who is responsible for test case development and how and by whom industrial 5G implementations should be tested.

### 2.5 Test of application requirements

Industrial applications have a wide variety of requirements regarding network size and coverage, data volume, time and error behaviour, and passive and active environmental conditions. To avoid having to test a radio solution for every application, application profiles were defined and partially specified in [1]. A similar procedure is followed with [2]. In [1] it is also defined which parameters can be used to specify requirements. This provides the basis for testing radio solutions in an application-oriented manner to ensure that the requirements are met. This approach should be considered for the development of application-oriented 5G test beds.

## 3 Test objects and interfaces

### 3.1 System under test

A system to be tested can be of different shape in relation to industrial 5G implementations. A system under test can be an entire communication solution or even a set of communication solutions. The latter is relevant if for example wireless coexistence issues are addressed. Furthermore, physical entities such as hardware or or software implementations or logical entities such as a link between to well-defined endpoints can be test objects.

The core network and its components such as the radio access network or base station are not the subject of these considerations. We assume that these objects are part of demonstrations and proof of compliance with application requirements. However, they do not represent an extra object of investigation, for example for conformity tests.

### 3.2 Concept, method or algorithm

Concepts, methods or algorithms of data transmission functions or communication functions are developed during the first phase of a live cycle. Examples are concepts for plug & work, medium access methods or security algorithms. For it, models are developed or prototypes are implemented. The tests can be carried out by simulation of model instances or by investigation of prototype implementations.

The concepts, methods or algorithms are validated with respect to defined functional requirements.

Depending on the particular test object the reference interfaces can be very different. Therefore, these interfaces are clearly to be specified. Standardised characteristic parameters and measuring units shall be used.

## 3.3 Wireless communication solution

A wireless communication solution is a specific implementation or instance of a wireless communication system. It consists of wireless (automation) devices, infrastructure devices, and communication relations between them. A wireless communication solution provides the infrastructure to implement a set of logical (communication) links between distributed application functions.

While in industrial communication the focus is on productive data transmission, with the introduction of 5G technologies additional functions for network management and network control will have to be considered. Such functions will become more and more important as production processes become more flexible. This results in further interfaces between application and communication in addition to the productive data transmission. If applications rely on the functionalities and behaviour of the network, these must also be the subject of tests. A wireless communication solution can be object of several types of tests. Examples are tests of installation and commissioning, periodic audits, diagnosis and failure analysis. The tests are performed with respect to the requirement specification. The requirement specification may be adapted during the life cycle for example due to plant extensions. Depending on the hardware and software implementation, and the degree of integration, the reference interfaces can be very different.

## 3.4 Communication link

A communication link is a relation between two endpoints of a communication solution. Several shapes of communication links are possible. If the endpoints are assumed above the MAC layer, this can be considered as an end-to-end connection of the 5G network. An IP connection is defined by the endpoints of the IP service. Most relevant for industrial automation is the logical link. It is the communication relation between two logical end points. The set of logical endpoints forms the reference interface between the application function and the communication function.

User data, for example measurement data of a sensor or set points for drive control, are provided to the logical source end point for transmission. The identical user data are expected at the logical target end point within an anticipated time interval or time frame, or according to an anticipated data throughput.

For reproducible tests of a logical link and for comparable test results the requirements and conditions that influence the transmission should be standardised. This standard should be independent of any communication technology. The standard should allow to describe use cases formally. Alternatively, application profiles of connected industry and automation can be developed.

Logical links are in the first place object for tests of application requirements. For it requirement specifications shall specify target conditions and characteristics in a quantifiable manner. Standard definitions should be available for relevant parameters. Depending on the hardware and software implementation, and the degree of integration, the reference interfaces of a logical link can be very different.

## 3.5 Wireless device

From the point of view of industrial wireless communication, a wireless (automation) device comprises both wireless communication functions and automation functions [4]. Examples of wireless devices in this context for example I/O devices, temperature transmitters, programmable logic controllers, tablets, or smart phones.

A wireless device can be subject of prototype demonstration, conformance test or of test of application requirements.

Depending on the hardware and software implementation, and the degree of integration, the reference interfaces can be very different. An I/O device with 5G technologies may only provide digital inputs and outputs for test purposes. temperature transmitters may provide an Ethernet or RS585 interface. In any case the hardware and software interface (IP, fieldbus, etc.) to be used for test purposes are clearly to be specified. Standardized characteristic parameters and measuring units shall be used. A specific wireless device in this context is a wireless module.

## 3.6 Wireless communication module

We call a wireless module an implementation, which contains wireless communication functions but normally no application functions. It is typically not developed specifically for industrial applications, but must meet their requirements. Therefore, industrial 5G implementations do not require any additional conformity tests for radio modules. Proof of compliance with application requirements is, however, a relevant test task. In addition, radio modules can also be part of application-related demonstrations.

Wireless modules typically provide for the application computer interfaces such as PCI express, SPI or USB . In some cases, the application can also be implemented on a processor used for communication.

# 4 Test of application requirements of communication links

## 4.1 Characteristic parameter values and interfaces

If parameters that characterise communication are to be determined on a standardized basis, a uniform understanding of the relevant interfaces, the measurement endpoints, is of decisive importance. However, there are frequently misunderstandings about the relevant interfaces and the associated terms. Here, a clear distinction must be made between the application view and the 5G network view. The biggest problem is when the application requires values promised by the 5G network. But the 5G network is not the complete communication stack. In figure 2 is a communication stack with the different layers pointed. The different layers lead to different responsibilities. A stack have a application layer[1] which we count among the higher communication layers (HCL). The application layer provides the data for the application. The bottom layer is the physical layer. The physical layer and the MAC layer[2] pertain to the 5G network. In some respects, the IP layer[3] is part of the considerations to. The layers of the 5G network we count to the lower communication layers (LCL).

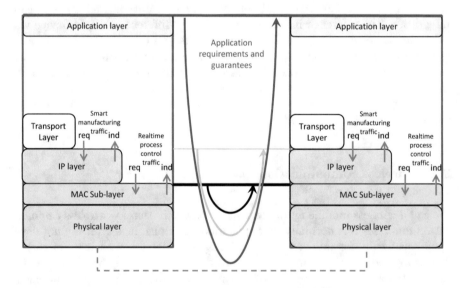

**Fig. 2.** Mapping of characteristic parameters

---

[1] regarding to OSI/ISO model
[2] OSI/ ISO model: Data link layer
[3] OSI/ ISO model: Network layer

For the assessment of the communication it is important to differentiate between the 5G network performance and the whole communication up to the application layer. In figure 2 the different parts to be assessed are marked with different coloured arrows. The red arrow depicts the application point of view. The light violett shows the 5G network with the IP layer and the back arrow without the IP layer. It is to see, it is not likely that the the same values will be reached by the application layer interface compared to the 5G network interface. The section of Quality of Service will go deeper in the topic of characteristic parameters. In this section the clear distinction of parameters regarding to the interface is shown. Figure 3 shows the transmission of messages. The source application hand over a message to the reference interface of the communication stack. In the Higher Communication Layers (HCL) the data is processed. From the HCL the data is transferred to the Lower Communication Layers (LCL) or rather the 5G network. After the transmission via the media and the LCL of the second stack, the data goes to the HCL and the target application. The figure shows various characteristic parameters using the time of the transmission as an example. For the application view the *transmission time* is measured, for the 5G network the *end-to-end-latency*. *End-to-end* means in this context the end of the 5G network [3]. Not to associating *end-to-end* with the application interface is the challenge.

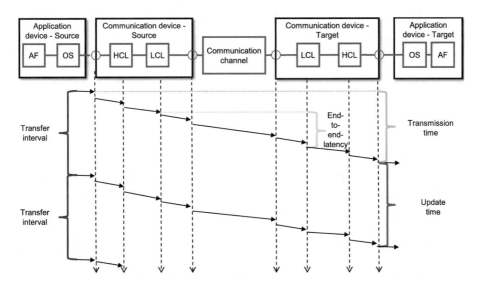

**Fig. 3.** Differentiation of tomatoes according to different layers; AF - Application function; OS - operating system; HCL - higher communication layer; LCL - lower communication layer

## 4.2 Characteristic parameters

Figure 4 shows a selection of characteristics for the QoS assessment at the application level. The QoS assessment uses the characteristics of the dependability. General dependability parameters [5,6] which are often used are availability, reliability, up time and down time. Characteristics for the communication are for example the transmission time and the update time (Figure 3) as well as parameters of the status of the message (e. g. Number of Lost Messages). From all parameters can be calculated statistical values (e.g. mean up time, Message Loss Ratio). The measurement and calculation of them is explained and standardized in [1,7].

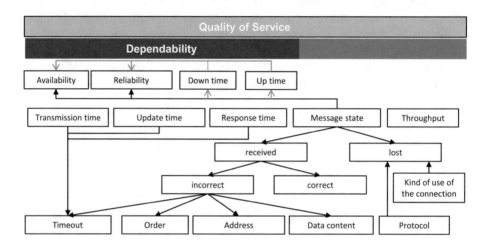

**Fig. 4.** Overview of characteristics

## 4.3 Jitter is out

If you are looking for the term jitter, you will find a large selection of definitions and interpretations for this term. Jitter is the "the maximum deviation of a time parameter relative to a reference or target value" [3]. This means jitter is not a stand-alone parameter, it comes every time together with a time parameter. One example can be at the application level the transmission time or the update time and at the 5G network level the end-to-end latency. This is one interpretation of jitter. Because of the ambiguity of jitter, for the variation of a time parameter the timeliness is given.

## 4.4 Timeliness

Timeliness (TL) is described by a time interval (see Figure 5). The interval is restricted by a lower bound ($t_{LB}$) and an upper bound ($t_{UB}$). This interval contains all values $t_A$ that are in time with respect to the required value $t_R$. A message reception is considered *in time* or *valid*, if it is received within the timeliness interval. It is received outside the timeliness interval, the message reception is considered invalid. In equation 1 are the lower and the upper-bound in the interval, in equation 2 are they out. A mix of the condition is possible.

$$t_{LB} \leq t_A \leq t_{UB} \tag{1}$$

$$t_{LB} < t_A < t_{UB} \tag{2}$$

Figure 5 shows the timeliness. The point 4 is the required value and the optimum for the actual value. Is the timeliness defined by equation 1 the range 1 & 7 are invalid. The points 2 & 6, as well as range 3 & 5 are valid. Is the timeliness defined by equation 2 the range 1 & 7 and the points 2 & 6 are invalid. The range 3 & 5 are valid.

The classification and detailed level can be freely expand. The following parameters -Accuracy, Earliness and Tardiness- show how the timeliness requirements are met.

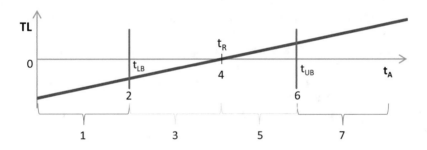

**Fig. 5.** Timeliness (TL);   1 & 7 invalid range; 3 & 5 valid range; 2 lower bound ($t_{LB}$); 4 required value; 6 upper bound ($t_{UB}$)

### 4.5   Accuracy, earliness and tardiness

Accuracy (AC) describes the discrepancy between the actual time value ($t_A$) and the desired time value ($t_R$). The value range of Accuracy can assume positive as well as negative values.

$$AC(t_A) = t_A - t_R \tag{3}$$

$$AC(t_A) < 0 \; for \; t_A < t_R, \; the \; actual \; time \; value \; is \; too \; early \tag{4}$$

$$AC(t_A) = 0 \; for \; t_A = t_R, \; the \; actual \; time \; value \; is \; on \; time \tag{5}$$

$$AC(t_A) > 0 \; for \; t_A > t_R, \; the \; actual \; time \; value \; is \; too \; late \tag{6}$$

Earliness (E) describes how much the actual time value is before the required value. The earliness function is positive for actual time values smaller than the required time values.

$$E(t_A) = t_R - t_A = -AC(t_A) \quad for \quad t_A < t_R \tag{7}$$

$$E(t_A) = 0 \quad for \quad t_A \geq t_R \tag{8}$$

Tardiness (T) describes how much the actual time value is after the required value. The tardiness function is positive for actual time values greater than the required time values.

$$T(t_A) = t_A - t_R = AC(t_A) \quad for \quad t_A > t_R \tag{9}$$

$$T(t_A) = 0 \quad for \quad t_A \leq t_R \tag{10}$$

## 4.6 Survival time

According to [3] and [2] the survival time is "the time that an application consuming a communication service may continue without an anticipated message". This means that the 5G network is in the up-state for the entire survival time, even if no message has been received correctly. If a message was received correctly before the survival time expires, the 5G network will remain in the up-state, otherwise it will go to the down-state. A message is considered available when the conditions for timeliness and correctness are met.

The survival time is a important parameter for the requirement specification. The number of violations of the survival time is in inverse proportion to the communication service availability. A thorough explanation can be found in Annex A of [3].

## 5 Tasks for IT and OT

It should be explicitly noted that the following assessments are made from the perspective of the application of 5G technologies for industrial automation applications. It is undisputed that beyond this, tests of 5G technologies and their implementations are necessary, but do not have to consider any specific aspects of an application.

Table 5 summarizes which tests we recommend for which object to test. Concepts, methods and algorithms are to be validated in the context of research and development, whereby application-related parameters should be considered. Within the framework of the introduction of 5G technologies, coordinated demonstrations of industrial radio solutions should be offered. Standards should be developed to prove conformity to the communication standards used. A standard procedure based for example on [1] should be developed for demonstrating compliance with the application requirements. The properties of implementations of logical links will be the subject of validations and demonstrations within the framework of research and development. A standard approach should be developed to demonstrate compliance with the application requirements. From the point of view of industrial 5G implementations, test standards should be developed for wireless devices, but this is not necessary for wireless modules. Proof of compliance with the application requirements should for both objects based on a standard.

**Table 1.** Relevant tests for further consideration of industrial 5G implementations

|  | Validation | Demonstration | Conformance test | Test of application requirements |
|---|---|---|---|---|
| Concept | R | - | - | r |
| Wireless solution | - | R | S | S |
| Logical link | R | R | - | S |
| Wireless device | - | R | S | S |
| Wireless module | - | r | - | S |

r: Test recommended
R: Test required
S: Standard for testing required

The 5G Core network and its components such as the radio access network or base station are not covered in this paper. Like wireless devices and wireless modules, they will be part of demonstrations. These systems are also required to demonstrate compliance with application requirements but will not be considered separately as test items.

In the tests to be standardized, the challenge is to consider the different components of an industrial wireless solution and their interactions. This requires close cooperation between ICT and OT.

In addition to testing pure data transmission functions, future network management (monitoring) and network control functions must also be taken into account. Furthermore, the investigation of the behaviour of transient processes, such as the establishment of a connection or the use of a service after a longer pause, will gain special importance.

The aspects of industrial 5G implementations testing discussed here should already be considered in the specification of application requirements. Specified requirements are only of value if they can be verified.

# References

[1] VDI/VDE-Richtlinie 2185 "Funkgestützte Kommunikation in der Automatisierungstechnik.", Blatt 4 "Messtechnische Performance-Bewertung von Funklösungen für industrielle Automatisierungsanwendungen.", 2017

[2] 3GPP TS 22.261 "3rd Generation Partnership Project; Technical Specification Group Services and System Aspects; Service requirements for the 5G system; Stage 1 (Release 16)", 2018

[3] 3GPP TR 22.804 V16.1.0.1"Study on Communication for Automation in Vertical Domains", September 2017

[4] IEC 62657-1 "Industrial Communication Networks - Wireless communication networks Part 1: Wireless communication requirements and spectrum considerations"

[5] S. Willmann, M. Kraetzig, and L. Rauchhaupt, "Methodology for holistic assessment of dependability in wireless automation", ETFA 2017 - 22nd IEEE International Conference on Emerging Technologies And Factory Automation, 12.-15.09.2017, Limassol, Cyprus, 2017

[6] S. Willmann, A. Gnad, and L. Rauchhaupt, "Unified Assessment of Dependability of Industrial Communication", Automation 2017, Baden-Baden, VDI Wisssensforum GmbH, 2017

[7] BZKI, Aspects of Dependability Assessment in ZDKI, Technical Group 1 "Applications, Requirements and Validation", 2017

## Acknowledgement

The work presented in this paper was funded by the German Ministry of Research and Education (BMBF) within the project BZKI (16KIS0303).

# Image Processing in
# Automation

# Deep Learning as Substitute for CRF Regularization in 3D Image Processing

Daniel Soukup, Svorad Štolc, Petra Thanner

Center for Vision, Automation & Control
AIT Austrian Institute of Technology GmbH
Gießinggasse 4, 1210 Vienna
daniel.soukup@ait.ac.at
svorad.stolc@ait.ac.at
petra.thanner@ait.ac.at

**Abstract.** For calculating 3D information with stereo matching, usually correspondence analysis yields a so-called depth hypotheses cost stack, which contains information about similarities of the visible structures at all positions of the analyzed stereo images. Often those cost values comprise a large amount of noise and/or ambiguities, so that regularization is required. The Conditional Random Field (CRF) regularizer from Shekhovtsov et al. [Sh16] is a very good algorithm among various methods. Due to the usual iterative nature of those regularizers, they often do not meet the strict speed and memory requirements posed in many real-world applications. In this paper, we propose to substitute Shekhovtsov's CRF algorithm with an especially designed U-shaped 3D Convolutional Neural Network (3D-CRF-CNN), which is taught proper regularization by the CRF algorithm as a teacher. Our experiments have shown, that such a 3D-CRF-CNN is not only able to mimic the CRF's regularizing behavior, but - if properly setup - also comprises remarkable generalization capabilities compared to a state-of-the-art 2D-CNN that is trained on a slightly different, yet equivalent, task. The advantages of such a CNN regularizer are its predictable computational performance and its relatively simple architectural structure, which allows for easy development, speed up, and deployment. We demonstrate the feasibility of the concept of training a 3D-CRF-CNN to take over CRF's regularizing functionality on the basis of available test data and show that it pays off to invest special effort into tailoring an according CNN architecture.

## 1 Introduction

In the process of calculating 3D information with stereo matching, correspondence analysis is used for analyzing the plausibility of a number of predefined depth hypotheses for each acquired object point. This step usually yields a data structure called the *Depth Hypotheses Cost Volume (DHCV)*. Therein, each value reflects the similarities of visible data structures at according image positions in the compared stereo images. An estimate of the object's underlying 3D surface structure, the so-called *depth map*, is derived from the DHCV. For each object

J. Jasperneite, V. Lohweg (Hrsg.), *Kommunikation und Bildverarbeitung in der Automation*,
Technologien für die intelligente Automation 12, https://doi.org/10.1007/978-3-662-59895-5_21

point, the depth is derived by selecting the depth hypothesis value which showed the most plausible similarities at according image locations in the different stereo images.

Due to insufficient texture in some parts of an acquired scene, the DHCV often is very noisy and/or does not yield unambiguous depth optima. For solving that problem by transferring depth information from more reliable object regions, various depth regularizers are used (e.g. SGM [Hi08], MGM [FDFM15], TRW-S [Ko06]), whereas most of them involve iterative algorithms for energy minimization with some priors. One of the best, which exceeds many other methods in terms of quality of results and computational performance, is from Shekhovtsov et al. [Sh16]. That algorithm (hereinafter referred to as *CRF regularizer*) is based on a conditional random field formulation (CRF) of the depth labeling problem and yields a very good approximation of the global solution.

As the CRF regularizer has shown superior results over various compared alternative methods and the fact that we had an actual highly optimized implementation of it at our disposal, we integrated it into our 3D image processing pipeline. While we are striving to satisfy real-world processing time requirements, it turned out that the CRF regularizer, while providing very satisfying results, is not fast enough. Moreover, due its considerable algorithmic as well as implementation complexity, we found it difficult and infeasible to achieve further optimization. Therefore, we decided trying to take a "shortcut" via deep learning and training a Convolutional Neural Network (CNN) on regularizing DHCVs. The CRF regularized DHCVs were considered the ground-truth data, i.e. the CRF regularizer serving as teacher for that CNN.

Zbontar and LeCun [ZL16] presented a CNN system that learns initial guesses for the matching costs from rectified input image pairs. In FlowNet [Do15] and FlowNet2.0 [Il17], solutions for optical flow computation with deep networks were proposed. Other prior work focused on the prediction of depth maps directly from two- or multi-view image stacks with deep networks in an end-to-end manner (e.g. CRL [Pa17], DeMoN [Um17], Deep-MVS [Hu18]).

In respect to our method, Wang et al. [WS18] and GC-NET [Ke17] are of particular interest, as their architectures contain deep networks, which use DHCV as input for a CNN rather than initial stereo image stacks. Wang et al.'s *MVDepth-Net* is a 2D-CNN (utilizing 2D convolutional kernels) and is trained on the task of directly predicting depth maps from DHCV, in a DHCV-to-end manner so to say. GC-NET contains a stage, where DHCVs are processed through U-shaped 3D-CNNs in order to predict depth maps. They use 3D convolutional kernels like we do, which seems to be a natural choice as the DHCVs are 3D data structures as well. However, they operate on DHVC that were provided by a previous 2D-CNN from an input image pair, whereas the 2D- and 3D-CNN stages were trained in an end-to-end manner. The actual DHCV regularization takes place implicitly in those methods, while our proposed procedure is purely concentrated on the DHCV regularization step. In order to have a means to compare our proposed *3D-CRF-CNN* architecture (utilizing 3D convolutional kernels) in this work with similar state-of-the-art, we used MVDepthNet's depth map predictions on available test object acquisitions as reference to compete with.

In contrast to the state-of-the-art, we merely focus on substituting the single step of DHCV regularization with deep learning. In doing so, we make use of the knowledge that is revealed by the traditional correspondence analysis from the stereo images' texture patterns, which we value as worthwhile prior knowledge for a deep learning method. Moreover, the calculation of depth maps from regularized DHCVs in a traditional non-machine learning way works perfectly well in our pipeline. Those two steps that perform well, anyway, the CNN would have to learn itself if trained in an end-to-end manner. We consider that a greater risk, as then the entire pipeline would solely depend on available training data and the additional prior knowledge was unnecessarily and wastefully discarded. If we only substitute a single step in our pipeline, then a CNN only needs to come up with solutions for a simpler task. That makes learning and/or retraining the inherent coherences easier for a CNN, e.g. if training data are limited or the CNN should be possibly small.

In Sec. 2, we go into the details of DHCVs and the impact that respective DHCV regularization has on the final estimates of depth maps. The core idea of this work, the concept of substituting the CRF regularization algorithm with a deep neural network is presented in Sec. 3. Actual results of conducted feasibility experiments on the basis of two available test objects are discussed in Sec. 4. We conclude in Sec. 5 and discuss lessons learned.

## 2  Role of the Depth Hypotheses Cost Volume and its Regularization

We have developed an *Inline Computational Imaging (ICI)* system, which utilizes a multi-line scan camera for acquiring linear light-field (LF) stacks of objects being transported in front of the camera [Št14]. A LF stack is comprised of multiple images of the same object region observed from various different angles. The goal is to recover the acquired object region's underlying 3D surface structure, the so-called *depth map*, from that multi-view image stack.

In the processing pipeline for determining the object's depth map (Fig. 1), the so-called depth hypotheses cost volume (DHCV) is calculated from the LF stack and evaluated to get an estimate of the 3D surface structure. Due to the parallax principle, each object point is depicted at a slightly different image position in each of the view images of the LF stack. The extent of that positional deviation is directly related to the object point's distance from the camera, i.e. its depth in the scene. Consequently, if the exact image positions of an object point's depictions were known in all of the images in the LF stack, the object point's depth is known as well. So, for each object point, a number of predefined, plausible depth hypotheses are analyzed, each being related to a different positional disparity structure. Each such depth hypothesis is assigned a cost value by means of correspondence analysis, indicating how similar the texture patterns at according image locations mutually are. Such that, for each object point, a vec-

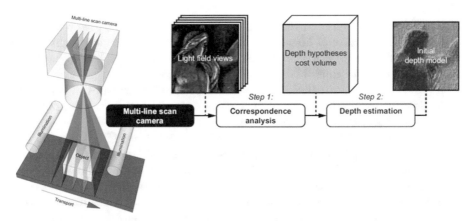

**Fig. 1.** ICI 3D image processing pipeline: an object is acquired in a line-scan process with a multi-line scan camera yielding a 3D light-field (LF) stack of images. By means of correspondence analysis, a depth hypotheses cost volume is calculated from the LF stack, from which the underlying depth map (3D surface structure) of the object can be derived.

tor of cost values according to the depth hypotheses is obtained, which is stored into the third dimension of respective DHCV at the according image location (Fig. 1). The object points' depths can be derived from that by evaluating the depth values comprising minimal costs.

However, without any further post-processing of the DHCV, resulting depth maps are usually noisy (cmp. results in Fig. 4 for COIN and CAN data in Fig. 3). On the one hand, this is due to the fact, that the correspondence analysis only gives a very local, rather point-wise estimate of the underlying texture similarities, which yields a certain level of average noise also in well textured regions (Fig. 4, COIN data). On the other hand, the correspondence analysis for deter-

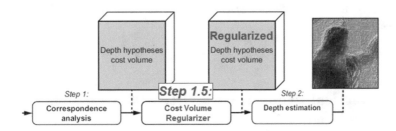

**Fig. 2.** Extended ICI 3D image processing pipeline: a cost volume regularizer is required in order to consolidate the rather local, thus noisy depth hypotheses cost estimates over larger regions. Consequently, noise-free, more reliable depth maps can be obtained.

mining the DHCV relies on texture similarities, which cannot give reasonable cost values in the case of homogeneous, totally untextured regions, which can be seen in the case of CAN data (Fig. 4). The initial DHCV has to be post-processed in order to consolidate depth hypotheses costs over larger regions into each point, in order to reduce noise and include reliable estimates of neighboring regions into untextured regions, where the correspondence analysis grasps at nothing, i.e. the DHCV needs to be regularized (Fig. 2).

We had decided to use the *Conditional Random Field (CRF)* regularizer presented in [Sh16]. The algorithm is a discrete method based on a conditional random field formulation of the depth labeling problem and has shown to yield good approximations of the global solution. If it converges, than it is guaranteed to converge towards the global solution. Fig. 4 shows depth maps derived from CRF regularized DHCV. Obviously, the average noise has entirely been removed for both test objects. Moreover, it is remarkable how well the CRF was able to come up with absolutely plausible estimates of the 3D surface structure in the homogeneous regions of the CAN data, where no meaningful results could be obtained from the un-regularized DHCV. The CRF regularizer was able to consolidate reliable depth cost values into those regions. However, it also yields undesirable, unnaturally looking blocking artifacts which are due to its discrete nature.

(a) COIN.

(b) CAN (top-view onto a can containing some fish snack).

**Fig. 3.** Test objects **COIN** and **CAN**. The yellow rectangles indicate the actually acquired object regions.

## 3 A Practical Problem with CRF and a Possible Solution with a "3D-CRF-CNN"

Shekovtsov's CRF regularizer does a remarkable job regularizing DHCVs. Moreover, we had its implementation that we could integrate into our 3D processing pipeline. However, that implementation's computational complexity was too large for our requirements. Unfortunately, the CRF regularizer is also very complex, algorithmically and implementation-wise, respectively. A lot of theoretic

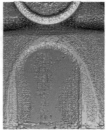

**Fig. 4.** Depth maps derived from un-regularized DHCV (*1st and 3rd images*). Depth maps derived from CRF regularized DHCV (*2nd and 4th images*). Additionally to average noise in the entire depth maps in the case of un-regularized DHCV, the CAN data comprise absolutely unreliable depth estimates in some regions (bottom, above the middle, inner region of the clip) due to underlying totally homogeneous textures. The CRF regularizer has cured the average noise as well as the severe misestimations.

concepts are utilized conceptually and the implementation itself, while thoroughly elaborated, is rather bulky. Working into the details would require a lot of effort in order to achieve further optimization.

Consequently, we were forced to search for an alternative that could more easily be achieved: using *CRF as a teacher for a Convolutional Neural Network (CNN)* that should be trained with the goal to predict the CRF's regularized DHCV as closely as possible. A CNN is comprised of very simple building blocks (i.e. convolutions, non-linearities), that can be easily developed and implemented. Moreover, the processing of a CNN can easily be parallelized in order to speed up processing significantly.

Our *3D-CRF-CNN* is setup to solve the regression task of transforming an un-regularized DHCV into a regularized version as similar as possible to the CRF's result. Such a regression task is typically solved by a U-shaped network comprising a down-sampling path of convolutional layers and an according up-sampling path. As the DHCVs are 3D structures, naturally, we chose to use *3D convolutional kernels*. According to those coarse architectural structures, 3D-CRF-CNN is comparable to GC-NET [Ke17]. In order for the 3D convolutional kernels being able to integrate information over possibly large image regions, we also utilized *dilated filters* in the spatial domain of the down-sampling path, which consists of 3 convolutional layers. Their far-reaching view without increasing the number of network parameters is crucial for reproducing those aspirational bridging capabilities of CRF at handling homogeneously textured areas. The down-sampling path inherently is comprised of *strided convolutions*, which increases the filters' fields of view even more. The up-sampling consists of 3 strided, transposed convolutional layers with the goal to restore the corresponding DHCV size, the 3D-CRF-CNN's actual regularization prediction. The entire 3D-CRF-CNN architecture is specially designed for increasing each filter's field of view.

For the training procedure, we used the mean squared error (MSE) as a loss function and the Adam optimizer to perform the gradient descent. Moreover, we included *dropout* (50%) in the layers of the down-sampling path, which simulates noisy cost estimates in the training phase, so that the 3D-CRF-CNN has to explicitly learn the handling of problematic cost profiles.

## 4 Feasibility Experiments

We performed following two initial experiments, each with both of the two data sets COIN and CAN (Fig. 3), respectively, with the goal to determine the feasibility of the concept in general. The test objects are a coin and the top-view onto a can containing some fish snack. Both are metal surfaces with 3D structure comprising texture to different extents. They were acquired with our ICI camera setup and according DHCVs calculated from the respective LF stacks. Those were used as inputs for the 3D-CRF-CNN as well as for CRF, whose regularized versions were used as ground-truth data for the CNNs to learn.

As a reference to the state-of-the-art, we implemented MVDepthNet [WS18] which directly estimates depth maps from DHCV. While GC-NET [Ke17] also contains a processing section with a 3D-CNN being used to estimate depth maps from DHCV, they rely on DHCV that were provided by a previous CNN from two views only, whereas both CNNs were trained in an end-to-end manner. MVDepthNet and GC-NET do not focus on the DHCV regularization explicitly like our 3D-CRF-CNN, however, they have to perform some DHCV regularization implicitly in order to come up with a de-noised depth map. The chosen reference algorithm MVDepthNet is trained with the goal to reproduce a depth map that has been derived from a CRF regularized DHCV.

The two feasibility experiments' training procedures were performed on randomly sampled $256 \times 256$ training data patches from predefined training areas:

- *Experiment 1 "Basic Feasibility"*: training data set consists of patches from the upper region of the COIN data as well as from a small area in the CAN data, which is positioned over one of its problematic homogeneously textured regions (Fig. 5). The goal is to provide the CNN with both non-problematic as well as problematic data cases and see what will be the baseline performance given sufficient data.
- *Experiment 2 "Generalization capabilities"*: training data set only contains training data from the COIN stack, so that the CNNs have to be able to generalize for handling the difficult CAN data correctly, because they do not actually "see" them in their training phases (Fig. 6). The goal is to analyze the generalization performance.

The fully trained CNNs were subsequently applied to the entire DHCV stacks of both data sets in a slided window manner, whereas those regions that have not been used in the training process served as test data. They reveal the CNNs' actual capabilities to generalize their learned knowledge to yet unseen data, which is a crucial property of any machine learning method.

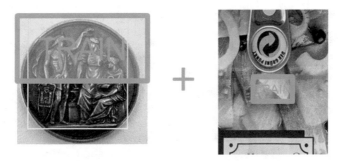

**Fig. 5.** Training data regions used for training the CNNs in Experiment 1 "Basic Feasibility": randomly sampled patches from the upper part of the COIN and some patches sampled from a problematic region of the CAN data.

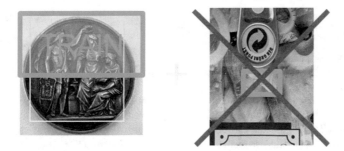

**Fig. 6.** Training data regions used for training the CNNs in Experiment 2 "Generalization capabilities": ONLY randomly sampled patches from the upper part of the COIN. NO samples from the CAN data are used for training at all!

## 4.1 Results for Experiment 1 "Basic Feasibility"

The quality of the CNNs' results is measured by the root mean squared error (RMSE) of the depth map that can be obtained from the application of according CNN w.r.t. to the depth map that was obtained by using the CRF regularizer. Fig. 7 shows those depth maps together with the respective RMSE values. Structurally, it is perceivable that both CNNs, the state-of-the-art MVDepthNet as well as our 3D-CRF-CNN are capable of getting rid of the average noise in both data sets and with both it is possible to come to quite reasonable estimates of the underlying 3D surface structures in the mentioned difficult areas of the CAN data set. While MVDepthNet over-estimates the depth of the pit too much, the 3D-CRF-CNN generates some small bumps at the edge of the pit (Fig. 8). However, in terms of RMSE, both CNNs do similarly well on both data sets, when they have been shown samples form both data sets in the training procedures. Moreover, both CNNs do not cause those unnaturally looking blocking artifacts as the CRF method does (Fig. 9).

**Fig. 7.** Depth maps obtained from the CNNs trained on COIN and CAN data (Experiment 1). *1st and 3rd images*: results with state-of-the-art MVDepthNet. *2nd and 3rd images*: results with our 3D-CRF-CNN with specially tailored architecture. Both perform similarly in terms of visual appearance and RMSE.

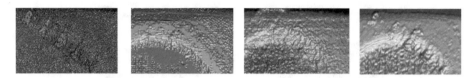

**Fig. 8.** Zoom to a special structure in depth maps at the edge of the pit in the CAN data set. *Left*: depth map derived from un-regularized DHCV. *Middle Left*: depth map derive from CRF regularized DHCV. *Middle Right*: depth map from state-of-the-art MVDepthNet. Note the erroneously enhanced pit depth. *Right*: depth map derived from the 3D-CRF-CNN regularized DHCV. Note the small bumps at the edge of the pit.

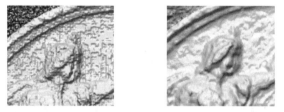

**Fig. 9.** Blocking artifacts in the depth maps derived from CRF regularized DHCVs, which are due to the CRF regularizer's discrete nature (*left*). Smoother depth maps without unnaturally looking blocking artifact obtained from CNN processing (*right*).

## 4.2 Results Experiment 2 "Generalization capabilities"

The results of Experiment 2, where the two networks were trained on parts of the COIN data only without presenting any samples of the problematic CAN data during training, are presented in Fig. 10. This experiment really reveals in how far the two networks are capable of generalizing: while the 3D-CRF-

**Fig. 10.** Depth maps obtained from the CNNs trained solely on COIN, while no CAN data were used in training (Experiment 2). *1st and 3rd images*: results with MVDepthNet. Note, that due to overfitting, it totally fails on the CAN data, which were not present in the training phase. *2nd and 3rd images*: results for 3D-CRF-CNN with specially tailored architecture. It shows a much better generalization capability, as it still can handle the CAN data robustly, despite it hasn't explicitly seen the respective noisy, unreliable CAN DHCVs during training.

CNN performs similarly well on both data sets, the MVDepthNet totally fails to yield reasonable estimates of the CAN's underlying surface structure. It seems to have totally over-fitted to the COIN data it was solely trained on and cannot handle the CAN data with its comprised difficult homogeneously textured regions correctly. Our 3D-CRF-CNN, whose architecture has carefully been tailored specially to the problem of integrating reasonable cost profile estimates over larger regions, is perfectly able to generalize to those CAN data. The fact that MVDepthNet contains much more network parameters ($<$ 6 GB mem. requirement in inference phase) than 3D-CRF-CNN ($<$ 0.9 GB mem. requirement in inference phase) makes the it much more prone to overfitting. Again, both CNNs do not cause those unnaturally looking blocking artifacts like the CRF regularizer (Fig. 9).

## 5 Conclusion

We have tackled a practical computational performance problem in our 3D processing pipeline by means of deep learning. The processing pipeline comprises a step of regularizing a data structure called the depth hypotheses cost volume in order to eliminate noise and consolidate measurements over larger spatial areas into each object point. An available implementation of a state-of-the-art cost volume regularizer, the discrete CRF regularizer, solved the problem satisfactorily, but it's available implementation turned out to be computationally infeasible for our practical applications.

Due to a high algorithmic complexity of the existing CRF implementation, we decided to try a "shortcut" by utilizing a 3D-CNN, for which the CRF regularizer served as a teacher. That 3D-CRF-CNN was trained to reproduce the regularization result of the CRF regularizer. As a CNN only consists of rather simple building blocks, it is relatively easy to develop, deploy, and speed up, e.g. using parallelization techniques. We presented the respective obtained depth maps (3D surface structures) of a first feasibility study, in which we have tailored a special 3D-CRF-CNN architecture to the given task.

We compared those results with the CRF regularizer's results, and with depth map results obtained from a state-of-the-art 2D-CNN. That reference method also operated with un-regularized cost volumes as input, but directly predicted depth maps, rather than only regularizing a cost volume from which the depth map is derived by traditional methods. Our results on the basis of a limited available data set of two objects showed, that the concept of substituting the CRF regularizer in the 3D processing pipeline is feasible. Both CNNs, the reference network and our 3D-CRF-CNN, were able to reduce noise and regularize certain object regions with unreliable underlying cost profiles. Moreover, both CNNs' depth map results did not consist unnaturally looking blocking artifacts, which are inherent in the CRF regularizer's depth maps. However, the CRF method is still slightly more robust in transferring reliable neighboring information into large very noisy areas. Our 3D-CRF-CNN outperformed the state-of-the-art 2D-CNN significantly in terms of generalization, as it was able to robustly handle certain extremely noisy object areas being present in one of the test objects, even if such regions were not utilized in the training phase. In this case, the state-of-the-art 2D-CNN totally failed.

In general, carefully collecting a complete training data set for deep learning tasks is a basic requirement. However, in actual real-world applications this might not always be possible. One might even not be aware that some essential object structures are missing in the training data. In this respect, our results demonstrate that it pays off to invest considerable effort into carefully designing the CNN architecture especially to the task at hand. This is safer in respect of reliable online performance, than simply taking a vanilla CNN from the internet, train it on the bunch of data at hand, and hope for the best.

# References

[Do15]    Dosovitskiy, A.; Fischer, P.; Ilg, E.; Häusser, P.; Hazirbas, C.; Golkov, V.; v. d. Smagt, P.; Cremers, D.; Brox, T.: FlowNet: Learning Optical Flow with Convolutional Networks. In: 2015 IEEE International Conference on Computer Vision (ICCV). pp. 2758–2766, Dec 2015.

[FDFM15] Facciolo, Gabriele; De Franchis, Carlo; Meinhardt, Enric: MGM: A Significantly More Global Matching for Stereovision. In: BMVC. pp. 90–1, 2015.

[Hi08]    Hirschmuller, Heiko: Stereo processing by semiglobal matching and mutual information. IEEE Transactions on pattern analysis and machine intelligence, 30(2):328–341, 2008.

[Hu18]    Huang, P.; Matzen, K.; Kopf, J.; Ahuja, N.; Huang, J.: Deep-MVS: Learning Multi-View Stereopsis. In: IEEE Conference on Computer Vision and Pattern Recognition (CVPR). 2018.

[Il17]    Ilg, E.; Mayer, N.; Saikia, T.; Keuper, M.; Dosovitskiy, A.; Brox, T.: FlowNet 2.0: Evolution of Optical Flow Estimation with Deep Networks. In: IEEE Conference on Computer Vision and Pattern Recognition (CVPR). 2017.

[Ke17]    Kendall, A.; Martirosyan, H.; Dasgupta, S.; Henry, P.: End-to-End Learning of Geometry and Context for Deep Stereo Regression. In: 2017 IEEE International Conference on Computer Vision (ICCV). pp. 66–75, Oct 2017.

[Ko06]    Kolmogorov, Vladimir: Convergent tree-reweighted message passing for energy minimization. IEEE transactions on pattern analysis and machine intelligence, 28(10):1568–1583, 2006.

[Pa17]    Pang, Jiahao; Sun, Wenxiu; Ren, Jimmy SJ.; Yang, Chengxi; Yan, Qiong: Cascade Residual Learning: A Two-Stage Convolutional Neural Network for Stereo Matching. In: The IEEE International Conference on Computer Vision (ICCV) Workshops. Oct 2017.

[Sh16]    Shekhovtsov, A.; Reinbacher, C.; Graber, G.; Pock, T.: Solving Dense Image Matching in Real-Time using Discrete-Continuous Optimization. In: Proc. of 21st Computer Vision Winter Workshop (CVWW). p. 13, 2016.

[Št14]    Štolc, Svorad; Soukup, Daniel; Holländer, Branislav; Huber-Mörk, Reinhold: Depth and all-in-focus imaging by a multi-line-scan light-field camera. Journal of Electronic Imaging, 23(5):053020, 2014.

[Um17]    Ummenhofer, B.; Zhou, H.; Uhrig, J.; Mayer, N.; Ilg, E.; Dosovitskiy, A.; Brox, T.: DeMoN: Depth and Motion Network for Learning Monocular Stereo. In: IEEE Conference on Computer Vision and Pattern Recognition (CVPR). 2017.

[WS18]    Wang, K.; Shen, S.: MVDepthNet: Real-time Multiview Depth Estimation Neural Network. ArXiv e-prints, July 2018.

[ZL16]    Zbontar, Jure; LeCun, Yann: Stereo Matching by Training a Convolutional Neural Network to Compare Image Patches. Journal of Machine Learning Research, 17:65:1–65:32, 2016.

# A Low-Cost Multi-Camera System With Multi-Spectral Illumination

Eugen Gillich, Jan-Friedrich Ehlenbröker, Jan Leif Hoffmann, Uwe Mönks

coverno GmbH
Langenbruch 6, 32657 Lemgo
{eugen.gillich,jan.ehlenbroeker,jan.hoffmann,uwe.moenks}@coverno.de

**Abstract.** Certain characteristics of prints are invisible for the naked eye, e.g. elements printed at small print sizes or reflection/absorption characteristics of print inks, which are typical for security prints such as banknotes. Detailed inspections of these characteristics are usually carried out using special and expensive equipment. Often image acquisition and processing are carried out on different systems. This contribution proposes a compact and modular standalone multi-camera image processing system with multi-spectral illumination for such document inspection applications. It describes its standard off-the-shelf components, their designs, dependencies, and links between them. The system allows to acquire planar test objects at various optical resolutions and process the images internally using standard software or application-specific algorithms, executed on the integrated processing platform. The functionality of a demonstration device is shown in the scope of a banknote authentication application based on print method detection with implementations of the Sound of Intaglio and Sound of Offset algorithms. The benefits of multi-spectral illumination are demonstrated in additional banknote tests.

**Keywords:** multi-camera system, multi-resolution image acquisition, multi-spectral illumination

## 1   Introduction

Certain characteristics of prints are invisible for the naked eye, e.g. elements printed at small print sizes or reflection/absorption characteristics of special print inks, which are typical for security prints such as banknotes [Hei12,SFF14,Hei17,CELB18]. Detailed inspections of these characteristics are carried out using special and expensive equipment. Often image acquisition and processing are carried out on different systems. This contribution describes a compact and modular standalone multi-camera image acquisition and processing system with multi-spectral illumination that has been realised for such inspection applications.

The proposed system is based on the outlook concepts presented in [GHD⁺16], where a standalone camera-based system for banknote authentication in the context of Point of Sales (PoS) applications was proposed. Similarities of the new

J. Jasperneite, V. Lohweg (Hrsg.), *Kommunikation und Bildverarbeitung in der Automation*,
Technologien für die intelligente Automation 12, https://doi.org/10.1007/978-3-662-59895-5_22

design to the PoS design in [GHD$^+$16] include the compact form factor, the use of cost-effective hardware and the algorithms used to process the captured image data. Instead of only detecting the authenticity of a banknote, as was the case for the PoS design, the approach presented in this contribution aims at enabling the user to carry out further forensic investigations while maintaining a low cost point.

It allows to acquire planar test objects (like prints) at various optical resolutions (between 1 400 dpi and 2 700 dpi) with a camera array of 12 cameras with 5 Mpx resolution and process the images internally using standard or application-specific software, executed on the integrated processing platform. In addition, the device offers several interfaces for output, communication, user interaction, and data transfer. All components are commercial off-the-shelf (COTS) components integrated in a single housing as a standalone device. The application of COTS components, which can be used in various other installations and applications, helps to keep the necessity of using bespoke electronic designs at a low level. This also maintained a short development process resulting in effective device costs, which are significantly lower compared to available products.

To the best of knowledge there are no comparable systems on the market, especially regarding multi-camera systems that integrate sophisticated image analysis, although a number of multi-camera systems exist on the market. The VRmagic C [Ste18] system, for example, employs 4 cameras with up to 4 Mpx resolution, a system by Texas Instruments uses 6 cameras with 1 Mpx each [Tex18]. Analysis systems usually use one camera (e.g. 5 Mpx) and provide basic insights, such as appearance under certain illumination conditions (like UV, IR, Lumi) in combination with applied optical filters (like colour filters). The systems themselves provide no decision-making, instead the user has to be an expert to take that part [Ult18,Fos18]. These systems are costly in the range of 50 000 to 100 000 EUR.

Sect. 2 describes the components of the multi-camera system with multi-spectral illumination, their designs, dependencies, and links between them. A prototype has been realised to show its functionality concept and prove the feasibility. Evaluation of the device is carried out in the scope of a banknote authentication application using the *Sound of Intaglio* [GGSL09,Loh10,LDH$^+$13] and *Sound of Offset* [PL16] algorithms, which are implemented and executed on the integrated processing unit. The effects of multi-spectral illumination are demonstrated in additional banknote tests. These experiments and results are presented in Sect. 3. Finally, the findings are discussed and open points for further research and development are presented in Sect. 4.

## 2 Approach

This section describes the approach followed in design and realisation of a low-cost multi-camera system with multi-spectral illumination for document inspection applications. It consists of 12 RGB cameras, a dedicated illumination device, a staged multiplexed image acquisition system, and a powerful image processing platform, on which the application-specific image processing software is executed. All integral parts of the device are described in the following subsections.

## 2.1 Hardware

As for every image processing application, the crucial part of the processing chain lies within its initial step: image acquisition. The image quality requirement is determined by the subsequent applied algorithm used for analysis. In this case, the analysis of commercial raster print using the Sound of Offset (SoO) method as well as Intaglio print analysis using Sound of Intaglio (SoI) need to be supported.

Experiments showed that SoO requires images at resolutions of at least 2 500 dpi when using an area-scan imaging module to allow identification of individual dots of commercial raster print. An alternative to area-scan imaging modules are line-scan sensors (e.g., *contact imaging sensors* (CIS)). With respect to SoO, usage of a line-scan imaging module decreases the minimal necessary resolution to 1 200 dpi per colour. This is due to its main advantage, namely one dedicated sensor per colour channel. Therefore, no colour subsampling takes place during image acquisition for RGB image acquisition, and, consequently, colour interpolation is not necessary. In contrast, this is the case for area-scan imaging modules, which typically implement a Bayer-pattern-based approach to retrieve colour images. By the utilisation of such colour reconstruction algorithms, sharpness and consequently details in the image are lost. In other words, line-scan imaging sensors reveal more details in RGB images than area-scan imaging sensors working at the same resolution (cf. Fig. 1).

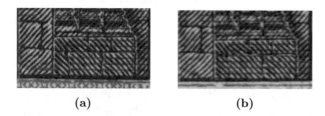

(a)  (b)

**Fig. 1.** Details of a 10 EUR banknote acquired at 600 dpi with (a) a line-scan camera (DALSA Piranha 2k PC-30-02K6); (b) an area-scan camera (IDS UI-3370CP). Note the colour fringing in (b) at the edges that is caused by colour reconstruction, which leads to a softer appearance.

However, COTS line-scan imaging modules, which would be applicable in the presented system, are not available on the market. An alternative is the design of a bespoke line-scan imaging module, which also requires moving components. Integration of moving components is to be avoided, as error-free acquisition of images requires high-precision mechanical components along with precise synchronisation of sensor triggering and data readout. In addition, the development of such component takes long and is costly.

In consequence, the system design is based on COTS area-scan sensors. The entire image acquisition part is implemented based on hardware from the Raspberry Pi [Ras18] ecosystem. The 5 Mpx RGB cameras [Ard18b] are standard Raspberry Pi camera modules. Their optics are improved by replaceing the standard M12 lenses with high-quality lenses, having focal lengths between 4.0 and 6.0 mm. The distance between camera and document plane is variable. By application of these lenses and adjustment of the distance between camera and object, it is possible to facilitate optical resolutions between 1 400 dpi and 2 700 dpi with the 5 Mpx cameras. One camera covers approx. $47 \times 36$ mm at 1 400 dpi of the entire acquisition area ($160 \times 70$ mm). Thus, to cover the entire area, 12 cameras are arranged in a $4 \times 3$ matrix. This setup allows for flexible adaptations to the requirements of a specific application. If, for example, it is necessary to acquire the entire object and at the same time inspect the central part of the object at high resolution, the central columns are equipped with lenses allowing higher resolutions compared to the rest.

These 12 cameras need to be controlled by a single device that handles the image acquisition. There are no products available on the market that can control this number of cameras out of the box (cf. Sect. 1). The choice for carrying out image acquisition with components from the Raspberry Pi ecosystem is advantageous in this regard. ArduCAM offers camera multiplexer boards [Ard18a] that facilitate the operation of up to 4 cameras with a single Raspberry Pi. These multiplexer boards can also be serially cascaded to extend the number of cameras connected to the single Raspberry Pi. This has been exploited in the design of the proposed system: Sets of 4 camera modules are each connected to one of three ArduCAM camera multiplexer boards, all serially connected to one standard Raspberry Pi Zero that controls the image acquisition. When the Raspberry Pi receives the command to acquire the images of each camera, it iterates sequentially over the 12 cameras, receiving one image per camera. Cameras, multiplexers, and Raspberry Pi communicate over the standard MIPI (*Mobile Industry Processor Interface*) port.

A main challenge arising with this setup is the illumination design. Using a single source of light would be insufficient since it fails to illuminate a document homogeneously and create shadows or over-exposure in the images. To avoid such drawbacks, a custom illumination concept has been created. The illumination consists of a matrix of 39 RGB LEDs (type: WS2812B [Wor18]). It allows for a uniform illumination of the tested objects. To tackle shadow casting and over-exposure, the ability to control individual LEDs comes in handy. By only activating those LEDs that lead to optimal image quality for a specific camera also assures images free of reflections and scattered light. In addition, the applied LEDs support free RGB parameterisation. Each of the colour channels is set up with an 8-bit parameter vector. This capability enables a free choice of the light colour and intensity for each of the 39 LEDs, resulting in multi-spectral illumination of the test object. Such type of illumination (light emission at a certain range of the spectrum) is referred to as *lumi illumination*. The control of the

LED matrix board is realised over SPI (*Serial Parallel Interface*), connected to the Raspberry Pi used for image acquisition.

Another requirement is the processing of the acquired images within the system itself. This is to be carried out on a powerful, user-programmable COTS processing unit, which offers manifold communication and interaction interfaces at small scale. The Raspberry Pi platform is a possible candidate. It is however not utilised due to computation power constraints. An UP$^2$ board [AAE18] has been chosen instead. It is equipped with an Intel N4200 CPU (up to 2.5 GHz core frequency), 8 GB DDR4 RAM, and 64 GB eMMC storage. Its interfaces ($3 \times$ USB 3.0 (Type A) $+ 1 \times$ USB 3.0 OTG (Micro B), $2 \times$ USB 2.0, $2 \times$ Gb Ethernet, WiFi, Bluetooth, HDMI, DisplayPort) allow interaction with the user along with flexible result output to screen or printers, and interconnections with other devices. It is, for example, connected to the Raspberry Pi by USB to control the image acquisition and receive the images from the cameras. Its operating system is Microsoft Windows 10 Pro allowing all standard and also user-programmed software to be executed on the system. As such, it was the most powerful compact general-purpose computation device at the time of system specification. All is included within its $86 \times 90$ mm footprint, which makes it possible to integrate all hardware components in one housing.

Altogether, the system consists of these core parts, which are schematically sketched in Fig. 2: cameras, illumination, processing unit. All of these hardware components need power supply and communication interconnections. This task can be realised quickly by connecting the components with wires and attach dedicated power supplies to them. However, such approach demands more space in the housing than designing a bespoke main board, which integrates the electric connections for power and communication. Another advantage of a dedicated main board is the reduction of points of failure, thus simplifying search for

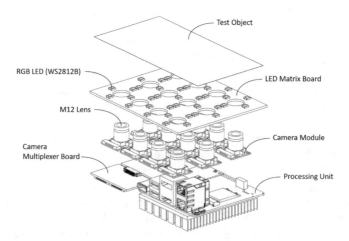

**Fig. 2.** Schematic sketch of the multi-camera system with multi-spectral illumination.

failures and increasing overall operation stability, by integrating as many wired connections as possible. It is the "heart" of the system, powering the components on and off, controlling their operation mode (including boot and shut-down), and managing the entire communication between the components.

All components are integrated to a stand-alone device in the compact housing shown in Fig. 3.

**Fig. 3.** Compact and portable system housing.

The housing's size of $250 \times 165 \times 110$ mm facilitates easy portability. It features a switch on the top side to turn the device on and off, and trigger image acquisition. User interaction is realised by bringing out the UP$^2$'s HDMI and USB ports (for display, input devices, and external storage) on the back of the housing.

## 2.2 Software

The image acquisition and processing software is implemented in a modular client-server structure. The server side acts as the interface to the user and implements the image processing, whereas the client side is responsible for image acquisition. Figure 4 shows the software structure diagram.

**Fig. 4.** Basic software structure of the device.

Image acquisition and authentication processes are controlled by and visualised in a Microsoft Windows graphical user interface (GUI) on the UP$^2$ board, the server side. It also implements the image inspection and result output. In addition, all images are automatically stored to the device for backup and traceability reasons. A screenshot of the GUI is depicted in Fig. 5.

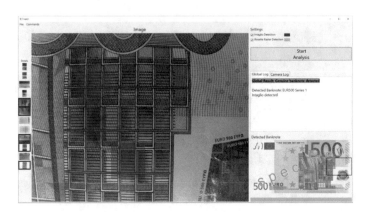

**Fig. 5.** Graphical user interface of the sample banknote authentication application showing the results of a 500 EUR note authentication.

The entire image acquisition process is controlled from within the GUI. A test object is placed on the glass plate for inspection. After starting the process (e. g., by pressing "Start Analysis" in the GUI), the software sends the command to trigger image acquisition from the UP$^2$ board over USB to the client part of the software executed on the Raspberry Pi. It is responsible for controlling the cameras and LED matrix board over custom scripts implemented in Python. The client iterates over the 12 cameras to acquire one image from every single camera and at the same time activates only those LEDs, which allow for homogeneous illumination of the test object, depending on the currently active camera. The images received by the Raspberry Pi are then sent to the server side for further processing. After reception, the images are immediately shown in the GUI to allow inspection by the user.

The GUI also forwards the acquired images to a banknote authentication application, which is also executed on the server side, and collects and outputs its results. It is based on the concepts presented in [GHD$^+$16], where the authentication is realised by print method detection. One part is the identification of banknote-typical Intaglio print using the Sound of Intaglio [GL10,LGS14,GDL15] algorithm. It exploits the detection of inherent characteristics of the Intaglio print to authenticate banknotes worldwide and is trained beforehand to adapt to the specific characteristics of the given camera system. As large-volume counterfeits are produced using commercial offset print, the second authentication part implements the Sound of Offset [PGLS16,PL16] algorithm. It is capable of detecting commercial offset print by looking for intrinsic periodic artefacts in an acquired image. Training is not necessary for SoO.

Both analysis parts are combined in the implementation similar to the procedures presented in [PL16]. First, the image is acquired on the device (cf. above). Each acquired image is divided into *regions of interest* (ROI), which are each subsequently authenticated using SoI and SoO. In opposition to the procedure presented in [PL16], regions of size $400 \times 400 \, \text{px}$ are analysed. The final results of both authentication algorithms are combined and afterwards presented to the user. A flow chart depicting the authentication process is shown in Fig. 6.

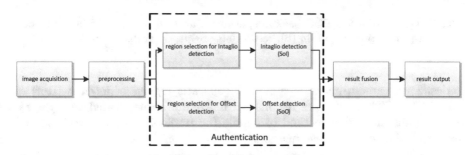

**Fig. 6.** Authentication process flow.

Results of the authentication process are visualised in the GUI by colour overlays in the processed image. This allows for immediately linking the authentication result to the processed data.

The entire system's functionality has been validated as described in the following section.

## 3 Experiments and Results

A demonstrator system has been built to validate the functionality of the system design presented in the previous section. Its performance for the authentication of banknotes with both the Sound of Intaglio and Sound of Offset methods is determined. In addition, capabilities and benefits of the integrated multi-spectral illumination are evaluated.

Arranged in a rectangular raster of four columns and three rows, the twelve cameras are individually equipped with lenses, adjusted to the specific use case. In this demonstration system, the Intaglio-printed main motif of the genuine banknote is analysed by SoI, whereas SoO analysis is carried out on the remainder of the note that contains no Intaglio print. The SoI algorithm demands images acquired at an optical resolution of at least 1 200 dpi (area-scan sensor); for SoO images of at least 2 500 dpi are required. Fig. 7b shows an acquired image that was digitized with 2 700 dpi. Raster dots are clearly visible.

For demonstration purposes, the SoI method has been trained for authentication of all euro denominations (5, 10, 20, 50, 100, 200, 500 EUR) of the first

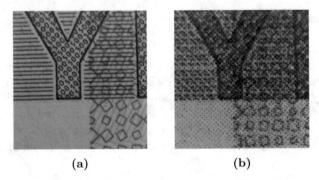

(a)          (b)

**Fig. 7.** Details of a 500 EUR banknote, acquired at 2700 dpi: (a) genuine banknote; (b) laser print reproduction. In (b), raster dots are clearly visible.

series. Each camera image is split into quadratic regions of interest (RoI) of $400 \times 400$ px. Three of these regions per image are authenticated with the respective authentication method to handle the trade-off between precision and execution time of the authentication.

A test set of 10 genuine banknotes per denomination was used, i.e., 70 banknotes in total. These notes were taken from circulation and are thus in different conditions. Intaglio print was detected correctly by SoI on each of the banknotes and only for those regions printed with Intaglio. In addition, 330 reproductions were evaluated. These reproductions were created on SOHO (small office/home office) ink jet and laser printers. The system was not able to identify Intaglio print on any of these prints, which represents the ideal outcome. The SoO analysis also worked correctly for tested samples: Those bearing periodic print rasters were correctly identified.

Besides accuracy, the authentication duration represents an important measure for each algorithm. Durations for SoI and SoO for the analysis of a single RoI are shown in Table 1. In addition, authentication durations on a Raspberry Pi 3B board, as a typical representative of a low-cost single-board computation device, are given as well, to achieve comparability to [PL16]. As was expected, the implementations on the $UP^2$ board are executed faster.

**Table 1.** Authentication durations for the Sound of Intaglio and Sound of Offset methods implemented on the $UP^2$ and Rasperry 3B platforms. Durations are given for analyses of regions of interest (RoI) of size $400 \times 400$ px.

| | Raspberry Pi 3B | | $UP^2$ Board | |
|---|---|---|---|---|
| Num. of RoIs | 1 | 4 | 1 | 4 |
| SoI | 4.51s | 5.35s | 1.28s | 1.83s |
| SoO | 3.52s | 6.69s | 1.68s | 4.84s |

The multi-spectral illumination integrated in the demonstrator has also been evaluated using different prints of the same detail of a specimen banknote. It is available in its original (genuine) form, and as ink jet and laser print reproduction. When inspected under white light, the prints look similar. Acquired under lumi illumination conditions (i. e.,coloured illumination), the images reveal significant differences depending on the type of print, substrate, ink, printer model, etc. (cf. and [SFF14,GDL15]). Table 2 shows the images obtained under white light and cyan illumination (approx. 450 nm).

No substantial difference is visible in the RGB images under both illumination conditions. Though, the CMYK (cyan, magenta, yellow, black) decomposition of the images reveals a significant difference in the Y channel under cyan illumination. Whereas no Y intensity is detected for the genuine, the ink jet bears contributions to the Y channel. Such a clear distinction is not detectable for any other channel, regardless of the illumination. Hence, lumi analyses are possible and beneficial on the device.

**Table 2.** Detail of a specimen captured under white light and cyan illumination (approx. 450 nm).

| Channel | White Illumination | | Cyan Illumination (approx. 450 nm) | |
| --- | --- | --- | --- | --- |
| | Genuine | Ink Jet Print | Genuine | Ink Jet Print |
| RGB | | | | |
| C | | | | |
| M | | | | |
| Y | | | | |
| K | | | | |

# 4 Conclusion and Outlook

Overall, the current hardware configuration of the system is usable for existing algorithms. Functionality has been shown in the scope of a banknote authentication application applying the Sound of Intaglio and Sound of Offset methods. In addition, image acquisition under lumi illumination conditions is shown.

The entire system design has been targeted at a low-cost, modular system that can be adjusted to specific application requirements by incorporation of COTS components. This target is achieved with the presented system. Whereas commercially available analysis system are in the range of multiple 10 000 EUR, the hardware involved in the assembly of a demonstration device presented above costs approx. 2 000 EUR. When achieving serial production state, this is expected to easily come down to below 1 000 EUR due to scale effects. All components can be exchanged by other standard components without the need of a system redesign. For example, the number of applied cameras can be changed arbitrarily in the range from 1 to 12, and the LED matrix can be adjusted by applying other LEDs (e.g., IR or UV LEDs). Along with the possibility of the integration of application-specific software, flexibility and future security is achieved.

A couple of restrictions have been identified, as well. By use of the 12 cameras, the entire acquisition area ($160 \times 70$ mm) can be acquired at an resolution of around 1 300 dpi. While this resolution is sufficient for SoI, it will not be sufficient for the detection of high-resolution raster prints by SoO because single printed dots can not be distinguished from each other. For detection of stochastic printing methods it is necessary to use area-scan sensors with a resolution of at least 2 500 dpi. If however such a high resolution was employed, it would not be possible to cover the complete area. For a complete coverage of a 500 EUR banknote at 2 500 dpi, it would be necessary to either use 48 cameras with 5 Mpx resolution, arranged in a $8 \times 6$ matrix or 15 cameras with 14 Mpx resolution ($5 \times 3$ matrix). The capture time increases linearly with the number of cameras when Raspberry Pi camera modules are used. Therefore, it is advisable to use industry cameras with USB 3 interfaces. These could be connected directly to the analysis pc, which in turn would make the comparably slow Raspberry Pi camera relay unnecessary. To achieve good analysis durations, the use of a PC with a high performance processor is advised. In addition, there are multiple enhancements that could be implemented to improve robustness or facilitate further features (multiplexer integration to mainboard; RGBW instead of RGB LEDs; add IR and UV LEDs).

## Acknowledgements

This work was carried out as joint research and development with KBA-NotaSys S.A., Lausanne, Switzerland. The authors wish to acknowledge the support of Mark Funk for his valuable help.

# References

[AAE18] AAEON Europe B.V. It's Time to get Squared: Up Squared!, 2018. http://www.up-board.org/upsquared/specifications/, last visited: 2018-11-09.

[Ard18a] ArduCAM. Multi Camera Adapter Module for Raspberry Pi, 2018. http://www.arducam.com/multi-camera-adapter-module-raspberry-pi/, last visited: 2018-06-11.

[Ard18b] ArduCAM. Rev.C OV5647 Camera for Raspberry Pi Improves the Optical Performance, 2018. http://www.arducam.com/raspberry-pi-camera-rev-c-improves-optical-performance/, last visited: 2018-06-11.

[CELB18] Fabrice Capiez, Martin Egginger, Sonja Landertshamer, and Michaël Barret. Novel industrial approach for advanced UV security features: From design to product integration. In Reconnaissance, editor, *Optical Document Security - The Conference on Optical Security and Counterfeit Detection VI*, pages 266–275, San Francisco, CA, USA, 2018.

[Fos18] Foster + Freeman Ltd. Document Examination Workstations, 2018. http://www.fosterfreeman.com/2017-03-06-15-40-12/document-examination.html, last visited: 2018-11-08.

[GDL15] Eugen Gillich, Helene Dörksen, and Volker Lohweg. Advanced Color Processing for Mobile Devices. In *IST/SPIE Electronic Imaging 2015, Image Processing: Machine Vision Applications VIII*, pages 1–12, San Francisco, CA, USA, 2015. SPIE.

[GGSL09] Stefan Glock, Eugen Gillich, Johannes Schaede, and Volker Lohweg. Feature Extraction Algorithm for Banknote Textures based on Incomplete Shift Invariant Wavelet Packet Transform. In *The 31st annual pattern recognition symposium of the German Association for Pattern Recognition DAGM*, pages 422–431. Deutsche Arbeitsgemeinschaft für Mustererkennung DAGM e.V., 2009.

[GHD+16] Eugen Gillich, Jan Leif Hoffmann, Helene Dörksen, Volker Lohweg, and Johannes Schaede. Data Collection Unit – A Platform for Printing Process Authentication. In Reconnaissance, editor, *Optical Document Security - The Conference on Optical Security and Counterfeit Detection V*, San Francisco, CA, USA, 2016.

[GL10] Eugen Gillich and Volker Lohweg. Banknotenauthentifizierung. In *1. Jahresolloquium Bildverarbeitung in der Automation*. Centrum Industrial IT, Lemgo, 2010.

[Hei12] Hans de Heij. *Designing Banknote Identity: DNB Occasional Studies*, volume 10/3. De Nederlandsche Bank, 2012.

[Hei17] Hans de Heij. *A model for use-centered design of payment instruments applied to banknotes: Upid-model*, volume nr. 532 of *CentER dissertation series*. CentER, Tilburg University, Tilburg, 2017.

[LDH+13] Volker Lohweg, Helene Dörksen, Jan Leif Hoffmann, Roland Hildebrand, Eugen Gillich, Johannes Schaede, and Jürg Hofmann. Banknote authentication with mobile devices. In *Media Watermarking, Security, and Forensics 2013*, San Francisco, USA, 2013. IST/SPIE Electronic Imaging 2013.

[LGS14] Volker Lohweg, Eugen Gillich, and Johannes Schaede. Authentication of Security Prints, in particular Banknotes., 07 2014. US Patent US8781204B2.

[Loh10] Volker Lohweg. Renaissance of Intaglio. In *Keesing Journal of Documents Identity*, pages 35–41. Keesing Reference Systems Publ., Vol. 33, 2010.

314

[PGLS16] Anton Pfeifer, Eugen Gillich, Volker Lohweg, and Johannes Schaede. Detection of Commercial Offset Printing in Counterfeited Banknotes. In Reconnaissance, editor, *Optical Document Security - The Conference on Optical Security and Counterfeit Detection V*, San Francisco, CA, USA, 2016.

[PL16]    Anton Pfeifer and Volker Lohweg. Detection of Commercial Offset Printing using an Adaptive Software Architecture for the DFT. In *21th IEEE International Conference on Emerging Technologies and Factory Automation (ETFA 2016).* , Berlin, 2016.

[Ras18]   Raspberry Pi Foundation. Raspberry PI 3 Model B, 2018. https://www.raspberrypi.org/products/raspberry-pi-3-model-b/, last visited: 2018-06-11.

[SFF14]   Johannes Schaede, Alexander Fellmann, and Jean-François Foresti. Attractive Public Security Features by Amplifying Precise Simultan Print. In Reconnaissance, editor, *Optical Document Security - The Conference on Optical Security and Counterfeit Detection IV*, San Francisco, CA, USA, 2014.

[Ste18]   Stemmer Imaging AG. VRmagic C - Board level cameras with USB 2.0, 2018. https://www.stemmer-imaging.de/en/products/series/vrmagic-c-board-level-cameras/?choose-site=active, last visited: 2018-11-08.

[Tex18]   Texas Instruments Incorporated. Multi Camera, Video Interface and Control Solution for Automotive Surround View Systems, 2018. http://www.ti.com/tool/TIDA-00162#technicaldocuments, last visited: 2018-11-08.

[Ult18]   Ultra Electronics Forensic Technology. Projectina Document Examination, 2018. http://www.projectina.ch/e/main2.html, last visited: 2018-11-08.

[Wor18]   Worldsemi Co. Ltd. LED Driver IC WS2812B-B, 2018. http://www.worldsemi.com/solution/list-4-1.html#108, last visited: 2018-10-30.

# Domain Adaptive Processor Architectures

Florian Fricke*, Safdar Mahmood†, Javier Hoffmann*, Muhammad Ali‡, Keyvan Shahin*, Michael Hübner†, Diana Göhringer‡

* Chair for Embedded System for Information Technology
Ruhr-Universität Bochum, Germany
{florian.fricke; javier.hoffmann; keyvan.shahin}@rub.de

† Chair for Computer Engineering
BTU Cottbus - Senftenberg, Germany
{safdar.mahmood; michael.huebner}@b-tu.de

‡Chair of Adaptive Dynamic Systems, TU Dresden, Germany
{muhammad.ali; diana.goehringer}@tu-dresden.de

**Abstract.** The ongoing megatrends in industry and academia like the Internet of Things (IoT), the Industrial Internet of Things (IIoT) and Cyber-Physical Systems (CPS) present the developers of modern computer architectures with various challenges. A novel class of processors which provide more data throughput with a simultaneously tremendously reduced energy consumption are required as a backbone for these "Things". Additionally, the requirements of CPS like real-time, reliability, dependability, safety, and security are gaining in importance in these applications. This paper shows a brief overview of novel processor architectures providing high flexibility to adapt during design- and runtime to changing requirements of the application and the internal and external system status.

## 1    Introduction

In the domain of low power, high performance embedded systems, the usage of dynamic reconfigurable hardware has been proven as highly efficient for signal and data processing in several application domains [SCH15] and [RBG17]. Reconfigurable hardware is indeed not that energy- and computationally-efficient as application specific integrated circuits (ASIC), but has the advantage, that adaptivity during runtime in soft- and hardware can be exploited [GRI15]. Therefore, algorithms realized in software as well as in hardware can be adapted according to the demands of the current point of operation, which can be functional (e.g., precision) or non-functional (e.g., reliability, real-time capability, safety, and security) [JAN15]. In this paper, we aim to present an overview considering current developments in the field of design- and runtime-adaptive architectures for data processing. These include custom processor designs, but also other architectures that can serve as co-processors or accelerators. Adaptivity can be highly beneficial in the whole application area of processors starting with ultra-low-power designs in the embedded market, going through reliable processors for cyber-physical systems up to high-performance systems in the HPC domain.

J. Jasperneite, V. Lohweg (Hrsg.), *Kommunikation und Bildverarbeitung in der Automation,*
Technologien für die intelligente Automation 12, https://doi.org/10.1007/978-3-662-59895-5_23

The first section covers processor designs which features can be adapted to the application domain at design time, in the following section runtime reconfigurable architectures are presented. Some architectures from the first section have the ability to change a subset of their parameters at run-time, detailed information is given in the related sections. The article concludes with a summary and an outlook on current research topics in this domain.

## 2 Design-Time Reconfigurable Architectures

### 2.1 Ultra-Low Power Microcontrollers for Real-Time Applications

Major advantages of General Purpose Processors (GPPs) are, among others, their low cost and variety of possible scenarios where a device can be implemented. GPPs are used widely, for example, as the intelligence responsible for collecting and processing sensor data, however, advanced scenarios require also that sensors are able to respond under constraints of hard real-time deadlines, mainly if safety considerations are targeted. Considering the limitations of batteries, this is proven to be a complex mission. Even though modern microcontrollers are able to work in the, so-called, ultra-low-power modes, as for example the MSP432 from Texas Instruments [MSP18], the energy stored in battery cells is still finite. Thus, the manner on how tasks are scheduled has to be dependent on the fact that energy is not infinite, and that safety tasks have to be carried out independently on the current state. One solution to this problem is to dynamically modify the scheduler, in order to save energy for the really important tasks.

Although GPPs have a decent price-performance ratio, several tasks require more dedicated hardware, which is able to perform specific tasks with more computational efficiency. However, a hardware device designed for and dedicated to only one purpose is a high price to pay and carries a particular risk: in case the task varies even in small proportion the hardware is not useful anymore.

Therefore, reconfiguration is a viable approach to enable special purpose hardware to encounter different problems. Reconfiguration is thus a key research area, and the following sections will give an insight into these technologies.

### 2.2 The Tensilica XTensa Processor

The XTensa Processor, which is commercially available from Cadence is a processor, that consists of a core-ISA, which is to be found in all different kinds of Xtensa processors and a considerable number of custom modules, that can be added to the processor to fit the application requirements. Basic information on the ISA design can be found in [GON00]. [CAD16] provides an overview of the features of the current processor generation. Many elements of the processor core can be customized. These include various features of the ISA like the availability of specific arithmetic instructions, the number of general-purpose registers, the length of the processor pipeline and the existence respectively the complexity of a memory management unit. Furthermore, it is possible to customize the memory interface including the availability and the configuration of cache memory and additional interfaces to attach external hardware. These customizations can be done within an IDE. The feature, which allows a developer to build a domain-specific XTensa core is the option to develop custom instruction set extensions using the TIE-language. Using TIE, an XTensa core's instruction set can be extended by custom hardware which is directly accessible through assembly instructions. In comparison to external processor accelerators, domain-specific processor instructions have some advantages: they share the processor core's state and can therefore directly access all registers, and the memory. The direct integration into the processors ISA makes using the instructions much cheaper regarding time (cycles) and data transfer.

However, there are also some disadvantages: First, the complexity of a single instruction is limited, because a too complex instruction would reduce the maximum clock speed of the processor. This is caused by the fact, that the custom instructions are integrated into the processor pipeline and the execution of the instruction must fit into the execute stage. However, it is possible to spread an instruction over more than one cycle, but this introduces more complexity. The second drawback is that the processor still has to control the execution whereas external accelerators (or co-processors) would allow the processor to really offload the calculation.

The ability to seamlessly integrate custom instructions and the significant number of available coprocessor IP make the XTensa processor an interesting candidate in comparison to the diversity of available processor IP.

The IDE enables hardware-software codesign, as the processors' configuration and the software are developed within the same environment. Therefore, the software can easily be tested on every processor configuration using the Instruction Set Simulator (ISS) or the Cycle-Accurate Simulator which are both integrated into the IDE. Furthermore, the IDE supports the hardware and the software developer to iteratively improve the designs created using feedback mechanisms, which take analysis results from previous stages to automatically improve the code generation. A brief overview of the IDE's features can be found in [CAD14].

## 2.3   RISC-V Cores

Design-time configurable architectures can be configured before deployment on FPGA and can be optimized with respect to the application. These types of architectures are very helpful in building prototypes fast and reducing the time to market of a design.

RISC-V is an open source instruction set architecture (ISA) developed by the University of California, Berkeley. The RISC-V project initially started for research and academics purpose but quickly gained popularity among available open source ISAs. RISC-V now has a big ecosystem (soft-processors, simulators, etc.) and companies like Microsoft, Nvidia, Qualcomm, etc. [RIS18] are now supporting the project. RISC-V supports 32-bit and 64-bit processor architectures. It also supports highly-parallel multi-core implementations. The main feature of RISC-V is that it supports custom instruction extensions. This means, that designers can add their own custom instructions to the processor architecture and define its functionality on hardware. RISC-V also comes with a free available toolchain (simulator, compiler, etc.). Custom instructions can also be added to the toolchain and used for custom architectures.

There are a lot of RISC-V implementations available. Some popular implementations are e.g. Rocket-chip [MOR16], RI5CY [MIC17] and TAIGA [MAT17]. TAIGA's implementation is very promising because it focuses on reconfigurable implementation depending on the application.

TAIGA is a RISC-V soft-processor introduced by Simon Fraser University. It is a 32-bit processor, which supports multiply/divide and atomic instruction extensions (RV32IMA) of RISC-V. In comparison to some competitors which also implement the RISC-V instruction set like Rocket-chip and BOOM, TAIGA is a smaller implementation. Nevertheless it is designed to support Linux-based shared-memory systems. Taiga processor is implemented in SystemVerilog and is highly configurable. It enables users to configure caches, TLBs, choice of bus standard and inclusion of multiply/divide operations in the processor. The Taiga processor pipeline details and components are shown in Figure 1. The Taiga pipeline structure is built with multiple independent execution units, and these execution units have no restrictions on latency. This design technique enables adding new functional units to the processor. In RISC-V, instruction extensions are not mandatory and can be added if necessary, as per application of the processor. Taiga's implementation exploits this and presents configurable options for the processor.

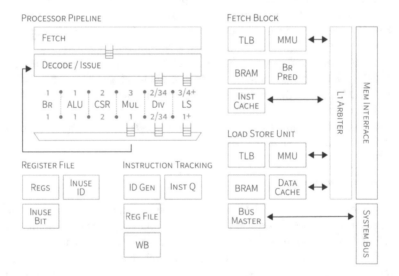

**Fig. 1.** TAIGA architectural overview [MAT17]

Three configurations (minimal, comparison and full) of Taiga are presented in [MAT17], and their comparison is given in Table 1. Minimal configuration is without multiply/divide execution unit, TLBs/MMUs, and caches. Comparison configuration has 2-way 8KB data and instruction cache and multiply- and divide- instructions support. This configuration was used as a comparison with Rocket and LEON3 processors. Moreover, in full configuration Fetch and Load Store Units share 4-way 16 KB data cache and 32 KB of local memory. The full configuration is approximately 1.5 times larger than minimal configuration. LEON3 is about 1.5 times bigger as compared to Taiga comparison configuration, but Taiga can be clocked approximately 39% faster and is also more flexible in the pipeline.

**Table 1.** Resource comparison of the TAIGA configurations [MAT17]

|            | LUTs | FFs  | Slices | BRAMs | DSPs | Freq(MHz) |
|------------|------|------|--------|-------|------|-----------|
| minimal    | 2614 | 1592 | 906    | 9     | 0    | 111       |
| comparison | 3998 | 2942 | 1371   | 10    | 4    | 104       |
| full       | 4079 | 2959 | 1394   | 32    | 4    | 103       |

## 2.4 Many-Core Vision Processor

Another highly efficient hardware architecture, especially for algorithms in the domain of sensor data fusion and machine learning [MÖN16], was published in [JUD17]. In this work, a new concept with distributed arithmetic logic units (ALUs) is used to process image and signal data maximal parallelized. The concept even allows to inject signal data directly into the data path of the hardware with the effect to achieve lowest latencies and increased data throughput. This architecture is runtime adaptive as well and highly capable of hosting machine learning- and sensor fusion algorithms, since the hardware structure supports the "architecture" of the algorithms directly.

The design space exploration of the processor's communication structure and the spatial algorithm distribution on the many-core architecture is discussed in [JUD16]. Within this work, the methodology for automatically generating a SystemC based simulator for the hardware architecture as well as a set of tools to distribute image processing algorithms onto this many-core architecture simulator are presented. These tools have been utilized to explore different implementation alternatives before deciding the implementation details of the implemented architecture.

## 2.5 FGPU

Recently, a new overlay architecture, called FPGA – GPU (FGPU) was developed [ALK18]. The benefit of this hardware architecture is that it is fully compliant to a general-purpose GPU in terms of OpenCL compatibility but comes with the feature of runtime adaptivity [ALK17]. Furthermore, this hardware architecture is not related to a specific FPGA hardware, and even more, in case of increased computational efficiency, it can be realized even as an ASIC, with the drawback of the loss of hardware adaptivity features. However, the core still stays software parameterizable.

GPUs are considered to be one of the favored platforms for achieving high performances, especially when executing the same operation on a large set of data. This work introduces the means for generating a scalable soft GPU on FPGA which can be configured and tailored for each specific task. The design is written using pure VHDL and does not use any IP Core or FPGA primitives. The main advantage of having a soft GPU on FPGA can be stated as the fact that the GPU hardware can be configured optimally for running a specific task or algorithm.

The execution model of the GPU is a simplified version of the OpenCL standard. Index spaces of maximum three dimensions are defined for each task to be executed. In each dimension, the index space can have a depth of up to 232 and this depth must be a multiple of work-group size. Work-groups can have up to 512 work-items, and each work-item is defined based on its 3D tuple in the index space.

Each work-item can use its private memory consisting of 32, 32-bit registers or address a global shared memory of maximum size of 4GB. As can be seen in Figure 2, each FGPU consists of several Compute Units (CUs), each having a single array of PEs. Both data transfer and platform control are done using different AXI4 interfaces. The tasks to be executed are stored in the Code RAM (CRAM) and the other information unknown at compile time, have to be stored at Link RAM (LRAM). A Wavefront Scheduler assigns each group of 64 work-items to an array PE. The run-time memory stores the information needed for these work-items during the execution. CU memory controllers are connected to a global memory controller to let the PEs access the global memory.

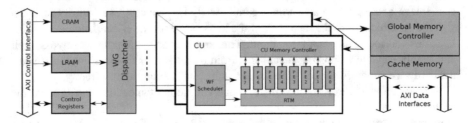

**Fig. 2.** FGPU: Schematic overview

## 3 Run-Time Reconfigurable Architectures

### 3.1 GPP/ASICs/ASIPs

ASICs and GPP both have their advantages and disadvantages. ASIC can provide ultra-high performance, but lack flexibility and programmability and GPP can provide more programmability but lack competitive performance. A design-time configurable and runtime reconfigurable embedded processor is published in [SOU18]. The processor aims to deliver efficient performance at low energy consumption. For this, a configurable embedded processor is coupled with reconfigurable fabric. This system resulted in improvement of performance by 1.4x and reduced energy by 60% as compared to a configurable processor, but this results in more area.

A reconfigurable ASIC-like implementation is presented in [YAN17] using a reconfigurable mathematic processing unit (MaPU). The experiments show good computing performance and an increase in flexibility. The reconfigurable control unit, based on a

Finite State Machine (FSM), is used to control the bus interface and the computing unit. A reconfigurable processing accelerator with SIMD structure for parallel acceleration is also implemented. Another ASIC design of a low-power reconfigurable FFT Processor is presented in [LIU07]. ASIC design was implemented using Synopsys EDA tools. The aim of this ASIC design implementation was to achieve high speed, low power, and reconfigurability.

[MOC12] introduces an application specific instruction set processor (ASIP) targeting image processing applications. The ASIP design presented, has been developed to find a good trade-off between programmability and performance in the field of image processing applications. Performance evaluation showed, that the proposed ASIP performed better in image scaling and image enhancement when compared to an ARM946E processor or a TMS320DM6437 DSP. Furthermore, it also provides the flexibility to implement several signal processing algorithms as opposed to an ASIC.

## 3.2 VCGRA Approach

As a special kind of application-specific accelerators based on ASICs or FPGAs, Coarse-Grained-Reconfigurable-Arrays have huge advantages, when combined with a General Purpose Processor (GPP). In comparison to an FPGA, the granularity of both, the processing elements operations, and the communication infrastructure cannot be controlled on bit-level, like in traditional FPGA architectures. This approach reduces the level of flexibility but also lowers the effort for creating configurations (CAD-process) and for reconfiguring the functionality at run-time, due to the reduced size of the bitstreams and the lower complexity of the system's state. Many different approaches for coarse-grained compute architectures have been proposed, most of them suited for specific workloads and providing significant speedups. Nevertheless most architectures did not have commercial success. The reason for the commercial failure allows various explanations: First of all, these specific architectures have significant advantages only for a limited number of applications. In other cases, the additional effort required cannot be justified. Furthermore, the designer cannot rely on support by well-engineered tools for the creation and the configuration of many novel architectures, in comparison to less efficient but more widespread architectures.

For this reason, a toolchain covering both, the generation of the CGRA as well as the implementation of algorithms on top of these architecture have been developed. The CGRA is realized as an overlay architecture on top of commercial FPGAs. The software tools derive configurations for the overlay architecture from algorithm-descriptions in high-level programming languages. The architecture is called Virtual Coarse-Grained Reconfigurable Array (VCGRA) as it exists as an intermediate level between the accelerated algorithm and the FPGA-hardware. The structure of the architecture is presented in [FRI18]. It consists of alternating levels of processing elements and so-called virtual channels, which control the dataflow. In comparison to other CGRA architectures, many aspects are configurable: the size and shape of the array which includes the number of in- and outputs, the widths of inputs and outputs, the number of array layers and the number of processing elements (PEs) for each layer. The bitwidth of the arithmetic units and the connections as well as the operations, which are provided

322

by the PEs, can also be set at design time whereas the connections within the layers and the operations carried out by the PEs are run-time-(re)configurable. The hardware part of the tool-flow generates the FPGA-bitstream of this architecture, including a wrapper, providing the interface to, e.g. an embedded CPU within a SoC as well as the required HW/SW interface. The software part of the toolchain takes the parameters of the VCGRA-architecture and the description of the algorithm as input and creates the configuration for the overlay architecture. Furthermore, a template for a Linux application is provided and adapted for running the hardware-accelerated application on the target system. The whole toolchain is depicted in Figure 3.

Accelerators based on this architecture always require a GPP as they are currently not able to compute all kinds of algorithms. Especially control flow can only be realized by computing both parts of a branch and ignoring the part which is not required. Especially for accelerating compute-intensive applications on huge data-streams coarse-grained arrays can be an interesting addition to a GPP. The fact, that the structure, as well as the, compute units can be configured/tailored to the applications demands enables the adaption of a generic CPU to a specific application domain by using CGRA-based accelerators.

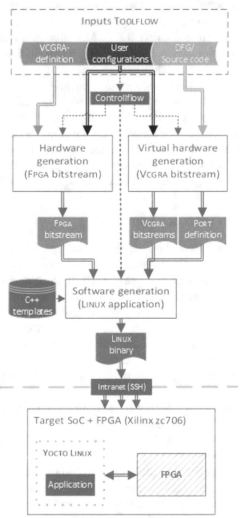

**Fig. 3.** Overview VCGRA toolflow

## 3.3 Dynamic Cache Reconfiguration

In the area of hardware reconfiguration, special interest has been dedicated to dynamic adaption of the cache memory. The reason for is based on the important influence of the cache memory on the latency of data transfers between the processor and the memory. Furthermore, caches are responsible for a significant amount of a processor's energy consumption [MAL00]. On this regard, several methodologies were presented using the so-called, Dynamic Cache Reconfiguration (DCR). Navarro et al. [Nav16] propose two online heuristics to improve overall computing performance targeting soft real-time systems. After the tasks are selected by the scheduler, an online profiler analyzes whether a cache reconfiguration is necessary by observing the values of cache hits and cache miss. The first heuristic takes the largest cache to be analyzed first and decreases, tracking the influence on the performance. The second approach softly modifies the previous one, at the same time increasing block size and associativity.

Navarro et al. [NAV17] proposed a methodology to reconfigure the cache configuration regarding associativity and size by analyzing the relative frequency of the dynamic instructions. This is done using machine learning and aims to select the most energy efficient configuration for a determined program. The results obtained are promising and show that such an approach is effective. Even when the algorithm selected a non-optimal configuration, for the majority of the cases the energy consumed was still under acceptable parameters. The authors finally propose to extend the configurations selected and take a further step in order to detect the proper cache completely dynamically just with a percentage of the code analyzed and also to consider the L2 level of cache.

## 3.4 Run-Time Reconfiguration in Machine Learning and ANN Implementations

Artificial Neural Networks (ANNs) are becoming highly complex as the research in this area progresses. Moreover, training algorithms in machine learning specifically for CNNs in the family of DNNs [SCH15] are enormously compute-intensive as the number of neurons and weighted interconnections between each layer is very high. This makes implementation of ANNs on embedded platforms very challenging especially when it comes to run-time adaptation. Considering DNN as an example, there are two procedures involved; 'Training' and 'Inference'. A training phase or training algorithm requires a neural network to respond to the inputs iteratively depending on the size of the available training data-set, consequently adjusting the weights of the effective interconnections between each layer. Inference on the other hand is the after-training execution of a neural network with the available real-world data or test data.

Adaptive reconfigurable architectures provide a wide range of possible applications in the field of machine learning, especially in realizing artificial neural networks on embedded platforms; for example, DNN inferencing as well as for training neural networks. In this regard, there has been a variety of proposed architectures and designs using reconfigurable hardware [HOF17]. An implementation which relates to runtime reconfigurable architectures, a bit-width adaptive convolution processor for CNN acceleration is proposed [GUO18]. The motivation of this work [GUO18] is coping with the problem of high resource usage in convolutional layers when each convolution layer might require a different bit-width across the whole network. It uses the idea of partitioning the DSP resources of Xilinx into different bit-width parts for the data as well as weights which would be used for performing convolution inside a CNN. Different convolution processors are associated with different bit-width-wise segregated DSP partitions, which inference the CNN layer in parallel. Each layer adapts to its appropriate DSP partition in order to compute the convolution. In [GUO18], the proposed design offers higher throughput, as well as optimized DSP utilization by using the idea of dynamic bit-width allocation to each CNN layer.

In the case of low-density neural networks other than deep neural networks and recurrent neural networks, the idea of on-target run-time reconfiguration for training is also demonstrated in an implementation [ELD84] done back in 1994. [ELD94] uses Xilinx device X12 to implement the run-time reconfigurable artificial neural network architecture, named as RRANN in [ELD94]. The designed architecture in [ELD94] lays out the backpropagation training algorithm into three stages for reconfiguration, 1. Feed-forward, 2. back-propagation and 3. update. Each stage has its exclusive neural processor which is configured on to an FPGA when it is needed. The feed-forward neural processor in [ELD94] takes the input data and propagates it to the outputs through neurons. Then RRANN reconfigures the FPGA with back-propagation circuit module to find errors in the output layers and back-propagates to each neuron in the hidden layer with a new error value. Finally, the FPGA is reconfigured during runtime to the update stage in order to change the number of weights suggested by error values in the previous 'back-propagation stage.'

In recent years, advancements in the machine learning field has also posed some challenges in the area of training an ANN like DNNs and RNNs on embedded hardware. A lot of approaches use offline training with the available dataset and online inferencing of neural networks e.g. on an embedded target with an option of runtime reconfigurable weights [HOF17]. Although, ANN implementations with extensive runtime adaptivity and reconfigurability such as in [GIN11] have also been realized. In [GN11], a reconfigurable back-propagation neural network architecture has been proposed which can be configured using a 31-bit configuration register. The architecture with its own dataflow and control signals, contains 5 functional blocks which are program memory, forward propagation block, back-propagation block, weight array and control unit. In this work [GIN11], the 31-bit configuration register can be programmed for modification of different parameters of the neural network e.g., learn/recall, number of layers, number of neurons and iteration. The work has been implemented on Xilinx devices Virtex-4 XC4VLX60 and tested for non-linear function prediction.

In the implementation [SAJ18], an FPGA based co-processor has been designed to fulfill the compute-intensive training task for deep convolutional neural networks. The proposed reconfigurable co-processor is inferred on a Xilinx Ultrascale FPGA Kintex XCKU085 and can be reconfigured just by using the provided functionality parameters in the Block Memory. The implementation uses PCIe on a host computer to connect to the FPGA and to transfer the training data. The proposed co-processor architecture follows a similar approach as in [GIN11], with three separate engines for the back-propagation algorithm. The forward propagation engine in [SAJ18] takes the input for MAC-based computations in FPGA DSP slices and predicts the classification on the basis of input feature. Then, the delta propagation engine distributes back all the errors that are computed in the output layer of the CNN. The parameter update engine is used to modify and update the neural network's weights and biases in convolutional layers. Each iteration uses all three engines until the desired weight values and biases are achieved. The co-processor proposed in [SAJ18] can perform training task on different neural network structures by reconfiguration data specified in BRAM of the FPGA. It offers different adaptations for different image sizes for CNN, neural network architecture and learning rates with a maximum throughput of 280 GOp/s.

[YIN17] implements a reconfigurable hybrid neural network processor architecture. The work proposes three optimization techniques, including bit-width adaptation for meeting needs of different neural network layers which is similar to the methodology described in [GUO18]. The other two techniques are on-demand array partitioning and usage of pattern-based multi-bank memory. According to [YIN17], this leads to an improved processing element (PE) utilization of 13.7% and computational throughput by a factor of 1.11 for parallelization of neural networks, and data re-use, respectively.

## 3.5 Dynamic Partial Reconfiguration

Dynamic partial reconfiguration (DPR) has added new benefits in system design. DPR reduces configuration time and helps to save memory since partial reconfiguration bitstreams are smaller than full bitstreams. DPR permits reconfiguration of a part of a system while the rest of the FPGA is still running. This technique helps to improve dynamic system adaption, reliability and reduces system cost [KIZ18]. DPR can be used for machine learning techniques. Since FPGAs and ASICs are a practical replacement for GPUs for DNN implementations, especially when there are strict power and performance constraints.

[FLO18] proposed a hardware/software co-design technique to explore DPR technique to accelerate Convolution Neural Networks (CNN). This approach helped to achieve 2.24 times faster execution as compared to a pure software solution. It also allows to implement larger CNN designs with larger and more layers in hardware and reconfigure the whole network.

A runtime reconfigurable fast Fourier transform (FFT) accelerator integrated with a RISC-V core is presented in [WAN17]. Although this paper is focused on LTE/Wi-Fi but the integration of a runtime configurable accelerator with an open source RISC-V core is very promising.

In [HUS12], DPR technique was used for K-Nearest neighbor (KNN) classifier to change a specific kernel while rest of KNN remained unchanged. This KNN which used DPR offered 5x speed-up as compared to an equivalent KNN implementation running on a General Purpose Processor (GPP).

[ARI18] implements low power techniques for image processing applications on FPGAs. The main contribution in this paper is the implementation of dynamic voltage scaling, dynamic partial reconfiguration, and a debugging system for image processing functions. DPR implementation helped reducing power consumption, increased resource sharing and enabled the user to change filter behavior without halting the complete system.

## 4    Conclusion

This paper provides an overview of selected processor architectures with configuration features during design- and runtime. Some architectures support the parameterization during design time which enables an adaption  according to application demands. After an in-depth exploration of the design space, the parameters for a domain-specific architecture can be derived from the requirements of the envisioned use-case. This is a step forward in modern processor design as it leads to better utilization of hardware. However, in times of increased complexity in even smallest sensor devices, the application requirements cannot be predicted anymore. In larger scale, e.g. in the automotive domain, novel advanced driver assistance systems need to be reactive to changes in the application requirements and even to certain situations during the operation. Novel System-on-Chip architectures like e.g. Zynq Ultrascale MPSoC [XIL18], can only be utilized efficiently, when adaptivity during runtime is exploited. A static design implementation with a parameterization during design time cannot lead to a beneficial exploitation of resources on the chip. Therefore, adaptivity in general and specifically, in the processor architecture is required to fulfill the demands of future high performant and low power cyber-physical systems.

## 5    Future Research

Adaptive and reconfigurable architectures in the domain of machine learning specifically for ANNs on embedded systems still need significant improvements. Existing implementations and designs have limited or partial adaptivity, and reconfigurability as the field of deep learning is growing tremendously fast.  As compared to adaptive architectures for ANN inferencing task, there has been less amount of work in the area of adaptively and dynamically reconfigurable architectures for training the ANNs, which hints us about a broader possibility of further investigation and research.

Machine learning can also be an approach to improve a processor's components such as the cache or the way how the scheduler performs. In the first case, the cache configuration with the lowest energy consumption could be selected before a program is executed, also improving the overall system performance. In the second case, the scheduler could be trained to select the tasks so that the system performance increases, for example, by reducing the cache reconfiguration mentioned previously.

Reconfigurable accelerators based on virtual overlay architectures that can be attached to processors show a significant potential: they can be used to develop highly efficient accelerators for data-flow applications with a slightly reduced flexibility compared to an FPGA solution, but with a heavily reduced design effort. In upcoming work, the flexibility and the efficiency of the presented tool-flow will be improved and evaluated on more application scenarios.

RISC-V is an exciting topic nowadays. It can be used to build a GPP, and since it allows to add custom instructions to the ISA and toolchain, it can be used as an ASIP. A designer can add custom instructions and define its hardware functionality which suits the application. RISC-V implementation provides more flexibility as compared to other available soft processors, and this is an open area for research right now for machine learning and signal processing applications.

Even though the innovation in the field of special purpose hardware modules is making them more attractive for implementation in a variety of areas, this does not mean, that the end of General Purpose Processors is close. On the contrary, GPPs still provide the most practical solution for tasks that do not require high processing capabilities at low costs. Furthermore, the innovation in the development of GPPs is also not stagnating. Innovative developments will continue to be presented in this area as well. Current innovations in this area are e.g. the utilization of novel heuristics or machine learning to enhance the capabilities of low energy devices like sensor nodes. In this case the battery life can be extended, which could solve a major problem in logistics.

# References

[ALK17]  M. Al Kadi, B. Janssen, M. Hübner, "Floating-Point Arithmetic Using GPGPU on FPGAs". In Proc. of the IEEE Computer Society Annual Symposium on VLSI (ISVLSI), Bochum, 2017, pp. 134-139. doi: 10.1109/ISVLSI.2017.32.

[ALK18]  M. Al Kadi, B. Janssen, J. Yudi, M. Hübner, "General Purpose Computing with Soft GPUs on FPGAs". ACM Transactions on Reconfigurable Technology and Systems (TRETS), Volume 11 Issue 1, January 2018, ACM New York, NY, USA.

[ARI18]  A. Podlubne, J. Haase, L. Kalms, G. Akgün, M., H. ul Hassan Khan, A. Kamal, D. Göhringer, "Low Power Image Processing Applications on FPGAs using Dynamic Voltage Scaling and Partial Reconfiguration". DASIP 2018 - Conference on Design and Architectures for Signal and Image Processing

[CAD14]  Cadence, Tensilica Datasheet of the Xtensa Processor Developer's Toolkit, © Cadence 2014, Source: https://ip.cadence.com/uploads/102/HWdev-pdf (2018-11-14)

[CAD16]  Cadence, Tensilica Datasheet of the Xtensa LX7 Processor, © Cadence 2016, Source: https://ip.cadence.com/uploads/1099/TIP_PB_Xtensa_lx7_FINAL-pdf (2018-11-14)

[ELD94]  J. G. Eldredge and B. L. Hutchings, "Density Enhancement of a Neural Network Using FPGAs and Run-Time Reconfiguration". Proceedings of IEEE Workshop on FPGA's for Custom Computing Machines, DOI: 10.1109/FPGA.1994.315611

[FLO18]  F. Kästner, B. Janßen, F. Kautz, M. Hübner, G. Corradi, "Hardware/Software Codesign for Convolutional Neural Networks exploiting Dynamic Partial Reconfiguration on PYNQ". 2018 IEEE International Parallel and Distributed Processing Symposium Workshops

[FRI17]   F. Fricke, A. Werner, M. Hübner, "Tool flow for automatic generation of architectures and test-cases to enable the evaluation of CGRAs in the context of HPC applications", in 2017 Conference on Design and Architectures for Signal and Image Processing (DASIP)

[FRI18]   F. Fricke, A. Werner, k. Shahin, M. Hübner, "CGRA Tool Flow for Fast Run-Time Reconfiguration" In Proc. of the 14th International Symposium on Reconfigurable Computing: Architectures, Tools, and Applications (ARC), Santorini, Greece, May 2018

[GIN11]   Gin-Der Wu, Zhen-Wei Zhu, Bo-Wei Lin, "Reconfigurable Back Propagation Based Neural Network Architecture". 2011 International Symposium on Integrated Circuits, doi: 10.1109/ISICir.2011.6131881

[GON00]   R. E. Gonzalez, "Xtensa: a configurable and extensible processor," in IEEE Micro, vol. 20, no. 2, pp. 60-70, March-April 2000.

[GRI15]   T. Grimm, B. Janßen, O. Navarro, M. Hübner, "The value of FPGAs as reconfigurable hardware enabling Cyber-Physical System".In Proc. of the IEEE 20th Conference on Emerging Technologies and Factory Automation (ETFA), Luxembourg, 2015, pp. 1-8. doi: 10.1109/ETFA.2015.7301496.

[GUO18]   J. Guo, S. Yin, P. Ouyang, F. Tu, S. Tang, L. Liu and S. Wei, "Bit-width Adaptive Accelerator Design for Convolution Neural Network". 2018 IEEE International Symposium on Circuits and Systems (ISCAS), doi: 10.1109/ISCAS.2018.8351666

[HOF17]   J. Hoffmann, O. Navarro, F. Kastner, B. Janßen, M. Hübner, "A Survey on CNN and RNN Implementations". 2017 The Seventh International Conference on Performance, Safety and Robustness in Complex Systems and Applications

[HUS12]   H. M. Hussain, K. Benkrid, H. Seker, "An Adaptive Implementation of a Dynamically Reconfigurable K-Nearest Neighbour Classifier On FPGA". 2012 NASA/ESA Conference on Adaptive Hardware and Systems (AHS-2012)

[JAN15]   B. Janßen, F. Schwiegelshohn, M. Hübner, "Adaptive computing in real-time applications". In Proc. of the IEEE 13th International New Circuits and Systems Conference (NEWCAS), Grenoble, 2015, pp. 1-4. doi: 10.1109/NEWCAS.2015.7182057.

[JUD16]   J. Yudi, A. Werner, A. Shallufa, F. Fricke, M. Hübner, "A Design Methodology for the Next Generation Real-Time Vision Processors" in Proc. of International Symposium on Applied Reconfigurable Computing, ARC 2016, Rio de Janeiro, Brazil

[JUD17]   J. Yudi, C. H. Llanos, M. Hübner, "System-level design space identification for Many-Core Vision Processors". Elsevier Journal on Microprocessors and Microsystems https://doi.org/10.1016/j.micpro.2017.05.013

[KIZ18]   K. Vipin, Suhaib A. Fahmy, "FPGA Dynamic and Partial Reconfiguration: A Survey of Architectures, Methods, and Applications". ACM Comput. Surv. 51, 4, Article 72 (July 2018)

[LIU07]   G. Liu, Q. Feng, "ASIC design of low-power reconfigurable FFT processor". 2007 7th International Conference on ASIC

[MÖN16]   U. Mönks, H. Dörksen, V. Lohweg, M. Hübner, "Information Fusion of Conflicting Input Data". Sensors, ISSN 1424-8220 MDPI AG (Multidisciplinary Digital Publishing Institute), Aug 2016.

[MAL00]   A. Malik, B. Moyer, and D. Cermak, "A low power unified cache architecture providing power and performance flexibility," in Low Power Electronics and Design, 2000.

ISLPED'00. Proceedings of the 2000 International Symposium on. IEEE, 2000, pp. 241–243

[MAT17] E. Matthews, L. Shannon, "TAIGA: A new RISC-V soft-processor framework enabling high performance CPU architectural features". 2017 27th International Conference on Field Programmable Logic and Applications (FPL)

[MIC17] M. Gautschi, P. Davide Schiavone, A. Traber, I. Loi, A. Pullini, D. Rossi, E. Flamand, F. K. Gürkaynak, and L. Benini, "Near-Threshold RISC-V Core With DSP Extensions for Scalable IoT Endpoint Devices". IEEE TRANSACTIONS ON VERY LARGE SCALE INTEGRATION (VLSI) SYSTEMS, VOL. 25, NO. 10, OCTOBER 2017

[MOC12] M. Asri, Hsuan-Chun Liao, T. Isshiki, D. Li, H. Kunieda, "A Reconfigurable ASIP-based Approach for High Performance Image Signal Processing". 2012 IEEE Asia Pacific Conference on Circuits and Systems

[MOR16] M. Nöltner-Augustin "RISC-V — Architecture and Interfaces The RocketChip". ADVANCED SEMINAR "COMPUTER ENGINEERING", UNIVERSITY OF HEIDELBERG WT16/17

[MSP18] MSP432P401R SimpleLink Ultra-Low-Power 32-Bit ARM Cortex-M4F MCU With Precision ADC, 256KB Flash and 64KB RAM. © Texas Instruments, 2018, Source: http://www.ti.com/product/MSP432P401R

[NAV17] O. Navarro Guzman, J. E. Hoffmann, F. Stuckmann, M. Hübner, Jones Y. M. Alves da Silva, "A Machine Learning Methodology For Cache Recommendation", 2017, 13th International Symposium on Applied Reconfigurable Computing (ARC2017)

[RBG17] J. Rettkowski, A. Boutros, D. Göhringer, "HW/SW Co-Design of the HOG algorithm on a Xilinx Zynq SoC". J. Parallel Distrib. Comput. 109: 50-62 (2017).

[RIS18] RISC-V "RISC-V Member Directory". Source: https://riscv.org/membership/

[SAJ18] S. Remi Clere, S. Sethumadhavan, K. Varghese, "FPGA Based Reconfigurable Co-processor for Deep Convolutional Neural Network Training", 2018 21st Euromicro Conference on Digital System Design (DSD). doi: 10.1109/DSD.2018.00072

[SCH15] J. Schmidhuber, "Deep learning in neural networks: An overview". Neural networks 61 (2015): 85-117

[SOU18] J.D. Sousa, A. L. Sartor, L. Carro, M.B. Rutzig, S. Wong, A.C.S. Beck, "DIM-VEX: Exploiting Design Time Configurability and Runtime Reconfigurability". The 14th International Symposium on Applied Reconfigurable Computing (ARC 2018)

[WAN17] A. Wang, B. Richards, P. Dabbelt, H. Mao, S. Bailey, J. Han, E. Chang, J. Dunn, E. Alon, B. Nikolić, "A 0.37mm2 LTE/Wi-Fi Compatible, Memory-Based, Runtime-Reconfigurable 2n 3m5k FFT Accelerator Integrated with a RISC-V Core in 16nm FinFET". IEEE Asian Solid-State Circuits Conference November 6-8, 2017/Seoul, Korea

[XIL18] Xilinx Inc. UltraScale Architecture and Product Data Sheet, © Xilinx 2018, Source: https://www.xilinx.com/support/documentation/data_sheets/ds890-ultrascale-over-view.pdf

[YAN17] L. Yang, R. Guo, S. Xie, D. Wang, "A reconfigurable ASIC-like image polyphase interpolation implementation method". 2017 7th IEEE International Conference on Electronics Information and Emergency Communication (ICEIEC)

330

[YIN18]   S. Yin, P. Ouyang, S. Tang, F. Tu, X. Li, S. Zheng, T. Lu, J. Gu, L. Liu, and S. Wei,
"A High Energy Efficient Reconfigurable Hybrid Neural Network Processor for Deep
Learning Applications", IEEE JOURNAL OF SOLID-STATE CIRCUITS. doi:
10.1109/JSSC.2017.2778281

# Bildverarbeitung im industriellen Umfeld von Abfüllanlagen

Alexander Dicks, Christian Wissel, Martyna Bator, Volker Lohweg

Institut für industrielle Informationstechnik (inIT)
Technische Hochschule Ostwestfalen-Lippe
Campusallee 6, 32657 Lemgo
{alexander.dicks, christian.wissel, martyna.bator,
volker.lohweg}@th-owl.de

**Zusammenfassung.** In der Abfüllindustrie geht der Trend hin zur Selbstdiagnose, Optimierung und Qualitätsüberwachung der Prozesse. Ziel ist es, die Produktionsmengen zu erhöhen und gleichzeitig die Qualität zu steigern. Hierfür sind neue Konzepte in der Abfüll- und Regelungstechnik notwendig. Für diese Konzepte ist eine kontinuierliche Überwachung des Abfüllvorgangs Voraussetzung. In diesem Beitrag werden Algorithmen zur kontinuierlichen Füllprozessbewertung vorgestellt. Auf Basis von Referenzbildern wird die Füll- und Schaumhöhe bestimmt. Des Weiteren wird die Turbulenz der Flüssigkeit bewertet.

## 1 Motivation

Um im Abfüllprozess von Getränken die Produktionsmenge der abgefüllten Flaschen zu erhöhen, ist es erforderlich, diesen in Bezug auf die Abfüllgeschwindigkeit zu optimieren. Bisherige Abfüllmethoden über die Seitenwand der Flasche bieten hier nur noch geringe Optimierungsmöglichkeiten, weshalb die Abfüllung per Freistrahl erfolgen muss. Damit dieser Prozess beschleunigt werden kann, sind Regelungsmethoden notwendig, die den Abfüllprozess autonom optimieren können. Grundvoraussetzung für diese Optimierung ist eine kontinuierliche Überwachung des Abfüllprozesses mit geeigneter Sensorik. Neben den üblichen Sensoren wie z.B. Durchfluss- oder Drucksensor, kann die Analyse des Füllprozesses auch mit Hilfe von Bildverarbeitungsmethoden erfolgen. Ein großer Vorteil ist die berührungslose Kontrolle, weil keine Sonden im Medium verwendet werden müssen. Dieses ist im hygienischen Umfeld der Getränketechnologie ein wichtiger Aspekt. Des Weiteren kann die Kamera abseits beweglicher Maschinenelemente angebracht werden und so vor etwaigen Schäden durch Fehlfunktion der Maschine geschützt werden. Die Füllhöhenkontrolle der Flasche nach Beendigung der Füllung im nachgelagerten Prozess oder die vorherige Kontrolle auf Glasbruch haben sich bereits etabliert. Eine kontinuierliche optische Überwachung der Flasche während der Abfüllung ist bisher nicht Stand der Technik im Maschinen- und Anlagenbau. Um den Prozess mit Regelungsmethoden optimieren zu können, sind die Bewertung der aktuellen Füllhöhe, der Schaumhöhe und der Turbulenz notwendig.

J. Jasperneite, V. Lohweg (Hrsg.), *Kommunikation und Bildverarbeitung in der Automation*,
Technologien für die intelligente Automation 12, https://doi.org/10.1007/978-3-662-59895-5_24

Ziel dieses Beitrags ist die Entwicklung von Bildverarbeitungsalgorithmen zur Analyse und Überwachung von Getränkeabfüllprozessen. Die zu entwickelnden Algorithmen müssen in der Lage sein, die Füllhöhe des abgefüllten Mediums (z.B. Wasser oder Bier) und die Schaumhöhe, die je nach Abfüllmedium entstehen kann, kontinuierlich wiederzugeben. Des Weiteren muss die Turbulenz analysiert werden. Diese kann entstehen, wenn der Füllstrahl zu Beginn der Abfüllung senkrecht mit einem zu großen Durchmesser auf den Boden der Flasche auftritt. Je größer der Durchmesser, desto turbulenter ist die Abfüllung. Dies wiederum hat eine erhöhte Blasenbildung zur Folge. Das kann dazu führen, dass es zu einer großen Schaumbildung kommt und die Flüssigkeit überschäumt.

## 2  Bildverarbeitungsalgorithmen zur Analyse von Getränkeabfüllprozessen

Ausgangspunkt dieser Arbeit bilden Durchflussmess-Füllmaschinen, die unter die Kategorie der Volumen-Füllmaschinen fallen. Diese füllen $CO_2$-haltige Flüssigkeiten in unterschiedliche Behälter wie z.B. Glas- oder Kunststoffflaschen ab. Diese Füllmaschinen verwenden für die Durchflussmessung einen magnetisch-induktiven Durchflussmesser (MID). Hierfür ist eine Mindestleitfähigkeit der Flüssigkeit Voraussetzung [Hes14]. Glasflaschen haben produktionsbedingt eine so hohe Abweichung, dass bei einer Abfüllung mittels Durchflussmess-Füllma-schinen die Füllhöhenunterschiede in der Flasche sichtbar sind. Dieses will der Abfüllbetrieb vermeiden, weshalb die Getränkemenge in Glasflaschen in der Regel über das Nennvolumen von z.B. 0,5 l gefüllt wird, um eine einheitliche Füllhöhe zu erzielen. Deshalb muss auch bei diesen Füllmaschinen eine kontinuierliche Kontrolle der Füllhöhe im Prozess erfolgen.

Im Bereich der Füllstandmessung gibt es eine Vielzahl von Lösungen, um einen optimalen Flüssigkeitspegel zu erreichen. Dabei sind diese Methoden in der Regel für eine spezielle Anwendung ausgelegt, d.h. es gibt z.Z. keine Messmethode, die für alle Anwendungen gleichermaßen geeignet ist. Unterschieden wird zwischen kontinuierlich arbeitenden Verfahren, die den aktuellen Wert eines Flüssigkeitspegels ausgeben oder sogenannten Grenzstandsensoren, die lediglich anzeigen, ob ein bestimmter Flüssigkeitswert über- oder unterschritten wird. Des Weiteren ist für das Messverfahren entscheidend, ob die Methode bzw. der Sensor im direkten Medienkontakt steht. Ein weiteres wichtiges Kriterium für die Auswahl geeigneter Messverfahren, sind die chemischen und physikalischen Eigenschaften der Flüssigkeiten. So können z.B. Viskosität, Leitfähigkeit oder auch Temperatur die Auswertung beeinflussen [Hes14].

Ein in den letzten Jahren aufkommender Trend, ist die Füllstandüberwachung mit Bildverarbeitungs-basierten Verfahren [VDM16]. Auf dem Markt existieren Systeme, die nach der Getränkeabfüllung die Füllhöhe kontrollieren. Die Krones AG bietet den Checkmat [Kro] an. Dieses System ist mit einer Kamera ausgestattet und überprüft die transparenten Glas- und PET-Flaschen (Polyethylenterephthalat) auf Unter- und Überfüllung. Mit dem Innocheck FHC Camera [KHS] bietet die KHS GmbH ein ähnliches Produkt an. Hier wird ebenfalls nach der Abfüllung die Über- und Unterfüllung der Flasche geprüft. Die Heuft Systemtechnik GmbH bietet mehrere Inspektionssysteme zur Füllhöhenkontrolle an. Beispielhaft sei hier der HEUFT SPECTRUM II VX [HEU] erwähnt. Bei diesem System erfolgt die Füllhöhenkontrolle aus einer Kombination von Kameratechnik und Hochfrequenzmessung. Die drei vorgestellten Systeme haben die Gemeinsamkeit, dass eine Füllhöhenkontrolle erst nach dem Füllvorgang erfolgt.

### 2.1 Verfahren zur Bestimmung der Füllhöhe

Während eines Füllprozesses soll die Füllhöhe der Flüssigkeit kontinuierlich ermittelt werden. Hierfür ist es sinnvoll, die Flüssigkeit von dem restlichen Bildinhalt zu trennen. Dafür wird in dieser Arbeit ein Differenzbild verwendet. Zunächst wird ein Referenzbild $\mathbf{I}_R(x, y)$ der Flasche vor der Abfüllung ohne Flüssigkeit aufgenommen (vgl. Abbildung 1 a)). Die Indizes $x$ und $y$ stellen die Spalten (Breite, $x$) und Zeilen (Höhe, $y$) des Bildes dar. Die Position des Flaschenbodens ist in dem Bild fest vorgegeben, da sich diese Position während der Abfüllung nicht ändert. Während einer Abfüllung werden die aktuellen Bilder $\mathbf{I}_C(x, y)$ (vgl. Abbildung 1 b)) kontinuierlich mit einer Abtastfrequenz $f_s$ erfasst. Anschließend wird das Differenzbild $\mathbf{I}_D(x, y)$ ermittelt, indem das aktuelle Bild von dem Referenzbild subtrahiert wird (vgl. Gleichung 1).

$$\mathbf{I}_D(x, y) = \mathbf{I}_R(x, y) - \mathbf{I}_C(x, y) \tag{1}$$

In Abbildung 1 c) ist dieses beispielhaft mit sichtbarem Flüssigkeitsspiegel dargestellt. Aufgrund von Lichtreflexionen, die durch die Flüssigkeit hervorgerufen werden, sind im unteren Bereich der Flasche noch Bildinhalte sichtbar. Um diese Bildstörungen weiter zu reduzieren, wird das Differenzbild gefiltert. Hierfür wird eine histogrammbasierte Segmentierung [Jäh12] mit globalem Schwellwert [SR14] vorgeschlagen.

a)  b)  c)

**Abb. 1.** Visuelle Repräsentation des a) Referenzbildes, des b) aktuellen Bildes und des c) Differenzbildes.

Mit Hilfe der Otsu-Methode [Ots79] wird der globale Schwellwert $S_g$ ermittelt, der als Grenze für die Filterung des Differenzbildes $\mathbf{I}_D(x, y)$ dient. Bei der Otsu-Methode wird die Schwelle gesucht, die die Varianz innerhalb der Klasse (Intra-Klassen-Varianz) minimiert. Die Minimierung der Intra-Klassen-Varianz ist gleichbedeutend mit der Maximierung der klassenübergreifenden (Inter-Klassen-Varianz) Varianz [Ots79]. Alle Grauwerte unterhalb dieses Schwellwerts werden gleich Null gesetzt (vgl. Gleichung 2), um das gefilterte Differenzbild $\mathbf{I}_{DF}(x, y)$ zu erhalten.

$$\mathbf{I}_{DF}(x, y) = \begin{cases} 0, & \text{für } \mathbf{I}_D(x, y) < S_g \\ \mathbf{I}_D(x, y), & \text{für } \mathbf{I}_D(x, y) \geq S_g \end{cases} \tag{2}$$

In Abbildung 2 ist dieses Verfahren anhand des Differenzbildes aus Abbildung 1 c) verdeutlicht. Auf der linken y-Achse und in Blau dargestellt, befindet sich das Histogramm des Bildes. Aufgrund der großen Schwarz-Anteile im Bild, ist das Maximum der Pixelhelligkeiten von 0 bis 24 nicht dargestellt, damit der Rest des Histogramms besser sichtbar ist. Auf der rechten roten y-Achse ist die Inter-Klassen-Varianz dargestellt. Das Maximum für die Inter-Klassen-Varianz liegt bei Eintrag Nr. 78 auf der x-Achse. In diesem Fall würden nun alle Grauwerte im Bild unterhalb von $S_g = 78$ gleich Null gesetzt.

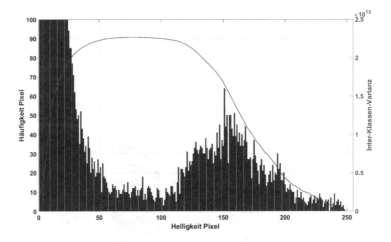

**Abb. 2.** Veranschaulichung der Methode nach Otsu anhand des Differenzbildes aus Abbildung 1 c).

Die Füllhöhenbestimmung aus dem gefilterten Differenzbild $\mathbf{I}_{DF}(x, y)$ erfolgt zunächst über eine horizontale Projektion [Zhu09] der Grauwerte. Hierfür werden die Grauwerte jeder Bildzeile summiert und im Vektor $\mathbf{P}(a)$ zusammengefasst.

Dieser stellt eine eindimensionale Abbildung der Bilddaten dar und ist definiert als:

$$\mathbf{P}(a) = \sum_{y=1}^{M} \mathbf{I}_{DF}(x,y), \quad 1 \leq x \leq L, \quad 1 \leq y \leq M \tag{3}$$

mit der Anzahl der Spalten $M$ und der Anzahl der Zeilen $L$ des gefilterten Differenzbilds $\mathbf{I}_{DF}(x,y)$. Die horizontale Projektion ist beispielhaft in Abbildung 3 dargestellt. Auf der linken Seite ist die Projektion der Grauwerte des gefilterten Differenzbildes abgebildet und auf der rechten Seite ist das gefilterte Differenzbild zu sehen.

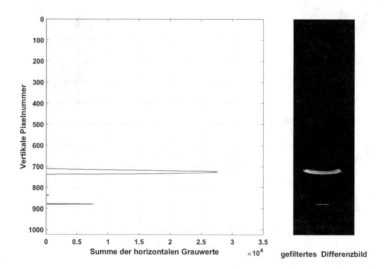

**Abb. 3.** Gegenüberstellung der horizontalen Projektion $\mathbf{P}(a)$ mit dem gefilterten Differenzbild $\mathbf{I}_{DF}(x,y)$.

Die Position der Füllhöhe $F_p$ wird über das Maximum des Vektors $\mathbf{P}(a)$ bestimmt und ist definiert als:

$$F_p := \max\{\mathbf{P}(a)\} \tag{4}$$

## 2.2 Verfahren zur Bestimmung der Schaumhöhe

Für die Bestimmung der Schaumhöhe wird ebenfalls die Methode der horizontalen Projektion aus Kapitel 2.1 Gleichung 3 herangezogen. In Abbildung 4 ist die horizontale Projektion des gefilterten Differenzbildes einer Abfüllung mit vorhandenem Schaum dargestellt. Grundsätzlich ist festzuhalten, dass der Schaum sich immer über dem Flüssigkeitsspiegel ansammelt [SLBM17].

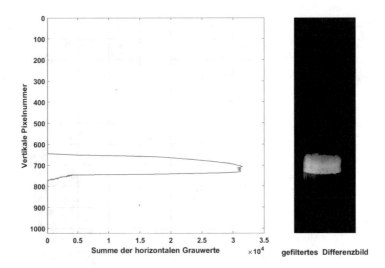

**Abb. 4.** Gegenüberstellung der horizontalen Projektion mit dem gefilterten Differenzbild mit Schaum.

Es ist zu erkennen, dass das Maximum von $\mathbf{P}(a)$ nicht gleichbedeutend mit der Füllhöhe der Flüssigkeit ist. Das Maximum kann sich in der Mitte des Schaums befinden. Aus diesem Grund werden eine untere Schwelle $S_u$ und eine obere Schwelle $S_o$ für $\mathbf{P}(a)$ eingeführt, mit der sich die Schaumhöhe und dementsprechend auch der Flüssigkeitsspiegel bestimmen lassen. Die Schwellen $S_u$ und $S_o$ sind definiert als:

$$S_u := \max\{\mathbf{P}(a)\} \cdot 0.8 \tag{5}$$

$$S_o := \max\{\mathbf{P}(a)\} \cdot 0.8 \tag{6}$$

Untersuchungen haben ergeben, dass der Faktor 0,8 geeignete Ergebnisse liefert. Die Werte in der horizontalen Projektion, die außerhalb des Schaums liegen, sind geringer als $\mathbf{P}(a) \cdot 0.8$.

Anschließend wird in $\mathbf{P}(a)$ der erste Wert gesucht, der größer oder gleich $S_o$ ist, um das Ende des Schaums zu bestimmen. Pseudocode Algorithm 1 veranschaulicht dies.

Um den Anfang des Schaums zu finden, wird der erste Wert in $\mathbf{P}(a)$ gesucht, der größer oder gleich $S_u$ ist und gleichzeitig der Wert von $\mathbf{P}(a)$ an der Stelle $i+1$

---

**Algorithm 1** Finde Ende Schaum

---
**for** $i = 1$ to $L$ **do**
  **if** $\mathbf{P}(i) \geq S_o$ **then**
    $F_e = i$
    *End*
  **else**
    *Continue*
  **end if**
**end for**

---

kleiner als $S_u$ ist. Der gefundene Wert entspricht auch der aktuellen Füllhöhe $F_p = F_a$. Dieses ist im Pseudocode Algorithm 2 dargestellt.

---

**Algorithm 2** Finde Anfang Schaum

---
**for** $i = 1$ to $L$ **do**
  **if** $\mathbf{P}(i) \geq S_u \wedge \mathbf{P}(i)(i+1) < S_u$ **then**
    $F_a = i$
    *End*
  **else**
    *Continue*
  **end if**
**end for**

---

Mit den beiden Variablen $F_a$ und $F_e$ ist nun bekannt, bei welcher vertikalen Pixelnummer der Schaum startet und endet. Um nun eine Längenangabe zu erhalten, muss die Anzahl der Pixel in eine Länge umgerechnet werden. Hierfür wird von der Position des Flaschenbodens $F_b$ die Position der aktuellen Füllhöhe $F_a$ subtrahiert und mit der Punktdichte *ppcm* [mm/Pixel] multipliziert, um die Füllhöhe $F_h$ in mm zu erhalten.

$$F_h = (F_b - F_a) \cdot ppcm \tag{7}$$

Die Bestimmung der Schaumhöhe erfolgt ähnlich. Die Position $F_e$, an der der Schaum endet, wird von der Position $F_a$, an der der Schaum beginnt, subtrahiert. Zum Schluss erfolgt noch die Umrechnung in mm, indem das Ergebnis mit *ppcm* multipliziert wird.

$$F_s = (F_a - F_e) \cdot ppcm \tag{8}$$

## 2.3 Verfahren zur Bestimmung der Blasenbildung

Bei der Abfüllung kommt es bei einem zu breiten Füllstrahl und einem zu harten Auftreffen auf dem Flaschenboden zu Turbulenzen und dementsprechend zu einer Blasenbildung. Da sich dieses bei jedem Abfüllvorgang anders verhält, ist es nicht hilfreich auf Referenzbilder von verschiedenen Abfüllungen mit verschiedenen Ausprägungen der Blasenbildung zurückzugreifen. Die Oberfläche der hochspritzenden Flüssigkeit kann als Textur interpretiert werden. Eine Textur ist die Musterung einer Oberfläche [Jäh12]. Für die Analyse einer Textur haben sich die Haralick´schen Texturmaße [Har79] etabliert. Im vorliegenden Fall eignen sich insbesondere die beiden Texturmaße Energie und Homogenität, denn je höher die Flüssigkeit spritzt, desto inhomogener wird der Bildbereich.

Für die Berechnung der Haralick'schen Texturmaße wird zunächst die Greylevel Co-occurrence Matrix (GLCM, Grauwertübergangsmatrix) [HSD73] berechnet. Die GLCM $\mathbf{G}(i,j)$ beschreibt, wie oft der Grauwert $i$ im definierten Abstand $d = [dx, dy]$ zum Grauwert $j$ innerhalb des Differenzbilds $\mathbf{I}_{DF}(x, y)$ auftritt. Es werden Eigenschaften über die räumliche Verteilung der Graustufen im Texturbild wiedergegeben. $\mathbf{G}(i,j)$ ist definiert als [BPF16]:

$$\mathbf{G}(i,j) = \sum_{x=1}^{N} \sum_{y=1}^{N} \begin{cases} 1, & \text{für } \mathbf{I}_{DF}(x,y) = i \wedge \mathbf{I}_{DF}(x + d_x, y + d_y) = j \\ 0, & \text{sonst} \end{cases} \tag{9}$$

mit $i, j = 0, ..., N$, wobei $N$ der maximale Grauwert im Bild ist.

Der Abstand zwischen $dx$ und $dy$ kann frei gewählt werden. Meist sind Pixel nicht über große Entfernungen korreliert, daher sind Werte $d = 1$ oder $d = 2$ üblich [JHG99]. Wenn $d = [0, 1]$ gewählt wird, werden direkt nebeneinander liegende Pixel verglichen (direkter rechter Nachbar). Durch die Wahl der Parameter von $d$ wird auch bestimmt, in welchem Winkel die Pixel miteinander verglichen werden. So können z.B., ausgehend vom Pixel-of-Interest (POI), die Winkel $0°$, $45°$, $90°$ und $135°$ gewählt werden.

Für die Berechnung der Haralick'schen Texturmaße muss die GLCM normalisiert werden. Die normalisierte GLCM ist definiert als [Har79]:

$$\mathbf{g}(i,j) := \frac{\mathbf{G}(i,j)}{R} \tag{10}$$

mit der Summe aller Einträge $R$. Die Summe aller Elemente von $\mathbf{g}(i,j)$ ist 1.

Für die Analyse der Flüssigkeit auf Turbulenz und Blasenbildung unterhalb des Flüssigkeitsspiegels, werden die Haralick´schen Texturmaße Homogenität $H$ und Energie $E$ vorgeschlagen. Ein homogenes Bild hat nur eine geringe Anzahl von verschiedenen benachbarten Grauwerten. Die Homogenität $H$ misst die Verteilung der Elemente in $g(i,j)$ in Bezug auf die GLCM-Diagonale. Eine Diagonalmatrix ergibt einen Homogenitätswert von 1. Die Homogenität $H$ mit dem Bereich [0 1] ist definiert als [Har79]:

$$H = \sum_{i=0}^{N} \sum_{j=0}^{N} \frac{\mathbf{g}(i,j)}{1 + |i - j|} \tag{11}$$

Die Energie $E$ ist ein weiteres Maß für die Homogenität einer Textur. Eine geringe Anzahl verschiedener benachbarter Grauwerte in einem homogenen Bild führt zu wenigen, aber relativ großen Einträgen in der GLCM. Die GLCM eines inhomogenes Bildes hingegen, enthält aufgrund der gröberen Grauwertübergänge, viele Einträge mit kleineren Werten. Die Energie $E$ ist definiert als [Har79]:

$$E = \sum_{i=0}^{N} \sum_{j=0}^{N} \mathbf{g}^2(i,j). \tag{12}$$

Die Energie $E$ gibt die Summe der quadrierten Elemente von $\mathbf{g}(i,j)$ zurück und hat einen Bereich von $[0\ 1]$.

# 3  Untersuchungen und Ergebnisse

Um die Abfüllung von Getränken durchzuführen, steht eine Testumgebung mit einem Abfüllventil und einem MID zur Verfügung. Für die Bilderfassung wird die Kamera VC nano Z 0015 eingesetzt. Die Kamera hat einen 1/1.8" monochromen CMOS-Sensor mit einer maximalen Auflösung von 1600x1200 Pixel. Bei maximaler Auflösung ist eine Bildrate von 55 Bilder/Sekunde möglich. Des Weiteren verfügt die Kamera über einen Dual-Core ARM-Prozessor (Advanced Reduced Instruction Set Computer Machine) mit integriertem FPGA (Field Programmable Gate Array) und einem internen DDR-SDRAM Speicher (Double Data Rate Synchronous Dynamic Random Access Memory). Damit ist es möglich, die Bildaufnahmen direkt auf der Kamera zu speichern oder diese dort zu verarbeiten. Als Objektiv wird ein Tamron M118FM06 mit einer Brennweite von 6mm eingesetzt. Dieses ermöglicht eine Abbildung im Nahbereich [Ste16].

Als Methode der Beleuchtung wird das Durchlicht-Verfahren verwendet. Hiermit ist es möglich, Bauteile oder in diesem Fall die Füll- und Schaumhöhe präzise zu vermessen [Sac17]. Hierbei ist die Beleuchtung hinter der Flasche und gegenüberliegend der Kamera angeordnet. So befindet sich die Flasche im Lichtstrahlengang der Beleuchtung. Durch diese Beleuchtungsmethode ist die Flasche nur noch als Schattenriss erkennbar und die einfließende Flüssigkeit hebt sich deutlich hervor. Durch die starke Lichtquelle ist die Testumgebung relativ unempfindlich gegenüber Fremdlicht (Störlicht) [Sac17]. Als Lichtquelle wird das LED-Panel VT-6137 verwendet. Dieses hat eine Farbtemperatur von 4000 Kelvin (Neutralweiß) und einen Lichtstrom von 4320 Lumen.

## 3.1  Ergebnisse der Füllhöhenbestimmung

Zunächst wird die Füllhöhenbestimmung einer Abfüllung einer 0,5 l PET-Flasche betrachtet. Hierzu wird von jeder Bildaufnahme die Füllhöhe bestimmt. Um die Füllhöhen auf ihre Richtigkeit zu überprüfen, ist an der errechneten Pixelposition eine rote Linie eingezeichnet (vgl. Abbildung 5). Aus Abbildung 5 a) geht hervor, dass sich bei dem ersten Aufschlag des Flüssigkeitsstrahls auf dem Boden kein eindeutiger Flüssigkeitsspiegel bildet. Dementsprechend ergibt sich die Füllhöhe nicht am oberen Rand der Flüssigkeit, sondern dort, wo die meiste Flüssigkeit vorhanden ist. Für die Bilder b) bis d) befindet sich die rote Linie immer auf der Höhe des Flüssigkeitsspiegels und damit am oberen Ende der Flüssigkeit. Im Bild b) sind noch ein paar Luftblasen über der roten Linie sichtbar. In diesem

340

Beispiel konnte für die Bilder immer die korrekte Position der Füllhöhe gefunden werden.

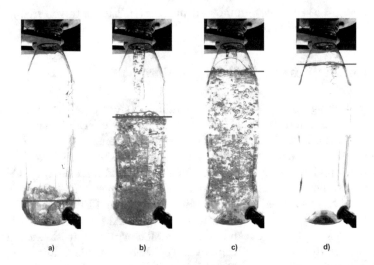

**Abb. 5.** Abfüllung mit einem Füllventil und eingezeichneten Füllhöhen an der berechneten Pixelposition.

## 3.2 Ergebnisse der Schaumhöhenbestimmung

Als nächstes wird die Schaumhöhenbestimmung bei einer Abfüllung einer 1,5 l PET-Flasche untersucht. Hier wurde eine geringe Menge Spülmittel in die Flasche eingebracht, um den Schaum zu erzeugen. Die 1,5 l Flasche wurde gegenüber der 0,5 l Flasche verwendet, um mehr Platz für die Schaumbildung in der Flasche zu ermöglichen. Des Weiteren ist es mit dieser Flasche möglich, eine größere Turbulenz bzw. Blasenbildung zu erzeugen, da die Fallhöhe für den Füllstrahl größer ist. Von dieser Abfüllung werden vier Aufnahmen a) bis d) verwendet, um die Ergebnisse Schaumhöhenbestimmung darzustellen (vgl. Abbildung 6). Der Schaumanfang und das Schaumende sind jeweils mit einer roten Linie markiert, die die Pixelposition der berechneten Schaumhöhen angibt.

In Abbildung 6 a) ist ein starkes Hochspritzen der Flüssigkeit nachdem Aufprall des Flüssigkeitsstrahls auf dem Flaschenboden sichtbar. Ein eindeutiger Flüssigkeitsspiegel ist nicht erkennbar. Dieses spiegelt sich auch in der Berechnung der Füll- bzw. Schaumhöhe wieder. Der Schaumanfang und das Schaumende liegen auf der selben Position, weshalb in a) nur eine rote Linie sichtbar ist.

In b) ergibt sich bei der Abfüllung eine sehr starke Turbulenz der Flüssigkeit. Aus dem Bild ist ersichtlich, dass sich hier kein Schaum erkennen lässt. An dieser Stelle werden die Grenzen des Schaums nicht korrekt wiedergegeben. Dieses

a)    b)    c)    d)

**Abb. 6.** Abfüllung a) bis d) im Füllventil mit den eingezeichneten Pixelpositionen der Schaumbildung.

liegt an der hohen Turbulenz, da sich in der Flüssigkeit keine klaren Grenzen abzeichnen.

Wenn eine Schaumbildung erkennbar ist, wird die Schaumhöhe korrekt erkannt (vgl. Abbildung 6c)). Zwar ist hier noch eine starke Blasenbildung sichtbar, der Schaum ist aber deutlich dunkler oberhalb der Flüssigkeit abgesetzt. Ist der Füllvorgang abgeschlossen (vgl. Abbildung 6d)), ist der Schaum deutlich sichtbar. Die untere und obere Schaumgrenze werden hier korrekt wiedergegeben. Oberhalb der beiden roten Linien in Abbildung 6 c) und d) sind leichte Schaumanteile sichtbar. Da sich die obere Schaumkante nicht als waagerechte Linie ausbildet, wird hier die Position gefunden, bei der der Schaum als erstes eine vollständige Schicht über die gesamte Flaschenbreite gebildet hat.

### 3.3   Ergebnisse der Beurteilung der Turbulenz

Für die Analyse der Algorithmen zur Beurteilung der Turbulenz werden die Bilder aus Abbildung 5 a) bis d) verwendet. Für jedes Bild wird die Homogenität (vgl. Gleichung 11) und die Energie (vgl. Gleichung 12) des Bildausschnitts vom Flaschenboden bis zur Füllhöhe berechnet. Ein Wert bei nahe 0 gibt eine starke Turbulenz wieder. Ist der Wert dagegen bei 1, ist keine Turbulenz vorhanden.

Die Ergebnisse für die vier Bilder sind in Tabelle 1 dargestellt. Für die Bilder a) bis c) ergeben sich Homogenitätswerte im Bereich zwischen 0,52 und 0,63. Für die Energie sind bei den Bildern a) bis c) die Unterschiede größer. Es ergeben sich Werte zwischen 0,16 und 0,31. Aus der Tabelle ist zu entnehmen, dass das Bild b) in beiden Fällen den geringsten Wert aufweist. Das bedeutet, dass in b) die größte Turbulenz der vier Bilder vorhanden ist. Dieses spiegelt sich auch optisch in dem Bild wieder. Bild d) weist keine Turbulenz auf, dementsprechend liegen die Werte für Homogenität und Energie bei 0,97 bzw. 0,94.

**Tabelle 1.** Ergebnis der Homogenität und Energie der gefilterten Differenzbilder von Abbildung 5 a) bis d)

| Bild | 5 a) | 5 b) | 5 c) | 5 d) |
|---|---|---|---|---|
| Homogenität | 0,60 | 0,52 | 0,63 | 0,97 |
| Energie | 0,25 | 0,16 | 0,31 | 0,94 |

Die Homogenität und die Energie für den gesamten Füllvorgang sind in Abbildung 7 dargestellt. Hierbei wurden 10 Bilder während des Füllvorgangs aufgenommen. Die Homogenität (blau) und die Energie (rot) zeigen ein ähnliches Verhalten. Wenn der Homogenitätswert ansteigt, steigt auch die Energie. Es zeigt sich für die Energie eine Spannbreite der Werte von ≈ 0,8. Wohingegen die Homogenität eine Spannbreite von ≈ 0,5 hat. Dieses lässt auf eine höhere Empfindlichkeit der Energie schließen.

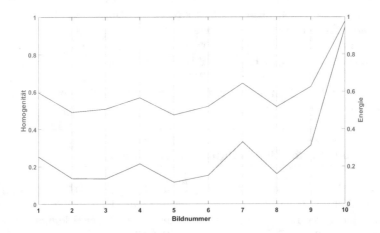

**Abb. 7.** Die Homogenität (blau) und die Energie (rot) der gesamten Abfüllung aus dem Beispiel von Abbildung 5.

Beide Texturmaße eignen sich für die Beurteilung der Blasenbildung. Aufgrund der höheren Empfindlichkeit wird die Energie der Homogenität vorgezogen

# 4 Zusammenfassung und Ausblick

In diesem Beitrag werden Algorithmen zur Beurteilung der Füll- und Schaumhöhe in Getränkeabfüllprozessen vorgestellt. Des Weiteren wird untersucht, mit welchen Merkmalen die Turbulenz der Flüssigkeit beschrieben werden kann.

Für die Berechnung der Füllhöhe ist ein Verfahren vorgeschlagen, welches auf einem Differenzbild basiert. Dieses wird aus dem Referenzbild einer nicht gefüllten Flasche und einem aktuellen Bild des Füllprozesses erstellt. Hierdurch bleibt im Bild nur noch die Flüssigkeit sichtbar. Um die Position des Flüssigkeitsspiegels zu bestimmen, wird die horizontale Projektion des Differenzbildes bestimmt. Hierzu werden alle Grauwerte jeder einzelnen Bildzeile aufsummiert. Mit Hilfe der horizontalen Projektion lässt sich die Position des Flüssigkeitsspiegels bestimmen. Diese Position in Bezug zum Flaschenboden, kann mit der Punktdichte in eine Höhenangabe umgerechnet werden.

Je nach abgefülltem Medium kann während des Füllvorgangs Schaum entstehen, wenn der Füllstrahl zu Beginn einen großen Durchmesser hat. Um die Schaumhöhe zu messen, wird ebenfalls auf die horizontale Projektion eines Differenzbildes zurückgegriffen. Hiermit werden die Position des Schaumanfangs und des Schaumendes bestimmt. Auch hier erfolgt die Umrechnung in eine Höhenangabe mit Hilfe der Punktdichte.

Die Blasenbildung, die aufgrund von Turbulenzen während der Abfüllung einsteht, wird mit Hilfe der Haralick´schen Texturmaße Homogenität und Energie beurteilt. Hierzu wird zunächst der Ausschnitt aus dem Differenzbild gewählt, der sich zwischen aktueller Füllhöhe und Flaschenboden befindet. Von diesem Bildausschnitt wird die Grey-level Co-occurrence Matrix (GLCM) berechnet. Anschließend wird die GLCM normiert, um folgend die Homogenität und Energie zu berechnen.

Die Position des Flüssigkeitsspiegels konnte bei den durchgeführten Versuchen korrekt bestimmt werden. Die Positionen des Schaumanfangs und des Schaumendes werden bei den durchgeführten Versuchen korrekt bestimmt. Einschränkungen gibt es hier bei zu turbulenten Phasen während des Füllvorgangs. Dann lässt sich der Schaum nicht von der Flüssigkeit unterscheiden und es kommt zu falschen Höhenangaben. Die Beurteilung der Turbulenz mit den Haralick'schen Texturmaße Homogenität und Energie liefert nachvollziehbare Ergebnisse. Es zeigt sich, dass beide Merkmale einen Wert nahe der 1 annehmen, wenn keine Turbulenz vorhanden ist. Steigen Blasen in der Flüssigkeit auf, verringern sich diese Werte. Die Untersuchungen mit unterschiedlich großer Blasenbildung zeigen eine höhere Empfindlichkeit bei der Energie.

Die vorgestellten Algorithmen liefern gute Ergebnisse. Trotzdem lassen sich diese Ergebnisse nicht verallgemeinern, da bei den abzufüllenden Medien eine große Variantenvielfalt herrscht. Hier muss näher untersucht werden, wie sich die Algorithmen bei unterschiedlichen Flüssigkeiten wie z.B. Bier, Saft, Limonade, etc. verhalten. Da es bei Abfüllanlagen auch zum Wechsel von z.B. Apfelsaft zu Orangensaft kommen kann, sollte so ein Mediumwechsel ebenfalls untersucht werden.

Des Weiteren gibt es bei den Getränkeherstellern den Trend zur individualisierten Flasche. Früher gab es z.B. bei den Bierflaschen nur eine geringe Anzahl an unterschiedlichen Flaschen. Mittlerweile prägen viele große Brauereien ihr eigenes Relief auf die Flaschen [Sue]. Hierbei sollte untersucht werden, welchen Einfluss die Reliefs auf die Algorithmen und hier im besonderen auf die Bildung des Differenzbildes haben.

Neben diesen weiterführenden Untersuchungen sollte auch das beschriebene Problem mit der Schaumhöhenbestimmung bei zu großen Turbulenzen untersucht werden. Des Weiteren wäre es sinnvoll, die Algorithmen an einer Anlage eines Abfüllbetriebs zu testen.

## Danksagung

Diese Arbeit wurde teilweise durch das Bundesministerium für Bildung und Forschung (BMBF) im Rahmen des Projekts DnSPro gefördert, Förderkennzeichen: 16ES0391.

## Literatur

[BPF16]  Jürgen Beyerer, Fernando Puente León und Christian Frese. *Automatische Sichtprüfung: Grundlagen, Methoden und Praxis der Bildgewinnung und Bildauswertung.* Springer Berlin and Springer Vieweg, Berlin, 2., erw. u. verb. aufl. 2016. Auflage, 2016.

[Har79]  R. M. Haralick. Statistical and structural approaches to texture. *Proceedings of the IEEE*, 67(5):786–804, 1979.

[Hes14]  Stefan Hesse. *Sensoren für die Prozess- und Fabrikautomation: Funktion - Ausführung - Anwendung.* Morgan Kaufmann, 2014.

[HEU]  HEUFT SYSTEMTECHNIK GmbH. HEUFT SPECTRUM II VX. `https://heuft.com/de/produkte/beverage/vollgut/fuellmanagement-heuft-spectrum-ii-vx`, zuletzt geprüft am 09.07.2018.

[HSD73]  Robert M. Haralick, K. Shanmugam und Its'Hak Dinstein. Textural Features for Image Classification. *IEEE Transactions on Systems, Man, and Cybernetics*, SMC-3(6):610–621, 1973.

[Jäh12]  Bernd Jähne. *Digitale Bildverarbeitung und Bildgewinnung: Und Bildgewinnung.* Springer Vieweg, Berlin u.a., 7., neu bearb. aufl.. Auflage, 2012.

[JHG99]  Bernd Jähne, Horst Hauecker und Peter Geiler. *Handbook of computer vision and applications: Volume 2: Signal Processing and Pattern Recognition.* Academic Press, San Diego, 1999.

[KHS]  KHS GmbH. Innocheck FHC Camera. `https://www.khs.com/produkte/detail/fuellstandskontrolle-innocheck-fhc/`, zuletzt geprüft am 09.07.2018.

[Kro]  Krones AG. Checkmat Kontrollsysteme für Füller und Verschließer. `https://www.krones.com/media/downloads/checkmat_fueller_de.pdf`, zuletzt geprüft am 09.07.2018.

[Ots79]  Nobuyuki Otsu. A Threshold Selection Method from Gray-Level Histograms. *IEEE Transactions on Systems, Man, and Cybernetics*, 9(1):62–66, 1979.

[Sac17]  Michael Sackewitz, Hrsg. *Handbuch zur industriellen Bildverarbeitung: Qualitätssicherung in der Praxis.* Fraunhofer Verlag, Stuttgart, 3., vollst. überarb. und akt. auflage. Auflage, 2017.

[SLBM17] E. Salerno, P. Levoni, G. S. Barozzi und A. Malfatto. Foam evolution in a processed liquid solution. *Journal of Physics: Conference Series*, 796, 2017.

[SR14]  Herbert Süße und Erik Rodner. *Bildverarbeitung und Objekterkennung: Computer Vision in Industrie und Medizin.* Lehrbuch. Springer Fachmedien Wiesbaden GmbH, Wiesbaden, aufl. 2014. Auflage, 2014.

[Ste16]  Stemmer Imaging. *Das Handbuch der Bildverarbeitung.* Stemmer Imaging, Puchheim, 2016.

[Sue]  Sueddeutsche Zeitung. Bierflaschen: Die Verpackung wird zum Problem. `https://www.sueddeutsche.de/stil/bier-die-verpackung-macht-den-unterschied-1.3181237`, zuletzt geprüft am 07.08.2018.

[VDM16] VDMA Fachabteilung Industrielle Bildverarbeitung. *Industrielle Bildverarbeitung 2017/18: Schlüsseltechnologie für die Automatisierung.* VDMA Verlag GmbH, Frankfurt am Main, 2016. `https://ibv.vdma.org/documents/256550/13380407/IBV_Dt_2017_LR.pdf/761434f2-0791-4df6-ad1c-a22956f7671a`, zuletzt geprüft am 07.08.2018.

[Zhu09]  Huasheng Zhu. New Algorithm of Liquid Level of Infusion Bottle Based on Image Processing. In *International Conference on Information Engineering and Computer Science*, Seiten 1–4, 2009.

# Kosmetische Inspektion von Glaskörpern mittels Mehrzeilen-Scantechnik

Karl Voth[1], Matthias Hellmich[1], Dr. Wolfram Acker[2]

[1]Gerresheimer Bünde GmbH, Erich-Martens-Str. 26-32, 32257 Bünde
k.voth@gerresheimer.com, m.hellmich@gerresheimer.com
[2]Fachhochschule Kiel, Grenzstraße 5, 24149 Kiel
wolfram.acker@fh-kiel.de

**Zusammenfassung.** Im pharmazeutischen Umfeld ist die Sicherstellung unversehrter Glasbehälter eine essentielle Herausforderung, da diese in direktem Kontakt zum Medikament stehen. Insbesondere dürfen die Behälter keine durchgehenden Risse enthalten, welche die Sterilität des Produktes gefährden. Daher ist eine 100%-Kontrolle der Erzeugnisse notwendig. Breitet sich ein Riss entlang der optischen Achse aus, wird er für eine Kamera nahezu unsichtbar. Daher ist es zwingend notwendig, Bildaufnahmen der Prüflinge aus unterschiedlichen Perspektiven vorzunehmen. Diese Arbeit stellt eine Mehrzeilen-Scantechnik zur Digitalisierung der Glasoberfläche mit einer Matrixkamera aus mehreren Perspektiven vor. Diese Methode reduziert die Anzahl benötigter Kameras erheblich und ermöglicht weitergehende Bildanalysen, da die Aufnahme der einzelnen Bildzeilen synchron erfolgt. Diese Veröffentlichung schließt mit einem Beispiel zur Rissdetektion mittels synchroner Aufnahme mehrerer Zeilenbilder ab. Die Sensorbereiche sind derart gewählt, dass die Zeilenbilder unter unterschiedlichen Winkeln zur Glasoberfläche erfasst werden. Neben einem Zeilenbild, dass den Scheitelpunkt des Glaszylinders erfasst, werden weitere Zeilenbilder akquiriert, welche die Glasoberfläche in einem anderen Winkel erfassen. Somit stehen mehrere Bilder zur Verfügung, die sowohl separat, als auch unter Nutzung deren spatiotemporalen Zusammenhangs verarbeitet werden können.

**Schlüsselwörter:** Bildverarbeitung, Glasinspektion, Zeilenbilder, Rissdetektion

## 1 Einführung

Gerresheimer ist ein weltweit führender Hersteller hochwertiger Spezialprodukte aus Glas und Kunststoff für die internationale Pharma- und Healthcare-Industrie. Der Standort Bünde der Gerresheimer AG ist das Center of Excellence für vorfüllbare Glasspritzen und -karpulen.

Die Glasverarbeitung ist komplex und aufgrund der notwendigen hohen Temperaturen prozessbedingt fehleranfällig [1]. Hunderte Parameter beeinflussen die Prozessgüte und haben einen direkten Einfluss auf die Produktqualität. Dennoch müssen im pharmazeutischen Umfeld sehr hohe Qualitätsstandards eingehalten werden [2]. Die optische 100%-Kontrolle erfolgt mit Hilfe komplexer

J. Jasperneite, V. Lohweg (Hrsg.), *Kommunikation und Bildverarbeitung in der Automation*,
Technologien für die intelligente Automation 12, https://doi.org/10.1007/978-3-662-59895-5_25

Inline-Kamerasysteme, die sowohl kosmetische als auch geometrische Qualität jedes Prüflings sicherstellen [4].

In dieser Veröffentlichung wird eine hybride Bildaufnahmemethode vorgestellt, die sowohl die Aufnahme von Matrix- als auch mehrerer Zeilenbilder mit einer Kamera ermöglicht. Innerhalb eines Messzyklus kann der Betriebsmodus geändert und somit zum Beispiel neben einer kosmetischen Prüfung der Mantelfläche eines Glaskörpers auch deren geometrische Eigenschaften wie Durchmesser und Länge geprüft werden. Darüber hinaus ermöglicht der Matrix-Modus eine hochgenaue Einrichtung der Messkamera.

## 2 Anforderung an die Prüfung zylindrischer Glaskörper

Die Qualität eines Glaskörpers - insbesondere von Spritzen, Karpulen und Injektionsfläschchen - wird im pharmazeutischen Umfeld unter anderem anhand der geometrischen Maßhaltigkeit und der Unversehrtheit des Glases bestimmt. Die Vorgaben an die Geometrie ergeben sich aus DIN-EN-ISO-Normen und Kundenanforderungen. Für die Beurteilung des Glases gibt es ebenfalls Spezifikationen, welche eine minimal zulässige Fehlergröße und -ausprägung für unterschiedliche Fehlertypen wie Risse, Kratzer, Partikel, Verschmutzungen oder Luftstreifen vorschreiben. Die Grenzen der Zulässigkeit sind gegeben durch die Größe des Fehlers und dessen mögliche Folgen. Außenliegende Verschmutzungen und Kratzer können beispielsweise bis zu einer bestimmten Größe toleriert werden, da eine Verunreinigung des innen abgefüllten Medikaments ausgeschlossen ist. Im Gegensatz dazu besteht bei Rissen im Glaszylinder immer Risiko einer Kontamination des Wirkstoffs.

Prozessbedingt können solche Fehler, die im Folgenden als kosmetische Fehler bezeichnet werden, nicht ausgeschlossen werden. Die von der Firma Gerresheimer entwickelten Systeme ermöglichen dabei die Detektion von Defekten, die weit unter der Sichtbarkeit durch das menschliche Auge liegen. Um die Ausbringung in diesem Punkt dennoch ökonomisch zu halten, ist eine zweifelsfreie Klassifizierung und separate Bewertung einer jeden Fehlerklasse notwendig.

Kosmetische und strukturelle Fehler auf einer Glasoberfläche oder im Glaskörper wie Risse, Kratzer oder Verschmutzungen reduzieren die Lichtdurchlässigkeit oder brechen das Licht. Deren Prüfung erfolgt daher mittels Durchlichtanwendung. Der Prüfling wird zwischen Kamera und einer diffusen Beleuchtung platziert und der Schattenwurf der Fehler analysiert. Über mehrstufige Schwellwertverfahren werden Anomalien extrahiert und anschließend anhand ihrer morphologischen Eigenschaften beurteilt. Diese Formmerkmale wie Länge, Breite, Fläche oder Rundheit werden zur Unterscheidung von Fehlertypen hinzugezogen. So sind Partikel zum Beispiel klein und kreisähnlich, Kratzer länglich, und grobe Verschmutzungen weisen eine hohe Gesamtfläche auf, die jedoch einen eher geringen Kontrast haben kann. Im letzten Schritt wird entschieden, ob der Fehler laut Spezifikation zulässig ist, oder ob das Produkt zu verwerfen ist. Abbildung 1 zeigt übliche Fehlertypen.

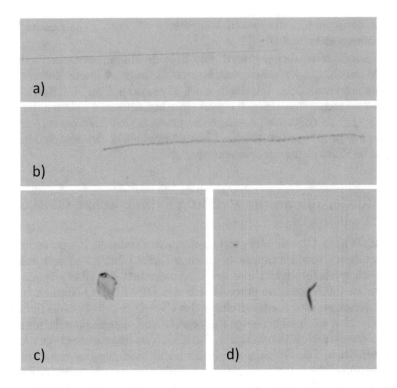

**Abb. 1.** Kosmetische und strukturelle Fehler im Glas. Luftstreifen (a), Kratzer (b), Glaspartikel (c) und Kerbe (d).

Eine besondere Anforderung an die Inspektionssysteme stellt die Rissdetektion dar. Breitet sich ein Riss entlang der optischen Achse aus, wird er in einer Durchlichtanwendung nahezu unsichtbar (Abbildung 2, links). Ist die Rissrichtung nicht parallel zur optischen Achse, wird der abgeschattete Bereich größer und der Fehler wird sichtbar (Abbildung 2, rechts).

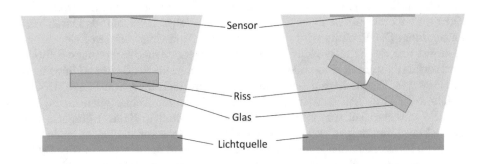

**Abb. 2.** Risserfassung aus mehreren Perspektiven.

Um eine zuverlässige Detektion von Rissen im Glas zu gewährleisten, sind Bildaufnahmen aus mehreren Perspektiven erforderlich. Bei einem Glaszylinder ist der Winkel $\alpha$ am Scheitelpunkt orthogonal zur optischen Achse:

$$\alpha = \cos^{-1}\left(\frac{a}{r}\right). \tag{1}$$

Der Parameter a beschreibt die Auslenkung aus dem Zentrum, r gibt den Radius des Kreises an. Wird ein Matrixsensor zur Digitalisierung des Risses verwendet, ist dieser abhängig von seiner Ausdehnungsrichtung und der Position auf dem Zylinder unterschiedlich deutlich zu erkennen. D.h. je nachdem in welcher Position die Aufnahme getätigt wird, ändert sich die optische Repräsentation des Fehlers. Dies erschwert eine objektive Analyse und Bewertung. Wird ein Zeilenbild aus einer einzigen Perspektive erstellt, kann der Fehler nahezu unsichtbar werden, wie Abbildung 3 a) zeigt.

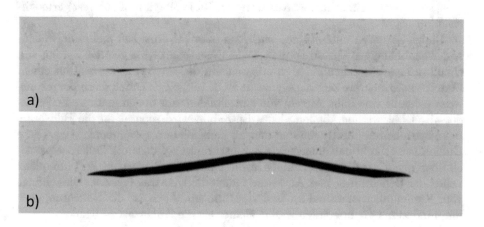

**Abb. 3.** Optische Repräsentation eines Risses aus zwei Perspektiven. Die Vorzugsrichtung des Fehlers beträgt bei a) ca. 90° zur optischen Achse, bei b) ca. 60° zur optischen Achse.

Um sicherzustellen, dass Risse zuverlässig detektiert werden, sind somit Zeilenaufnahmen aus mehreren Perspektiven durchzuführen. Ausgehend davon, dass sowohl Radial- als auch Axialrisse auftreten können, sind insgesamt vier Aufnahmen zu erfassen. Dies hat hohe Anschaffungs- und Wartungskosten zur Folge. Nachfolgend wird ein Ansatz vorgestellt, der die Aufnahme mehrer Zeilenbilder aus vielen Bildern einer Matrixkamera ermöglicht.

## 3 Realisierung der Mehrzeilen-Scantechnik mit einer Matrixkamera

Neben klassischen Zeilen- und Matrixkameras werden sogenannte „Time Delay and Integration" (TDI) -Kameras im Umfeld der industriellen Bildverarbeitung eingesetzt [5]. Das Verhalten dieser Kameras ähnelt dem einer Zeilenkamera, die Bildsensoren beinhalten allerdings mehrere Zeilen. Wenn sich ein Objekt gegenüber einer Kamera gleichmäßig bewegt, kann aufgrund des spatiotempralen Zusammenhangs die Integrationszeit erhöht werden. Das heißt, es wird nicht ausschließlich eine Zeile, sondern mehrere Zeilen nacheinander belichtet. So kann bei schwachen Lichtverhältnissen oder einer schnellen Bewegung des Objektes der Signal- Rauschabstand erhöht und somit die Bildqualität signifikant verbessert werden. Üblicherweise wird dem Inspektionssystem die über mehrere Zeilen hinweg integrierte Aufnahme zur Verfügung gestellt. Eine Entnahme mehrerer Zeilenaufnahmen ist in der Regel nicht möglich. Darüber hinaus liegt die Anzahl der Zeilen auf dem Sensor deutlich unter der Zeilenanzahl von Matrix-Sensoren mit vergleichbarer Sensorbreite. Eine hybride Verwendung als Matrix- und Zeilenkamera ist somit nur eingeschränkt möglich. Daher wird die Mehrzeilen-Scantechnik nicht mit TDI- sondern modernen Matrix-Bildsensoren realisiert, welche ein schnelles Auslesen von ROIs (Region of Interest) ermöglichen [6].

Einige Sensoren unterstützen auch das parallele Auslesen mehrerer voneinander unabhängiger Sensorregionen. Diese Eigenschaft kann genutzt werden, um simultan mehrere Zeilenbilder zu erfassen. Zu diesem Zweck werden auf einem Matrixsensor mehrere Zeilen als einzelne ROIs festgelegt. Durch diese Vorgehensweise entsteht eine hohe Anzahl von Einzelbilden, aus denen mehrere Zeilenbilder abgeleitet werden können. Jedes Einzelbild wird separat an die Bildverarbeitungseinheiten übertragen und dort zu Zeilenbildern zusammengesetzt. Diese Aufnahmemethode hat einerseits die Einschränkung, dass die Zeilen sequentiell übertragen werden. Somit fließt in die maximal realisierbare Zeilenfrequenz neben der Belichtungs- und Auslesezeit auch die Übertragungszeit. Diese hängt vom Kommunikationsstandard und -medium ab. Auch ist die Belichtungszeit um mindestens die übertragungszeit kleiner als die Zeilenzeit zu wählen:

$$t_{Zeile} > t_{Belichtung} + t_{Auslesen} + t_{Uebertragung} \qquad (2)$$

Darüber hinaus ändert sich auch die optische Repräsentation und optische Auflösung vor allem bei Verwendung entozentrischer Objektive abhängig von der Position der Zeile auf dem Sensor.

Andererseits können mehrere Zeilenbilder mit einer Matrixkamera erfasst werden. Die Position der Zeilen kann frei gewählt werden. Außerdem ist keine Synchronisierung der Zeilenbilder notwendig, da die Aufnahme simultan erfolgt. Dies ermöglicht die Nutzung spatiotemporaler Zusammenhänge bei der Fusion der Zeilenbilder. Das Zusammensetzen der Aufnahmen erfolgt in field-programmable gate arrays (FPGAs), so dass die Rechenkapazität des Auswerterechners nicht beeinflusst wird.

Durch eine Rekonfiguration der Kamera während des Inspektionszyklus kann zwischen Zeilen- und Matrixmodus gewechselt werden. Dadurch kann zum einen die Ausrichtung der Kameras wesentlich vereinfacht werden. Die Pose, Schärfe und die Zeilenpositionen können im Vollbild justiert und überwacht werden. Zum anderen können zusätzliche Inspektionen in Matrixbildern erfolgen. Im Falle von

Glaszylindern sind es zum Beispiel geometrische Merkmale wie Durchmesser oder Rohrlänge. Auch die Zeilenpositionen können mitgeführt werden, falls die Positionierung vor der Kamera unzureichend ist.

Durch den Betrieb als hybride Kamera für Mehrzeilen- und Matrixaufnahmen können Anschaffungs-, Einrichtungs-, Wartungskosten, Aufwand für mechanische und elektrische Integration, und Fehleranfälligkeit signifikant reduziert werden. Darüber hinaus reduziert sich die Anzahl der benötigten Handhabungssysteme. Eine Inspektion des Glaszylindermantels erfordert die temporäre Entnahme des Prüflings aus dem Transportsystem. Der Glaskörper wird ausgehoben, rotiert und anschließend wieder abgelegt (s. Abbildung 4).

**Abb. 4.** Handhabungseinheit für die Inspektion einer Glasspritze. Unterhalb der Spritze befindet sich die Aushebeeinheit. Das Rad oberhalb des Prüflings versetzt diesen in Rotation.

Die Reduktion der Handhabungssysteme verringert die Komplexität der Anlage und kommt auch der Produktqualität zugute, da jede zusätzliche Produktberührung ebenfalls eine potentielle Ursache von Beschädigungen und Verschmutzungen ist.

## 4 Rissdetektion im Glas mittels Mehrzeilen-Scantechnik

Durch die simultane Aufnahme mehrerer Zeilenbilder können zusätzliche Informationen durch eine Fusion dieser extrahiert werden. Wie in Abbildung 2 bereits skizziert, ändert ein Riss seine optische Repräsentation, wenn er aus unterschiedlichen Perspektiven erfasst wird. Andere Fehler wie zum Beispiel Partikel oder Kratzer weisen die Dreidimensionalität nicht in dieser Ausprägung auf. Dieses Merkmal kann nun dazu genutzt werden, um einen Riss von anderen Fehlern zu unterscheiden. Abbildung 5 zeigt die Aufnahme eines Risses mit der Mehrzeilen-Scantechnik. Neben dem Riss ist auch ein Partikel zu sehen, der rot eingekreist ist. Darüber hinaus sind kleine Kratzer über das gesamte Bild verteilt. Der Riss dringt im mittleren Bereich tief in das Glas ein. Nach außen hin nimmt die Risstiefe ab.

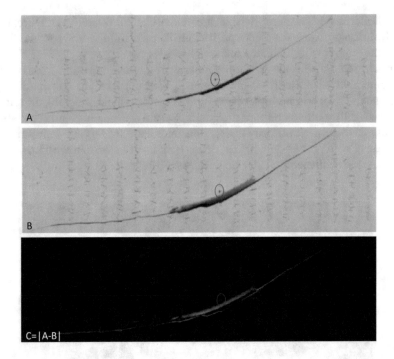

**Abb. 5.** Aufnahme eines Risses mit einer Mehrzeilen-Scankamera und deren pixelweise Differenz. Der rot umkreiste Partikel verschwindet in dem Differenzbild.

Um den Riss eindeutig segmentieren zu können, wird im ersten Schritt die räumliche Distanz zwischen der optischen Repräsentation des Risses eliminiert. Dazu werden die Umfangsgeschwindigkeit und der Abstand zwischen den Zeilen auf dem Matrixsensor genutzt. Anschließend erfolgt eine pixelweise Differenzbildung der Bilder A und B durchgeführt.

Während der Riss nach wie vor deutlich zu erkennen ist, sinkt der Kontrast anderer Fehler. Der rot eingekreiste Partikel ist zum Beispiel nahezu vollständig verschwunden. Weitere Fehler, wie zum Beispiel einige tiefe Kratzer sind nach wie vor zu erkennen. Dies liegt daran, dass diese Fehler ebenfalls ins Glas eindringen. Im nächsten Schritt kann der Riss mit Hilfe von histogrammbasierten Schwellwertverfahren segmentiert werden. Da ein Riss ins Glas eindringt und sich nicht ausschließlich an der Oberfläche befindet, kann er über die Fehlerbreite im Referenzbild eindeutig identifiziert werden.

## 5  Zusammenfassung und Ausblick

Die Arbeit zeigt eine Möglichkeit zur Verwendung einer Matrixkamera für die synchrone Aufnahme sowohl mehrerer Zeilenbilder als auch Matrixbilder innerhalb eines Messzyklus auf. Mit dieser Technik können zum Beispiel Risse im

Glaszylinder anhand ihrer Tiefe identifiziert werden, da sie aus mehreren Perspektiven digitalisiert werden. Darüber hinaus ermöglicht diese Aufnahmemethode eine Reduktion der Kameraanzahl, Senkung der Kosten für mechanische und elektronische Einbindung und Vereinfachung der Einrichtung und Wartung von Inspektionssystemen. Zukünftig werden weitere Fusionsansätze untersucht und zusätzliche Eigenschaften der Fehler wie zum Beispiel die Messung der Risstiefe implementiert.

## Literatur

1. Delgado Carranza, José de Jesús, Guzmán, T. R. und Garcia, A. M.: Verfahren zum Herstellen von Spritzen. DE000019955791A1 (1999)
2. Rimkus, F. R. und Stieneker, F.: Pharmazeutische Packmittel. Primär-/ Sekundärpackmittel, Qualität, regulatorische Anforderungen. ECV - Editio-Cantor-Verl., Aulendorf, Württ (2013)
3. Dastis, H.: Prozessoptimierung in der pharmazeutischen Röhrenglasweiterverarbeitung. Dissertation, Technische Universität Bergakademie Freiberg, Freiberg, (2007)
4. Voth K., Hellmich M. und Acker W.: Prozessintegrierte Bildverarbeitung im pharmazeutischen Umfeld. Springer Vieweg Berlin Heidelberg, Heidelberg (2016)
5. H. -. Wong, Y. L. Yao und E. S. Schlig: TDI charge-coupled devices: Design and applications. IBM Journal of Research and Development (1992)
6. Hellmich M. und Acker W.: Mehrzeilen-Scantechnik. Gerresheimer Bünde GmbH, EP2851677A1 (2015)

# Die Spectral Illumination (SIL) Methode: Eine Versuchsreihe

Theo Gabloffsky, Jannika Lossner, Julia Richardt, Ralf Salomon

Universität Rostock
Institut für Angewandte Mikroelektronik und Datentechnik
18051 Rostock
{theo.gabloffsky, jannika.lossner, julia.richardt,
ralf.salomon}@uni-rostock.de

**Zusammenfassung.** Eine klassische Problemstellung in der heutigen Technik ist die computergestützte Erkennung von Farben. So ist es beispielsweise für manche Tierexperimente interessant, Bewegungsmuster von Tieren automatisch zu erkennen und auszuwerten. Ein Lösungsansatz besteht darin, die Tiere mit mehreren Farbmarkern zu versehen und zu filmen, um aus den Bewegungen der Farbpunkte abzuleiten, wie sich die Tiere bewegen. Gerade in Versuchsumgebungen mit wechselnder oder abgeschwächter Beleuchtung kann die Unterscheidung der Farben jedoch eine Herausforderung sein. Dieser Beitrag schlägt vor, das Szenario mit sehr schnell wechselnden schmalbandigen Spektralfarben zu beleuchten. Je nach Kombination aus Wellenlänge und Farbmarker entstehen so unterschiedliche Bilder ein und der selben Situation, welche aufgrund der unterschiedlichen Farbeindrücke der Bilder für eine bessere Auswertung der Situation genutzt werden können.

## 1 Einführung

Neue Medikamente werden nach ihrer Entwicklung nicht einfach für Menschen zugelassen. Um ihre Wirksamkeit nachzuweisen und unerwünschte Nebeneffekte auszuschließen werden sie im Rahmen vorklinischer Studien an Tieren intensiv getestet. Des Weiteren gibt es Krankheiten, die nur an Menschen auftreten. Für die Entwicklung geeigneter Therapien ist es in diesen Fällen notwendig, entsprechende tierische Modelle zu entwickeln.

Morbus Parkinson ist ein gutes Beispiel für obige Ausführungen. Diese Krankheit ist nur bei Menschen beobachtbar. Um geeignete Modelle zu haben, werden Ratten einseitig läsiert und anschließend therapiert. Der Erfolg beider Maßnahmen führt zu einem asymmetrischen Verhalten des Versuchsobjektes und kann anhand signifikanter Rotationsbewegungen beobachtet werden [VAE+16].

Für die Beobachtung der Rotationsbewegungen werden die Ratten in einen größeren, blumentopfartigen Trog gesetzt. Zusätzlich wird den Ratten nach dem Stand der Technik [VAE+16] ein kleiner Brustgurt angelegt, der über einen schmalen Draht mit einem Rotationszähler verbunden ist. Dieser Versuchaufbau ist grundsätzlich funktionsfähig, hat aber eine Reihe von Nachteilen. Einer

J. Jasperneite, V. Lohweg (Hrsg.), *Kommunikation und Bildverarbeitung in der Automation*,
Technologien für die intelligente Automation 12, https://doi.org/10.1007/978-3-662-59895-5_26

dieser Nachteile ist, dass die Rotationszähler am Ende des Versuches nur Nettozahlen hinsichtlich der beiden Drehrichtungen liefern; ein zeitlicher Verlauf ist nicht verfügbar. Des Weiteren schränkt der gängige Versuchsaufbau die Bewegungsfreiheit sowie den Aktionsraum der Ratten ein.

Zur Beseitigung obiger Nachteile wurde in der Vergangenheit ein erstes berührungsloses System entwickelt [JZHS16]. Bei diesem Ansatz werden Farbmarker auf das Rattenfell aufgetragen. Während des Versuches wird die Ratte mittels einer überkopf montierter Kamera beobachtet. Eine entsprechende Software wertet die gelieferten Bilder aus und stellt den abgeleiteten Rotationsverlauf zeitlich aufgelöst zur Verfügung.

Obwohl prinzipiell funktionsfähig, haftet dem beschriebenen Ansatz der Nachteil an, dass die einzelnen Farben unter der gegebenen Beleuchtung nicht gut voneinander unterscheidbar sind. Die von der Kamera gelieferten RGB Werte unterscheiden sich je nach Situation nur marginal voneinander. Als Konsequenz kann die Verwendete Bilderkennungssoftware keine zuverlässigen Rotationsdaten liefern. Die Beleuchtung des Versuchsumfeldes muss aufgrund der Lichtempfindlichkeit der Ratten relativ dunkel gehalten werden. Eine Verstärkung des Lichtes könnte zu einem verändertem Verhalten der Ratte führen.

Eine Möglichkeit, die Farberkennung zu vereinfachen, wäre, mehrere Kameras mit vorgeschalteten Filtern zu verwenden. Dies ist jedoch aufwändig und aufgrund eines hohen Platzbedarfes im Versuchsumfeld nicht möglich. Dieser Beitrag bespricht einen alternativen Ansatz für eine verbesserte Farbdifferenzierung.

Dieser Ansatz wird im Abschnitt 3 vorgestellt und mit einem prinzipiellen Vorgehen beschrieben. Die Leistungsfähigkeit des Ansatzes wurde in einem Laborexperiment evaluiert. Dieses wird in Abschnitt 4 beschrieben und soll die Möglichkeit bieten, das Experiment nachzustellen. Die Ergebnisse sind in Abschnitt 5 dargestellt und werden im nachfolgenden Abschnitt 6 besprochen.

## 2 Stand der Technik

Die in [JZHS16] angewendete Methodik der Farberkennung ist eine Form der sogenannten *Blob Detection*. Diese zielt darauf ab, eine bestimmte Region innerhalb eines Motives über bestimmte farbliche Eigenschaften vom Hintergrund zu unterscheiden. Sollten sich diese Eigenschaften zu sehr ähneln, ist eine Unterscheidung nicht mehr möglich. Konkret bedeutet das, dass bei jedem Pixel innerhalb eines Bildes untersucht wird, ob sein Farbwert einem gesuchten Farbwert entspricht. Aus den gefundenen Pixeln wird dann der Schwerpunkt berechnet. Im Idealfall ist dieser dann auch der Mittelpunkt des gesuchten Farbkreises. Ein alternativer Ansatz zur *Blob Detection* stellt die Methode des *Histogram Comparison* dar. Bei dieser Methode wird innerhalb eines Bildes nach einem Bildausschnitt oder Fenster gesucht, dessen farbliches Histogram dem eines Referenz-Histogrammes entspricht. Weiterführende Methoden, wie beispielsweise in [PHVG02] und [DKFvdW14] beschrieben, ermöglichen eine ressourcensparende, flexible und robuste Alternative zur *Blob Detection*. Anwendungsbeispiele für diese Techniken sind das Objekt-Tracking von beispielsweise Personen oder Autos. Die Idee zur multispektralen Beleuchtung eines Motives wurde grundsätzlich bereits in [CYBE08] und [PLGN07] beschrieben. Die Idee ist dabei, dass ein Motiv anstelle von einer einzigen breitbandigen Lichtquelle mit mehreren, schmalbandigen Lichtquellen beleuchtet wird. Dabei wird versucht, aus den einzelnen spektralen Antworten mehr Informationen zu gewinnen, als es mit einer breitbandigen Beleuchtungsquelle möglich wäre.

## 3 Die Spectral Illumination (SIL) Methode

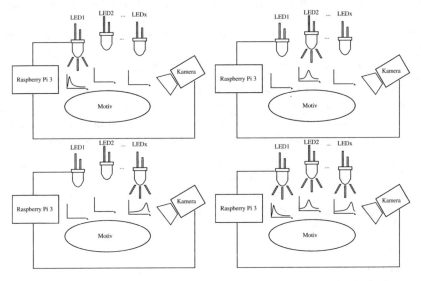

**Abb. 1.** Schematischer Versuchsaufbau und Ablauf der SIL-Methode

Für die multispektrale Beleuchtung wird eine Beleuchtungseinheit benötigt, die in der Lage ist, mit unterschiedlichen Wellenlängen schmalbandig zu beleuchten. Synchron zur Beleuchtung des Motives nimmt eine Kamera Bilder auf, die anschließend ausgewertet werden. In Abbildung 1 ist ein schematischer Aufbau und ein beispielhafter Ablauf skizziert.

Die Idee hinter der Methode ist, dass sich durch die unterschiedliche spektrale Beleuchtung bestimmte Farbeigenschaften des Rattenfelles und der verwendeten Farben ausnutzen lassen, um die Farbdistanzen zweier Punkte zu vergrößern. Je nach Beleuchtung wäre somit die Unterscheidung von zwei unterschiedlich farbigen Punkten einfacher.

# 4 Praktische Versuche

Die Leistungsfähigkeit der SIL-Methode wurde in einigen Labormessungen evaluiert. Dieser Abschnitt beschreibt den Versuchsaufbau, das Vorgehen und alle relevanten Parameter um die Messungen nachzustellen.

**Versuchsaufbau:** Der Versuchsaufbau bestand aus einem Raspberry Pi Model 3, der Raspberry Pi Kamera Version 2, einer LED-Bank die als konfigurierbare Lichtquelle arbeitet, sowie aus den Testmotiven. Der Raspberry Pi diente dabei als Steuergerät für den gesamten Aufnahmeprozess. Er kontrollierte die Lichtquelle und veranlasste die Kamera zur Bildaufnahme. Die Bildgröße betrug 1024 × 768 Pixel in einem RGB8 Bildformat. Sämtliche Aufnahmen wurden innerhalb einer Dunkelkammer durchgeführt.

**Lichtquelle:** Die Lichtquelle besteht aus drei LED-Typen à vier LEDs, mit den Wellenlängen 620-625 nm, 520-525 nm und 459-462 nm. Von diesen LED-Typen sind jeweils vier zusammen auf verteilten Platinen untergebracht. Diese Platinen sind weiterhin mit einer Logikplatine verbunden, über die der Raspberry Pi 3 die unterschiedlichen LEDs ansprechen kann. Die Aufteilung der LEDs auf unterschiedliche Platinen ermöglicht eine genaue Ausrichtung auf das Motiv.

**Versuchsreihen:** Aufgrund der in der Einleitung beschriebenen Problematik der Farberkennung auf einem Rattenfell, wurden die Versuchsreihen ebenfalls auf einem Rattenfell durchgeführt. Als Farbgeber wurden Tiermarkierungsstifte der Firma Raidex in unterschiedlichsten Farben verwendet. [Rai18]

**Kamera:** Das Raspberry Pi Kameramodul in der Version 2 verwendet einen Sony IMX219 Bildsensor. Dieser bietet eine Auflösung von 8 Megapixel und basiert auf der Active-Pixel-Technologie. Weiterhin ist dem Bildsensor ein RGB-Filtermosaik vorgeschaltet, welches dem Bildsensor die Farberkennung ermöglicht [IMX17]. Der genaue Aufbau des Mosaiks sowie die Verhältnisse der grünen, roten und blauen Farbfilter zueinander sind nicht bekannt. Diese Verteilung hat jedoch einen signifikanten Einfluss auf die Farberkennung der Kamera. Um diese Unbekannte auszugleichen, wurden Referenzeinstellungen getroffen, die zum einen die unterschiedliche Aufnahmecharakteristik der Kamera und zum anderen auch die unterschiedliche Abstrahlleistungen der LEDs kompensieren soll. Diese Einstellungen beinhalten eine Verstärkung der rot- und blau-Töne in dem Maß, dass bei einer Bildaufnahme mit angeschalteter Lichtquelle ein gewählter Punkt auf dem weißen Fell die Farbkanäle in gleicher Stärke anspricht. Die gesetzten Parameter können der Tabelle 1 entnommen werden.

**Bildverarbeitung:**

Die Weiterverarbeitung der Bilddaten beinhaltete das Anwenden eines Gauss-Filters sowie eines Normalisierungsfilters. Der Gauss-Filter glättet strukturelle Gegebenheiten des Fells und sorgt für eine homogene Farbverteilung. Er wird innerhalb der Bildverarbeitung durch eine zweidimensionale Gauss-Matrix mit einer bestimmten Größe charakterisiert. Diese Matrix $h$ berechnet sich aus den

**Tabelle 1.** Kameraeinstellungen

| Parameter | Wert |
|-----------|------|
| rot Verstärkung | 2,7 |
| blau Verstärkung | 1,5 |
| Belichtungszeit | 5000 us |
| ISO-Wert | 350 |

Matrix-Koordinaten und einer Standardabweichung $\sigma$ nach folgender Formel.

$$h(x,y) = \frac{1}{2\pi\sigma^2} e^{-\frac{x^2+y^2}{2\sigma^2}} \tag{1}$$

Der für die praktischen Versuche verwendete Gauss-Filter hat eine Matrix-Große von $7 \times 7$ und verwendet eine Standardabweichung $\sigma = 15$. Diese Gauss-Matrix wird dann mit jedem Pixel ( $P_{alt}$ ) des ursprünglichen Bildes nach folgender Formel gefaltet.

$$P_{neu}(x,y) = \sum_{i=1}^{n}\sum_{j=1}^{n} P_{alt}(x-i+a, y-j+a)k(i,j) \tag{2}$$

Das Ergebnis ist eine weichgezeichnete Version des orginalen Bildes. Je nach Parameterwahl verändert sich der Grad der Verschmierung. Der Normalisierungsfilter setzt alle Bilder auf eine gleiche, durchschnittliche Helligkeit. Als Referenzhelligkeit wurde dabei die durchschnittliche Helligkeit des hellsten Bildes aus der Messreihe verwendet. Für die Berechnung der Helligkeit eines jeden Pixels wurden die vorhandenen RGB-Daten in den HSV-Farbraum umgewandelt, mit einem entsprechend Offset auf den V-Parameter belegt und wieder zurück in den RGB-Raum gewandelt. Eine weitere Software ermittelt die Farbdistanzen aus ausgewählten Bereichen der Bilder nach folgender Formel:

$$d = \sqrt{(R_{p1} - R_{p2})^2 + (G_{p1} - G_{p2})^2 + (B_{p1} - B_{p2})^2} \tag{3}$$

## 5 Ergebnisse

In diesem Abschnitt werden ausgewählte Farbdistanzen für die LED-Farben Rot (R), Grün (G) und Blau (B) vorgestellt. Als Farbpunkte wurden Farben in Rot, Grün und Blau gewählt. Ein weiterer Referenzpunkt ist ein Punkt auf dem Rattenfell, der im folgenden als *ref* abgekürzt wird. Als Beispiel brachte die Beleuchtung eines roten Farbklecks mit einer roten Beleuchtung (Tabelle 2) nur eine Farbdistanz von 27, 20 gegenüber dem ausgewähltem Referenzpunkt. Die Farben des roten Flecks und des Referenzpunktes sind sich also ähnlich. Wird dieser rote Fleck hingegen mit allen LEDs (also R, G und B) beleuchtet, zeigt sich eine Farbdistanz von 223, 33. Die beiden Punkte sind klarer voneinander zu unterscheiden.

**Tabelle 2.** Farbdistanzen ohne Filterung

| Farbklecks/Beleuchtung | R | G | B | RG | RB | GB | RGB |
|---|---|---|---|---|---|---|---|
| ref/rot | 27,20 | 172,46 | 167,16 | 170,25 | 162,79 | 223,12 | 223,33 |
| ref/grün | 168,44 | 102,26 | 146,14 | 187,58 | 218,83 | 165,65 | 221,79 |
| ref/blau | 176,42 | 144,40 | 113,11 | 213,01 | 202,65 | 175,39 | 236,69 |
| rot/grün | 142,36 | 82,22 | 22,49 | 184,96 | 139,67 | 89,56 | 183,12 |
| rot/blau | 150,34 | 53,82 | 54,67 | 168,03 | 151,69 | 80,48 | 166,75 |
| blau/grün | 8,00 | 43,60 | 33,06 | 48,08 | 33,30 | 63,09 | 61,54 |

**Tabelle 3.** Farbdistanzen nach Gauss-Filterung

| Farbklecks/Beleuchtung | R | G | B | RG | RB | GB | RGB |
|---|---|---|---|---|---|---|---|
| ref/rot | 28,46 | 171,25 | 167,13 | 171,71 | 160,46 | 222,18 | 222,79 |
| ref/grün | 167,39 | 102,59 | 144,16 | 190,80 | 217,43 | 164,61 | 232,55 |
| ref/blau | 176,42 | 148,60 | 112,14 | 214,67 | 204,03 | 181,41 | 241,93 |
| rot/grün | 140,30 | 79,67 | 23,77 | 185,74 | 140,52 | 91,01 | 188,89 |
| rot/blau | 149,35 | 49,43 | 55,48 | 166,89 | 153,50 | 80,11 | 171,85 |
| blau/grün | 9,06 | 47,36 | 32,08 | 48,18 | 31,64 | 61,43 | 60,67 |

**Tabelle 4.** Farbdistanzen nach Helligkeits-Normalisierung

| Farbklecks/Beleuchtung | R | G | B | RG | RB | GB | RGB |
|---|---|---|---|---|---|---|---|
| ref/rot | 27,51 | 180,58 | 167,10 | 178,20 | 160,82 | 223,23 | 225,33 |
| ref/grün | 168,53 | 102,42 | 146,14 | 192,94 | 218,07 | 165,89 | 221,79 |
| ref/blau | 176,51 | 144,37 | 113,11 | 216,03 | 200,96 | 176,22 | 236,69 |
| rot/grün | 142,54 | 92,66 | 22,14 | 193,90 | 138,41 | 92,92 | 183,12 |
| rot/blau | 150,51 | 64,20 | 54,49 | 173,58 | 149,12 | 83,12 | 166,75 |
| blau/grün | 8,00 | 44,02 | 33,06 | 48,26 | 33,20 | 65,28 | 61,54 |

**Tabelle 5.** Farbdistanzen nach Gauss-Filterung und Helligkeitsnormalisierung

| Farbklecks/Beleuchtung | R | G | B | RG | RB | GB | RGB |
|---|---|---|---|---|---|---|---|
| ref/rot | 28.72 | 178,17 | 167,09 | 179,77 | 158,49 | 225.32 | 225,62 |
| ref/grün | 167,47 | 102,77 | 144,16 | 196,17 | 216,66 | 164.84 | 233,46 |
| ref/blau | 176,51 | 148,62 | 112,14 | 217,69 | 202,34 | 184.23 | 243,21 |
| rot/grün | 140,49 | 89,25 | 23,56 | 194,63 | 139,27 | 94,39 | 192,04 |
| rot/blau | 149,54 | 59,21 | 55,34 | 172,51 | 150,96 | 82,95 | 174,40 |
| blau/grün | 9,06 | 47,55 | 32,08 | 48,41 | 31,46 | 63,66 | 62,90 |

# 6 Diskussion

Ziel der vorliegenden Messungen war es, zu untersuchen, inwiefern eine schmalbandige spektrale Beleuchtung eines Motives die Farbdifferenzierung zweier Farbpunkte verbessern könnte. Die Ergebnisse zeigen, dass die Farbdistanz zwischen
zwei Farben unter einer spektralen Beleuchtung weniger groß ausfällt als unter
einer breitbandigen Beleuchtung. Als Beispiel dafür seien die Farbabstände aus
Tabelle 2 genannt. Hier zeigte die Beleuchtung eines blauen Farbkleckses mit
einer roten Beleuchtung eine Farbdistanz von *176.42* gegenüber dem gewähl-
tem Referenzpunkt. Bei voller Beleuchtung konnte eine Farbdistanz von *236,69*
ermittelt werden. Es zeigt sich also, dass sich die gewählte Farbe bei voller Beleuchtung stärker von dem Referenzpunkt abhebt als bei einer rein spektralen
Beleuchtung. Auch die Anwendung von unterschiedlichen Filtern, wie in Abschnitt 4 beschrieben, erbrachte keine Erhöhung der Farbdistanz. So zeigte sich
zwar, dass durch die Anwendung eines Gaussfilters die Struktur des Rattenfells
geglättet werden konnte, was jedoch keinen Vorteil hinsichtlich der Farbdistanz
erbrachte. Die Erklärung für eine verringerte Farbdistanz bei einer rein spektralen Beleuchtung lautet wie folgt: Der RGB-Farbraum wird durch einen dreidi-
mensionalen Raum, bei dem die Achsen den Grundfarben Rot, Grün und Blau
entsprechen, beschrieben. Für die Wahrnehmung der Farbe eines Objektes ist
nicht nur die Farbe selbst entscheidend, sondern auch mit welchem Licht diese
Farbe beleuchtet wird. So kann der Farbraum nur dann voll ausgenutzt werden, wenn gleichermaßen mit rotem, grünem und blauem Licht beleuchtet wird.
Wird ein Anteil der Farbe in der Beleuchtung komplett weggelassen, so verringert sich der dreidimensionale Farbraum zu einem zweidimensionalem Raum,
was die Farbdistanzen verkleinert oder bestenfalls gleich lässt. Eine Ausnahme
können dabei fluoriszierenden Farben bilden, die das eingestrahlte Licht in eine höhere Wellenlänge umwandeln und damit die Farbdistanz erhöhen. Weitere
Untersuchungen sollten darauf abzielen, fluoriszierende Farben als Farbpunkte
zu verwenden um die Farbdistanzen zu erhöhen.

# 7 Zusammenfassung

Die Aufgabenstellung dieses Beitrages war die Verbesserung der Farbdifferenzie-
rungen im Umfeld medizinischer Tierversuche. Zur Lösung der Problemstellung

hat der vorliegende Beitrag die Methode der spektralen Beleuchtung (SIL) mit einem Beispielaufbau und Beispielvorgehen vorgestellt. Um die Leistungsfähigkeit der SIL-Methode zu evaluieren, wurden mehrere Messaufnahmen mit unterschiedlichen Farben und Beleuchtungen vorgenommen. Um äußere Einflüsse und Ungenauigkeiten in der Messaufnahme zu verringern, wurden die Bilder mit Hilfe von digitalen Filtern nachbearbeitet. Anschließend konnten die aufgenommenen Ergebnisse ausgewertet und die Leistungsfähigkeit der SIL-Methode bewertet werden. Die Ergebnisse sind negativ ausgefallen und es konnte keine verbesserte Farbdifferenzierung auf Grundlage der Farbdistanz erzielt werden. Die nächsten Arbeitsschritte werden weitere Untersuchung sein, die als Farbstoff fluoriszierende Farben und unterschiedliche Kameras verwenden werden. Diese zeigten in ersten Versuchen positive Ergebnisse, was die Leistungsfähigkeit der Methode nachweisen könnte.

## Danksagung

Wir bedanken uns an dieser Stelle bei Herrn Dr. Alexander Hawlischka und Herrn Prof. Wree von der Universität Rostock für die interessante Aufgabenstellung und für die Bereitstellung von Unterlagen und Materialien. Weiterhin danken wir Prof. Nils Damaschke für nützliche Hinweise und Tipps bei der Umsetzung der Messungen.

## Literatur

[CYBE08]    Cui Chi, Hyunjin Yoo und Moshe Ben-Ezra. Multi-Spectral Imaging by Optimized Wide Band Illumination. *International Journal of Computer Vision*, 86(2):140, Nov 2008.

[DKFvdW14]  M. Danelljan, F. S. Khan, M. Felsberg und J. v. d. Weijer. Adaptive Color Attributes for Real-Time Visual Tracking. In *2014 IEEE Conference on Computer Vision and Pattern Recognition*, Seiten 1090–1097, June 2014.

[IMX17]     *IMX219PQ Product Brief V1.0.* https://www.sony-semicon.co.jp/products_en/IS/sensor1/img/products/ProductBrief_IMX219PQ_20160425.pdf, 2017.

[JZHS16]    Ralf Joost, Daniel Ziese, Alexander Hawlitschka und Ralf Salomon. Mouse Pi: A Platform for Monitoring In-Situ experiments. In *Tagungsband des 5. Jahreskolloquiums Bildverarbeitung in der Automation (BVAu 2016)*, Seiten 1–5, 2016.

[PHVG02]    P. Pérez, C. Hue, J. Vermaak und M. Gangnet. Color-Based Probabilistic Tracking. In Anders Heyden, Gunnar Sparr, Mads Nielsen und Peter Johansen, Hrsg., *Computer Vision — ECCV 2002*, Seiten 661–675, Berlin, Heidelberg, 2002. Springer Berlin Heidelberg.

[PLGN07]    J. Park, M. Lee, M. D. Grossberg und S. K. Nayar. Multispectral Imaging Using Multiplexed Illumination. In *2007 IEEE 11th International Conference on Computer Vision*, Seiten 1–8, Oct 2007.

[Rai18]     *Raidex Viehzeichenstifte.* https://www.raidex.de/produkte/viehzeichenstifte/, 2018.

362

[VAE⁺16]    Antipova V*, Hawlitschka A*, Mix E, Schmitt O, Dräger O, Dräger D, Benecke R und Wree A. Behavioral and structural effects of unilateral intrastriatal injections of botulinum neurotoxin a in the rat model of Parkinson disease. In *Tagungsband des 5. Jahreskolloquiums Bildverarbeitung in der Automation (BVAu 2016)*, 2016.

# Author Index

Printed in the United States
By Bookmasters